T0222202

ifaa-Edition

ifaa-Research

Reihe herausgegeben von

ifaa – Institut für angewandte Arbeitswissenschaft e. V., Düsseldorf, Deutschland

Die Buchreihe ifaa-Research berichtet über aktuelle Forschungsarbeiten in der Arbeitswissenschaft und Betriebsorganisation. Zielgruppe der Buchreihe sind Wissenschaftler, Studierende und weitere Fachexperten, die an aktuellen wissenschaftlich-fundierten Themen rund um die Arbeit und Organisation interessiert sind. Die Beiträge der Buchreihe zeichnen sich durch wissenschaftliche Qualität ihrer theoretischen und empirischen Analysen ebenso aus wie durch ihren Praxisbezug. Sie behandeln eine breite Palette von Themen wie Arbeitsweltgestaltung, Produktivitätsmanagement, Digitalisierung u. a.

Weitere Bände in der Unterreihen http://www.springer.com/series/16391

Maximilian Dommermuth

Entwicklung und Anwendung eines konsekutiven integralen Transformationskonzeptes für Werke von Industrieunternehmen mit variantenreicher Fertigung

zur Analyse, Planung, Umsetzung
und Kontrolle von Industrie 4.0

Maximilian Dommermuth
Lohr a. Main, Deutschland

Von der KIT-Fakultät für Maschinenbau des Karlsruher Instituts für Technologie (KIT) genehmigte Dissertation zur Erlangung des akademischen Grades eines Doktors der Ingenieurwissenschaften (Dr.-Ing.).

Tag der mündlichen Prüfung:
9. Oktober 2020

ISSN 2364-6896   ISSN 2364-690X   (electronic)
ifaa-Edition
ISSN 2662-3609   ISSN 2662-3617   (electronic)
ifaa-Research
ISBN 978-3-662-62822-5   ISBN 978-3-662-62823-2   (eBook)
https://doi.org/10.1007/978-3-662-62823-2

Die Deutsche Nationalbibliothek verzeichnet diese Publikation in der Deutschen Nationalbibliografie; detaillierte bibliografische Daten sind im Internet über http://dnb.d-nb.de abrufbar.

Springer Vieweg ist ein Imprint der eingetragenen Gesellschaft Springer-Verlag GmbH, DE und ist ein Teil von Springer Nature.
Die Anschrift der Gesellschaft ist: Heidelberger Platz 3, 14197 Berlin, Germany

Zusammenfassung

Durch die voranschreitende Digitalisierung und Vernetzung sowie die Bemühungen im Rahmen von Industrie 4.0 (I4.0) ändern sich neben essenziellen Einflussfaktoren, wie beispielsweise die zunehmende Volatilität der Märkte oder der steigenden Kundenanforderungen, die Rahmenbedingungen und das Umfeld für Industrieunternehmen grundlegend. Mit dem Ziel die Wettbewerbsfähigkeit sicherzustellen, soll sich der Industriestandort Deutschland sowohl als Anbieter sowie auch Anwender von I4.0 Technologien und Ansätzen international etablieren. Obwohl grundlegend Einigkeit besteht, dass die digitale Transformation zu I4.0 alle sozio-technischen Dimensionen und Bereiche eines Industrieunternehmens verändert, so sind der Nutzen sowie die Auswirkungen aktuell nicht abschätzbar. Auch gibt es für die verschiedenen Branchen, wie beispielsweise für produzierende Industrieunternehmen mit variantenreicher Fertigung, noch keine Ansätze, Leitfäden oder Vorgehensmodelle, welche die digitale Transformation zu I4.0 anwendungs- und nutzenorientiert ermöglicht. So sind die Industrieunternehmen damit überfordert, die für sie individuell optimalen Maßnahmen und Lösungsansätze zu planen und auszuwählen unter gleichzeitiger Berücksichtigung wirtschaftlicher Aspekte. Ferner kommt hinzu, dass die bisherigen Ansätze weder das gesamte sozio-technische System ganzheitlich abdecken, noch ein schrittweises Vorgehen ermöglichen. Letzteres ist jedoch erforderlich, um die Ausgangssituation zu analysieren, erreichbare Zielsetzungen und Maßnahmen zu definieren, die digitale Transformation im Detail zu planen, die Umsetzung zu begleiten und letztendlich eine Kontrolle und Rückschlüsse hinsichtlich der Umsetzung zu ermöglichen, wie beispielsweise die Quantifizierung der Potentiale und Messung der Zielerreichung. Die nutzenorientierte Auswahl der Lösungsalternativen sowie die Beherrschung der Anforderungen stellt somit heutzutage eine große Herausforderung aber auch enorme Chance dar, um sich wettbewerbsdifferenzierend am Markt positionieren zu können.

Im Rahmen dieser Arbeit wurde deshalb ein konsekutives und integrales Transformationskonzept entwickelt (I4.0-KIT) mit dem Fokus auf die Anwendung in Werken von Industrieunternehmen mit variantenreicher Fertigung. Es ist bisher das einzige Vorgehensmodell, welches sowohl alle erforderlichen Schritte, als auch sozio-technische Betrachtungsfelder berücksichtigt und dadurch eine erfolgreiche digitale Transformation zu I4.0 ermöglicht. Der konsekutive Aufbau untergliedert sich dabei in vier Phasen, die Analysephase, die Planungsphase, die Umsetzungsphase und die Kontroll- und Lernphase, für welche Methoden und Ansätze beschrieben und entwickelt wurden, wie beispielsweise die Ableitung einer individuellen IT- Landschaft oder die Quantifizierung der Potentiale von I4.0. Es zeigt damit nicht nur auf, „was" zu tun ist, sondern auch, „wie" es zu tun ist, indem das Vorgehensmodell für jede Phase der digitalen Transformation anwendbare Methoden, Ansätze und Anleitungen beschreibt und diese miteinander verknüpft. Das Modell ist dabei sowohl für das Management (Top-Down) als auch für die betroffenen Mitarbeiter und Experten in den Werken (Bottom-Up) anwendbar. Die Praxistauglichkeit des I4.0-KIT konnte im Anschluss durch die weltweite breite Anwendung in elf unterschiedlich großen Werken eines Industrieunternehmens mit variantenreicher Fertigung aufgezeigt werden.

Die variantenreiche Fertigung zeichnete sich dabei durch komplexe Strukturen, einen schwankenden Nachfrageverlauf, eine kundenorientierte und auftragsbezogene Fertigung, durch verschiedene Ablaufarten und Organisationstypen sowie eine hohe Produktionstiefe aus. Darüber hinaus deckten die Werke alle relevanten Geschäftsarten ab und erstreckten sich dabei von Engineer-to-Order (ETO) über Manufacture-to-Order (MTO), Assembly-to-Order (ATO) bis hin zu Manufacture-to-Stock (MTS).

Vorwort Prof. Dr.-Ing. habil. Stowasser - I4.0-KIT zur erfolgreichen Umsetzung der Industrie 4.0

Im vorliegenden Band der Buchreihe ifaa-Research beschreibt der Autor das ganzheitliche Vorgehensmodell I4.0-KIT zur Umsetzung der Industrie 4.0 in Industrieunternehmen. Warum ist das für die erfolgreiche Umsetzung von Industrie 4.0 wichtig?

Die Digitalisierung der industriellen Arbeits- und Betriebsorganisation bringt vielfältige Änderungen mit sich. So werden unter dem Schlagwort Industrie 4.0 unter anderem Vernetzung, intelligente Systeme, Datenverfügbarkeit und das Zusammenspiel von Mensch und Maschine zusammengefasst. Dabei geht es auch um Gestaltungschancen für Unternehmen und Beschäftigte. Die Nutzung dieser Chancen zum Wohl aller Beteiligten geht mit ebenso großen Erwartungen wie Unsicherheiten einher. Die aktuelle Herausforderung vieler Industrieunternehmen besteht darin, durch die Nutzung digitaler Technologien Innovations- und Produktivitätspotenziale zu erschließen und gleichzeitig Reibungsverluste bei der Einführung und Nutzung zu vermeiden, die Kompetenzen der Mitarbeiter zu ergänzen und weiterzuentwickeln sowie das technische System so zu gestalten, dass die Arbeit der Beschäftigten möglichst optimal unterstützt wird.

Überschreitet man die Schwellen von der Automatisierung zur Industrie 4.0 und von der Standardisierung zur Variabilität, so muss dies einer gezielten und bewussten Unternehmensstrategie folgen. Strategische Möglichkeiten zur Nutzung der Digitalisierung sind dann sukzessive auf die operationale Ebene herunterzubrechen und zu konkretisieren. Dabei muss ein ganzheitlicher soziotechnischer Ansatz zur Digitalisierung der Arbeitsprozesse sowohl für einzelne Arbeitsplätze als auch für das gesamte Produktionssystem gelten. Die Digitalisierung verändert Arbeitsinhalte, -prozesse und -umgebungen. Eine adäquate Arbeitsorganisation und -gestaltung für die geänderten Bedingungen in Industrieunternehmen ist deshalb von großer Bedeutung.

Im Zuge der zunehmenden Umsetzung von „Industrie 4.0" wurden zahlreiche Reifegrad- oder Vorgehensmodelle zur Unterstützung einer strategischen und systematischen Einführung und Umsetzung von Digitalisierungsmaßnahmen entwickelt und veröffentlicht. Reifegrad- und Vorgehensmodelle haben das Potenzial, Unternehmen bei dieser Herausforderung strukturiert zu unterstützen. Großes Defizit der gegenwärtig vorliegenden Modelle ist, dass nur wenige Modelle einen ganzheitlichen soziotechnischen Ansatz nach dem Mensch-Technik-Organisation (MTO)-Konzept verfolgen.

Vielfach berücksichtigen sie nur spezifische Analyse- und Gestaltungselemente aus den Bereichen Mensch, Technik und Organisation. So konzentrieren sich die meisten der gegenwärtigen Modelle auf den Schwerpunkt Technik (vor allem IT-Ausgestaltung) und weniger auf Personal (z. B. Kompetenzen der Beschäftigten). Eine weitere Lücke bestehender Vorgehensmodelle zur Industrie 4.0 ist deren Beschränkung auf einzelne Schritte innerhalb der Transformation zur Industrie 4.0. Den bisherigen Modellen fehlt die ganzheitlich stufenweise Vorgehensweise von Analyse, Lösungsplanung und Umsetzung sowie Kontrolle. Eigene Studien des ifaa belegen, dass sich die meisten der gegenwärtigen Modelle auf die Analyse der Ist-Situation fokussieren, wobei Umsetzungs- und Kontrollmechanismen nur sporadisch in den Modellen integriert sind.

Der vorliegende Band setzt sich folgerichtig zum Ziel, erstmals ein integratives Umsetzungsmodell (I4.0-KIT) zur Transformation in die Industrie 4.0 systematisch herzuleiten und zu formalisieren sowie deren Eignung in der betrieblichen Praxis in Werken von Industrienehmen nachzuweisen.

Die systematische Transformation zur Industrie 4.0 kann nur durch einen derartig erweiterten Ansatz gesichert werden, der neben der Technik weitere betriebliche Gestaltungsfelder berücksichtigt. Das Modell I4.0-KIT verfolgt einen ganzheitlichen soziotechnischen Ansatz, indem es sämtliche arbeits- und betriebsorganisatorischen Aspekte Mensch, Technik und Organisation berücksichtigt sowie die vier Transformationsphasen Analyse des Ist-Zustands, Planung, Umsetzung und Kontrolle abdeckt. Dadurch werden die derzeit in deutschen Industrieunternehmen gängigen, sehr punktuell und zeitlich begrenzt betriebene Digitalisierungsbestreben auf eine methodisch abgesicherte Dimension gehoben.

Prof. Dr.-Ing. habil. Sascha Stowasser

Direktor des ifaa-Institut für angewandte Arbeitswissenschaft e. V.

Danksagung

Zuerst möchte ich mich bei all meinen wundervollen Kollegen bedanken. Die Zusammenarbeit mit solch offenen und freundlichen Persönlichkeiten war enorm inspirierend und machte die Dinge nur halb so schwer. Neben der Kooperation mit den weltweiten Fertigungs- und IT-Leitungsfunktionen sowie auch Industrie4.0-Koordinatoren bedanke ich mich bei meinen unmittelbaren Kollegen der zentralen Fertigungskoordination und damit bei Herrn Battino, Herrn Büdel, Frau Dreilich, Herrn Dr.-Ing. von Killisch-Horn sowie auch bei Herrn Weigand, welche ich auch neben dem Beruf sehr ins Herz geschlossen habe. Zusätzlich bedanke ich mich bei meinen betreuten Studenten und Mitarbeitern, Frau Jakob, Herrn Laufer, Herrn Paplauskas und Herrn Sachdeva, welche mich durch ihre Zuarbeit und Abschlussarbeiten unterstützt haben. Insbesondere danken möchte ich Frau Juliane Heß. Mit ihr hatte ich im Rahmen der weltweiten Werksbesuche und Analysen eine sehr anstrengende, aber auch vor allem einzigartige Zeit. Zuletzt möchte ich mich bei der Bosch Rexroth AG bedanken sowie meinem Vorgesetzten Herrn Dr.-Ing. Sauter, welcher mir die Möglichkeit gegeben hat, an solch zukunftsweisenden, interdisziplinären und essenziellen Themen zu arbeiten, wie der digitalen Transformation der weltweiten Fertigungsstandorte und mir den dafür erforderlichen Rahmen geboten haben.

Neben meinem beruflichen Umfeld möchte ich mich ausdrücklich beim Karlsruher Institut für Technologie und insbesondere meinem Betreuer Herrn Prof. Dr.-Ing. habil. Sascha Stowasser bedanken, welcher mich mit seiner wundervollen wertschätzenden Art auch durch schwierige Zeiten - sowohl wissenschaftlich aber auch menschlich - begleitet hat und mir jederzeit sehr wertvollen Input gegeben hat. Auch möchte ich mich bei Frau Prof. Dr. Dr.-Ing. Dr. h.c. Jivka Ovtcharova bedanken, welche das Korreferat für diese Arbeit übernommen hat, neben ihrer inspirierenden Forschungsarbeit, der sie so leidenschaftlich nachgeht.

Nicht zuletzt möchte ich auch bei meinem privaten und familiären Umfeld bedanken. Die Zeit während meines Studiums und der Promotion haben mir die Herren Dr. Doneit, Faßnacht, Haid, Dr. Hengst, Jöbstl, Kalapis, Möcklinghoff, Moll, Oehlen, Offenegger, Dr. Sarcher, Schlegelmilch, Schnack und Wiedmann vergoldet. Darüber hinaus bedanke ich mich bei meiner Schwester Julia sowie auch meinen Eltern Elke und Thomas, welche mir in allen Zeiten unermüdlich beigestanden haben. Auch danke ich meiner Verwandtschaft und dabei größtenteils meinen Schwiegereltern Donald und Stephanie, welche mir verständnisvoll die nötige Ruhe und Unterstützung bei meinen vereinzelten Besuchen gaben. Allen voran möchte ich meiner Frau Jennifer danken, welche mich bemerkenswert, liebevoll und unvergleichlich in all meinen Lebenslagen selbstlos aufgebaut, ermutigt sowie auch unterstützt hat. Ohne Dich wäre das nicht möglich gewesen. Als letztes möchte ich mich bei meiner wundervollen Tochter Nora bedanken, welche mir durch ihre Geburt die erforderliche Motivation gegeben hat, die Dissertation erfolgreich zu beenden. Meiner Tochter Nora widme ich deshalb dieses Buch.

Inhaltsverzeichnis

A Verzeichnisse

A.1 Abbildungsverzeichnis

A.2 Tabellenverzeichnis

A.3 Formelverzeichnis

A.4 Abkürzungsverzeichnis

AI	Artificial Intelligence (Künstliche Intelligenz)
AR	Augmented Reality
AGV	Automated Guided Vehicle
ATO	Assembly-to-Order (Geschäftsart)
BIP	Brutto-Inlands-Produkt
Bzw.	Beziehungsweise
CDO	Chief Digital Officer
COBIT	Control Objectives for Information and Related Technology
CIM	Computer Integrated Manufacturing
CPS	Cyber-Physische Systeme
DMAIC	Modell basierend auf Define, Measure, Analyse, Improve, Control
EAM	Enterprise Architecture Management
ERP	Enterprise Resource Planning
ETO	Engineer-to-Order (Geschäftsart)
HW	Hardware
I4.0	Industrie 4.0
ITIL	Information Technology Infrastructure Library
IoT	Internet of Things
IKT	Informations- und Kommunikationstechnologie
IT	Informationstechnologie
KI	Künstliche Intelligenz
KMU	Kleine und Mittelständische Unternehmen
KPI	Key Performance Indicator
KVP	Kontinuierlicher Verbesserungsprozess
MES	Manufacturing Execution System
MTM	Methods-Time Measurement (Arbeitsablauf-Zeitanalyse)
MTO	Manufacture-to-Order (Geschäftsart)
MTS	Manufacture-to-Stock (Geschäftsart)
NRW	Nordrhein-Westfalen
OEE	Overall Equipment Effectiveness
OM	Operations Management
PDCA	KVP-Modell basierend auf Plan, Do, Check, Act
PLM	Product Lifecycle Management
PLZ	Produktlebenszyklus
RADAR	Modell bestehend aus Results, Approach, Deployment, Assessment, Review
REFA	Verband für Arbeitsgestaltung, Betriebsorganisation und Unternehmens-entwicklung
ROI	Return of Investment
TOGAF	The Open Group Architecture Framework

TQM	Total Quality Management
SCM	Supply-Chain-Management
SLA	Service-Level-Agreement
SW	Software
SWOT	Analyse of Strengths, Weaknesses, Opportunities and Threats
vgl.	vergleiche
z.B.	zum Beispiel

1 Einführung

> „Hinter so werbewirksamen Schlagworten verbergen sich häufig weniger beleuchtete massive unternehmerische Herausforderungen und auch Risiken."[1]

1.1 Ausgangssituation

Der Begriff Industrie 4.0 (I4.0) wurde erstmals im Jahr 2011 auf der Hannover Messe Industrie erwähnt.[2] Das Zukunftsprojekt Industrie 4.0 ist ein zentrales Element der High-tech-Strategie der Bundesregierung.[3] Als ein Marketingbegriff[4] der Bundesregierung begonnen, entwickelte sich I4.0 immer mehr zu einem „Buzzword" und sein „Hype" nahm stetig zu.[5] I4.0 ist den meisten Unternehmen bekannt und wichtig, jedoch gibt es verschiedenste Definitionen und es fehlt ein klares und gemeinsames Verständnis.[6] Seit der Einführung wird der Begriff inflationär für verschiedene Anwendungsfälle und Technologien benutzt, auch wenn diese nur vermeintlich einen Bezug zur digitalisierten Produktion haben.[7] Schon bei der Industrie 3.0 war die Computerisierung im Fokus, welche heutzutage in Gänze noch gar nicht abgeschlossen ist.[8] Einige Kritiker sehen in I4.0 ausschließlich einen „Hype" und anstatt der angekündigten Revolution nur eine Evolution.[9] Andere wiederum betrachten I4.0 im sozio-technischen[10] Kontext und gehen von einer Revolution bis zu einem Zeithorizont bis 2050 aus.[11] Die Literatur und Medien bestärken die Möglichkeiten von I4.0. So werden I4.0 Technologien wie Cyber-physische Systeme (CPS), das Internet of Things (IoT) oder digitale und vernetzte Assistenzsysteme als Antwort auf Herausforderungen wie dem globalen Wettbewerb, dem demografischen Wandel und der Urbanisierung gesehen.[12]

---

[1] Grottke und Obermaier 2016.
[2] Erstmals erwähnt in Kagermann et al. 2011; Vgl. auch Schallmo et al. 2017, S. 62; Manzei et al. 2016, S. 18.
[3] Botthof und Hartmann 2015, S. 3; Kagermann et al. 2012.
[4] Rische et al. 2015, S. 2.
[5] Vgl. auch Roth 2016a; Dauner 2015, S. 27.
[6] Jeske et al. 2016, S. 115, 118; Vgl. auch ifaa 2015; Drath und Horch 2014.
[7] Bauernhansl et al. 2016, S. 5; Dauner 2015, S. 27.
[8] Obermaier 2016, S. 3 ff.
[9] Obermaier 2016, S. 3 ff.; Engleder und Dimmler 2015, S. 102.
[10] Leineweber et al. 2018.
[11] Giersberg 2018.
[12] BMBF 2013, S. 10-15.

© Der/die Autor(en), exklusiv lizenziert durch
Springer-Verlag GmbH, DE, ein Teil von Springer Nature 2021
M. Dommermuth, *Entwicklung und Anwendung eines konsekutiven integralen Transformationskonzeptes für Werke von Industrieunternehmen mit variantenreicher Fertigung*, ifaa-Edition, https://doi.org/10.1007/978-3-662-62823-2_1

Der Kern von I4.0 ist dabei die horizontale und vertikale Vernetzung und Integration vernetzter Produktionssysteme und CPS, welche Wertschöpfungsnetzwerte in Echtzeit[13] erfassen, steuern und die Wertschöpfung über den gesamten Produktlebenszyklus kontrollieren können. Aktuelle Daten von Prozessen ermöglichen dabei die effiziente Feinsteuerung und situative Entscheidungen. Die Voraussetzungen dafür sind kommunikationsfähige Produktionsmittel und deshalb unternehmensseitig in Zukunft vor allem die IT-Durchdringung und Know-How.[14] Die Anforderungen und Auswirkungen an die Produktion, welche in Zukunft mindestens genauso produktiv dazu jedoch noch flexibler und reaktionsfähiger werden muss, sind gewaltig.[15] Aufgrund dieser Anforderungen und Auswirkungen müssen Fertigungsunternehmen einschätzen können, welche Herausforderungen und Chancen I4.0 und die damit einhergehende digitale Transformation mit sich bringen wird.[16] Diese Abschätzung ist jedoch schwer möglich weshalb die Ableitung des unternehmensindividuellen Vorgehens zur Analyse, Planung, Umsetzung und Kontrolle von I4.0 eine große Herausforderung ist.

1.2 Problem- und Zielsetzung

1.2.1 Ziele und Auswirkungen durch Industrie 4.0

Mit dem Ziel, die Wettbewerbsfähigkeit des Produktionsstandortes Deutschland sicherzustellen, soll I4.0 in den nächsten Jahrzehnten beispielsweise durch die Vernetzung und autonome Steuerung der Fertigungen die vom Käufermarkt geforderte Individualisierung der Produkte ermöglichen.[17] Einen ähnlichen Ansatz verfolgte das Computer Integrated Manufacturing (CIM) aus den 70er Jahren, welcher jedoch aus mehreren Gründen scheiterte.[18] Neben unzureichenden IT-Technologien wie zu niedrigen Rechenleistungen und Übertragungsgeschwindigkeiten lag es vor allem an nicht-technologischen Aspekten, wie dem massiven Widerstand der Politik, Gewerkschaften und Gesellschaft, sowie den zu starren Organisationsstrukturen und der fehlenden Unternehmenskultur.[19] Der komplexe CIM-Ansatz schaffte es mit seiner Beschränkung auf die Automatisierung und Vernetzung letztendlich nicht, den Marktanforderungen (z.B. individuelle Produkte) durch eine ausreichende Flexibilität und Reaktionsgeschwindigkeit zu begegnen.[20] Es war kein ganzheitlicher Ansatz vorhanden und das sozio-technische System wurde nicht berücksichtigt.

---

[13] Nach DIN ISO/IEC 2382 wird Echtzeit als individuell definierte und in der Regel kurze Zeitspanne definiert, innerhalb welcher ein Rechensystem und seine Programme erforderliche Ergebnisse liefern muss.
[14] Plass 2015b, S. 479 ff.; Dombrowski und Wagner 2014, S. 351 f.; BMBF 2013, S. 10, 18 ff.
[15] Spath 2013, S. 132 ff.
[16] Röhrig 2016, S. 44; Forstner und Dümmler 2014, S. 199.
[17] Vgl. auch Giersberg 2018; Wollert 2018.
[18] Spöttl et al. 2019, S. 59.
[19] Syska 2018, S. 7; Roth 2016b.
[20] Spöttl et al. 2019.

Diese Aspekte versucht I4.0 im Gegensatz zu CIM zu adressieren, indem der Mensch in den Mittelpunkt der Produktionssysteme gerückt wird. Dieser soll durch I4.0 Ansätze und Technologien unterstützt werden, um beispielsweise die geforderte Individualität der Produkte und Dienstleistungen ermöglichen zu können.[21] Dies soll zu revolutionären Veränderungen führen, womit grundlegend neue Geschäftsmodelle und Marktveränderungen erforderlich werden könnten.

Die Folgen wären ein veränderter Aufbau, sowie auch andere Arbeitsbedingungen in der Fabrik der Zukunft, in der sich durch den Einsatz von I4.0 Technologien als Mittel die Arbeitswelt und die ganze Organisations- und Sozialstruktur eines Produktionssystems langfristig wandeln sollen.[22] Ebenfalls wie zu Beginn des CIM-Ansatzes wird auch I4.0 in den Anfängen entschleunigt.[23] Denn obwohl sich Industrieunternehmen durch I4.0 sowohl Chancen als auch große Potentiale versprechen, bremsen die Herausforderungen und Befürchtungen die Umsetzung vehement.[24] Die Durchdringung und der Fortschritt des Konzeptes I4.0 sowie der Stand der Forschung ist bei der immer steigenden Anzahl von I4.0 Technologien unbefriedigend, wohingegen parallel die Herausforderungen an die Industrie, auch im internationalen Kontext des Wettbewerbsdrucks, rasch zunehmen.[25] Die Umsetzung von I4.0 läuft deshalb in Deutschland und vor allem auch in der Fertigungsindustrie im internationalen Vergleich deutlich zu langsam ab, was die Gefahr mit sich bringt, dass die Konkurrenz aus dem Ausland an den deutschen Industrieunternehmen vorbeiziehen könnte.[26] Ganzheitliche und anwendbare Ansätze, welche die digitale Transformation zu I4.0 für Industrieunternehmen unter Berücksichtigung der konkreten Chancen und Risiken ermöglicht, kann die Forschung für die Praxis gegenwärtig nicht liefern.[27] So ist eine Strukturierung der tatsächlich zu erwartenden Auswirkungen von I4.0 auf die einzelnen Unternehmen bisher noch nicht geschehen.[28] Neben den Potentialen müssen Anforderungen an die Unternehmen und die Konsequenzen, wie beispielsweise die Auswirkungen auf die Beschäftigten, nicht nur berücksichtigt und untersucht, sondern auch erforscht werden.[29] Die bisherigen Zahlen und Fakten der Chancen und Herausforderungen basieren in der Regel nicht auf quantitativen und wissenschaftlich fundierten Praxisuntersuchungen, sondern hauptsächlich auf Annahmen, Schätzungen und qualitativen Befragungen in Umfragen oder Studien.[30]

---

[21] Roth 2016b.

[22] Vgl. auch Leineweber et al. 2018; Syska 2018; Barthelmäs et al. 2017.

[23] Giersberg 2018.

[24] Wischmann et al. 2015, S. 8.

[25] Rennung et al. 2016, S. 372 f.

[26] OECD 2018, S. 8; Kollmann und Schmidt 2016, S. 68 ff.; Kagermann et al. 2016, S. 28.

[27] Schumacher 2018.

[28] Kleindienst und Ramsauer 2015, S. 43.

[29] Vgl. auch Eierdanz et al. 2019, S. 68; Vernim et al. 2019, S. 71 ff.; acatech 2016, S. 9; Dombrowski und Wagner 2014, S. 352; Kagermann et al. 2012, S. 3, 23, 30, 38, 51.

[30] Vgl. auch Haertel et al. 2019, S. 174; Biesel 2018, S. 48 ff.; Kasselmann und Gebhardt 2017, S. 83 ff.; acatech 2016; IHK 2015; Wolter et al. 2015; McKinsey Digital 2015, S. 13; PwC - PricewaterhouseCoopers 2014; Spath 2013.

Die Potentiale wurden noch nicht validiert und sind schwer vorhersehbar und ihre Quantifizierung ist komplex und vielfältig (z.B. Produktivitätssteigerungen durch IT), weshalb
ein akuter Forschungsbedarf besteht, vor allem im Hinblick auf die Entwicklung entsprechender Konzepte und Methoden.[31]

1.2.2   Problemstellung: Gestaltung der Digitalen Transformation in Industrie-unternehmen

Nicht nur die Frage nach der Nutzenbewertung von I4.0 beschäftigt die Praxis, sondern
auch grundsätzlich welche Chancen und Herausforderungen sich durch I4.0 für die Unternehmen konkret ergeben.[32] Einer der Hauptgründe für die langsame Umsetzung von I4.0
ist die zu hohe Komplexität bei der Analyse, Bewertung, Planung und Umsetzung der
digitalen Transformation zu I4.0 in der Praxis, welche auch von bisherigen I4.0 Vorgehensmodellen und Organisationsstrukturen nicht ermöglicht wird.[33] Gegenwärtig gibt es
keine Blaupause und auch kein branchenspezifisches I4.0 Vorgehensmodell, keinen Ansatz oder Leitfaden, welche diese notwendigen Schritte für eine erfolgreiche Transformation abdecken.[34] Ein branchenspezifisches Modell wäre jedoch erforderlich, um konkrete
Maßnahmen für Unternehmen einer bestimmten Branche oder Struktur individuell ableiten zu können, wie z.B. ein I4.0 Transformationskonzept für Industrieunternehmen.[35]
Auch wenn bereits an dem Konzept der Fabrik der Zukunft gearbeitet wird, wissen die
Industrieunternehmen in der Regel nicht, wie man die Gestaltung und Transformation zu
ihr ermöglicht. Im Widerspruch dazu wird allseits von einer Schlüsselrolle des Menschen
in den Produktionssystemen der Zukunft ausgegangen, welche sich durch I4.0 grundlegend verändern sollen. Aufgrund dieses Gegensatzes sowie der Vorteile und der Notwendigkeit branchenspezifischer Modelle, fokussiert sich diese Arbeit auf die Branche der
produzierenden Industrieunternehmen mit variantenreicher Fertigung. Zum einen wurde
der Fokus darauf gelegt, weil der Anteil der Bruttowertschöpfung von Industrieunternehmen an der gesamten Bruttowertschöpfung in Deutschland im Vergleich zu anderen Wirt-
schaftsnationen sehr hoch ist.[36] Zum anderen, da die Anwendung von I4.0 in den Werken
und Fertigungsstandorten ein zentrales Element der Bestrebungen der Unternehmen und
ihren Verbänden ist.[37] Der zusätzliche Fokus der Arbeit auf Werke von Industrieunternehmen mit variantenreicher Fertigung macht es darüber hinaus möglich, ein breites Spektrum abzudecken.

---

[31] Obermaier und Schweikl 2019, S. 540 ff.; Obermaier 2016, S. 6; Weber 2015, S. 722; McKinsey
Digital 2015, S. 5; PwC - PricewaterhouseCoopers 2014, S. 36; Kagermann et al. 2012, S. 32.
[32] Röhrig 2016, S. 44; Reischauer und Schober 2016, S. 271.
[33] Hertwig 2018, S. 8; Wegener 2014, S. 346.
[34] Vgl. auch Terstegen et al. 2019.
[35] Vgl. auch Leineweber et al. 2018; Mittal et al. 2018.
[36] OECD 2019.
[37] Dais 2017, S. 261 ff.

Viele Industrieunternehmen, sowohl größere als auch KMUs, lassen sich aufgrund viel-zähliger Fertigungsausprägungen und Geschäftsarten, den variantenreichen Organisati-onstypen, Ablaufarten und Erzeugnisspektren und der grundsätzlich hohen Produktions-tiefe in dieses Spektrum einordnen.[38]

Die bisherigen I4.0 Vorgehensmodelle und Ansätze sind aufgrund des allgemeinen und generischen Aufbaus nicht ohne weiteres auf die Bedarfe von Industrieunternehmen an-wendbar.[39] Eine granulare Bewertung der Modelle und Analyse, warum sie nicht anwend-bar sind, ist noch nicht erfolgt. Diese Bewertung ist jedoch erforderlich, um die konkreten Gründe, warum die Modelle nicht anwendbar sind, sowie auch ihre Vorteile und Nachteile darstellen zu können.[40] Es steht bereits fest, dass die mehrdimensionale und ganzheitliche Gestaltung durch bisherige Modelle nicht oder nicht hinlänglich gelöst wurde.[41] Damit fehlen die integralen Ansätze, welche die Abschätzung der konkreten Chancen und Aus-wirkungen für Industrieunternehmen und deren Produktionssysteme in den Werken er-möglichen, wie beispielsweise die entstehenden Qualifizierungsbedarfe.[42] Dies bestätigt gegenwärtig die Praxis, welche die bisherigen Modelle als zu abstrakt und nicht umsetzbar bezeichnet. Ein konsekutiver und schrittweiser Aufbau fehlt, welcher den notwendigen Weg für die erfolgreiche Transformation zu I4.0 inklusive der prozessualen, organisatori-schen und IT-technischen Veränderungen beschreibt und ermöglicht. Die Anwendung in den jeweiligen Branchen wie beispielsweise in Industrieunternehmen mit variantenreicher Fertigung kann dadurch nicht erfolgen.[43] Hiermit besteht grundsätzlicher Forschungsbe-darf, dass ganzheitliche Ansätze noch zu entwickeln sind, welche auch Industrieunterneh-men eine individuelle und auch objektive Analyse, Bewertung, Planung und Umsetzung der digitalen Transformation zu I4.0 ermöglichen.[44] Darüber hinaus fehlt den gegenwärtig technik-fokussierten Ansätzen die Berücksichtigung des gesamten sozio-technischen Sys-tems, obwohl diese ganzheitliche und integrale Berücksichtigung für eine erfolgreiche di-gitale Transformation zu I4.0 dringend erforderlich ist. Ohne eine sozio-technische Be-trachtung mit dem Menschen im Mittelpunkt kann das Potential von I4.0 in Werken von Industrieunternehmen mit variantenreicher Fertigung weder abgebildet noch abgeschöpft werden.[45]

---

[38] Dürrschmidt 2001, S. 20 ff.
[39] Vgl. auch Kersten et al. 2014.
[40] Vgl. auch Müller et al. 2018a.
[41] Dommermuth 2019, S. 1; Vgl. auch Leineweber et al. 2018.
[42] Metternich et al. 2018, S. 8; acatech 2016, S. 9.
[43] Schumacher 2018, S. 17.
[44] Vgl. auch Dommermuth 2019; Metternich et al. 2018; Hanschke 2018.
[45] Vgl. DIN e.V. 2018; Leineweber et al. 2018; Müller et al. 2018a; Schuh et al. 2017; Bauer et al. 2014.

1.2.3 Zielsetzung: Entwicklung konsekutives und integrales I4.0 Transformationskonzept

Für die Weiterentwicklung der Werke mit ihren bestehenden Produktionssystemen zu I4.0 muss ein geeignetes, anwendbares, konsekutives und integrales Transformationskonzept entwickelt werden.[46] Dieses Transformationskonzept muss neben den klassischen technischen Aspekten das gesamte sozio-technische System der Werke inklusive der Wechselwirkungen und Zusammenhänge von Industrieunternehmen betrachten. Ansonsten kann eine erfolgreiche Umsetzung von I4.0 nicht gewährleistet werden.[47] Dabei ist es wichtig, dass das Transformationskonzept im Gegensatz zu den bisherigen Modellen nicht nur generell vorgeht und Empfehlungen allgemeiner Art gibt.

Das Transformationskonzept muss vor allem die Rahmenbedingungen der Werke berücksichtigen inklusive der besonderen Anforderungen im Produktionsbereich.[48] So können die Anforderungen im Produktionsbereich sich zu denen im restlichen Unternehmen unterscheiden, da beispielsweise bestehende Maschinen nur mit ausgedienten und nicht weiter supporteten Betriebssystemen betrieben werden können was die Anforderungen an die IT-Sicherheit stark erhöht.

Basierend auf den Ausführungen wird die Zielsetzung der Arbeit nachfolgend zusammengefasst. Zuerst muss im Rahmen der Arbeit konkretisiert werden, welche Betrachtungsfelder (z.B. IT-Sicherheit oder Kultur) ein branchenspezifisches Konzept wie beispielsweise für Industrieunternehmen mit variantenreicher Fertigung fokussieren muss, um alle relevanten sozio-technischen Aspekte zu berücksichtigen. Darüber hinaus muss aufgezeigt werden, welche Bedarfe ein solches Unternehmen für die Implementierung von I4.0 in den Werken hat. Auch soll im Rahmen der Arbeit eine detailliertere Bewertung von gegenwärtigen I4.0 Ansätzen und Modellen erfolgen, welche diese in der erforderlichen Granularität kategorisiert, vergleicht und bewertet, um einerseits konkrete Lücken aber auch Stärken der einzelnen Ansätze zu erfassen und anderseits entsprechende Anforderungen an die Entwicklung des I4.0 Transformationskonzeptes ableiten zu können. Anschließend soll ein branchenspezifisches, konsekutives und integrales Transformationskonzept zur Analyse, Bewertung, Planung, Umsetzung und Kontrolle der digitalen Transformation zu I4.0 mit dem Fokus auf die Anwendbarkeit in Werken von Industrieunternehmen mit variantenreicher Fertigung entwickelt werden. Zuletzt muss die Anwendbarkeit validiert werden, indem das entwickelte Transformationskonzept und seine Bestandteile in mehreren Werken von Industrieunternehmen mit variantenreicher Fertigung eingesetzt wird.

---

[46] Bauernhansl et al. 2016, S. 17, 18.
[47] Leineweber et al. 2018.
[48] Kersten et al. 2014, S. 383.

1.3 Aufbau und Vorgehensweise

Der in der Abbildung 1 dargestellte Aufbau der Arbeit orientiert sich an der Zielsetzung aus Kapitel 1.2, der Entwicklung eines anwendbaren, konsekutiven und integralen Transformationskonzeptes zur Analyse, Planung, Umsetzung und Kontrolle der digitalen Transformation zu I4.0 in Werken von Industrieunternehmen mit variantenreicher Fertigung.

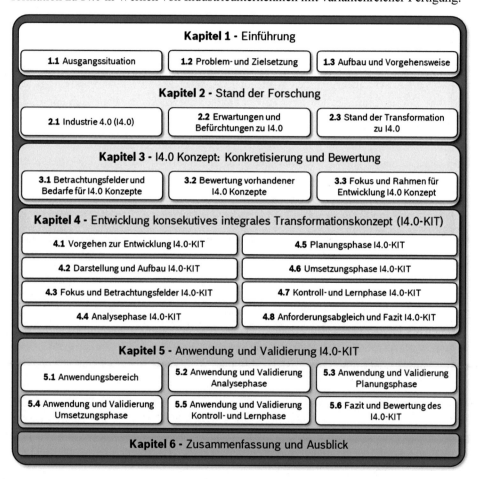

Abbildung 1 - Aufbau der Arbeit

Zunächst ist es erforderlich, fachliche Grundlagen von I4.0 zu erörtern und relevante Begriffe für die Bearbeitung der Aufgabenstellung zu definieren. Die Basis hierfür bildet eine Literaturrecherche. Das **Kapitel 2** beginnt deshalb im Abschnitt 2.1 mit der für den weiteren Verlauf der Arbeit relevanten Eingrenzung des Anwendungsbereiches und den Begriffen sowie Grundlagen zu I4.0. Anschließend werden im Abschnitt 2.2 im Rahmen einer umfassenden internationalen Literaturrecherche die Erwartungen und Risiken hinsichtlich I4.0 beleuchtet.

Abschließend wird im Abschnitt 2.3 der Forschungsbedarf bei der Transformation zu I4.0 in Werken von Industrieunternehmen mit variantenreicher Fertigung analysiert, die Forschungslücke eingegrenzt und Ansätze zur Quantifizierung der Potentiale von I4.0 aufgezeigt.

Im **Kapitel 3** werden die Forschungsbedarfe konkretisiert und der Fokus sowie die Rahmenbedingungen für ein I4.0 Transformationskonzept in Werken von Industrieunternehmen mit variantenreicher Fertigung erörtert. Zunächst werden die relevanten Schritte und sozio-technischen Betrachtungsfelder für ein I4.0 Transformationskonzept konkretisiert und im Anschluss die Notwendigkeit sowie detaillierten Bedarfe im Abschnitt 3.1 belegt. Im nächsten Abschnitt 3.2 werden vorhandene Ansätze für die Transformation zu I4.0 hinsichtlich ihres Umfangs und ihrer Anwendbarkeit in Werken systematisch und in der erforderlichen Granularität bewertet.

Abschließend bildet die Analyse der vorhandenen Rahmenbedingungen in den Werken von Industrieunternehmen sowie die durchgeführte Bewertung die Grundlage für die Ableitung und Zusammenfassung des Fokus und der Rahmenbedingungen in Abschnitt 3.3. Sie beschreibt damit die Anforderungen an die Entwicklung des I4.0 Transformationskonzeptes.

Im **Kapitel 4** erfolgt die Entwicklung des I4.0 Transformationskonzeptes für die Analyse, Planung, Umsetzung und Kontrolle von I4.0 in Werken von Industrieunternehmen mit variantenreicher Fertigung. Zuerst wird im Abschnitt 4.1 das Vorgehen zur Entwicklung des konsekutiven und integralen Transformationskonzeptes (I4.0-KIT) aufgezeigt. Im Anschluss wird in Abschnitt 4.2 der generelle Aufbau des Transformationskonzeptes dargestellt sowie die stufenweise Vorgehensweise genauer beschrieben und mit bisherigen erprobten Ansätzen für Problemlöseprozesse aus der Praxis verglichen. Im Anschluss wird in Abschnitt 4.3 der Fokus des I4.0-KIT abschließend beschrieben sowie die dazugehörigen relevanten sozio-technischen Betrachtungsfelder. In den darauffolgenden Abschnitten werden die einzelnen Phasen des I4.0-KIT inklusive der anzuwendenden Ansätze und Methoden sowie die Berücksichtigung der erforderlichen Stakeholder zur Anwendung der Phasen in der Praxis beschrieben. In der Analysephase im Abschnitt 4.4 werden zunächst das entwickelte Reifegradmodell zur Ermittlung der Ausgangssituation, der Zielsetzung und der Ableitung von Handlungsfeldern und Maßnahmen beschrieben sowie quantifizierbare Kennzahlen für den Reifegrad, den Zielzustand und die Potentiale in den Werken abgeleitet. Die Planungsphase in Abschnitt 4.5 fokussiert die konkrete Planung der Transformation sowie die dazugehörigen vorhandenen und eigens entwickelten Ansätze und Methoden unter besonderer Berücksichtigung der zu berücksichtigenden Themenfelder wie beispielsweise der Ableitung der IT-Landschaft oder die Potential- und Wirtschaftlichkeitsberechnung der Use-Cases. Die Umsetzungsphase des Abschnitts 4.6 erläutert zuerst die einzusetzenden Umsetzungsformen und beschreibt im Anschluss ein Steuerungs- und Kollaborationsmodell für die Umsetzung und Steuerung der digitalen Transformation zu I4.0 inklusive der erforderlichen Schritte.

Im Abschnitt 4.7 wird die Kontroll- und Lernphase beschrieben, welche vor allem die Methoden und Kennzahlen zur Potentialquantifizierung und Kontrolle der Zielerreichung durch eine Umsetzungsverfolgung fokussiert. Im letzten Abschnitt 4.8 wird das entwickelte Modell mit den abgeleiteten Anforderungen verglichen, verifiziert und ein Fazit gebildet.

Im **Kapitel 5** wird das entwickelte I4.0-KIT durch die internationale Anwendung der einzelnen Phasen und Methoden in elf Werken eines Industrieunternehmens mit variantenreicher Fertigung validiert. Hierfür werden die Phasen des Transformationskonzeptes im Rahmen von Fallbeispielen erprobt, der Fokus liegt dabei vor allem auf der Anwendbarkeit und der Ableitung und Quantifizierung konkreter Potentiale. Zuerst wird im Abschnitt 5.1 der Anwendungsbereich konkret beschrieben. Anschließend wird die Anwendung der Analysephase in Abschnitt 5.2, der Planungsphase in Abschnitt 5.3, der Umsetzungsphase in Abschnitt 5.4 und der Kontroll- und Lernphase in Abschnitt 5.5 in entsprechenden Fallbeispielen gezeigt und validiert. Im letzten Abschnitt 5.6 wird ein Fazit nach der Anwendung gezogen und anschließend das I4.0-KIT entsprechend der wissenschaftlichen Gütekriterien Objektivität, Reliabilität und Validität bewertet.

Im letzten **Kapitel 6** werden die Arbeit und ihre Ergebnisse zusammengefasst und ein Ausblick gegeben, indem unter anderem auch zusätzlich gewonnene Erkenntnisse aufgezeigt werden.

2 Stand der Forschung

2.1 Industrie 4.0 (I4.0)

2.1.1 Industrieunternehmen mit variantenreicher Fertigung

Für die Darstellung und Einordnung des Schwerpunktes der Arbeit ist die Abgrenzung produzierender Industrieunternehmen mit variantenreicher Fertigung erforderlich. Hierfür werden produzierende Industrieunternehmen hinsichtlich ihrer Wirtschaftssektoren und Wirtschaftszweige abgegrenzt sowie die Eigenschaften einer variantenreichen Fertigung aufgezeigt.

Ein Unternehmen steht aufgrund seiner vielzähligen Beziehungen, Einflussfaktoren und Abhängigkeiten unmittelbar mit seiner Umwelt im Austausch und lässt sich davon als Organisation nur relativ abgrenzen.[49] Daher kann allgemein ein Unternehmen entsprechenden Wirtschaftssektoren und Wirtschaftszweigen oder auch Branchen zugeordnet werden. Fourastié untergliederte die Wirtschaft 1949 dafür in drei Sektoren, welches auch die Drei-Sektoren-Theorie genannt wird.[50] Die drei Sektoren sind dabei der primäre Sektor bzw. Urproduktion (beispielsweise Land- und Forstwirtschaft), der sekundäre Sektor bzw. industrielle Sektor (beispielsweise produzierende Industrie) und der tertiäre Sektor bzw. Dienstleistungssektor (beispielsweise gewerbliche Dienstleistungen).[51] Im Zuge des Wohlstands und der Produktivitätssteigerungen kommt es stetig und langfristig zu einer Verlagerung der Verteilung der Produktionsfaktoren von dem primären und sekundären Sektor in den tertiären Sektor. Seitdem ist der Anteil des tertiären Sektors in den führenden Industrienationen heutzutage vergleichsweise hoch. Spätestens seit dem Ende des 20. Jahrhunderts gibt es deshalb Bestrebungen für weitere Untergliederungen des tertiären Sektors in zusätzliche Sektoren, wie beispielsweise dem Quartärsektor für IT-Dienstleistungen.[52] Da der tertiäre Sektor grundsätzlich alle Dienstleistungen beinhaltet, wird im Rahmen der Arbeit auf zusätzliche Sektoren als weitere Untergliederung verzichtet. Die verschiedenen Branchen und einzelnen Wirtschaftszweige sind durch sogenannte NACE-Codes aufgelistet.[53] Basierend auf dem aktuellen Stand der NACE-Codes der europäischen Kommission und der Drei-Sektoren-Theorie wird in der Abbildung 2 die Einordnung produzierender Industrieunternehmen für den weiteren Verlauf der Arbeit exemplarisch in Rot dargestellt.[54]

---

[49] Känel 2018, S. 15.
[50] Fourastié 1949.
[51] Vgl. auch Fassott 1995, S. 15.
[52] Leimeister 2012, S. 7 ff.
[53] vgl. auch Zenke und Vollmer 2016.
[54] NACE-Codes Europäische Kommission 2008.

© Der/die Autor(en), exklusiv lizenziert durch
Springer-Verlag GmbH, DE, ein Teil von Springer Nature 2021
M. Dommermuth, *Entwicklung und Anwendung eines konsekutiven integralen Transformationskonzeptes für Werke von Industrieunternehmen mit variantenreicher Fertigung*, ifaa-Edition, https://doi.org/10.1007/978-3-662-62823-2_2

Abbildung 2 - Einordnung produzierender Industrieunternehmen, eigene Darstellung

Produzierende Industrieunternehmen sind also Unternehmen verschiedener Branchen und Wirtschaftszweige, welche dem produzierenden Gewerbe und somit dem industriellen Sektor zugeordnet werden können. Industrieunternehmen zeichnen sich dabei durch die Produktion und Herstellung von Sachgütern aus. Sie erstellen in der Regel in Großproduktion Sachleistungen wie Produkte durch eine Fertigung innerhalb ihrer Werke unter der Verwendung von Material, Produktionsmitteln und Wissen, sowie dem Einsatz von Arbeitsteilung, Automatisierung und Mechanisierung.[55] Industrieunternehmen grenzen sich daher in mehreren Aspekten, wie beispielsweise durch deutlich größere Auftragsvolumen, Betriebsgrößen oder Losgrößen, von klassischen Handwerksunternehmen ab. Aufgrund der technischen Entwicklungen wie den individuelleren Fertigungstechniken, der Veränderung des Käufermarktes sowie dem Einzug der Informatik wird die Abgrenzung zwischen den beiden Unternehmensformen heutzutage jedoch erschwert.[56] Auch werden die aus der Massenherstellung der Industrieunternehmen stammenden hohen Anforderungen an Produktions- und Qualitätsstandards, wie beispielsweise der Automobilindustrie, immer stärker auch auf Industrieunternehmen mit niedrigeren Losgrößen, Stückzahlen oder auch größeren Differenzierung der Produkte übertragen.[57]

Im Rahmen dieser Arbeit wird aufgrund der verschwimmenden Grenzen das breite Spektrum an Industrieunternehmen weiter eingegrenzt. Daher wird nachfolgend zwischen Industrieunternehmen der Großproduktion bzw. Massenherstellung und Industrieunternehmen mit variantenreicher Fertigung unterschieden. Dabei zeichnet sich die variantenreiche Fertigung durch ein breites Produktionsprogramm aus, welches sich in Serien-, Kleinserien- und Einzelfertigung untergliedert. Dieses Produktionsprogramm soll dabei kleinen und mittelständigen Unternehmen (KMUs) sowie auch Konzernen die Erzeugung von kundenspezifischen Produkten und Sachleistungen ermöglichen, welche am Markt eine immer größer werdende Rolle spielen. Das breite Produktionsprogramm erfordert die Fertigung in unterschiedlichen Geschäftsarten und führt zu einer hohen Produktvielfalt, Produktvarianz und großem Produktportfolio und daher oft zu kleineren Losgrößen.[58]

---

[55] Vgl. auch Rösner 1998, S. 75 ff.; Hauff 1974, S. 22 f.
[56] Rösner 1998, S. 77.
[57] Sauter und von Killisch-Horn 2010, S. 36.
[58] Sauter und von Killisch-Horn 2010, S. 38 ff.

Prinzipiell können zwischen vier Geschäftsarten unterschieden werden:[59]

- Make to Stock (MTS):
  Variantenarme Produkte hoher Stückzahlen, mit konstanter und vorhersagbarer Kundennachfrage, welche überwiegend auf Lager produziert werden.
- Assemble to order (ATO):
  Nach Auftragseingang zusammengebaute variantenreiche Produkte mittelhoher Stückzahlen, basierend auf bekannten Baugruppen, mit weniger konstanter und weniger vorhersagbarer Kundennachfrage.
- Make to order (MTO):
  Nach Auftragseingang gefertigte variantenreiche Produkte niedriger Stückzahlen, mit inkonstanter und unvorhersehbarer Kundennachfrage.
- Engineer to order (ETO):
  Nach Auftragseingang entwickelte und anschließend gefertigte individuelle Produkte sehr niedriger Stückzahlen, mit inkonstanter und unvorhersehbarer Kundennachfrage.

Aufgrund der Produktvarianz zeichnen sich Industrieunternehmen mit variantenreicher Fertigung durch die Abdeckung mehrerer Geschäftsarten aus, insbesondere ATO, MTO und ETO.[60]

Basierend auf den bisherigen Ausführungen und den Definitionen sowie Abgrenzungen nach Känel (2018), Sauter und von Killisch-Horn (2010), Dürrschmidt (2001), Rösner (1998), Higgins (1996) und Schweitzer (1994) werden Industrieunternehmen mit variantenreicher Fertigung nachfolgend im Rahmen der Arbeit definiert.[61]

Industrieunternehmen mit variantenreicher Fertigung	Unter Industrieunternehmen mit variantenreicher Fertigung werden marktwirtschaftlich agierende Wirtschaftseinheiten verstanden, wie ökonomisch und juristisch selbstständige Einzelunternehmen oder Gesellschaften, in denen Menschen oder Cyber-Physische Systeme variantenreiche Produkte fertigen, unter dem Einsatz von Material, Produktionsmitteln und Wissen. Die Fertigung der Produkte erfolgt dabei in den Werken bzw. Fertigungsstandorten der Industrieunternehmen durch die Anwendungen der Automatisierung, Mechanisierung und Arbeitsteilung. Industrieunternehmen mit variantenreicher Fertigung zeichnen sich durch die Abdeckung mehrerer Geschäftsarten aus, von der Einzelfertigung, über Auftragsfertigung geringer Losgrößen bis hin zur variantenreichen Serienfertigung.

---

[59] Auf Basis der manufacturing environments von Rao 2004, S. 507 f.; bzw. Higgins et al. 1996, S. 12-17.
[60] Vgl. auch Dürrschmidt 2001, S. 20 ff.
[61] Schweitzer 1994, S. 20; Rösner 1998, S. 76; Sauter und von Killisch-Horn 2010, S. 38; Känel 2018, S. 15 ff.; Higgins et al. 1996, S. 12 ff.

Die Definition von Industrieunternehmen mit variantenreicher Fertigung ermöglicht die Einordnung und Abgrenzung der Unternehmenstypen. Im Rahmen der Arbeit wurde dafür die Abgrenzung nach Schweitzer (1994) aufgegriffen und in der Abbildung 3 um weitere Aspekte sowie die Eigenschaften von Industrieunternehmen mit variantenreicher Fertigung ergänzt.

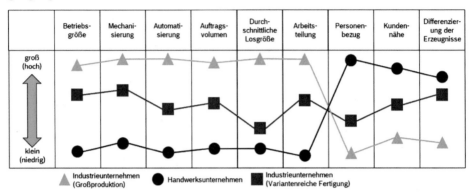

Abbildung 3 - Abgrenzung: Industrieunternehmen (Großproduktion), Handwerksunternehmen und Industrieunternehmen (Variantenreiche Fertigung) in Anlehnung an Schweitzer (1994)[62], eigene Darstellung

Die Fertigungsarten einer variantenreichen Fertigung zeichnet sich in der Häufigkeit der Leistungswiederholung in den Produktionsprozessen aus. Diese reicht von der Losgröße 1 bei der Einzelfertigung und ETO bis hin zur variantenreichen Serienfertigung mit charakteristischen Losgrößen zwischen 10 und 1000 Stück. Die Ausprägung der Fertigung in den Werken ist in Industrieunternehmen mit variantenreicher Fertigung oft sehr unterschiedlich.

Dabei sind die wesentlichen Merkmale variantenreicher Fertigung die in der Regel komplexen Strukturen, ein schwankender Nachfrageverlauf, kundenorientierte und auftragsbezogene Fertigung, eine sehr hohe Produktionstiefe und vor allem verschiedene Ablaufarten und Organisationstypen in der Fertigung.[63] Um die genannten Ausprägungen der variantenreichen Fertigung zuzuordnen, wurde die auf den Betriebstypologien nach Schomburg (1980) und Rabus (1980) basierende Charakterisierung nach Dürrschmidt (2001) erweitert und darin die Klassifizierung von Industrieunternehmen mit variantenreicher Fertigung entsprechend ihrer Ausprägungen in der Tabelle 1 dargestellt.[64] Die dunkelblau hinterlegten Felder stellen dabei die häufigste Ausprägung dar und die hellblau hinterlegten Felder die weniger häufigen Ausprägungen. Die weiß hinterlegten Ausprägungen treffen auf die variantenreiche Fertigung nicht zu.

---

[62] Schweitzer 1994, S. 21.
[63] Dürrschmidt 2001, S. 20 ff.
[64] Dürrschmidt 2001, S. 21; Vgl. auch Rabus 1980; Schomburg 1980.

Typologisches Merkmal	Ausprägung 1	Ausprägung 2	Ausprägung 3	Ausprägung 4
Geschäftsart	Engineer to Order (ETO)	Make to Order (MTO)	Assemble to Order (ATO)	Make to Stock (MTS)
Erzeugnisspektrum	Erzeugnisse nach Kundenspezifikation	Typisierte Erzeugnisse mit kundenspezifischen Varianten	Standarderzeugnisse mit Varianten	Standarderzeugnisse ohne Varianten
Erzeugnisstruktur	Einteilige Erzeugnisse	Mehrteilige Erzeugnisse mit einfacher Struktur	Mehrteilige Erzeugnisse mit komplexer Struktur	
Auftragsauslösungsart	Produktion auf Bestellung mit Einzelaufträgen	Produktion auf Bestellung mit Rahmenverträgen	Produktion auf Lager	
Nachfrageverlauf	Sporadisch	Schwankend / saisonal	progressiv	linear
Produktionstiefe	Produktion mit geringer Tiefe	Produktion mit mittlerer Tiefe	Produktion mit großer Tiefe	
Beschaffungsart	Fremdbezug unbedeutend	Fremdbezug in größerem Umfang	Weitestgehender Fremdbezug	
Dispositionsart	Kundenauftragsorientiert	Überwiegend kundenauftragsorientiert	Überwiegend Programmorientiert	Programmorientiert
Ablaufart in der Fertigung	Baustellenfertigung	Werkstattfertigung	Gruppen- / Linienfertigung	Fließfertigung
Ablaufart in der Montage	Baustellenmontage	Gruppenmontage	Reihen- / Linienmontage	Fließmontage

Tabelle 1 - Klassifizierung und Ausprägungen der Industrieunternehmen mit variantenreicher Fertigung

2.1.2 Entstehung und Definition I4.0

Der 2011 entstandene[65] Terminus Industrie 4.0 (I4.0) beschreibt die bevorstehende vierte industrielle Revolution. I4.0 verfolgt als ein von der Bundesregierung definiertes Zukunftsprojekt[66] das zentrale Ziel, die Wettbewerbsfähigkeit des Produktionsstandortes Deutschlands sicherzustellen, indem die Industrie innovative Informations- und Kommunikationstechnologien und CPS einsetzt (Anwender) sowie selbst entwickelt (Anbieter).[67]

---

[65] Erstmals erwähnt in Kagermann et al. 2011; Vgl. auch Schallmo et al. 2017, S. 62; Manzei et al. 2016, S. 18.
[66] Botthof und Hartmann 2015, S. 3; Kagermann et al. 2012.
[67] Roth 2016a, S. 5.

Abbildung 4 - Industrielle Revolutionen[68], eigene Darstellung

Die Abbildung 4 zeigt die durch Roth (2016a) und Bauernhansl et al. (2017) beschriebenen bisherigen industriellen Revolutionen und ordnet I4.0 ein. Die erste industrielle Revolution mechanisierte Arbeitsprozesse durch den Einsatz der von Papin und Watt[69] erfundenen, mit Dampf betriebenen Kraftmaschine und führte zur Industrialisierung. Folgen der ersten industriellen Revolution waren ausbleibende Hungerkatastrophen und eine Bevölkerungsexplosion. Die zweite industrielle Revolution ermöglichte mithilfe der durch Taylor und Ford initiierten und umgesetzten Arbeitsteilung durch den Einsatz von Elektrizität die Massenproduktion am Fließband. Sie legte den Grundstein für die konsumorientierte Wohlstandsgesellschaft. Die dritte industrielle Revolution ermöglichte die Automatisierung durch den Einsatz von Elektronik und IT, vor allem als Basis der Serienproduktion. Die Folgen dieser Revolution waren vor allem die Marktsättigung und die Entwicklung zu Käufermärkten. Die vierte industrielle Revolution soll durch den Einsatz von CPS und IoT alle Systeme vernetzen und durch die autonome Steuerung die vom Käufermarkt geforderte Individualisierung der Produkte ermöglichen. Die Folgen dieser Revolution sind wie bereits im Kapitel 1.2 erwähnt aktuell noch nicht abschätzbar. Ob es sich bei I4.0 tatsächlich um eine Revolution handelt, kann zum jetzigen Zeitpunkt nicht bewertet werden, auch da der Zeithorizont zur Umsetzung von I4.0 bis zu 2050 eingeschätzt wird.[70] Das Ziel sei, unabhängig ob Revolution oder Evolution, im Rahmen der durchgängigen Vernetzung und dem Einsatz von CPS und IoT langfristig die Wettbewerbsfähigkeit des deutschen Industriestandorts zu sichern.[71] Die Arbeit fokussiert daher das für die digitale Transformation zu I4.0 erforderliche Vorgehen und möchte nicht die Frage abschließend beantworten, ob es sich bei I4.0 um eine Revolution oder Evolution handelt.

---

[68] Bauernhansl et al. 2017, S. 1 f.; Roth 2016a, S. 5 f.
[69] Hering 1907, S. 1.
[70] Giersberg 2018.
[71] Wollert 2018.

Dennoch wird betont, dass I4.0 technisch gesehen überwiegend evolutionäre Züge hat wie beispielsweise die konstant steigenden Datenübertragungsgeschwindigkeiten. Auch Wollert (2018) geht deshalb rein technisch betrachtet von einer kanalisierten und zwangsläufigen Evolution durch I4.0 aus. Im Gegensatz zu den bisherigen industriellen Revolutionen, welche immer technologiebasiert die sukzessive Substitution des Faktors Mensch durch eine Maschine ermöglichten, werden die revolutionären Auswirkungen bei I4.0 überwiegend das gesamte sozio-technische System betreffen, also beispielsweise die Art der Arbeit und die Rahmenbedingungen der Unternehmen (z.B. erforderliche Qualifikationen insbesondere in der IT oder auch neue Arbeitsformen und -modelle).[72]

Bereits bei dem gescheiterten Computer Integrated Manufacturing (CIM) Ansatz aus den 70er Jahren gab es eine ähnliche Vorstellung, dass die Automatisierung und Vernetzung eine grundlegende Änderung der industriellen Produktion zur Folge hat.[73] Gründe für das Scheitern von CIM waren neben den fehlenden IT-Technologien[74] wie IT-Infrastrukturen, Datensysteme und Übertragungstechniken vor allem auch die nicht technologischen Aspekte. So gab es seitens der Bundesrepublik Deutschland und der deutschen Gesellschaft massive Widerstände gegen die geplante durchgängige Automatisierung und Vernetzung, vor allem im Hinblick auf die daraus entstehenden Probleme, wie beispielweise dem Entfall vorhandener Arbeitsplätze.[75] Zusätzlich war die notwendige Kultur für die erfolgreiche Umsetzung des CIM Ansatzes nicht gegeben, welche durch starre Strukturen und Hierarchien sowie die nicht vorhandene Fehlerkultur und Risikobereitschaft geprägt war. Daher suchte die Automatisierung mit ihren Lösungen und Technologien vergebens Probleme, welche sie lösen konnte, anstatt das eigentliche Problem der vorhandenen schlechten Organisationen zu lösen, welches im Rahmen der Produktionssysteme und dem Lean Ansatz später erfolgreich adressiert wurde.[76] Die Marktdifferenzierung und das Verlangen der Kunden nach individuellen Produkten erfordert vor allem große Flexibilität und Reaktionsfähigkeit, welches der starre CIM Automatisierungsansatz mit seinen komplexen Systemen nicht ermöglichte.[77] Die genannten Schwächen des CIM sollen mit I4.0 jedoch adressiert werden, weshalb es neben demselben Kern der Automatisierung und Vernetzung wesentliche Unterschiede gibt. Entgegen dem Ansatz der zentralen Datenverarbeitung und detaillierten Vorausplanung des CIM stehen bei I4.0 humanzentrierte dezentrale Systeme im Fokus, welche intelligent, flexibel und schnell auf Veränderungen reagieren sollen.[78] Anstatt einer menschenarmen, hoch automatisierten und computerintegrierten Produktion wird der Mensch in den Mittelpunkt als Entscheider gerückt, welcher von den I4.0 Technologien unterstützt, aber nicht ersetzt werden soll.[79]

---

[72] Syska 2018, S. 2.
[73] Spöttl et al. 2019, S. 59 ff.
[74] Roth 2016b, S. 20 f.
[75] Syska 2018, S. 7; Geitner 1991, S. 470 ff.
[76] Syska 2018, S. 7, 14.
[77] Geitner 1991, S. 472 ff.
[78] Spöttl et al., S. 59 ff.
[79] Roth 2016b, S. 20 f.

Ein weiterer zentraler Unterschied ist, dass I4.0 als Antwort auf die steigenden Marktanforderungen wie beispielsweise Individualität der Produkte gedacht wird und nicht die Technologien ein passendes Problem suchen müssen. Aus diesen Unterschieden ergeben sich die revolutionären Züge von I4.0. Das Verhältnis von Kunde, Produzent und Lieferant wird sich verschieben und daher müssen Geschäftsmodelle neu gedacht werden. Die Software-Entwicklung kann beispielsweise zum Kunden wandern und den Fabrikausrüster und Lösungsanbieter zum Hardware-Lieferanten reduzieren. Die Produktion kann dadurch das Monopol über die Wertschöpfung verlieren. In Zukunft wird die Wertschöpfung insbesondere im Rahmen der „Appification" stärker in der Programmierung von Software, Plattformen und datenbasierten Geschäftsmodellen stattfinden. Aufgrund der sich daraus ergebenden Entwicklungen und Marktveränderungen wird von der Fabrik der Zukunft eine völlig andere Aufbauorganisation gefordert, wie beispielsweise eine schnelle Anpassungsfähigkeit der Geschäftsprozesse und der Wertschöpfungskette, sowie auch offene IT-Systeme und temporäre Netzwerke mit Partnern und Mitarbeitern. Durch die Abbildung der individuellen Wünsche der Menschen und Unternehmen könnten von überall beziehbare, erschwingliche und vom Kunden eigenständig bestimmte Produkte und Dienstleistungen selbstverständlich werden, was sich in einer sozialen Veränderung sowie Ansprüche der Kunden wiederspiegeln würde. Die Folgen in der beschriebenen Fabrik der Zukunft wären veränderte Arbeitsbedingungen und Belastungen, welche sich beispielsweise durch andere Arbeitszeiten, Arbeitsinhalte oder auch den Abbau der menschlichen Kommunikation auszeichnen könnte. Die Technologie ist bei I4.0 daher nur ein Mittel und die Auswirkungen davon betreffen die gesamte Organisations- und Sozialstruktur eines Produktionssystems, welche die Arbeitslandschaft langfristig verändern wird.[80] Im Rahmen der Arbeit kann daher - unabhängig davon, ob es sich bei I4.0 um eine Revolution handeln wird - zusammengefasst werden, dass zur erfolgreichen Umsetzung der oben genannten Marktanforderungen und den dafür notwendigen I4.0 Technologien und Ansätzen alle sozio-technischen Aspekte eines Unternehmens berücksichtigt werden müssen und man sich im Gegensatz zu CIM nicht ausschließlich auf die Technologien und damit nur auf die Automatisierung und Vernetzung beschränken darf.

Begriff Industrie 4.0

Eine einheitliche Definition gibt es für den Begriff „Industrie 4.0" gegenwärtig nicht und so unterscheiden sich bisherige Definitionen sowohl in ihrem Detaillierungsgrad als auch in ihrem fachlichen Fokus und eine klare Abgrenzung, was I4.0 für die Wirtschaft und Gesellschaft bedeutet, fehlt.[81] Die Konkretisierung und Definition von I4.0 wird sich daher auch aufgrund des sich stetig ändernden Standes der Forschung aktuell nicht finden. Betrachtet man bisherige Definitionen, wie beispielweise von Kagermann et al. (2013), so definieren diese visionär einen Zustand der Industrie, der noch in weiter Zukunft liegt und meist in verschiedenen Szenarien beschrieben wird.

---

[80] Syska 2018, S. 7-15; Roth 2016b, S. 6; Barthelmäs et al. 2017, S. 33 ff.; Geitner 1991, S. 470-474; vgl. auch Leineweber et al. 2018.
[81] Vgl. Leineweber et al. 2018; Barthelmäs et al. 2017; Roth 2016b, S. 5.

Im Rahmen der Arbeit ist daher eine langfristig gültige Definition von I4.0 nicht ableitbar. Sie fasst deshalb bereits beschriebene I4.0 Zukunftsszenarien zusammen, um die Vision und Zielsetzung von I4.0 zu beschreiben. Hierfür wird die auf den gängigsten Definitionen von I4.0, wie beispielsweise der von Kagermann, Bitkom und Spath basierende Beschreibung nach Leineweber (2018) im Rahmen dieser Arbeit aufgegriffen und daraus abgeleitet I4.0 als Zukunftsszenario und somit als prognostizierten Zustand der produzierenden Industrie der Zukunft zusammenfassend beschrieben.[82]

| Industrie 4.0 (I4.0) | Das Zukunftsszenario Industrie 4.0 beschreibt intelligente Fabriken, welche Produktionssysteme autonom und in Echtzeit steuern. Die Basis hierfür bilden Systeme basierend auf Künstlicher Intelligenz, Cyber-physischen-Systemen und dem Internet of Things und damit vor allem Daten, die horizontale und vertikale Vernetzung von Fertigungsstandorten sowie die Digitalisierung und Automatisierung der beteiligten Geschäftsprozesse. |

Das beschriebene Zukunftsszenario ermöglicht eine weite Interpretation und die Ableitung der konkreten Chancen und Risiken für die produzierende Industrie ist nicht ohne weiteres möglich. Da die Arbeit das für die digitale Transformation zu I4.0 erforderliche Vorgehen entwickeln soll, muss es die Chancen und Risiken von I4.0 miteinbeziehen, was eine umfassende Konkretisierung erforderlich macht. Dafür wird der aktuelle Stand der Forschung hinsichtlich der zu erwartenden Chancen durch I4.0 im Kapitel 2.2.1 und der bevorstehenden Risiken durch I4.0 im Kapitel 2.2.2. im Rahmen einer umfassenden internationalen Literaturrecherche erfasst, analysiert und bewertet. Dies liefert eine Grundlage zur Abschätzung der Rahmenbedingungen für die Entwicklung des I4.0 Transformationskonzeptes in Kapitel 4.

2.1.3 Daten als Basis und neuer Rohstoff der Zukunft

In Kapitel 1 wurde bereits von einer zunehmenden IT-Durchdringung, der Digitalisierung sowie der voranschreitenden Verschmelzung von IT und Maschinenbau gesprochen. Dabei wird Daten eine sehr hohe Bedeutung zugeschrieben. Dies zeigen unter anderem die vielzählig zitierten Phrasen „data is the new currency"[83] aus dem Jahr 2000 sowie „Data ist the New Oil!"[84] aus dem Jahr 2006. Neben diesen Phrasen hat bereits auch Bundeskanzlerin Angela Merkel auf dem Digitalisierungskongress auf die Bedeutung von Daten im Rahmen von I4.0 hingewiesen und bezeichnete sie ebenfalls als den „neuen Rohstoff der Zukunft".[85] Aufgrund der Bedeutung von Daten für I4.0 und die digitale Transformation ist es im Rahmen der Arbeit erforderlich, eine Analyse und Einordung des Begriffes „Daten" durchzuführen.

---

[82] Leineweber et al. 2018, S. 22 f.; Vgl. BITKOM 2015; Spath 2013; Kagermann et al. 2012.
[83] IPC 2000, S. 14.
[84] Humbly 2006; Vgl. auch Aiken und Harbour 2017.
[85] Brauckmann 2019, S. 9.

Es gibt bereits zahlreichende Publikationen, welche sich intensiv von der Analyse bis zu ihrer Definition mit den Begriffen Daten, Informationen und Wissen auseinandersetzen.[86] Grundsätzlich wird in der Literatur zwischen Zeichen, Daten, Information und Wissen unterschieden, welche aufeinander aufbauen.[87] In der Abbildung 5 wird dieser aufbauende Zusammenhang dargestellt.

Abbildung 5 - Daten, Information und Wissen in Anlehnung an Treiblmaier und Hansen sowie Dickel

Die Basis des aufeinander aufbauenden Zusammenhangs bilden die Zeichen. Unter Zeichen werden Buchstaben, Zahlen sowie auch Sonderzeichen verstanden, welche dem Menschen helfen, seine Umwelt, Zustände und Sachverhalte zu beschreiben.[88] Erst wenn diesen Zeichen eine Syntax und Struktur hinzugefügt wird, werden diese zu Daten, also Sinn ergebene Zeichenketten (z.B. 720 MPa). Um daraus eine Information zu generieren, müssen diese Daten um eine Semantik erweitert werden, womit den Daten eine Bedeutung zugeordnet wird (z.B. der Druck auf der Oberfläche beträgt 720 MPa). Fehlt den Daten diese Interpretation, so können beispielsweise Unternehmen sie nicht unmittelbar verwerten. In diesem Kontext wird deshalb auch aufgrund der zahlreichen nicht interpretierten Daten von einer Datenflut und einem dem gegenüberstehenden Informationsmangel gesprochen.[89] Doch selbst Informationen fehlt grundsätzlich ein Kontext. Durch das Hinzufügen dieses Zwecks entsteht Wissen, also Informationen mit handlungsleitender Pragmatik (z.B. der Druck auf der Oberfläche liegt mit 720 MPa über dem empfohlenen Grenzwert, was kurzfristig zu einem Bauteilversagen führen wird).[90]

Mit diesem aufeinander aufbauenden Zusammenhang konnten die Begriffe zwar eingeordnet, jedoch noch nicht definiert werden. Die Definitionen von Daten, Informationen und Wissen sind aufgrund der verschiedenen Betrachtungsperspektiven gänzlich verschieden.[91] Das allgemeine meist umgangssprachliche Begriffsverständnis unterscheidet sich von den technischen und informationstechnischen Definitionen.[92] Die Bandbreite der Definitionen wird beispielsweise bei dem Begriff „Daten" deutlich, welcher sich von informationstechnisch verarbeiteten Zeichen auf einem Datenträger bis hin zu objektiv wahrnehmbaren Bildern erstreckt.[93]

---

[86] Vgl. beispielsweise Krcmar 2015; Pfüller und Brodersen 2013; Minkus 2011; Heise 2011; North 2011; Müller 2009; Dickel 2009; Bäppler 2009; Gust von Loh 2009; Stowasser 2006; Treiblmaier und Hansen 2006.

[87] Heise 2011, S. 58; Dickel 2009, S. 22; Müller 2009, S. 26; Treiblmaier und Hansen 2006, S. 24 ff.

[88] Pfüller und Brodersen 2013, S. 7.

[89] Krcmar 2015, S. 11.

[90] Krcmar 2015, S. 11 f.

[91] Pfüller und Brodersen 2013, S. 8.

[92] Minkus 2011, S. 9 f.

[93] Pfüller und Brodersen 2013, S 7. f.

Ein aktuelles Beispiel ist der irreführende Begriff „Datenschutz", bei welchem weniger die Angst vor den gestohlenen Daten an sich besteht, sondern mehr vor den gestohlenen Informationen und Wissen.[94] Aber auch die Begriffe „Informationen" und „Wissen" werden variantenreich definiert. Unter „Information" wird umgangssprachlich eine Mitteilung und Nachricht verstanden, im informationstechnischen Kontext sind es Daten mit einem Zweckbezug.[95] Beim Begriff „Wissen" sind es unterschiedliche fachgebietsspezifische Definitionen welche sich von humanzentrierten bis hin zu technologischen Beschreibungen erstrecken, weshalb es auch hier keine allgemein geteilte Definition gibt.[96]

Da bei der digitalen Transformation und I4.0, dem fachlichen Schwerpunkt dieser Arbeit, die IT eine hohe Bedeutung hat, werden informationstechnische Definitionen fokussiert, welche sich an dem zusammenhängenden Aufbau in der Abbildung 5 anlehnen. Die Begriffe Daten, Information und Wissen werden deshalb basierend auf den im Rahmen der Arbeit untersuchten Definitionen mit informationstechnischem Fokus zusammengefasst: Basierend auf den Ausführungen von Gust von Loh (2009), Minkus (2011) und North (2011) werden Daten im Rahmen der Arbeit wie folgt definiert:

Daten	Unter Daten versteht man Zeichen und Zeichenfolgen mit einer strukturierten Syntax, welche sich auf einem Datenträger befinden und noch nicht interpretiert sind.

Krcmar (2015) hat sich intensiv mit verschiedensten Definitionen von Informationen auseinandergesetzt, welche die Grundlage dieser Definition bilden:

Informationen	Informationen sind eine definierte Menge an Daten, welche eine Bedeutung haben und einem Zweck dienen. Sie bilden damit eine immaterielle Unternehmensressource, welche dazu dient, Entscheidungen oder Handeln vorzubereiten als unterstützendes Element von Tätigkeiten und Prozessen.

Gust von Loh hat im Rahmen des Wissensmanagements zahlreiche Definitionen des Begriffes Wissen analysiert. Diese Analyse dient als Basis der Begriffsdefinition von Wissen:

Wissen	Wissen ist die zweckdienliche Vernetzung von Informationen. Mit dem Rohstoff, den Informationen, wird ein Bezug hergestellt. Wissen ist somit ein Zusammenspiel der Erfahrungen, Kenntnisse und Fähigkeiten, die zur Lösung von Problemen eingesetzt werden. In der IT können neben Menschen auch Computer Wissensträger sein.

---

[94] Witt 2010, S. 2 ff.
[95] Minkus 2011, S. 10.
[96] Bäppler 2009, S. 8 ff.

2.1.4   Technologische Ansätze von I4.0

Wie in den vorangehenden Kapiteln erwähnt wurde handelt es sich bei I4.0 technisch gesehen überwiegend um eine Evolution und damit überwiegend um bereits bekannte Technologien. Eine Aufzählung aller Technologien ist daher nicht zielführend, zumal es keine
Standard I4.0 Lösungen gibt[97], welche hier aufgeführt werden könnten. Es wird im Rahmen dieses Kapitels daher die I4.0 Definition aus Kapitel 2.1.2 aufgegriffen und die hierin
enthaltenen Begriffe KI, CPS und IoT aufgrund variantenreicher Definitionen abgegrenzt
und definiert.

Künstliche Intelligenz (KI)

Grundsätzlich gibt es das Konzept der „Künstlichen Intelligenz" (KI) bzw. englisch „Ar-
tificial Intelligence" (AI), also dass Intelligenz auch außerhalb des menschlichen Gehirns
geschaffen werden kann, schon seit ihrer Geburtsstunde auf der Dartmouth Konferenz
1956. Die stark gestiegene Rechenleistung sowie die mittlerweile vorhandenen Datenmengen geben der KI heutzutage einen neuen Auftrieb.[98] So wird KI unter anderem als Grundlage für die Realisierung von autonomen hochautomatisierten Systemen gesehen und ist
deshalb auch Bestandteil der digitalen Transformation zu I4.0.[99] In den Unternehmen
kommt daher immer häufiger KI-basierte Software zum Einsatz, wobei das zukünftige
Ausmaß in den verschiedenen Branchen aktuell noch nicht vorhersagbar ist.[100] Analog zu
dem Begriff I4.0 gibt es jedoch alleine beim Begriff „Intelligenz" und damit auch bei KI
vielzählige unterschiedliche Definitionen und daher keine übergreifende, einheitliche und
allgemeingültige Definition.[101] Um den Begriff KI jedoch abgrenzen und einordnen zu
können, wird er basierend auf verschiedenen Publikationen[102] zusammenfassend wie folgt
beschrieben.

Künstliche Intelligenz (KI)	Künstliche Intelligenz (KI) beschreibt einen Bereich der Informatik, der sich mit dem Erwerb kognitiver Fähigkeiten beschäftigt, um durch den Einsatz von Technologien wie beispielsweise Computersysteme ein an menschlichen Lern- und Entscheidungsprozessen orientiertes intelligentes Verhalten zu zeigen (z.B. Problemlösung und Mustererkennung). Es erweitert die Grundprinzipien der EDV, Eingabe, Verarbeitung und Ausgabe um die Dimension Lernen und Verstehen.

---

[97] IHK 2015, S. 56.
[98] Buxmann und Schmidt 2019, S. 4; Bünte 2018, S. 1; Gläß 2018, S. 6.
[99] VDI 2018.
[100] Gläß 2018.
[101] Buxmann und Schmidt 2019, S. 6; Barthelmeß und Furbach 2019, S. 7; Mester 2018, S. 576;
Nahrstedt 2006, S. 303.
[102] Felfernig et al. 2019, S. 492; Buxmann und Schmidt 2019, S. 6; Gläß 2018, S. 5; Bünte 2018,
S. 5.

Cyber-Physische Systeme (CPS)

Cyber-Physische Systeme (CPS) wurden von Gill erstmals im Jahr 2008 beschrieben.[103] Die Abbildung 6 stellt den prinzipiellen Aufbau eines CPS dar.

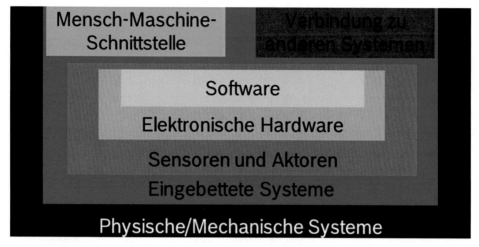

Abbildung 6 - Zwiebelschalenstruktur des CPS in Anlehnung an Broy (2010)[104]

Die Abbildung zeigt, dass CPS aus verschiedenen Komponenten und Systemen bestehen können. Die Besonderheit ist dabei die Verknüpfung von realen (physischen) Komponenten, wie beispielsweise Sensoren und Aktoren, mit virtuellen Komponenten, wie beispielsweise Software. Sie ermöglichen durch die Sensorik die Informationsaufnahme und über die Aktoren die Steuerung physikalischer Vorgänge. Sie können damit grundlegend als mechatronische Systeme verstanden werden, welche um die Kommunikation über das Internet erweitert werden. Hierbei ist die Vernetzung über Hierarchieebenen hinaus (z.B. Automatisierungspyramide) ein Kernelement. Zusätzlich können CPS auch weitere Beteiligte wie z.B. den Menschen beinhalten. Die Summe der einzelnen CPS ergibt dabei das Cyber-Physische Produktionssystem.[105] Aufgrund der Interaktion und Integration des Menschen z.B. über die Mensch-Maschine-Schnittstelle kann das CPS auch als soziotechnisches System interpretiert werden. Aufgrund der Analogie zur Abbildung 6 wird die Definition der CPS nach Hanschke (2018) aufgegriffen und um die aufgeführten Beschreibungen ergänzt.[106]

Cyber-Physische Systeme (CPS)	CPS sind vernetzte Systeme mit integrierter Software und Elektronik, die über Sensoren und Aktoren mit der Umgebung verbunden sind. Über die Sensoren werden Daten für die Systeme verfügbar, welche über Aktoren auf Vorgänge der realen Welt einwirken.

---

[103] Wollert 2018; Gill 2008.
[104] Broy 2010, S. 24.
[105] Czichos 2019, S. 333 ff.; Drossel et al. 2018, S. 199 ff.; Schuh et al. 2016, S. 3; Veigt et al. 2013.
[106] Hanschke 2018.

Internet of Things (IoT)

Die Forschung beschäftigt sich spätestens seit 1991 und dem Ubiquitous Computing intensiv mit der zunehmenden Vernetzung physischer Dinge.[107] Eine Intensivierung dieser Überlegungen erfolgt heutzutage aufgrund der voranschreitenden Miniaturisierung elektronischer Komponenten und deren starken Preisverfalls, welcher es ermöglicht, Prozessoren, Speicherbausteine, Kommunikationstechnik, Lokalisierung und Sensoren in viele Alltagsgegenstände zu integrieren, um diesen einen Mehrwert zu verleihen. Hinter dem Begriff Internet of Things (IoT) welcher eng[108] mit I4.0 verbunden ist steckt die selbe Vision einer Welt smarter Alltagsgegenstände welche über das Internet miteinander kommunizieren können.[109] Neben den gesellschaftlichen Bedenken zu diesen Überlegungen, wie beispielsweise zur Informationssicherheit, sehen gerade Befürworter des IoT in der Integration zwischen physischer und realer Welt große Vorteile, wie beispielsweise für das Supply Chain Management, bei welchem sich unter anderem digitale Regelkreise schließen lassen.[110] Schätzungen gehen diesbezüglich davon aus, dass es ab 2020 schon über 100 Milliarden vernetzte Gegenstände geben soll.[111] Nachdem das IoT in verschiedenste Bereiche wie beispielsweise den Agrar-, Gesundheits-, Mobilitätsbereich Einzug[112] gehalten hat gibt es für diesen Begriff mittlerweile ein allgemeines Grundverständnis. Rayes und Salam beschreiben dieses Verständnis als die vollständige Vernetzung von:

- Menschen: Vernetzung von Menschen in dienlicheren Wegen.
- Daten: Umformen von Daten in Wissen, um bessere Entscheidungen zu treffen.
- Prozessen: Bereitstellung der richtigen Information zum richtigen Zeitpunkt an die richtige Person oder Gerät.
- Dingen: Physische Geräte und Objekte, untereinander und mit dem Internet vernetzt, um das Treffen von intelligenten Entscheidungen zu ermöglichen.

In ihrer Auffassung ist das heutige Internet das Internet der Menschen, da hauptsächlich Applikationen vernetzt sind, welche von Menschen genutzt werden. IoT könnte im Gegensatz dazu als das „Internet der Dinge" interpretiert werden, bei denen ausschließlich „Dinge", also Geräte und Objekte, miteinander kommunizieren. Unter IoT wird jedoch nach allgemeiner Auffassung sowohl das „Internet der Dinge" als auch das „Internet der Menschen" verstanden, weshalb im Rahmen der Arbeit die Definition nach Rayes und Salam als Basis genommen wird.[113]

Internet of Things (IoT)	IoT ist ein Netzwerk, welches Dinge (mit Geräteidentifikation, eingebetteter künstlicher Intelligenz und Fähigkeiten wie Wahrnehmung und Ausführung) sowie Menschen über das Internet vernetzt.

---

[107] Weiser 1991, S. 94 f.
[108] Hüning 2019, S. 1 ff.
[109] Mattern und Flörkemeier 2010, S. 107 ff.; bzw. vgl. Mattern 2005, S. 39 f.
[110] Schleupner 2016, S. 1 ff.; Fleisch et al. 2005, 4.
[111] Andelfinger und Hänisch 2015, S. 9.
[112] Azmoodeh et al. 2019, S. 1.
[113] Rayes und Salam 2017, S. 4.

2.1.5   Volkswirtschaftliche I4.0 Strategie Deutschlands: Anbieter und Anwender

Seit 2012 wird an der Vision Industrie 4.0 als zentrales Zukunftsprojekt aus der High-Tech-Strategie[114] 2020 der Bundesregierung gearbeitet. Das primäre Ziel ist hierbei die langfristige Sicherstellung und Erhaltung der Wettbewerbsfähigkeit durch die vernetzte und intelligente Digitalisierung des Hochlohn-Standorts Deutschland. Deutschland hat nicht nur in Europa einen vergleichsweisen hohen Anteil des produzierenden Gewerbes an der Gesamtwertschöpfung. Vor allem die produzierenden Industrieunternehmen wie der Maschinen- und Anlagenbau sind einer der bedeutendsten Wirtschaftsfaktoren Deutschlands. Die Abbildung 7 zeigt den Anteil der produzierenden Industrie an der Gesamtwertschöpfung von den Nationen mit dem höchsten Brutto-Inlands-Produkt (BIP).

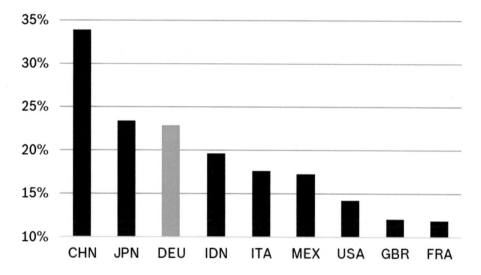

Abbildung 7 - Anteil produzierender Industrie an dem BIP der Länder, eigene Darstellung[115]

Mit den aktuellen Entwicklungen der Informationstechnologie gewinnt auch in der industriellen Produktion die Digitalisierung und Wandlungsfähigkeit der Betriebe zunehmend an Bedeutung.[116] Die Umsetzungsempfehlungen für das Zukunftsprojekt Industrie 4.0 zielt dabei auf Deutschland als führenden Anbieter von I4.0 ab (Entwicklung und Verkauf von I4.0 Produkten und Technologien) und zugleich als führenden Anwender dieser Technologien um intelligente Wertschöpfungsnetze zu gestalten.[117] Seit 2013 sind dabei 470 Mio € vom Bundesforschungsministerium BMBF für das Thema I4.0 gefördert worden.[118]

---

[114] BMBF 2013.
[115] Eigene Berechnungen, basierend auf den Daten des OECD 2019.
[116] Wollert 2018, S. 177 f.
[117] Kagermann et al. 2013, S. 33.
[118] Ahrens und Spöttl 2018, S. 175.

Die im Jahr 2015 gegründete Plattform Industrie 4.0 der Branchenverbände, welche fest in der Digitalen Agenda[119] der Bundesregierung verankert ist, treibt dabei die Umsetzung des Ziels, dass sich deutsche Industrieunternehmen als führende Anbieter sowie Anwender für I4.0 und deren Lösungen etablieren.[120] Ein Beispiel dafür ist die deutsche Robert Bosch GmbH, welche sich im Rahmen der I4.0 Doppelstrategie als Leitanwender und Leitanbieter von I4.0 positioniert. Dabei werden I4.0-Technologien und I4.0-Produkte entwickelt und parallel in weltweit über 270 Werken umgesetzt, insbesondere im Rahmen von Pilotprojekten.[121]

Aber nicht nur in Deutschland, sondern auch im internationalen Vergleich hat die Digitalisierung der Fertigungsindustrie für die Unternehmen sowie die Nationen mit einem entsprechend hohen Anteil produzierenden Gewerbes einen hohen Stellenwert. Beispiele hierfür sind die Strategie „Made in China 2025", welche die flächendeckende Modernisierung der Fertigungsindustrie in China mit umfangreichen Fördermitteln, wie beispielsweise 43 Mrd € von 2015-2017, anstrebt, oder die Strategien „Manufacturing Innovation 3.0" sowie der „IoT Masterplan", welche auf bis zu 10.000 leistungsfähige intelligente Fabriken in Südkorea abzielen, um die Produktionskapazitäten spürbar zu erhöhen, wie durch 1,8 Mrd € Förderungen für KMUs.[122] Somit versprechen sich Nationen und Unternehmen der produzierenden Industrie vor allem auch durch die Anwendung von I4.0 die langfristige Sicherstellung der Wettbewerbsfähigkeit.

2.2 Erwartungen und Befürchtungen zu I4.0

Wie im Kapitel 1.1 erwähnt, wird I4.0 weitgehend als Antwort auf unternehmerische Herausforderungen, wie z.B. dem globalen Wettbewerb, der zunehmenden Marktvolatilität und steigenden Kundenanforderungen gesehen und deshalb vor allem mit Chancen und Potentialen verbunden. Das Potential von I4.0 und seinen Technologien wird branchenübergreifend als hoch[123] eingeschätzt, obwohl das Zukunftsszenario I4.0 auf verschiedene Weisen interpretiert und beschrieben wird. Neben den zahlreichen Erwartungen und steigenden Hoffnungen werden mit I4.0 im Allgemeinen aber auch Befürchtungen, wie der Fachkräftemangel, Kosten oder auch Cyberkriminalität verbunden.[124]

Da im Rahmen dieser Arbeit die Implementierung von I4.0 sowie auch die digitale Transformation im Fokus stehen ist es erforderlich, diese Erwartungen und Chancen sowie auch die Befürchtungen und Risiken seitens der Industrie und Forschung tiefer zu analysieren und aufzubereiten. Im Zeitraum von Oktober 2016 bis März 2017 sowie von Januar bis Mai 2019 wurde deshalb eine umfassende internationale Literaturrecherche nach Erwartungen und Chancen sowie auch nach Befürchtungen und Risiken von I4.0 durchgeführt.

---

[119] Bundesministerium des Innern et al. 2017, S. 18.
[120] Dais 2017, S. 261 ff.
[121] Aßmann und Resenhoeft 2017; Bürger und Tragl 2017.
[122] Zenglein und Holzmann 2018, S. 7; Voigt et al. 2018, S. 333; Kagermann et al. 2016.
[123] Wischmann et al. 2015, S. 8.
[124] ifaa 2015, S. 27 f.

Der Fokus der Recherche lag auf Publikationen seitens der Industrie und Wissenschaft. Die Zielsetzung hierbei war es, bisherige Schätzungen und Expertenbefragungen zum Thema I4.0, sowie weitere publizierte Erkenntnisse aus der Praxis und Wissenschaft nach ihren am häufigsten genannten und vermuteten Erwartungen und Befürchtungen zu analysieren. Bei der Literaturrecherche wurde deshalb jeweils nach den Begriffen „Chancen", „Möglichkeiten" und „Erwartungen" sowie nach den Begriffen „Befürchtungen", „Risiken" und „Herausforderungen" jeweils in Kombination mit den Begriffen „Industrie 4.0", „Digitalisierung" und „Digitale Transformation" gesucht. Ebenfalls wurden englischsprachige Publikationen berücksichtigt und jeweils nach den Begriffen „Chances", „Opportunities" und „Expectations" sowie „Risks" und „Threats" in Kombination mit „Industry 4.0", „Digitalization" und „Digital Transformation" gesucht. Die Literaturrecherche umfasste die Kataloge des Springer Wissenschaftsverlag, der IEEE Xplore Digital Library sowie der Suchmaschinen Google und Google Scholar. Im Rahmen der Auswertungen der 193 identifizierten Quellen wurden für die ermittelten Chancen und Erwartungen sowie für die ermittelten Befürchtungen und Risiken zusammenfassende Überbegriffe abgeleitet und die identifizierten Textpassagen der Quellen diesen Überbegriffen zugeordnet. Die Zuordnung ermöglicht dabei das breite Spektrum an verschiedenen Chancen und Erwartungen sowie Befürchtungen und Risiken in wenige kompakte Bereiche einzuteilen.

Um die Relevanz der ermittelten Erwartungen und Befürchtungen einordnen zu können, wurden diese nach der Häufigkeit ihrer Nennung gewichtet und die jeweils zehn am häufigsten genannten in absteigender Reihenfolge aufgelistet. Weitergehend wurden für die zehn am häufigsten genannten Erwartungen und Befürchtungen der aktuelle Stand der Forschung auf Basis der ermittelten Aussagen der Quellen zusammenfassend beschrieben. Dieser dient dabei als Grundlage zur Erfassung der Rahmenbedingungen und zur Ableitung der Zielsetzung im Rahmen der Entwicklung des ganzheitlichen Transformationskonzeptes. Die Ergebnisse zu den Erwartungen und Chancen werden dabei im Kapitel 2.2.1, die Ergebnisse zu den Befürchtungen und Risiken im Kapitel im Kapitel 2.2.2 dargestellt.

2.2.1   Clusterung der Erwartungen und Chancen

Im Rahmen der Literaturrecherche konnten 238 Textpassagen mit verschiedenen Erwartungen und Chancen ermittelt werden. Um die Relevanz der einzelnen Erwartungen einschätzen zu können, wurden diese nach der Häufigkeit ihrer Nennung gewichtet und die zehn am häufigsten genannten in absteigender Reihenfolge aufgelistet, wobei die Anzahl der Nennungen in den Klammern zu finden ist.

Wie in Abbildung 8 aufgezeigt, sind die Erwartungen bezüglich I4.0 die Erhöhung der Flexibilität und Agilität (46), die Steigerung der Produktivität (44), das Erschließen neuer Geschäftsmodelle (24), die steigende Vernetzung (17), die Reduktion der Kosten (17), die Beherrschung der Komplexität (15), die Verbesserung der Wettbewerbsfähigkeit (14), die Erhöhung der Qualität (11), die Bewältigung des demografischen Wandels (11) und die steigende Transparenz (7).

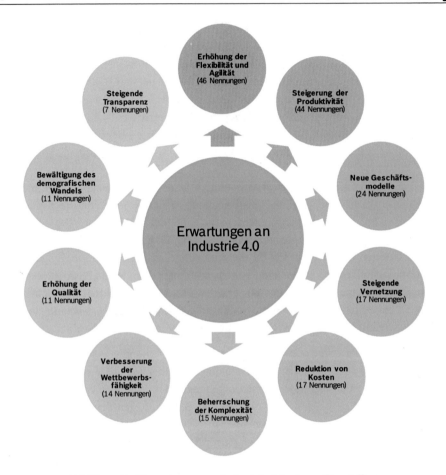

Abbildung 8 - Erwartungen an Industrie 4.0, eigene Darstellung

Wie im Kapitel 2.1.2 aufgezeigt wurde, ist es aufgrund des aktuellen Stands der Forschung erforderlich die Auswirkungen, Chancen und Risiken von I4.0 einzugrenzen und zu beschreiben. Die im Rahmen der Literaturrecherche analysierten Erwartungen werden deshalb nachfolgend zusammengefasst dargelegt. Zum einen dient dies als Grundlage für die Erfassung der Rahmenbedingungen sowie zur Ableitung der Inhalte und der Zielsetzung zur Entwicklung eines konsekutiven und integralen Transformationskonzeptes, welches alle relevanten Schritte und Betrachtungsfelder zur erfolgreichen Umsetzung von I4.0 betrachten soll. Die Erwartungen zeigen dabei genauer auf, welche Potentiale bei der Transformation zu I4.0 ausgeschöpft werden könnten und ob diese in ihrer Höhe bereits quantifiziert worden sind. Zum anderen kann weiterer Forschungsbedarf aufgezeigt werden, welcher beispielsweise auch im Rahmen der Entwicklung des I4.0 Transformationskonzeptes adressiert werden muss. So können beispielsweise Erwartungen, welche zwar oft genannt, jedoch nicht genauer bewertet wurden, im Rahmen der Arbeit entsprechend quantifiziert werden.

1. Erhöhung der Flexibilität und Agilität

Mit 46 Nennungen wird im Rahmen der Literaturrecherche bei I4.0 am häufigsten die Erhöhung der Flexibilität und der Agilität erwartet, welche sich durch die entstandenen starren Fertigungssysteme im Rahmen der bisherigen Revolutionen stark verringerte.[125] Beispielweise wird mit I4.0 auch der Begriff „Losgröße 1" verbunden.[126] Dabei unterscheidet sich die betriebliche Agilität von der betrieblichen Flexibilität dahingegen, dass erstere die Flexibilität und Reaktionsfähigkeit bei unerwarteten Veränderungen[127] und damit vor allem im strategischen Kontext beschreibt und letztere die planbaren Veränderungen auf hauptsächlich operativer Ebene.[128] Als Gründe für die Steigerung der betrieblichen Flexibilität und Agilität werden zumeist die dezentrale Planung der Produktion, das Aufbrechen starrer Wertschöpfungsketten, die Vernetzung und Kommunikation der Maschinen, autonome und selbstoptimierende Fertigungs- und Logistikeinrichtungen, die Dynamisierung von Standards, die Verkürzung der Lead-Time, die dynamische Geschäftsprozessgestaltung, die Transparenz und die Optimierung von Instandhaltungsprozessen aufgelistet.[129] Die hier genannten Gründe sowie ihre Auswirkungen und Potentiale wurden nicht quantifiziert oder validiert.

2. Steigerung der Produktivität

Im Rahmen der Literaturrecherche wurde zur Steigerung der Produktivität zusätzlich die Steigerung der Effizienz und Effektivität zugeordnet, da die Produktivität als Zusammenspiel[130] von Effektivität und Effizienz verstanden wird. Mit 44 Nennungen wird am zweit häufigsten durch I4.0 eine Steigerung der Produktivität erwartet. Als meistgenannter Grund für die steigende Produktivität wird die Einführung von I4.0 Technologien verbunden. So sollen beispielsweise selbstoptimierende Produktionssysteme, CPS, massendatenbasierte Prognosen, disruptive Technologien, Kollaboration, Integration von IT-Systemen sowie Prozessschritten in Wertschöpfungsnetzwerke, die Digitalisierung und Erhöhung des Automatisierungsgrades durch die IT-Durchdringung maßgeblich zu den erwarteten Produktivitätssteigerungen beitragen.[131] Die Produktivitätspotentiale durch I4.0 werden hierbei mit 5% bis hin zu 55% beziffert.[132]

---

[125] Bauernhansl et al. 2016, S. 5, 14; Engleder und Dimmler 2015, S. 102; PwC - PricewaterhouseCoopers 2014, S. 20; Bauer et al. 2014, S. 5; Forstner und Dümmler 2014, S. 199; Kagermann et al. 2012, S. 3, 12, 16.

[126] Reinhart 2017, S. 45 f.

[127] Zobel 2005, S. 233.

[128] Möslein-Tröppner 2010, S. 49.

[129] Brettel et al. 2016a, S. 94; acatech 2016, S. 9; Wang et al. 2016, 167; Roth 2016a, S. 7; Rische et al. 2015, S. 3; BCG - The Boston Consulting Group 2015, S. 2; Wehle und Dietel 2015; Zhou et al. 2015 - 2015.

[130] Dommermuth 2016, S. 34.

[131] Brettel et al. 2016a, S. 93; Metternich et al. 2016, S. 80; Bauernhansl et al. 2016, S. 10; Roth 2016a, S. 3; McKinsey Digital 2015, S. 7; Plass 2015a, S. 20; Schuh et al. 2014, S. 53 ff.; Forstner und Dümmler 2014, S. 199.

[132] ifaa 2017; Niegsch 2016, S. 6; Bauernhansl et al. 2016, S. 5; Schüll 2016, S. 30; Roth 2016a, S. 3; BCG - The Boston Consulting Group 2015, S. 8; McKinsey Digital 2015, S. 25; PwC - PricewaterhouseCoopers 2014, S. 3; Bauer et al. 2014, S. 35 f.; MaschinenMarkt 2013.

Die Zahlen basieren dabei auf Prognosen und keiner quantifizierten Potential-Abschätzung[133] und wurden bisher noch nicht validiert.

3.   Neue Geschäftsmodelle

Mit 24 Nennungen wurden „neue Geschäftsmodelle" als Chance von I4.0 genannt, welche im Zuge der hochproduktiven flexiblen Wertschöpfungsnetzwerke entstehen und wertschöpferische Potentiale sowie neue Umsätze bei bestehenden als auch unbekannten Kunden generieren sollen. So mögen disruptive Technologien im Zuge von I4.0 neue Geschäftsmodelle und -innovationen überwiegend mit Chancen im Bereich intelligenter Produkte und Dienstleistungen hervorbringen, welche auch den klassischen Produktentstehungsprozess beeinflussen werden. Exemplarisch hierfür sind Plattformmärke und innovative Smart Services, digitale Dienstleistungen anstelle von Vor-Ort-Services und vor allem durch große Datenmengen und Big Data wissensbasierte Dienstleistungen.[134] Es wird durch digitale Produkte und Services auf die Gesamtheit aller Industrieunternehmen in Deutschland von einem jährlichen Umsatzpotential von 30 Milliarden Euro ausgegangen.[135] Hierbei handelt es sich um Prognosen von Industrieexperten, welche im Detail und damit heruntergebrochen auf die einzelnen Geschäftsmodelle bisher nicht quantifiziert und validiert wurden.

4.   Steigende Vernetzung

Mit 17 Nennungen wird mit I4.0 die steigende Vernetzung verbunden. Die Erhöhung des Vernetzungsgrades soll dabei im Zuge der durchdringenden Vernetzung von Menschen, Maschinen, Betriebsmitteln sowie IKT erfolgen. Umgesetzt werde dies in der Smart Factory durch echtzeitfähige Technologien wie vernetzte Sensoren, selbst steuernde, konfigurierbare und wissensbasierte Produktionsressourcen, welche in Kombination mit Künstlicher Intelligenz alle Produktionsprozesse optimieren.[136] Eine Quantifizierung und Validierung dieser Potentiale ist in der Literatur bisher nicht erfolgt.

5.   Reduktion der Kosten

In 17 Nennungen wird von I4.0 eine Reduktion der Kosten erwartet. So soll in Zukunft beispielsweise die fortschreitende Automatisierung und Komplexitätsbeherrschung zur Kostensenkung beitragen.[137] Darüber hinaus werde ein optimaler Ressourcen- und Energieeinsatz sich fortlaufend über das gesamte Wertschöpfungsnetzwerk hinweg verbessern.[138]

---

[133] Reuter et al. 2016.

[134] Vgl. auch Hanschke 2018; Ematinger 2018, S. 1; Haucap et al. 2017, S. 191; Reischauer und Schober 2016, 277, 280; Obermaier 2016, S. 32; Roth 2016a, S. 8; acatech 2016, S. 14; Kiel et al. 2016, S. 22 ff.; Khan und Turowski 2016, S. 441; Rische et al. 2015, S. 4 f.; Wende und Kiradjiev 2014; PwC - PricewaterhouseCoopers 2014, S. 45.

[135] PwC - PricewaterhouseCoopers 2014, S. 8.

[136] Vgl. auch Affenzeller et al. 2018; Howaldt et al. 2018; Braun 2017; Dais 2017; Kaufmann und Forstner 2017; Rennung et al. 2016; Matzler et al. 2016; Forstner und Dümmler 2014; Schöller 2014; Tschohl 2014.

[137] Michel 2016, S. 56; Bauerhansl et al. 2016, S. 5, 9; Shafiq et al. 2015, S. 1149.

[138] Shafiq et al. 2015; Kagermann et al. 2013, S. 3 ff.

Auch erhoffen sich die Unternehmen neben den genannten Punkten auch die Personalkosten zu senken, durch die Optimierung von Instandhaltungsprozessen einen Kostenvorteil zu verschaffen sowie eine kosteneffiziente Herstellung von Einzelstücken durch I4.0 zu ermöglichen.[139] Neben der Automatisierung sollen auch durch datenbasierte Erkenntnisse und der steigenden Datenqualität langfristig Kosten gesenkt werden.[140] Die Kosteneinsparungen werden je nach Bereich von 10% bis hin zu 70% beziffert.[141] Die Unternehmen erwarten deshalb jährliche Einsparungen von zusätzlichen 2,6% durch I4.0.[142] Diese Zahlen basieren auf Prognosen und Schätzungen und wurden nicht validiert.

6. Beherrschung der Komplexität

Mit I4.0 wird in 15 Fällen die Beherrschung der Komplexität verbunden. Dabei wollen intelligente Fabriken - auch Smart Factories genannt - durch ihren Aufbau und die eingesetzten Technologien maßgeblich zur Beherrschung der immer größer werdenden Komplexität beitragen. Beispielsweise sollen durch kontextbasierte Auswertungen oder die Dezentralisierung und Autonomie der Systeme und ihr dynamisches Management die komplexen Prozesse in Zukunft beherrscht werden, welche durch die immer größere Produktvarianz weiter steigen wird. Zusätzlich soll die Komplexität durch den Einsatz intelligenter Technologien wie Augmented Reality, der Simulationsmodellierung und CPS beherrscht werden.[143] Eine Quantifizierung und Validierung ist im Rahmen der hier analysierten Literaturquellen nicht erfolgt.

7. Steigerung der Wettbewerbsfähigkeit

Mit 14 Nennungen wird I4.0 mit der Verbesserung oder zumindest dem Erhalt der Wettbewerbsfähigkeit entlang der gesamten Wertschöpfungskette und des Produktlebenszyklus verbunden. Als Gründe hierfür, neben den in diesem Kapitel bereits aufgeführten Erwartungen wie beispielsweise die Produktivität und Flexibilität, werden die steigende Kundenorientierung durch individualisierte vernetzte Produkte, intelligente Technologien, reduzierte Durchlaufzeiten, höhere Auslastungsgrade und Anlagenverfügbarkeit auf Basis der Vorhersagbarkeit der Produktionsprozesse und kürzere Entwicklungszeiten genannt. Dabei sollen die Analyse der erfassten hohen Datenmengen und die damit verbundene Optimierung zusätzliche Umsatzsteigerungen von durchschnittlich 2-3% jährlich ermöglichen.[144] Auch diese Erwartungen und Zahlen basieren auf Prognosen und Abschätzungen und wurden im Rahmen der analysierten Literaturquellen nicht validiert.

---

[139] Niegsch 2016, S. 7; acatech 2016, S. 12; Wehle und Dietel 2015; Lasi et al. 2014.
[140] Armengaud et al. 2017.
[141] Bauernhansl et al. 2016, S. 10; McKinsey Digital 2015; Forstner und Dümmler 2014, S. 200.
[142] PwC - PricewaterhouseCoopers 2014, S. 20.
[143] Gunal und Karatas 2019; Howaldt et al. 2018; Bauernhansl et al. 2016, S. 10, 36; Engleder und Dimmler 2015, S. 102; Dombrowski et al. 2015, S. 56; Bauer et al. 2014; Spath 2013, S. 19; Kagermann et al. 2013, S. 5; Kagermann et al. 2012, S. 3, 12; Feld et al. 2012, S. 40.
[144] Kästle und Landhäußer 2017; Roblek et al. 2016; Armengaud et al. 2017; acatech 2016, S. 14; Bauernhansl et al. 2016, S. 36; Brettel et al. 2016b, S. 108; Rische et al. 2015, S. 8; PwC - PricewaterhouseCoopers 2014, S. 3; Bauer et al. 2014, S. 11; Kroemer und Kasparick 2014, S. 79; Pötter et al. 2014; Kagermann et al. 2012, S. 3, 13.

8.   Erhöhung der Qualität

Elfmal wurde mit der Umsetzung von I4.0 eine Erhöhung der Qualität, bis hin zur fehler-
freien Produktion auch bei der Losgröße 1, verbunden.[145] Die erhöhte Qualität auf Pro-
dukt- und Prozessseite soll durch den Einsatz von intelligenten Produkten wie CPS, Da-
tenanalysewerkzeugen und neuen Produktionssystemen in der Smart Factory erfolgen,
welche zu robusten, transparenten, stabilen und weniger störanfälligen Produktionsprozessen und Qualitätsregelkreisen führen.[146] Die Folge davon ist unter anderem die Verrin-
gerung des Ausschusses und somit sinkende Qualitätskosten, welche auf minus 10-20%
geschätzt werden.[147] Eine Validierung dieser geschätzten Kosten ist nicht erfolgt.

9.   Beherrschung des demografischen Wandels

Mit elf Nennungen wird erwartet, dass I4.0 zur Bewältigung des demografischen Wandels
beiträgt, welcher sich ab dem Jahr 2020 durch den Renteneintritt der geburtenstarken Jahr-
gänge verschärft. Zum einen soll I4.0 beispielsweise durch die gesteigerte Produktivität
der geringen Anzahl an jungen Menschen in der Bevölkerung entgegentreten, welche als
Arbeitskräfte zur Verfügung stehen. Zum anderen sollen Technologien wie beispielsweise
auf Augmented Reality basierende individuelle Assistenzsysteme oder auch die Robotik
ältere Mitarbeiter unterstützen und entlasten, um die grundlegenden Verschiebungen der
Altersstruktur in den Betrieben durch altersgerechte Beschäftigungsverhältnisse zu kom-
pensieren.[148] Eine Quantifizierung und Validierung der Erwartung ist im Rahmen der analysierten Literaturquellen nicht erfolgt.

10. Steigende Transparenz

Mit sieben Nennungen wird durch I4.0 eine gesteigerte Transparenz der Informationen
vor allem innerhalb der Werkschöpfungsketten erwartet. So sollen beispielsweise die Pro-
zesstransparenz durch die systematische Datenerfassung und -auswertung und den Einsatz
von vernetzten mobilen Endgeräten und IT-Systemen steigen. Dadurch sollen die Daten
wie Lagerbestände, Lokalität, Transportzeiten und weitere Produkt- und Prozessdaten jederzeit in aktueller Form verfügbar sein.[149] Die erhöhte Transparenz soll eine flexible Ent-
scheidungsfähigkeit und Prozessoptimierung ermöglichen.[150] Konkrete quantifizierte Potentiale sowie deren Validierung sind dabei nicht erfolgt.

---

[145] Röhrig 2016, S. 45; ifaa 2015, S. 27.
[146] Eckert 2015; BCG - The Boston Consulting Group 2015, S. 2; PwC - PricewaterhouseCoopers
2014, S. 19; Bauer et al. 2014, S. 5; Kagermann et al. 2012, S. 3, 12.
[147] Bauernhansl et al. 2016, S. 36; McKinsey Digital 2015, S. 25.
[148] Vgl. auch Tavana et al. 2018; Kleemann und Glas 2017; Vogler-Ludwig 2017; Deuse et al.
2015; Rische et al. 2015; Jeschke et al. 2014; Kagermann et al. 2012; Feld et al. 2012.
[149] Ematinger 2018; Reinheimer 2017, S. 66, 122; Kagermann 2017; Bauernhansl et al. 2016; Roy
et al. 2015.
[150] Müller et al. 2018b; Roth 2016b.

2.2.2   Clusterung der Befürchtungen und Risiken

Neben den Erwartungen konnten im Rahmen der Literaturrecherche 190 Textpassagen mit verschiedenen Befürchtungen und Risiken ermittelt werden. Um analog die Relevanz der einzelnen Befürchtungen einschätzen zu können, wurden diese nach der Häufigkeit ihrer Nennung gewichtet und die zehn meist genannten in absteigender Reihenfolge aufgelistet, wobei die Anzahl der Nennungen in Klammern zu finden ist. Wie in Abbildung 9 aufgezeigt, sind folgende Befürchtungen primär: Qualifizierungslücken (28), fehlende IT-Sicherheit (28), Veränderung der Beschäftigungssituation (25), fehlende IT-Voraussetzungen (19), notwendige Investitionen (14), fehlende Mitarbeiterakzeptanz (13), Wegfall von Arbeitsplätzen (12), steigende Belastungen (8), unklarer Nutzen (5) und Disruption (5).

Abbildung 9 - Befürchtungen zu Industrie 4.0, eigene Darstellung

Analog zu den Erwartungen werden nachfolgend die im Rahmen der Literaturrecherche identifizierten Befürchtungen genauer beschrieben:

1.   Qualifizierungslücken

Mit 28 Nennungen sind im Rahmen der Literaturrecherche entstehende Qualifizierungslücken die häufigste Befürchtung zu I4.0.

Es wird davon ausgegangen, dass die voranschreitende Digitalisierung und I4.0 aufgrund eines sich stetig ändernden Arbeitsumfeldes mit komplexen Technologien von den Beschäftigten und dem Management neue und erhöhte Fähigkeiten und Kompetenzen erfordert, was zu einem Mangel an Fachkräften und Spezialisten führen wird und die Komplexität der Mitarbeiteranforderungsprofile erhöht.[151] Als erforderliche Kompetenzen werden beispielsweise neben der Innovationsfähigkeit auch Kenntnisse im Bereich Data-Analytics, IT und Risikomanagement genannt.[152] Um solche Fähigkeiten und Kompetenzen abdecken zu können und dadurch die erfolgreiche Umsetzung von I4.0 zu ermöglichen bedarf es der Identifikation der Qualifizierungsbedarfe. Im Anschluss müssen geeignete, umfangreiche und regelmäßige Qualifizierungsmaßnahmen abgeleitet werden, welche auch im Rahmen einer I4.0 Personalentwicklungs- und Migrationsstrategie für bestehende und zukünftige Mitarbeiter noch entwickelt werden muss.[153] Hierbei müssen neben der geeigneten gewerblichen Aus- und Weiterbildung auch die hochschulische Bildung durch neue und angepasste Studiengänge Basiskompetenzen im Hinblick auf I4.0 ermöglichen.[154]

2. Fehlende IT-Sicherheit

Ebenfalls mit 28 Nennungen wird im Zuge von I4.0 und der digitalen Transformation eine fehlende Sicherheit hinsichtlich der IT-Systeme und Daten befürchtet. Mit der voranschreitenden Vernetzung der Produktionssysteme unter der Verwendung wenig erprobter Lösungen können Unternehmen und ihre Prozesse von außen angreifbar werden und damit steigt das Risiko von Produktionsausfällen und somit Umsatzverlusten.[155] Die höchsten Bedrohungen haben dabei Phishing, Schadsoftware über Wechseldatenträger, Internet sowie Angriffe über Fernwartungszugänge.[156] Die Sicherstellung der IT-Sicherheit und der Schutz unternehmenseigenen Daten, Informationen sowie Wissen durch eine sichere IT-Infrastruktur und IT-Architektur, wie beispielsweise die Absicherung industrieller Steuerungssysteme, soll eine der schwersten Herausforderungen werden und ist deshalb auch eine der größten Ängste der Anwender von I4.0.[157] Da die IT -Sicherheit eine Voraussetzung für den zukünftigen Geschäftserfolg ist, werden die Aufwendungen für Datenschutz und Cyber-Security zukünftig steigen und Sicherheitsaspekte müssen schon bei der Planung der Produktionsanalgen und einzusetzender Software berücksichtigt werden.[158]

---

[151] Preissing 2019; Niegsch 2016; acatech 2016, S. 9 ff.; BCG - The Boston Consulting Group 2016; ifaa 2015; Becker 2015; Dauner 2015; IHK 2015; Dombrowski und Wagner 2014; PwC - PricewaterhouseCoopers 2014, S. 37.

[152] Knoll 2017; Obermaier 2016, S. 32; Endres et al. 2015; Hartmann 2015; Wischmann et al. 2015.

[153] Borgmeier et al. 2017; Braun 2017; Kiel et al. 2016, S. 23; Ludwig et al. 2016, S. 77; Bauernhansl et al. 2016; Ullrich et al. 2015; Weber 2015, S. 722 f.; Jakobs 2015; Spath 2013, S. 6, 131; Kagermann et al. 2012, S. 37.

[154] Sendler 2016; Botthof und Hartmann 2015, S. 4; Rische et al. 2015, S. 13.

[155] Bauernhansl et al. 2016; Dauner 2015; Herda et al. 2015, S. 58; Kersten et al. 2014, S. 383.

[156] BSI 2016, S. 2.

[157] Lomen 2017; Kaufmann und Forstner 2017; Bertsche und Como-Zipfel 2017; Vogel-Heuser 2017; Hornung 2016; Bauernhansl et al. 2016; ifaa 2015; IHK 2015, S. 37.

[158] Abolhassan 2017; acatech 2016; Spath 2013, S. 7.

Die Sicherstellung der Informations- und Betriebssicherheit, wie beispielsweise die Stabilität von eingesetzten Softwareplattformen und ihrer sensitiven Industriedaten, wird auf Grund der aktuell schon steigenden Anzahl von Cyber-Attacken eine anspruchsvolle Aufgabe für den Anwender, aber auch Anbieter von I4.0 Lösungen, da Kunden bei Sicherheitsbedenken von Produkten und Services absehen werden.[159] Obwohl sich die Gefahren durch den Einsatz von IKT nicht unmittelbar wahrnehmen lassen, sind die Auswirkungen der Verknüpfung sensitiver Daten und deren Auswertbarkeit wie beispielsweise durch Spionagesoftware und Geheimdienste bereits real. Die datenschutzrechtliche Gestaltung und die Gewährleistung der Arbeitssicherheit der Mensch-Maschine Interaktionen wird hierdurch herausfordernd.[160]

3. Veränderung der Beschäftigungssituation

Von einer Veränderung der Beschäftigungssituation im Rahmen von I4.0 wird bei 25 der untersuchten Quellen ausgegangen. Die klassischen Branchengrenzen zwischen Maschinenbau und IT sollen im Kontext von I4.0 immer weiter aufgebrochen und verschoben werden und Aufgaben traditioneller Produktions- und Wissensarbeiter weiter zusammenwachsen. Dies führt letztendlich zu veränderten Arbeitsinhalten, Aufgaben und möglicherweise zu einer veränderten Beschäftigungssituation sowie zu erheblichen Arbeitsplatzverschiebungen zwischen den Branchen, Berufen und Qualifikationen.[161] Erste Auswertungen bestätigen diese Verschiebungen, wie beispielsweise die VDMA Ingenieurerhebung.[162] Vor allem soll sich der Umfang manueller Arbeitsaufgaben und Routineaufgaben verringern und dadurch weniger Hilfskräfte als auch direkte Mitarbeiter und mehr qualifizierte Fachkräfte sowie indirekte Mitarbeiter vor allem in der IT benötigt werden.[163] Obwohl bereits Einigkeit besteht, dass sich die Anforderungen an die Beschäftigten verändern werden, bleibt dabei offen, ob die Beschäftigungssituation zukünftig eher technikzentriert und durch diese gesteuert, oder humanzentriert ist.[164] Durch neue und informationstechnisch getriebene komplexe Technologien und Systeme sowie der digitalen Durchdringung der Arbeitsprozesse sollen sich letztendlich das Aufgabenspektrum, die Tätigkeitsprofile und die Arbeitsinhalte der Mitarbeiter ändern.[165] Dies fordert eine stärkere Interdisziplinarität sowie ein hohes Maß an Abstraktionsfähigkeit und selbstgesteuertem Handeln.[166]

---

[159] Kersten et al. 2017; Ludwig et al. 2016; Höttges 2015; Hertel 2015, S. 724 ff.; Rische et al. 2015; Ploss 2014.

[160] Voigt et al. 2019; Wittpahl 2017; Hornung 2016; Schleupner 2016; Dorschel 2015.

[161] Dr. Wieselhuber & Partner GmbH 2015, S. 5; Becker 2015; Weber 2015; Wolter et al. 2015; Spath 2013, S. 6.

[162] Marx 2017.

[163] Bauernhansl et al. 2016; Niegsch 2016; Obermaier 2016; Matt und Rauch 2015; PwC - PricewaterhouseCoopers 2014.

[164] Jeschke et al. 2014.

[165] Ludwig et al. 2016; Bauernhansl et al. 2016; Dauner 2015; Rische et al. 2015.

[166] Cernavin et al. 2018; Kagermann 2017.

Damit ist ein Paradigmenwechsel in unseren Arbeitsformen und der Kultur erforderlich. Geistige Bereichs- und Abteilungsgrenzen müssen eingerissen werden, der nötige Mindset und soziale Strukturen geschaffen und verschiedene Disziplinen und deren Zusammenarbeit durch neue Entscheidungsregeln gemanagt werden.[167] Durch die erzwungenen Veränderungen in den Unternehmen wie beispielsweise neue Arbeitszeitmodelle wird auch von den Beschäftigten in Zukunft eine höhere Flexibilität und Verfügbarkeit gefordert, welche die aktuelle Gesetzeslage noch nicht ermöglicht.[168]

4. Fehlende IT-Voraussetzungen

Mit 19 Nennungen werden fehlende IT-Voraussetzungen befürchtet, welche zukünftig die Umsetzung von I4.0 erschweren oder sogar verhindern könnten. Die voranschreitende Digitalisierung sowie die Einführung von I4.0 und IoT stellen neue und größere Anforderungen an die unternehmenseigene IT-Infrastruktur und das IT-Management.[169] Damit geht ein verstärkter Einsatz von Hard- und Software einher, weshalb Unternehmen eine stärkere Abhängigkeit von der IT sowie eine dadurch bedingte höhere Störanfälligkeit ihrer Produktionssysteme in Zukunft befürchten.[170] Als IT-Voraussetzung ist zum einen die Bereitstellung einer geeigneten digitalen Infrastruktur in Deutschland von besonderer Bedeutung. Diese hinkt aktuell im Vergleich mit anderen Ländern hinsichtlich der Abdeckung und Geschwindigkeit hinterher.[171] Zum anderen stehen dem zu geringe Investitionen der Unternehmen in eine sichere IT-Infrastruktur, welche aber für die Umsetzung der Effizienzpotentiale wesentlich ist, gegenüber.[172] Um eine performante IT-Infrastruktur wie beispielsweise vernetzte Steuerungssysteme gewährleisten zu können, müssen Sicherheitsaspekte und Risiken von Beginn an berücksichtigt werden,.[173] Eine weitere Herausforderung ist die Entwicklung, Auswahl und Anpassung individueller IT-Systeme an die neuen industriellen Abläufe und deren Anbindung an die unterschiedlichen Leit- und IT-Systeme und damit heterogenen Architekturen der Standorte und Werke eines Unternehmens.[174] Langfristig ist daher die Beherrschung und Steuerung von komplexen IT-Systemen und Prozessen sowie eine geeignete Informationsbereitstellung und -nutzung erforderlich, wobei die Datenqualität und -sicherheit hierfür eine Grundvoraussetzung sind.[175] Diese IT-Voraussetzungen, aber auch die fehlende informationstechnische vertikale und horizontale Integration geeigneter IT-Infrastruktur sowie fehlende Daten- und IT-Systeme können deshalb zum Scheitern der Umsetzung von I4.0 führen.[176]

---

[167] Henke und Hegmanns 2017; Schwab 2016; Ullrich et al. 2015; Sendler 2013.
[168] Voigt et al. 2019; Leyh und Wendt 2018; Ludwig et al. 2016.
[169] Foth 2016; Hippenmeyer und Moosmann 2016, S. 6.
[170] Apel 2018; ifaa 2015.
[171] Voigt et al. 2019; Braun 2017.
[172] Schleupner 2016; KOCH 2016; Manzei et al. 2016, S. 232.
[173] Bauernhansl et al. 2016; Hornung 2016.
[174] Hippenmeyer und Moosmann 2016; Kiem 2016; Pötter et al. 2014.
[175] Groß 2019; Kaufmann und Forstner 2017; O'Shea 2016.
[176] Hanschke 2018, S. 265; Metternich et al. 2018, S. 21; Roth 2016a, S. 32; Schlick et al. 2014, S. 79.

5. Notwendige Investitionen

Mit hohen erforderlichen Investitionen für die Umsetzung von I4.0 wird bei 14 Nennungen ausgegangen. Die Umsetzung von I4.0 und der damit verbundene Einsatz der neuen Technologien erfordert initiale Investitionen, welche für die Unternehmen ein hohes Risiko darstellen. Aufgrund der eingeschränkten Wirtschaftlichkeitsbewertung besteht zusätzlich ein Hemmnis für die Umsetzung von I4.[177] Dabei schätzen die Unternehmen die Kosten für initiale Investitionen auf 7-9% ihres Umsatzes und es wird davon ausgegangen, dass in die digitale Transformation der Produktionen sowie in die zugehörige I4.0-IT bis zu 250 Milliarden Euro in den nächsten 10 Jahren in Deutschland investiert werden soll.[178] Zwar sehen die Unternehmen ein Risiko bei Fehlinvestitionen, dennoch wird davon ausgegangen, dass sie zukünftig große Teile der Produktivitäts- und Effizienzsteigerungen (vgl. Kapitel 2.2.1) nur durch entsprechende Investitionen in I4.0 sowie dazugehörige IT-Systeme und Fabrikmodernisierungen heben können.[179]

6. Fehlende Mitarbeiterakzeptanz

Von einer fehlenden Mitarbeiterakzeptanz im Kontext der Umsetzung und Einführung von I4.0 wurde bei 13 Nennungen ausgegangen. Im Rahmen der Digitalisierung und I4.0 stehen Unternehmen vor tiefgreifenden Veränderungen, welche nur gemeinsam mit den Mitarbeitern umgesetzt, aber heutzutage noch nicht in ihren Ausmaßen prognostiziert werden können.[180] Im Hinblick auf die Akzeptanz der Mitarbeiter und Gesellschaft muss aufgrund dieser Konsequenzen die Einführung von I4.0 mit Vorsicht durchgeführt werden, zumal sie bereits auch zentraler Bestandteil der Debatten der Gewerkschaften, Arbeitgeber- und anderen Interessensverbänden ist.[181] Die Akzeptanz gegenüber Neuerungen sowie Veränderungen der Anforderungen, Belastungen und Technologien fällt den potentiellen Anwendern schwer, insbesondere auch aufgrund der vergleichsweise hohen Effizienz bisheriger Produktionssysteme.[182] Die Bereitschaft zur Digitalisierung kann neben diesen Gründen auch aufgrund der Ungewissheit, gesellschaftlicher Vorbehalte gegenüber automatisierter Prozesse sowie der Angst vor Arbeitsplatzvernichtung und Ersetzbarkeit eingeschränkt sein.[183] Um den von der Arbeitgeberseite gefürchteten Mitarbeiterwiderstand zu vermeiden, müssen auf dem Weg zu I4.0 deshalb alle Beteiligten mitgenommen werden, weshalb ein geeignetes Change Management entwickelt werden sollte, zumal bestehende Ansätze zur Akzeptanzforschung für den Wandel durch I4.0 ungeeignet sind.[184]

---

[177] Leyh und Wendt 2018; Bauernhansl et al. 2016, S. 28; Ludwig et al. 2016, S. 76; Hoffmann et al. 2016b; ifaa 2015; IHK 2015, S. 31, 34.
[178] BCG - The Boston Consulting Group 2016, 2015; Vgl. auch Maier und Student 2014; PwC - PricewaterhouseCoopers 2014, S. 3, 36.
[179] Becker et al. 2019; KOCH 2016; Manzei et al. 2016.
[180] Ullrich et al. 2015, S. 769; Kagermann et al. 2012, S. 38.
[181] Ittermann et al. 2015; Rische et al. 2015, S. 13; Bauer et al. 2014, S. 38.
[182] Steven 2018; Jung und Kraft 2017; Kagermann 2017; Dombrowski und Wagner 2014, S. 351.
[183] Schüll 2016; Rische et al. 2015; Ullrich et al. 2015, S. 784.
[184] Sassenrath 2017; Dauner 2015; Ullrich et al. 2015, S. 784; ifaa 2015.

7. Wegfall von Arbeitsplätzen

Zwölf Mal wird der Wegfall von Arbeitsplätzen im Rahmen der digitalen Transformation und I4.0 befürchtet. Dies wird damit begründet, dass sich der Umfang manueller Arbeitsaufgaben und insbesondere Routinetätigkeiten durch I4.0, der Digitalisierung und der voranschreitenden Automatisierung zukünftig verringern soll und damit ein Abbau und folglich auch Verlust von Arbeitsplätzen derzeitiger Form verbunden und befürchtet wird.[185] Der technische Fortschritt soll dabei von den Mitarbeitern höhere Kompetenzen erfordern, welche die Anzahl an Arbeitsplätzen für geringer qualifizierter Arbeitnehmer verringert und zu einer technologisch bedingten Arbeitslosigkeit führen kann.[186]

8. Steigende Belastungen

Acht Nennungen gehen im Rahmen von I4.0 von steigenden mentalen Belastungen für die Mitarbeiter aus. Es wird davon ausgegangen, dass das zukünftige Arbeiten in einem sich fortlaufend änderndem Arbeitsumfeld und durch den Einsatz immer komplexer werdender Systeme und Technologien zu höheren sowie veränderten Anforderungen und damit zu zunehmenden Arbeitsbelastungen der Beschäftigten führen sollen.[187] Diese gesteigerten Anforderungen sowie auch veränderten Anforderungsprofile an das Personal, wie beispielsweise der Umgang mit der Komplexität, bedingen möglicherweise andere Gehaltssummen.[188] Gleichzeitig können die neuen Arbeitssysteme aufgrund der erforderlichen Kompetenzen vor allem auch die psychischen Beanspruchungen der Mitarbeiter erhöhen und zu einer Überforderung führen.[189] Auch schmelzen Arbeit und Freizeit immer stärker zusammen und die geforderte Zeit- und Ortsflexibilität von Arbeitgeber und Arbeitnehmer können negative Konsequenzen auf die psychische Gesundheit und langfristige Leistungsfähigkeit der Arbeitnehmer haben und damit auch zu Erkrankungen führen.[190]

9. Unklarer Nutzen

In fünf Quellen wird auf den unklaren Nutzen von I4.0 für die Unternehmen und damit vor allem auf die komplexe Nutzenbewertung von I4.0 und digitalen Technologien als zentrale Herausforderung hingewiesen. Die vorherrschende Unklarheit über den Nutzen der Digitalisierung und den Einsatz von I4.0 Anwendungen und Technologien ist eine große Hürde für Unternehmen, da sich durch die schwer bewertbaren Amortisationsdauern das Risiko von Fehlinvestitionen erhöht.[191]

---

[185] Barton et al. 2018; Hanschke 2018, S. 129; Bauernhansl et al. 2016, S. 18; Niegsch 2016; Schüll 2016, S. 31; Ullrich et al. 2015; Weber 2015; ifaa 2015; Spath 2013.
[186] Obermaier 2016; Rische et al. 2015.
[187] acatech 2016, S. 9 ff.; ifaa 2015; Dombrowski und Wagner 2014; Kagermann et al. 2012.
[188] Dauner 2015, S. 29; Wolter et al. 2015, S. 6.
[189] ifaa 2015; Dombrowski et al. 2014.
[190] Ludwig et al. 2016, S. 81.
[191] Becker et al. 2019; Borgmeier et al. 2017; PwC - PricewaterhouseCoopers 2014.

Rund die Hälfte der Unternehmen sehen diese Unsicherheit des wirtschaftlichen Nutzens als zentrale Umsetzungsbarriere von I4.0 und vor allem KMU bezweifeln, dass sich I4.0 Technologien in einem wirtschaftlich vertretbaren Zeitrahmen amortisieren.[192]

10. Disruption

Mit fünf Nennungen wird die Disruption und disruptive Technologien im Zuge der voranschreitenden Digitalisierung und Industrie 4.0 befürchtet. Aufgrund der voranschreitenden Verschmelzung von IT und Maschinenbau und der damit verbundenen Verschiebung der Branchengrenzen werden Regelbrüche und Markteintritte durch Dritte wahrscheinlicher.[193] Dabei sollen die Digitalisierung und die technischen Entwicklungen von I4.0 zu disruptiven Veränderungen der Märkte führen und ihre Wirkung in der gesamten Branche entfalten, in der sie traditionelle Wertschöpfungsketten, Geschäftsmodelle und etablierte Unternehmen zerstören können.[194] Diese grundlegende Veränderung der Geschäftsmodelle bedingt eine Änderung der Kultur und ermöglicht Maschinen- und Anlagenbauern durch IT-Services wie z.B. Cloud-Diensten differenziert auf dem Markt aufzutreten.[195]

2.3 Stand der Transformation zu I4.0

Vergleicht man die Anstrengungen bei der Umsetzung von I4.0 der im Kapitel 2.1.5 aufgeführten Nationen mit dem aktuellen Umsetzungsstand in Deutschland lässt sich feststellen, dass die Digitalisierung in Deutschland und vor allem die Transformation zu I4.0 in den deutschen Industrieunternehmen im internationalen Vergleich zu langsam voranschreitet.[196] Neben den im Kapitel 2.2.2 aufgezeigten Hürden, wie z.B. den notwendigen Investitionen zur Schaffung der erforderlichen Rahmenbedingungen, bei welchen sich die Unternehmen aufgrund der kaum umsetzbaren Nutzenbewertung aktuell überfordert fühlen, ist eine weitere Hauptursache des Scheiterns die Komplexität bei der Umsetzung der digitalen Transformation in der Praxis.[197] Beispielsweise scheitern viele Fertigungsunternehmen an der Herausforderung geeignete Daten über bestehende Prozesse zu erheben. Dies ist, wie bereits in Kapitel 2.1.4 aufgezeigt, die erforderliche Basis von I4.0 und IoT.[198] Für das Scheitern der Implementierung von I4.0 Konzepten und Technologien gibt es jedoch auch vielzählige weitere Gründe, wie beispielsweise das nicht ausreichend berücksichtige Change-Management und die fehlende Führungs- und Unternehmenskultur, die nicht vorhandene Kompatibilität der Informationssysteme sowie die nicht durchgängigen Datenflüsse der Unternehmen aufgrund vielzähliger Schnittstellen und Akteure.[199]

---

[192] Steven 2018; Ludwig et al. 2016.

[193] Dr. Wieselhuber & Partner GmbH 2015, S. 34.

[194] Ematinger 2018; Hanschke 2018, S. 18 f.; Schwab 2016; Härting 2016.

[195] Sassenrath 2017; Pfeiffer et al. 2016.

[196] OECD 2018, S. 8; Kagermann et al. 2016; Kollmann und Schmidt 2016, S. 68 ff.; Rennung et al. 2016, S. 372 f.

[197] Hansen 2016, S. 74.

[198] Hertwig 2018, S. 8.

[199] Obermaier 2019, S. 26 ff.; Ullrich et al. 2019, S. 569 ff.; Steven et al. 2019, S. 249; Wagner 2017, S. 183.

Wegener (2014) weist in diesem Kontext unter anderem darauf hin, dass die digitale Transformation der Unternehmen zu I4.0 mit den bisherigen Methoden und Strukturen nicht durchgängig realisierbar ist.[200] Wie eingangs in Kapitel 1.2 gezeigt, ist das Ziel der Arbeit die Entwicklung eines konsekutiven integralen Transformationskonzeptes für Werke von Industrieunternehmen mit variantenreicher Fertigung, welches die Analyse, Planung, Umsetzung und Kontrolle von I4.0 ermöglicht.

Aufgrund aufgezeigter Hürden und weiterer Beispiele für das Scheitern der Unternehmen bei der Umsetzung von I4.0 ist es im nächsten Schritt notwendig, den Stand der Forschung tiefer zu analysieren und die bisherigen Ansätze und ihre Lücken im Detail darzustellen. Das folgende Kapitel 2.3.1 geht deshalb auf den Stand der Forschung sowie den Forschungsbedarf im Hinblick auf die Transformation zu I4.0 ein. Dabei werden bereits vorhandene I4.0 Ansätze und Vorgehensmodelle beleuchtet, die bisherigen Probleme bei diesen Ansätzen aufgezeigt und im Anschluss der erforderliche Forschungsbedarf und auch die Forschungslücke beschrieben.

2.3.1   Forschungsbedarf im Hinblick auf die Transformation zu I4.0

Als Anwender von I4.0 versuchen Unternehmen, die sich ergebenden Potentiale und Chancen durch den Einsatz und die Umsetzung von I4.0 Konzepten und zugehörigen Technologien zu nutzen und auszuschöpfen.[201] Im Kapitel 2.2.1 wurden die zu erwartenden Potentiale und Chancen wie beispielsweise die Produktivitäts- und Flexibilitätssteigerungen bereits aufgelistet und beschrieben. Hierbei wurde jedoch gezeigt, dass die tatsächlichen Potentiale der verschiedenen Chancen und deren Auswirkung noch nicht im erforderlichen Rahmen quantifiziert worden sind. Dies spiegelt sich unter anderem auch in den aufgezeigten Risiken des Kapitels 2.2.2 wider, in denen unter anderem die schwierige initiale und fortlaufende Nutzenbewertung eine der Hürden für die Umsetzung von I4.0 darstellt. Die Frage, wie hoch das Potential von I4.0 für das jeweilige Unternehmen ist und wie es ausgeschöpft werden kann, beschäftigt deshalb fortlaufend die Praxis.[202] Es besteht für die Quantifizierung der Potentiale der einzusetzenden und eingesetzten Lösungen akuter Bedarf Ansätze zu finden, um konkrete Rückschlüsse für das jeweilige Unternehmen ziehen zu können.[203] Schumacher (2018) zeigt, dass obwohl Unternehmen den Nutzen von I4.0 als sehr hoch einschätzen, vor allem die Kosten der Digitalisierung in Kombination mit dem bisher unbezifferten Potential von I4.0 die größten Einflussfaktoren sind, welche die Transformation zu I4.0 behindern.[204] PricewaterhouseCoopers weist in ihrer durchgeführten Studie darauf hin, dass Unternehmen von Investitionen absehen, da die Quantifizierung der Potentiale komplex und vielfältig ist.[205]

---

[200] Wegener 2014, S. 346.

[201] Obermaier 2016, S. 31.

[202] Reischauer und Schober 2016, S. 271.

[203] Dommermuth 2019, S. 2.

[204] Schumacher 2018, S. 17 f.

[205] PwC - PricewaterhouseCoopers 2014, S. 36.

Auch Leineweber et al. stellen fest, dass die Bewertung des Nutzens im Rahmen der bisherigen I4.0 Modelle nicht zum Tragen kommt.[206] Kagermann et al. bestätigen diesen Bedarf und weisen im Rahmen der Potentiale vor allem im Hinblick auf die Produktivität und der Aufwand-Nutzen-Betrachtung darauf hin, dass entsprechende Methoden und Konzepte zur Quantifizierung noch erarbeitet und ihre Umsetzung pilotiert werden sollen.[207] Da der Großteil der positiven und negativen Auswirkungen der digitalen Transformation auf die Unternehmen bisher noch nicht abgeschätzt und abgesehen werden kann, ist für die konkrete Abschätzung der Auswirkungen auf die Unternehmen ein geeigneter Ansatz zu finden. Der gegenwärtig noch zu entwickelnde Ansatz muss dabei ermöglichen, für die Unternehmen die eigenen Chancen sowie auch Auswirkungen konkretisieren und ableiten können.[208] Auch wenn insgesamt bei I4.0 mehr[209] Chancen als Risiken vermutet werden, gibt es für das jeweilige Unternehmen keine Blaupause, um die für sie optimale Umsetzung von I4.0 abzuleiten.

Spätestens seit dem Scheitern des CIM-Ansatzes ist ein mehrdimensionaler Ansatz hierfür erforderlich. Wie in Kapitel 2.1.2 gezeigt scheiterte CIM insbesondere durch seinen eindimensionalen Ansatz einer unausweichlichen durchgängigen Automatisierung und Vernetzung, welcher im Nachhinein die eigentlichen Markanforderungen und auch Erwartungen der Unternehmen nicht erfüllen konnte. Es gilt deshalb mehrdimensional zu klären, welche Chancen und Risiken sich konkret für das individuelle Unternehmen in seinen verschiedenen Bereichen auftun, wie beispielsweise für die Geschäftsmodelle, für seine Mitarbeiter oder auch für seine Werke.[210] Gerade deshalb gehört die Gestaltung eines umsetzbaren und profitablen Transformationsprozesses zur erfolgreichen Umsetzung von I4.0 (z.B. Auslegung eines wirtschaftlichen IT-Grundgerüstes). Diese mehrdimensionale und ganzheitliche Gestaltung ist jedoch für Unternehmen eine große Herausforderung, welche gegenwärtig nicht oder noch nicht hinlänglich gelöst wurde.[211] Metternich et al. zeigen hierbei auf, dass es aktuell keinen ganzheitlichen Ansatz gibt der Unternehmen die Planung und Umsetzung von I4.0 ermöglicht und die Abschätzung zulässt, welche konkreten Chancen und Auswirkungen sich durch I4.0 für das jeweilige Unternehmen und damit für seine Fertigungsstandorte und Produktionssysteme ergeben.[212] Auch wenn es für jedes Unternehmen notwendig ist, die Ableitung des eigenen Optimums durch individuelle Umsetzungsstrategien und passende Transformationsprozesse zu erarbeiten, müssen allgemeingültige und übergreifende Konzepte wie beispielsweise für Unternehmen mit vergleichbaren Rahmenbedingungen entwickelt werden, welche als Vorlagen unmittelbar verwendet werden können.[213]

---

[206] Vgl. auch Leineweber et al. 2018.
[207] Kagermann et al. 2012, S. 30.
[208] Kleindienst und Ramsauer 2015, S. 41 ff.
[209] acatech 2016, S. 12.
[210] Sendler 2013, S. 1 f.
[211] Dommermuth 2019, S. 1; Leineweber et al. 2018, S. 21.
[212] Metternich et al. 2018, S. 5, 8.
[213] Vgl. auch Leineweber et al. 2018.

Da es diesbezüglich noch keine entsprechenden Vorlagen und Methodenbaukästen gibt muss aktuell jedes Unternehmen seinen individuellen, komplexen und kapazitätsbindenden Problemlösungsprozess starten, um den betriebsspezifischen Transformations- und Lösungsansatz abzuleiten. Dies entschleunigt die erforderliche Umsetzung von I4.0 in Deutschland, welche wie im Kapitel 2.1.5 beschrieben zur Sicherstellung der Erhaltung der Wettbewerbsfähigkeit in der produzierenden Industrie erforderlich ist. Hierauf weisen auch Bauer et al. (2014) hin und fordern, dass die notwendigen I4.0 Transformations- und Anwendungskonzepte bereits heute erarbeitet werden müssen, damit die Wettbewerbsfähigkeit der produzierenden Industrie langfristig gesichert werden kann.[214] Metternich et al. (2018) zeigen den grundsätzlichen Forschungsbedarf auf, dass ganzheitliche Ansätze entwickelt werden müssen, welche Unternehmen dazu befähigen, eine individuelle Bewertung, Planung und Umsetzung von I4.0 durchzuführen. Im weiteren Verlauf dieses Kapitels wird der aktuelle Stand der Forschung hinsichtlich bisheriger I4.0 Modelle und Ansätze verglichen. Dabei ist es erforderlich darzustellen, welche Aspekte ein ganzheitliches Transformationskonzept berücksichtigen muss, um die geschilderten Anforderungen abzudecken.

2.3.1.1   Erforderliche Schritte und Betrachtungsfelder bei der Transformation zu I4.0

Die Basis für eine erfolgreiche digitale Transformation zu I4.0 ist eine Vision und Standortbestimmung des Unternehmens. Hierfür ist eine korrekte Ermittlung der Ausgangssituation und der digitalen Reife der Unternehmensbereiche und ihrer Prozesse ein wesentlicher Erfolgsfaktor. Diese objektive Einschätzung fehlt den Unternehmen jedoch häufig.[215]

Um eine geeignete Roadmap zur Umsetzung entwickeln und ableiten zu können, eignen sich Reifegradbewertungen zur Einschätzung der Ausgangssituation bzw. des IST-Zustands.[216] Nachdem die Bestimmung des IST-Zustands erfolgt ist, muss nun spezifisch geprüft werden, in welchen Bereichen und Feldern eines Unternehmens die Einführung von I4.0 und seinen Technologien am erfolgversprechendsten ist, um einen für das Unternehmen optimalen SOLL-Zustand ableiten zu können. Wurde der SOLL-Zustand abgeleitet, so ist der nächste konsequente Schritt zu erarbeiten, wie der SOLL-Zustand von dem jeweiligen Unternehmen erreicht werden. Wenn hierfür geeignete Maßnahmen abgeleitet worden sind, muss eine konkrete Planung der abgeleiteten Maßnahmen und I4.0 Ansätzen sowie Technologien für deren Umsetzung erfolgen. Nicht zuletzt ist die Kontrolle und auch Nutzenbewertung der einzusetzenden und eingesetzten I4.0 Technologien notwendig. Bei den Planungen ist zu berücksichtigen, dass diese meist nicht auf einem Greenfield erfolgen, sondern dass man bei den Werken von Industrieunternehmen mit variantenreicher Fertigung in der Regel auf ein Brownfield mit bereits vorhandener Ausrüstung trifft.[217]

---

[214] Bauer et al. 2014, S. 5.
[215] Hanschke 2018, S. 1, 11, 131.
[216] Bauernhansl et al. 2016, S. 17.
[217] Bildstein und Seidelmann 2016, S. 2.

Es liegen somit jeweils betriebsspezifische und individuelle Rahmenbedingungen in den verschiedenen Betrachtungsfeldern vor. Welche Betrachtungsfelder und Aspekte bei der Transformation zu I4.0 in Werken von Industrieunternehmen mit variantenreicher Fertigung relevant sein können wird exemplarisch gezeigt:

- Strategie: Eine Unternehmens- und Einführungsstrategie für I4.0 ist erforderlich.[218]
- Organisationsstruktur: Die Aufbau- und Ablauforganisation muss für die erfolgreiche Implementierung von I4.0 angepasst werden.[219]
- Führung: Die Auswirkungen von I4.0 auf die Führung und Leitung müssen bekannt sein sowie das Management der Zusammenarbeit der verschiedenen Disziplinen.[220]
- IT: Für I4.0 muss ein Unternehmen die richtige IT-Architektur und IT-Infrastruktur ableiten.[221]
- Daten: Daten müssen hinsichtlich Qualität und Konsistenz berücksichtigt werden.[222]
- Sicherheit: Risiken und Sicherheit sind bei der I4.0 Einführung zu berücksichtigen.[223]
- Prozesse: I4.0 muss auf einem Fundament robuster und schlanker Prozesse stehen.[224]
- Fertigung: Die Produktion und ihr Umfeld müssen im Rahmen I4.0 gestaltet werden.[225]
- Logistik: I4.0 wird den Materialfluss sowie das SCM entscheidend beeinflussen.[226]
- Qualifikation: Erforderliche Kompetenzen durch I4.0 müssen ermittelt und daraus Qualifizierungsbedarfe und Beschäftigungsfolgen abgeleitet werden.[227]
- Kommunikation: Es müssen Potentiale neuer digitaler Plattformen genutzt werden.[228]
- Kultur: Die Akzeptanz der Mitarbeiter muss im Kontext I4.0 sichergestellt werden.[229]

Diese Betrachtungsfelder zeigen, dass das gesamte sozio-technische System eines Unternehmens für eine erfolgreiche Transformation zu I4.0 berücksichtigt werden muss. Bauer et al. (2014) bestätigen dies und betonen, dass für den flächendeckenden Einsatz von IT in Produktionsprozessen und damit der Umsetzung von I4.0 alle Dimensionen betrachtet werden müssen, sowohl Technik, Mensch als auch die Organisation.[230] Auch Müller et al. erwähnen, dass im Rahmen der I4.0 Modelle alle relevanten Dimensionen eines Unternehmens betrachtet werden müssen und auch der Mensch im Produktionsprozess im Fokus stehen muss.[231]

---

[218] Vgl. auch Hanschke 2018, S. 11 ff.; Bauernhansl et al. 2016, S. 44.
[219] Vgl. auch Binner 2014, S. 233; Feld et al. 2012, S. 41.
[220] Binner 2014, S. 233; Sendler 2013, S. 17.
[221] Kaufmann 2015, S. 40.
[222] Bauernhansl et al. 2016, S. 31.
[223] Bauernhansl et al. 2016, S. 16.
[224] Kese und Terstegen 2017, S. 34; Reuter et al. 2016.
[225] Kagermann et al. 2012, S. 9.
[226] Siems 2015, S. 11.
[227] Bauernhansl et al. 2016, S. 18; acatech 2016, S. 9; Weber 2015, S. 723; Kagermann et al. 2012, S. 38.
[228] Hanschke 2018, S. 132; Bildstein und Seidelmann 2014, S. 586.
[229] Dombrowski und Wagner 2014, S. 352.
[230] Bauer et al. 2014, S. 7.
[231] Müller et al. 2018a, S. 83.

In der DIN Normungsroadmap I4.0 wird ebenfalls deutlich, dass der Mensch im sozio-technischen Arbeitssystem zukünftiger intelligenter Fabriken eine besondere Rolle spielen muss. Deshalb ist es wichtig, das gesamte sozio-technische System und Aspekte der Gestaltung für eine erfolgreiche Umsetzung von I4.0 zu bedenken, gerade auch aufgrund der wachsenden Anforderungen an die Informationsverarbeitung. Als Handlungsempfehlung für die Forschung und Industrie müssen die zu berücksichtigenden sozio-technischen Aspekte, wie beispielsweise erforderliche Leitfäden zur I4.0 Arbeitssystemgestaltung oder auch die Verankerung und strategische Planung von Digitalisierungsmaßnahmen in den Unternehmen, formuliert werden.[232] Schuh et al. erwarten sogar, dass die Vernachlässigung der sozio-technischen Aspekte das Potential von I4.0 schmälern werden.[233] Um die sozio-technischen Aspekte und Betrachtungsfelder ganzheitlich berücksichtigen zu können und beispielsweise eine optimale Roadmap für Werke von Industrieunternehmen mit variantenreicher Fertigung ableiten zu können, haben gerade branchenspezifische und auf Betrachtungsfelder fokussierte Ansätze viele Vorteile, da nur diese spezifischen Ansätze eine Ableitung konkreter und individueller Maßnahmen sowie die Definition einer zugeschnittenen Vision, Roadmap und Strategie ermöglichen.[234]

Es kann damit zusammenfassend festgestellt werden, dass die zu entwickelnden Modelle und Konzepte zur Bewertung, Planung und Umsetzung von I4.0 um erfolgversprechend zu sein grundsätzlich alle sozio-technischen Aspekte und damit alle erforderlichen Betrachtungsfelder berücksichtigen müssen.[235] Für die Entwicklung eines konsekutiven und integralen Transformationskonzeptes für Werke von Industrieunternehmen mit variantenreicher Fertigung ist es daher erforderlich, die zu berücksichtigenden Betrachtungsfelder für die Anwendung in der Branche der Industrieunternehmen mit variantenreicher Fertigung einzugrenzen, um einen ganzheitlichen Ansatz und damit erfolgreiche Umsetzung von I4.0 zu ermöglichen.

2.3.1.2   Bisherige I4.0 Konzepte und Vorgehensmodelle

Im vorangegangenen Kapitel konnte aufgezeigt werden, dass erforderliche Schritte, Aspekte und Betrachtungsfelder für eine erfolgversprechende Umsetzung der digitalen Transformation zu I4.0 berücksichtigt werden müssen. Diese werden nachfolgend als „grundsätzliche Anforderungen" bezeichnet. Im nächsten Schritt sollen nun die in der Literatur verfügbaren Ansätze, Leitfäden, Konzepte und Vorgehensmodelle gegenüber diesen grundsätzlichen Anforderungen tiefergehend geprüft und der Stand der Forschung diesbezüglich aufgezeigt werden.

---

[232] DIN e.V. 2018.
[233] Schuh et al. 2017.
[234] Dommermuth 2019, S. 1; Vgl. auch Leineweber et al. 2018; Mittal et al. 2018.
[235] Vgl. auch Dommermuth 2019, S. 1.

Leineweber et al. konnten im Rahmen ihrer Untersuchungen zeigen, dass im Kontext der Implementierung von I4.0 und der Gestaltung des erforderlichen Transformationsprozesses bereits eine Vielzahl an Leitfäden, Handlungsempfehlungen und Reifegradmodellen existieren, welche jedoch sehr generisch und auf die technischen Aspekte fokussiert sind und ihnen somit die ganzheitliche sozio-technische Betrachtung fehlt.[236] Dies bestätigen auch Kersten et al. indem sie aufzeigen, dass bisherige Ansätze und Vorgehensmodelle nur generell vorgehen und nur mit Aufwand und mit Abstrichen auf die Bedarfe der Automatisierungstechnik und des Produktionsbereiches von Werken übertragbar sind, wie beispielsweise auf Industrieunternehmen mit variantenreicher Fertigung.[237] Zusammengefasst kann gesagt werden, dass die bisherigen I4.0 Ansätze nicht alle erforderlichen sozio-technischen Betrachtungsfelder berücksichtigen um eine erfolgreiche, ganzheitliche digitale Transformation eines Industrieunternehmens mit variantenreicher Fertigung zu ermöglichen. Um dies zu verifizieren, sind neben den Aspekten und Betrachtungsfeldern auch die erforderlichen Schritte mit den bereits vorhandenen I4.0 Ansätzen abzugleichen. Terstegen et al. haben 2019 eine solche Analyse und den anschließenden Abgleich durchgeführt.[238] Zuerst identifizierten sie in einer internationalen Literaturrecherche 28 bereits vorhandene I4.0 Ansätze und Vorgehensmodelle. Sie untersuchten diese 28 I4.0 Vorgehensmodelle im Rahmen einer Vergleichsstudie. Dabei wurde aufgezeigt, dass die bereits vorhandenen I4.0 Vorgehensmodelle einen grundsätzlich vergleichbaren Aufbau haben und sich meist in drei Betrachtungsebenen gliedern: Einer strategischen, einer taktischen und einer operativen Ebene. Vergleicht man die I4.0 Vorgehensmodelle jedoch mit ihrem Methodeneinsatz und der fokussierten Zielgruppe, so konnte aufgezeigt werden, dass sie sich darin zumeist unterscheiden. Die Abbildung 10 zeigt die Ergebnisse der Vergleichsstudie nach Terstegen.

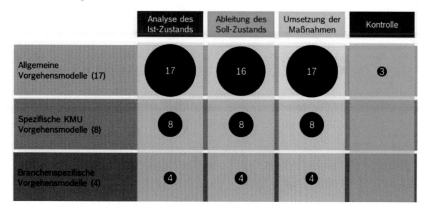

Abbildung 10 - Auszug Vergleichsstudie der I4.0 Vorgehensmodelle nach Terstegen, eigene Darstellung[239]

---

[236] Leineweber et al. 2018, 21 ff.
[237] Kersten et al. 2014, S. 383.
[238] Terstegen et al. 2019.
[239] Darstellung in Anlehnung an Terstegen et al. 2019, S. 4.

Die Ergebnisse der Vergleichsstudie nach Terstegen et al. belegen, dass es bisher kein branchenspezifisches und auch kein auf KMU spezifisch zugeschnittenes I4.0 Vorgehensmodell gibt, welches neben der Analyse des IST-Zustands, der Ableitung des SOLL-Zustands und der Maßnahmenumsetzung auch die Kontrolle der durchgeführten Maßnahmen berücksichtigt. Insbesondere ermöglicht keines der Modelle eine branchenspezifische Kontrolle der Maßnahmen, weshalb für die Kontrolle ein besonderer Forschungsbedarf besteht. Darüber hinaus wurde aufgezeigt, dass die bisherigen I4.0 Vorgehensmodelle überwiegend allgemeine Vorgehensmodelle sind. Ob und wie die analysierten Vorgehensmodelle eine konkrete Planung der Implementierung von I4.0 ermöglichen, wird nicht gezeigt. Wie bereits in Kapitel 2.3.1.1 gezeigt werden konnte, ist die konkrete Planung ist aber dringend erforderlich. Es ist daher noch eine detaillierte Bewertung zu erfolgen, um die Modelle in der erforderlichen Granularität zu kategorisieren, zu vergleichen und zu bewerten. Insbesondere da bisherige Analysen wie auch die von Terstegen et al. die Modelle nur oberflächlich beschreiben.[240] Im Rahmen dieses Kapitels konnte aufgezeigt werden, dass die bisherigen I4.0 Konzepte und Vorgehensmodelle nicht alle relevanten soziotechnischen Aspekte und Betrachtungsfelder berücksichtigen und dass es sich überwiegend um allgemeine I4.0 Vorgehensmodelle handelt. Darüber hinaus konnte gezeigt werden, dass es keine branchenspezifischen Vorgehensmodelle gibt, wie beispielsweise für Industrieunternehmen mit variantenreicher Fertigung, welche alle aufgezeigten Schritte zur erfolgreichen digitalen Transformation zu I4.0 beinhalten. Man könnte schlussfolgern, dass es aktuell kein anwendbares I4.0 Modell gibt, welches eine erfolgreiche digitale Transformation zu I4.0 von Werken von Industrieunternehmen mit variantenreicher Fertigung ermöglicht. Im Kapitel 2.3.1.3 wird dieser Aspekt tiefer analysiert.

2.3.1.3   Anwendbarkeit bisheriger Modelle in Industrieunternehmen

Schumacher stellte sich die Frage nach der Anwendbarkeit bisheriger I4.0 Vorgehensmodelle in Industrieunternehmen und liefert im Rahmen seiner durchgeführten Umfrage in 68 produzierenden Industrieunternehmen aus Deutschland, Österreich und der Schweiz hierzu konkrete Aussagen und Werte.[241] So haben 86% der betrachteten Industrieunternehmen bestätigt, noch kein für sie anwendbares und geeignetes I4.0 Vorgehensmodell gefunden zu haben. Im Rahmen der Umfrage wurden die Unternehmen im Anschluss auch zu den Gründen hierfür befragt. Die Abbildung 11 zeigt dabei die Gründe, warum die befragten Industrieunternehmen noch kein für sie anwendbares und geeignetes Modell gefunden haben.

---

[240] Vgl. Müller et al. 2018a; Vgl. Kese und Terstegen 2017.
[241] Schumacher 2018, S. 17.

Abbildung 11 - Anpassungsbedarf bisheriger I4.0 Modelle[242]

Schumacher konnte damit die Gründe aufzeigen, warum die große Mehrheit der Industrieunternehmen noch kein anwendbares und geeignetes Vorgehensmodell gefunden haben. Dem Großteil der betrachteten Industrieunternehmen sind die bisherigen Modelle zu abstrakt und nicht praxisnah genug, weshalb die Anwendbarkeit nicht gegeben ist. Zusätzlich beschreiben die Modelle nur einen Endzustand und zeigen keine Umsetzungsstufen auf, mit welchen konkreten Schritten und in welcher Geschwindigkeit dieser Endzustand erreicht werden soll. Hierdurch ist die konkrete Planung der Transformation zu I4.0 den Industrieunternehmen nicht möglich. Dies liegt insbesondere daran, dass die Fertigung und ihre Prozesse sowie IT-technische und organisatorische Veränderungen mit dem Menschen im Mittelpunkt nicht ausreichend aufgezeigt und beschrieben werden. Der Fokus liegt somit nicht auf dem gesamten sozio-technischen System. Zuletzt sind die bisherigen Modelle branchenspezifisch schlecht anwendbar, was auch auf die Industrieunternehmen mit variantenreicher Fertigung zutrifft. Auch Mittal et al. (2018) betonen, dass die bisherigen Modelle neben den allgemeinen und generischen Überlegungen keine branchenspezifische Antworten geben, „was", „wo", „wann", „warum" und vor allem „wie" getan werden muss, um eine erfolgreiche Transformation zu I4.0 zu ermöglichen.[243] Aus den aufgeführten Punkten kann abgeleitet werden, dass die bisherigen I4.0 Vorgehensmodelle vor allem in den einzelnen Branchen die relevanten Betrachtungsfelder nicht berücksichtigen und damit zu unkonkret und nicht anwendbar sind. Leineweber et al. bestätigen diesen Punkt zeigen als Grundvoraussetzung für ein erfolgreiches I4.0 Modell auf, dass es für eine Sicherstellung der unmittelbaren Anwendbarkeit in einer Branche notwendig ist, die I4.0 Vorgehensmodelle nicht allgemein sondern branchenspezifisch zu gestalten.[244] Dies bestätigen auch Appelfeller und Feldmann (2018) welche betonen, dass valide, spezifische und individuelle Aussagen bei den Vorgehensmodellen im Vorhinein konkrete Festlegungen auf Branchenspezifika und Arten der Wertschöpfungsprozesse benötigen.[245]

---

[242] Eigene Darstellung in Anlehnung an Ergebnisse aus Schumacher 2018, S. 17.
[243] Mittal et al. 2018, S. 196.
[244] Leineweber et al. 2018, S. 36 f.; Mittal et al. 2018, S. 194.
[245] Appelfeller und Feldmann 2018, S. 211.

2.3.1.4   Zusammenfassung und Definition der Forschungslücke

Aus den bisherigen Analysen dieses Kapitels konnte aus Wissenschaft und Praxis bestätigt
werden, dass erhebliche Entwicklungsbedarfe bei I4.0 Modellen bestehen. So wurde in
Kapitel 2.3.1.1 gezeigt, dass die bisherigen Modelle nicht alle relevanten Schritte, sozio-
technischen Aspekte und erforderlichen Betrachtungsfelder berücksichtigen, um Industrieunternehmen die erfolgreiche Transformation zu I4.0 ermöglichen. Dies liegt vor allem
daran, dass das Potential von I4.0 in Industrieunternehmen nur ausgeschöpft werden kann,
wenn beispielsweise ihre Werke als gesamtes sozio-technisches System betrachtet werden, gerade auch aufgrund der steigenden Vernetzung und IT-Durchdringung in allen Unternehmensbereichen. Im Kapitel 2.3.1.2 wurde gezeigt, dass trotz der hohen Anzahl an
I4.0 Vorgehensmodellen, Ansätzen und Leitfäden noch keines davon eine erfolgreiche
Transformation zu I4.0 von Industrieunternehmen ermöglicht, insbesondere auch aufgrund der fehlenden ganzheitlichen Betrachtung. Es gibt gegenwärtig keinen branchenspezifischen Ansatz, der die für die Transformation zu I4.0 notwendigen Schritte für Industrieunternehmen abdeckt. Dieser ist jedoch erforderlich, um beispielsweise die konkrete Planung und insbesondere auch Kontrolle von Maßnahmen zu ermöglichen. Zuletzt
wurde in Kapitel 2.3.1.3 gezeigt, dass die bisherigen I4.0 Vorgehensmodelle zu abstrakt
und für Industrieunternehmen nicht anwendbar sind. Dies liegt hauptsächlich an den fehlenden konkreten Umsetzungsstufen, welche die prozessualen, organisatorischen und IT-
technischen Veränderungen nicht im erforderlichen Detail beleuchten.

Gegenwärtig ist kein Ansatz in der Wissenschaft und Praxis verfügbar, der zugleich anwendbar ist und eine erfolgreiche Transformation von Werken der Industrieunternehmen
zu I4.0 ermöglicht. Insbesondere sind bei den Entwicklungen die Abgleiche und Transfers
zwischen Wissenschaft und Praxis noch nicht im erforderlichen Umfang erfolgt.[246] Diese
sind aber für die Anwendbarkeit notwendig, da ausschließlich iterative Entwicklungspro-
zesse erfolgsversprechende Modelle für die Gestaltung der digitalen Transformation in der
Praxis ermöglichen.[247]

Zusammenfassend wurde mit den Ausführungen dieses Kapitels gezeigt:

- dass es bisher keine I4.0 Modelle und Konzepte gibt, welche alle relevanten sozio-
  technischen Aspekte und Betrachtungsfelder berücksichtigen.

- dass bisherige branchenspezifische Modelle nicht alle relevanten Schritte für die Analyse, Planung, Umsetzung und Kontrolle der digitalen Transformation zu I4.0 berücksichtigen.

- dass es nur allgemeine I4.0 Modelle und Konzepte gibt, welche neben der Ermittlung
  des IST- und des SOLL-Zustands auch eine Maßnahmenumsetzung und Kontrolle
  ermöglichen.

- dass die allgemeinen Modelle nur mit Abstrichen auf die Fertigungsindustrie ableitbar
  sind, weil sie unter anderem zu unspezifisch und unkonkret sind.

---

[246] Vgl. auch Jodlbauer und Schagerl 2016a, S. 49.
[247] Vgl. auch Mettler 2010, S. 18.

- dass eine Eingrenzung der Modelle nach Branche und Anwendungsfall erforderlich ist, um unmittelbar anwendbar zu sein und dem Anwender einen konkreten Nutzen zu bringen.
- dass es weitere maßgebliche Gründe gibt, weshalb ein Großteil der Unternehmen aus den bisherigen Modellen noch kein für sich geeignetes und anwendbares identifiziert hat.
- dass anwendbare branchenspezifische Konzepte zur ganzheitlichen Analyse, Planung, Umsetzung und Kontrolle der digitalen Transformation zu I4.0 entwickelt werden müssen.

Jedoch konnte nicht gezeigt werden:

- ob die bisherigen Modelle eine Planung der Transformation zu I4.0 ermöglichen,
- in welcher Detailtiefe die Aspekte, Schritte und Betrachtungsfelder der bereits vorhandenen Modelle berücksichtigt werden und ob bzw. wo sie unmittelbar in den Werken von Industrieunternehmen anwendbar sind
- und welche sozio-technischen Aspekte und Betrachtungsfelde hierbei relevant sind.
- Es wurden aus der Praxis nur die Gründe gezeigt, warum die bisherigen Modelle für die Unternehmen Großteils nicht anwendbar sind, umgekehrt wurde aber nicht aufgezeigt, was die Unternehmen in der Praxis konkret benötigen.

Es sind daher noch die folgenden Forschungslücken zu schließen:

- Es muss konkretisiert werden, welche Betrachtungsfelder ein branchenspezifisches Konzept wie beispielsweise für Industrieunternehmen mit variantenreicher Fertigung fokussieren muss, um alle relevanten sozio-technischen Aspekte zu berücksichtigen. Auch muss konkretisiert werden, welche Bedarfe ein solches Industrieunternehmen für die Transformation zu I4.0 in seinen Werken hat. → Im Rahmen des **Kapitels 3.1** wird diese Frage beantwortet.
- Es muss eine detailliertere Bewertung von I4.0 Ansätzen und Modellen erfolgen, welche diese in der erforderlichen Granularität kategorisiert, vergleicht und bewertet, um einerseits konkrete Lücken, aber auch Stärken der einzelnen Ansätze zu erfassen und andererseits entsprechende Anforderungen an die Entwicklung eines I4.0 Transformationskonzeptes ableiten zu können. → Im Rahmen des **Kapitels 3.2** wird dies Bewertung durchgeführt.
- Es muss ein branchenspezifisches, konsekutives, integrales und anwendbares Transformationskonzept zur Analyse, Bewertung, Planung, Umsetzung und Kontrolle der digitalen Transformation zu I4.0 entwickelt werden. → Im Rahmen des **Kapitels 4** wird dieses Konzept mit dem Fokus auf Werke eines Industrieunternehmens mit variantenreicher Fertigung entwickelt. Im Rahmen des **Kapitels 5** wird anschließend die Anwendbarkeit in mehreren Werken eines Industrieunternehmens mit variantenreicher Fertigung geprüft.

2.3.2   Produktivitäts- und Potentialermittlung im Kontext von I4.0

Im Rahmen der vorangehenden Kapitel konnte bestätigt werden, dass die Quantifizierung des Nutzens als Rückschluss und Kontrolle der erfolgreichen Umsetzung von I4.0 eine der wichtigen Aufgaben im Rahmen des Transformationsprozesses zu I4.0 ist. Zusätzlich konnte gezeigt werden, dass es bisher kein branchenspezifisches I4.0 Vorgehensmodell, wie beispielsweise für Industrieunternehmen mit variantenreicher Fertigung gibt, welches die Kontrolle der Wirksamkeit und des Nutzens von I4.0 Maßnahmen berücksichtigt und ermöglicht. Dieser Aspekt ist jedoch eine grundlegende Anforderung an die Entwicklung eines anwendbaren, konsekutiven und integralen Transformationskonzeptes zu I4.0. Im Rahmen des nachfolgenden Kapitels 2.3.2.1 werden basierend auf der grundlegenden Anforderung zuerst die für Industrieunternehmen mit variantenreicher Fertigung relevantesten und bereits etablierten Methoden und Kennzahlen beschrieben, analysiert und bewertet, um die Anwendbarkeit für die Quantifizierung des Nutzens und der Wirksamkeit von I4.0 Maßnahmen überprüfen zu können.

2.3.2.1   Kennzahlen zur Steuerung und Kontrolle eines Unternehmens

Kennzahlen sind für die Steuerung und Kontrolle eines Unternehmens essenziell und stellen die aktuelle Lage und Entwicklung seiner Prozesse dar. Aus diesen Gründen gehören messbare Kennzahlen zu den wesentlichen Instrumenten der Unternehmensführung.[248] Die Anzahl der unterschiedlichen Kennzahlen und Kennzahlenarten ist dabei groß. Auch die Definitionen der einzelnen Kennzahlen, wie beispielsweise die Effizienz, sind in der Literatur variantenreich. Grundsätzlich lassen sich Kennzahlen in absolute Zahlen und Verhältniszahlen untergliedern. Diese unterscheiden sich wiederum bezüglich ihres Fokus, wie beispielsweise dem Bezugsobjekt oder auch Unternehmensbereich, den Adressaten wie zum Beispiel das Management, oder auch in ihrem Zeitbezug. Darüber hinaus lassen sie sich in finanzielle und nicht-finanzielle Kennzahlen unterteilen. Auch ist die Beeinflussbarkeit des Endergebnisses einer Kennzahl ein weiteres Unterscheidungsmerkmal. Die Tabelle 2 stellt die Klassifizierung der Kennzahlen nach Sandt (2004) dar.

Gliederungskriterien	Arten betriebswirtschaftlicher Kennzahlen							
Statistische Form	Absolute Zahlen					Verhältniszahlen		
	Einzel-zahlen	Sum-men	Diffe-renzen	Mittel-Werte	Streuungs-maße	Beziehungszahlen	Gliederungszah-len	Index-zahlen
Bezugsobjekt	Unternehmensumfeld					Unternehmen		
				Gesamt-unternehmen		Unternehmensteilbereiche		
						Direkte Bereiche	Indirekte Bereiche	
Adressaten / Nutzer	Unternehmensinterne					Unternehmensexterne		
	Führungskräfte			Nicht Führungskräfte				
	Top-Manager	Mittlere-Manager	Untere-Manager					
Zeitbezug	Vergangenheitszahlen / IST-Zahlen					Zukunftszahlen / PLAN-Zahlen		
Monetärer Bezug	Monetäre Kennzahlen					Nicht-monetäre Kennzahlen		
Beeinflussbarkeit Endergebnis	Vorlaufende Kennzahlen					Nachlaufende Kennzahlen		
Verknüpfung der Kennzahlen in einem System	Kein Kennzahlensystem					Kennzahlensystem		
						Rechensystem	Ordnungssystem	

Tabelle 2 - Auszug aus Einteilung von Kennzahlen in Anlehnung an Sandt[249]

---

[248] Sandt 2004, S. 1.
[249] Sandt 2004, S. 12.

Nach Sandt dienen somit Kennzahlen im Wesentlichen als Unterstützung des Managements bei der Unternehmensführung sowie bei seiner Entscheidungsfindung. Neben dieser grundsätzlichen Bedeutung von Kennzahlen für Unternehmen gehören nach Daum et al. (2010) zu den vier wichtigsten Kennzahlen für Unternehmen die:

- Wirtschaftlichkeit
- Produktivität
- Rentabilität
- und Liquidität.[250]

Seit den 1980er Jahren verstärkte sich die Kritik im anglo-amerikanischen Raum an den stark vom Rechnungswesen geprägten Informationen, den überwiegend monetären Kennzahlen. Um Unternehmenseinheiten erfolgreich zu steuern, wird die Verwendung nicht monetärer Kennzahlen, wie beispielsweise den technischen Kenngrößen, empfohlen.[251] Die Betrachtung der betrieblichen Prozesse und deren Wirksamkeit sollte vielmehr durch technische Kenngrößen erfasst werden. Sie ermöglichen unabhängig von wirtschaftlichen nicht abschätzbaren und differenzierbaren Einflussfaktoren, beispielsweise die Effizienz oder auch Effektivität der unternehmenseigenen Prozesse zu erfassen, was mit monetären Kennzahlen nicht möglich ist. Vielmehr ist eine Überprüfung der Strategieumsetzung und Leistungsmessung durch rein monetäre Kennzahlen nicht möglich.[252] Kaplan und Norton (1994) zeigen darüber hinaus auf, dass monetäre Kennzahlen und Messgrößen ausschließlich Vergangenheitsorientiert sind und entsprechend für die Zukunft relevante Steuerungsinformationen nicht zur Verfügung stehen.[253] Um vorausschauend und rechtzeitig die Wirksamkeit und das Potential von umgesetzten I4.0 Maßnahmen messen zu können, eignen sich daher insbesondere nicht-monetäre Kennzahlen, wie beispielsweise technische Kenngrößen. Sie sind deshalb ein essenzielles Instrument zur Kontrolle der Strategieumsetzung sowie Messung der ausgeschöpften Potentiale.[254] Dies liegt insbesondere daran, dass die komplexe Beurteilung verschiedener Unternehmenssituationen und -bereiche nur durch das Hinzunehmen weiterer technischer Kenngrößen ausreichend erfolgen kann.[255] Vergleicht man nun die vier bedeutendsten Kennzahlen nach Daum (Wirtschaftlichkeit, Produktivität, Rentabilität und Liquidität), ist lediglich die Produktivität keine monetäre Kennzahl, sondern eine technische Kenngröße.[256] Die Produktivität bildet die Ergiebigkeit eines Prozesses ab. Sie wird aus den Parametern Effizienz und Effektivität gebildet und ist eng mit diesen verzahnt. Die Effektivität stellt dabei sicher, die richtigen Dinge zu tun und die Effizienz, die Dinge richtig zu tun. Nur ein korrektes Zusammenspiel dieser Parameter ermöglicht eine Produktivitätssteigerung.[257]

---

[250] Daum et al. 2010, S. 70.
[251] Vgl. auch Gladen 2014; oder auch Gladen 2002, S. 5.
[252] Vgl. auch Trachsel und Gysler 2012.
[253] Kaplan und Norton 1996, S. 21 ff.
[254] Bode 2008, S. 66.
[255] Weber und Schäffer 2016, S. 200 ff.
[256] Vgl. Dommermuth 2016, S. 52.
[257] Thieme 2013, S. 26 ff.

Um also die Wirksamkeit und das Potential von umgesetzten komplexen I4.0 Maßnahmen im Voraus und auch nachfolgend zeitnah bewerten zu können, eignet sich von den vier bedeutendsten Kennzahlen lediglich die Produktivität. Das folgende Kapitel 2.3.2.2 fokussiert deshalb die Produktivität zur Quantifizierung der Potentiale von I4.0.

2.3.2.2   Produktivität zur Quantifizierung der Potentiale von I4.0

Wie im vorangegangenen Kapitel aufgezeigt werden konnte, kommt der Produktivität als technische Kenngröße zur Messung der Wirksamkeit und Potentiale von I4.0 Maßnahmen eine große Bedeutung zu. Dorner (2014) zeigt, dass die Produktivität und die Messung ihrer Steigerung unabhängig von der Form des Wirtschaftssystems erfolgen kann. Sie eignet sich daher für die Anwendung in verschiedenen Branchen, wie beispielsweise auch Industrieunternehmen mit variantenreicher Fertigung. Ferner ist die Produktivität aus diesen Gründen auch die primäre Zielsetzung des Industrial Engineering und vor allem die Arbeitsproduktivität dient dabei als zentraler Indikator der betriebswirtschaftlichen Erfolgsbetrachtung.[258] Das Industrial Engineering (IE) bekommt für die konsequente Verbesserung der Produktivität eine besondere Schlüsselrolle und liefert durch seine Methoden einen Beitrag zur Prozessstandardisierung und -optimierung sowie zum Produktivitätsmanagement.[259] Aufgrund der vergleichsweise hohen Arbeitskosten in der deutschen Industrie ist die Produktivität und ihre Steigerung innerhalb der Arbeitssysteme und -prozesse der wesentliche Erfolgsfaktor für die Wettbewerbsfähigkeit der deutschen Industrieunternehmen. In der unternehmerischen Praxis hat sich deshalb die Arbeitsproduktivität als wichtigste Kennzahl bewährt.[260] Zusätzlich eignet sich wie im Kapitel 2.3.2.1 gezeigt vor allem die Produktivität als technische Kennzahl für die Messung der Wirksamkeit und Potentiale von umgesetzten I4.0 Maßnahmen. Aus diesen Gründen wird im Rahmen der Arbeit für die Kontrolle einer erfolgreichen Transformation zu I4.0 die Produktivität, als zentrale Kennzahl zur Messung der Wirksamkeit und Potential-Quantifizierung von umgesetzten I4.0 Ansätzen, Maßnahmen und Technologien in den Industrieunternehmen, fokussiert. Denn obwohl I4.0 grundlegende Veränderungen verspricht wurde festgestellt, dass sich „[…] im Umfeld von Industrie 4.0 weder das Optimierungsziel, noch die zu optimierenden Bereiche verändern."[261] Dies wiederum erlaubt, dass die bisherigen Produktivmanagementansätze auch im Kontext von I4.0 ihre Geltung haben und sogar in gleicher Weise beständig bleiben können.

---

[258] Dorner 2014, S. 35.
[259] Dorner 2014, S. 1.
[260] Timmerbeil 1999, S. 18.
[261] Vogel-Heuser et al. 2017, S. 22.

Blickt man auf das Produktivitätsmanagement, findet man vielzählige Ansätze, welche sich in ihrem Fokus und Aufbau voneinander unterscheiden. Die Tabelle 3 zeigt dabei einen Auszug der Übersicht von Produktivitätsmanagementansätzen nach Dorner und Stowasser (2012).

	Konkrete Definition des Produktivitätsmanagements	Bezug zum Industrial Engineering	Betrachtung eines Führungssystems	Beschreibung der Produktivitätsmessung	Art der beschriebenen Produktivitätskennzahlen	Betrachtung der Arbeitsproduktivität	Zeitwirtschaftliche Gewichtung einer Produktivitätskennzahl
Marshall (1975)	Nein	Nein	Ja	Ja	Sehr allgemein	Ja	Nein
Nebl (2002)	Ja	Nein	Nein	Nein	Allgemein, monetär	Als Teilproduktivität	Nein
Bokranz & Landau (2006)	Ja	Ja	Ansatzweise	Ja	Sehr allgemein	Ja	Nein
Sauter & von Killisch-Horn (2011)	Ja	Ja	Ansatzweise	Ja	Mengenmäßig	Ja	Ja
...	...	...	...	...	...	...	...

Tabelle 3 - Übersicht von Produktivitätsmanagementansätzen nach Dorner und Stowasser (2012)[262]

Das Produktivitätsmanagement von Sauter und von Killisch-Horn inklusive seiner Produktivitätskennzahlen (Arbeitseffizienz) ist dabei eine der prägendsten Publikationen im deutschsprachigen Raum, welche zugleich durch eine erfolgreiche Anwendung in der Praxis in Werken eines Industrieunternehmens mit variantenreicher Fertigung erprobt wurde.[263] Die von Sauter und von Killisch-Horn definierte Produktivitätskennzahl, die Arbeitseffizienz, bietet sich vor allem im Rahmen der Arbeit als Basis an, da sie bereits in Werken mit variantenreicher Fertigung erfolgreich umgesetzt wurde. Dommermuth (2016) zeigte dabei auf, dass die Arbeitseffizienz die gesamte Produktivität der Mitarbeiter quantifizieren kann (sowohl Effizienz und Effektivität). Zusätzlich verwies er auf das vorhandene Potential, die Kennzahl neben den direkten Bereichen grundsätzlich auch auf die indirekten Bereiche auszuweiten zu können. Darüber hinaus zeigte er weitere Vorteile auf: Die Kennzahl ist als technische Kenngröße und als Steuerungskenngröße im Shopfloor geeignet und wird nur durch von Produktionsbereichen zu verantwortende Effekte beeinflusst. Sie ermöglicht aufgrund der durchgängigen Erfassung ein Gesamtbild über die Produktivitätsentwicklung eines Industrieunternehmens, unabhängig von der Geschäftsart oder dem Produktmix der Werke.[264]

---

[262] Dorner und Stowasser 2012, S. 216.
[263] Dorner 2014, S. 91 f.; Vgl. auch Sauter und Killisch-Horn 2010.
[264] Dommermuth 2016.

2.3.2.3   Produktivitätskennzahlen

Als Arbeitsproduktivitätskennzahl wird im Rahmen der Arbeit die Arbeitseffizienz[265] nach Sauter und von Killisch-Horn wie folgt definiert:

$$Arbeitseffizienz\ (Ae) = \frac{\sum_{i=1}^{m} Gutstück_i * t_{e_i}}{\sum_{j=1}^{n} Anwesenheitszeit_j}$$

Formel 1 - Arbeitseffizienz (Ae)

mit:	i	=	Index der Gutstückvarianten; $i \in \{1,...,m\}$
	m	=	Anzahl der produzierten Gutstückvarianten
	j	=	Index der Mitarbeiter; $j \in \{1,...,n\}$
	n	=	Anzahl der direkt mengenabhängigen Mitarbeiter
Gutstück		=	Den Qualitätsanforderungen entsprechendes Produkt
t_e		=	Geplante Produktionszeit je Einheit
Anwesenheitszeit		=	IST-Anwesenheitszeit des Mitarbeiters

Der Vorteil der definierten Arbeitseffizienz (Ae) liegt vor allem in ihrer Anwendbarkeit in Werken von Industrieunternehmen mit variantenreicher Fertigung. Der Zähler setzt sich zusammen aus der Summe der Gutstücke multipliziert mit den jeweiligen geplanten Produktionszeiten, dem Zeitfaktor. Es werden somit nicht alle produzierten Stücke einbezogen, sondern nur diejenigen Gutstücke, welche den Qualitätsanforderungen entsprechen. Hierdurch wird die Effektivität der durchgeführten Tätigkeiten erfasst. Neben der Effektivität wird durch den Zeitfaktor auch die Effizienz der durchgeführten Arbeitsprozesse berücksichtigt, da die Plan-Produktionszeit im Verhältnis zur Anwesenheitszeit des Mitarbeiters diese widerspiegelt. Der Zeitfaktor ist ein Planwert und wird mit Zeitdatenermittlungsverfahren bestimmt, beispielsweise durch den Einsatz von Systemen vorbestimmter Zeiten (z.B. dem MTM-Verfahren) oder durch Zeitaufnahmeverfahren (z.B. dem REFA-Standard). Er stellt dabei sicher, dass variantenreiche Produkte mit sehr variablen Produktionszeiten entsprechend berücksichtigt und verglichen werden können. So können auch bei unterjährigen Produktmixverschiebungen die Steigerung der Produktivität sauber dargestellt werden. Der Nenner enthält die gesamte Anwesenheitszeit aller mengenabhängigen Mitarbeiter, welche an der Fertigung der Gutstücke und ihrer mengenabhängigen Unterstützungsprozesse beteiligt waren.

Im Rahmen der Produktivitätskennzahlen ist das Pendant zur Arbeitseffizienz die Maschinenproduktivität. Die umfassendste Kennzahl zur Berechnung und Messung der Anlagenproduktivität ist dabei die von Nakajima in den 1960er Jahren entwickelte „Overall Equipment Effectiveness" (OEE).[266] Aufgrund der immer voransteigenden Automatisierung im Rahmen von I4.0 wie beispielsweise durch die Vernetzung von CPS durch das IoT kann abgeleitet werden, dass der Anteil der Maschinen und Anlagen steigen wird.

---

[265] Nach Sauter und von Killisch-Horn 2010, S. 49, mit leicht angepasster Notation.
[266] Klein 2012, S. 59 ff.; Vgl. auch Nakajima 1988.

Focke und Steinbeck (2018) gehen davon aus, dass der OEE im Rahmen der Transformation zu I4.0 in Zukunft einen immer höheren Stellenwert erhält, da durch die zunehmende Automatisierung der Anlagen und Maschinen das Management ihrer Produktivität eine essenzielle Bedeutung bekommen wird.

Der OEE schafft in diesem Zusammenhang eine strukturierte Transparenz hinsichtlich der Verluste in der Maschinenproduktivität und liefert damit die Grundlage zur zielgerichteten Optimierung.[267] Das Management des OEE ermöglicht einen kennzahlenbasierten Verbesserungsprozess und die Analyse aller Verluste und Abweichungen, welche die Leistung der Anlagen beeinträchtigen. Sie bilden die Basis und Fähigkeit zur langfristigen Steigerung der Maschinenproduktivität, indem die Abweichungen nach der Identifikation durch Verbesserungsmaßnahmen langfristig reduziert werden können.[268] Aufgrund dieser Ausführungen wird im Rahmen der Arbeit der OEE zur Berechnung der Anlagen- und Maschinenproduktivität herangezogen.

In der Literatur lassen sich viele verschiedene Berechnungsansätze zur OEE-Ermittlung finden.[269] Viele Berechnungsansätze, wie beispielsweise nach Focke und Steinbeck (2018), betrachten dabei den Output und damit die Ausbringungsmenge in Stück.[270] Ein solcher Ansatz wäre in einer variantenreichen Fertigung nicht praktikabel, da sich die geplante Produktionszeit je Produktvariante stark unterscheiden kann. Anders als in der definierten Arbeitseffizienz (Ae) erfolgt bei dem Berechnungsansatz nach Focke und Steinbeck keine Gewichtung der produzierten Teile. Hinsichtlich der zum Teil stark variierenden Produktionszeiten und variablen Produktmixe eines Industrieunternehmens mit variantenreicher Fertigung könnte ein auf diese Weise berechneter OEE und seine Steigerung weder belastbare noch vergleichbare Werte liefern. Andere Ansätze wie der Ansatz nach VDMA 66412-1 multipliziert analog zur Ae die Ausbringungsmenge mit der geplanten Produktionszeit je Einheit (t_e) und bietet sich deshalb zur Berechnung des OEE in Industrieunternehmen mit variantenreicher Fertigung an. Die VDMA 66412-1 wird aufgrund der analogen Berechnungslogik zur Ae als Basis für die Berechnung der Maschinenproduktivität genommen und nachfolgend beschrieben.

$$Maschinenproduktivität = Verfügbarkeit \; x \; Effektivität \; x \; Qualitätsrate$$

Formel 2 - Maschinenproduktivität auf Basis des OEE nach VDMA 66412-1[271]

---

[267] Klein 2012, S. 59 ff.
[268] Focke und Steinbeck 2018.
[269] Reichel et al. 2018, S. 55; Focke und Steinbeck 2018, S. 7 ff.; Stamatis 2010, S. 39 ff.; Hansen 2001, S. 40 ff.
[270] Focke und Steinbeck 2018, S. 10.
[271] VDMA 66412-1.

Sie setzt sich dabei wie folgt zusammen:

$$Verfügbarkeit = \frac{t_h}{PBZ}$$

Formel 3 - Verfügbarkeit

mit: t_h =   Hauptnutzungszeit (Zeit, in der die Maschine wertschöp-
                            fend produziert)

          PBZ   =   Planbelegungszeit (Betriebszeit der Anlage abzüglich ge-
                            planter Stillstände, welche im Rahmen der Feinplanung
                            zur Verfügung steht)

$$Effektivität = \frac{t_e \times PM}{t_h}$$

Formel 4 - Effektivität

mit: t_e =   Geplante Produktionszeit je Einheit

          PM   =   Produzierte Menge (Gutstücke und Ausschuss)

          t_h =   Hauptnutzungszeit (Zeit, in der die Maschine wert-
                            schöpfend produziert)

$$Qualitätsrate = \frac{Gutstücke}{PM}$$

Formel 5 - Qualitätsrate

mit: Gutstücke   =   Produzierte Menge an Gutstücken

          PM   =   Produzierte Menge (Gutstücke und Ausschuss)

Multipliziert man die Formel 3 mit der Formel 4 und Formel 5 kann sie durch Kürzungen
weiter vereinfacht werden. Zur Analyse und Bewertung der Verlustarten sind ihre einzelnen Bestandteile essenziell. Dahingegen ermöglicht die Vereinfachung einen leichteren
Weg zur Ermittlung der Maschinenproduktivität. Sie berücksichtigt aber nicht mehr die
einzelnen Verlustarten und weist sie nicht aus. Neben der Maschinenproduktivitätsverfol-
gung wird im Rahmen der Arbeit daher insbesondere auf das Verfolgen der einzelnen
Verluste hingewiesen, welche in einem anschließenden PLAN-IST-Abgleich die Identifikation von Abweichungen detailliert ermöglicht.

Die Abweichungsidentifikation bildet die Basis für eine anschließende Verbesserungsarbeit und ermöglicht dadurch eine langfristige Erhöhung der Maschinenproduktivität. Die Maschinenproduktivität wird im Rahmen der Arbeit in der Formel 6 definiert.

$$Maschinenproduktivität\ (Mp)\ =\ \frac{\sum_{i=1}^{m} Gutstück_i * t_{e_i}}{PBZ}$$

Formel 6 - Maschinenproduktivität (Mp)

mit:	i	=	Index der Gutstückvarianten; i ∈ {1,...,m}
	m	=	Anzahl der produzierten Gutstückvarianten
	Gutstück	=	Den Qualitätsanforderungen entsprechendes Produkt
	t_e	=	Geplante Produktionszeit je Einheit
	PBZ	=	Planbelegungszeit (Betriebszeit der Anlage abzüglich geplanter Stillstände, welche im Rahmen der Feinplanung zur Verfügung steht)

Wie in den vorangegangenen Kapiteln gezeigt werden konnte, ist analog der bisherigen Maßnahmenverfolgung vor allem die Produktivität als technische Kenngröße auch im Kontext der digitalen Transformation zu I4.0 als wesentlichen Erfolgsfaktor geeignet. Sie ermöglicht die Quantifizierung und Kontrolle der Effizienz- und Effektivitätssteigerungen in produzierenden Industrieunternehmen. Die beiden definierten Produktivitätskennzahlen Arbeitseffizienz (Ae) und Maschinenproduktivität (Mp) bilden im Rahmen der Arbeit damit die Grundlage für die Berechnung und Kontrolle der Wirksamkeit sowie Quantifizierung der Potentiale von einzusetzenden und eingesetzten I4.0 Ansätzen, Konzepten und Technologien.

3 I4.0 Konzept: Konkretisierung und Bewertung

Im Rahmen des Kapitels 2.3.1 konnte die Notwendigkeit zur Entwicklung eines praxisnahen, branchenspezifischen, konsekutiven und integralen Transformationskonzeptes abgeleitet werden. Auf dieser Basis wird sich das Kapitel 3 mit der Bewertung gegenwärtiger I4.0 Modelle und der Konkretisierung des zu entwickelnden I4.0 Konzeptes auseinandersetzen. In den bisherigen Ausführungen wurde betont, dass für ein anwendbares branchenspezifisches I4.0 Transformationskonzept alle relevanten sozio-technischen Aspekte und Betrachtungsfelder berücksichtigt werden müssen. Die Betrachtungsfelder und Bedarfe werden deshalb in Kapitel 3.1 analysiert. Das Kapitel 3.1.1 beschäftigt sich dabei mit der Konkretisierung der relevanten Schritte für ein I4.0 Transformationskonzept, das Kapitel 3.1.2 mit der Konkretisierung der relevanten sozio-technischen Betrachtungsfelder für Werke von Industrieunternehmen mit variantenreicher Fertigung. Das Kapitel 3.1.3 bestätigt und konkretisiert anschließend die Bedarfe aus der Praxis. Wie in Kapitel 2.3.1 aufgezeigt ist die Granularität der bisherigen Bewertungen von I4.0 Transformationsansätzen zu niedrig, um identifizieren zu können, wo die genauen Stärken, Schwächen und Fokusbereiche der Konzepte liegen. Deshalb wird im Kapitel 3.2 eine detaillierte Bewertung von I4.0 Modellen und Ansätzen erfolgen, um konkrete Lücken und Stärken der einzelnen Ansätze zu erfassen und entsprechende Anforderungen an die Entwicklung abzuleiten. Die Bewertungsmethodik wird dafür in Kapitel 3.2.1 erläutert und im Kapitel 3.2.2 die Bewertung durchgeführt sowie im Kapitel 3.2.3 ein Fazit gezogen. Abschließend werden im Kapitel 3.3 der Fokus, die Rahmenbedingungen und die Anforderungen an die Entwicklung des I4.0 Transformationskonzeptes abgeleitet. Zuerst geht das Kapitel 3.3.1 hierfür auf die Auswirkungen durch die bisherigen Vorgehensweisen in den Industrieunternehmen ein und stellt damit die Ausgangssituation dar. Zusammenfassend geht das Kapitel 3.3.2 auf die Rahmenbedingungen für die Entwicklung eines I4.0 Transformationskonzeptes für Werke von Industrieunternehmen mit variantenreicher Fertigung ein.

3.1 Betrachtungsfelder und Bedarfe für I4.0 Konzepte

3.1.1 Konkretisierung der relevanten Schritte für ein I4.0 Transformationskonzept

Im Rahmen des Kapitels 2.3.1.1 wurde der erforderliche Aufbau der I4.0 Vorgehensmodelle aus den gegenwärtigen Ansätzen und Ausführungen der Literatur wie folgt dargestellt: Im Rahmen einer Analyse muss zunächst der Reifegrad bestimmt werden.[272] Die Basis für eine Reifegradermittlung ist der SOLL-IST-Vergleich.[273]

---

[272] Vgl. Hanschke 2018, S. 119.
[273] Vgl. Hanschke 2018; Vgl. Gleich 2016, S. 93.

Der grundsätzliche Aufbau eines SOLL-IST-Vergleiches unterteilt sich in die Beschreibung eines IST-Zustands, eines SOLL-Zustands und dem Ableiten von Maßnahmen.[274] Nach einer Umsetzungsphase erfolgt die Kontrolle der Zielerreichung.[275]

Der gegenwärtige Aufbau wird in Abbildung 12 dargestellt.

Abbildung 12 - Gegenwärtiger Aufbau der I4.0 Vorgehensmodelle, eigene Darstellung

Vergleicht man hiermit den Stand der Forschung aus Kapitel 2.3.1.2 und 2.3.1.3, so zeigt sich, dass es noch kein geeignetes I4.0 Vorgehensmodell gibt, welches eine erfolgreiche digitale Transformation zu I4.0 von Werken eines Industrieunternehmens mit variantenreicher Fertigung ermöglicht. Den bisherigen Modellen fehlt ein konsekutives und stufenweises Vorgehen, welches auch eine konkrete Planung von I4.0 ermöglicht sowie zusätzlich die Umsetzung und Kontrolle ausreichend berücksichtigt.[276]

Obwohl die bisherigen Modelle mit ihrem Aufbau und den durchgeführten Schritten für die digitale Transformation zu I4.0 größtenteils deckungsgleich sind, zeigt sich, dass dieser deckungsgleiche, generische und allgemeine Aufbau in den jeweiligen Branchen nicht anwendbar bzw. praxisnah genug ist, wie beispielsweise für die Anwendung in Werken von Industrieunternehmen mit variantenreicher Fertigung.[277] Es bietet sich deshalb an, bereits bewährte konventionelle Ansätze, Methoden und Modelle für die Strukturierung, Planung und Umsetzung von Vorhaben wie beispielsweise Problemlösungsprozesse in der Fertigung zu betrachten. Die Tabelle 4 stellt in der Praxis erfolgreich angewandte Ansätze unterschiedlicher Zielsetzungen sowie Einsatzfelder gegenüber. Der PDCA-Zyklus fokussiert den kontinuierlichen Verbesserungsprozess in der Fertigung, RADAR die Neugestaltung und Anpassung bestehender Abläufe und Prozesse, die DMAIC-Methode fokussiert sich nur auf die jeweiligen maßgeblichen Unternehmensprozesse und -bereiche, der 8D-Report fokussiert als nachhaltiges Arbeitsmittel das Qualitätsmanagement und die REFA-Planungssystematik die Neugestaltung und Verbesserung neuer und bestehender Arbeitssysteme. Trotz der unterschiedlichen Zielsetzungen ist der Aufbau der in der Praxis gegenwärtig erfolgreich eingesetzten Ansätze grundsätzlich vergleichbar.

---

[274] Scherer 2010, S. 33–34.
[275] Terstegen et al. 2019, S. 3.
[276] Dommermuth 2019, S. 1 f.
[277] Vgl. Terstegen et al. 2019; mit Schumacher 2018; oder auch Leineweber et al. 2018.

Problemlöseprozess	PDCA	RADAR	DMAIC	8D-Report	REFA
Ausgangssituation untersuchen	P	R	D, M	1, 2, 3	1
Ziel ausarbeiten					2
Lösungsalternativen erarbeiten		A	A	4, 5	3, 4
Lösungsalternativen auswählen					
Lösungen umsetzen	D	D	I	6	5
Erfolg kontrollieren	C, A	A, R	C	7, 8	6

Tabelle 4 - Synopse verschiedener praxistauglicher Ansätze nach Lennings[278]

Der Vergleich in der Praxis erfolgreich umgesetzten Ansätze zeigt, dass sie grundsätzlich die gleichen Schritte durchlaufen und auf einem analogen Prinzip basieren.[279] Das Grundprinzip ist dabei die kontinuierliche Anwendung und Verbesserung sowie der Prozessfokus und die Erarbeitung von Standards. Aufgrund des analogen Aufbaus der Ansätze ist eine exemplarische tiefergehende Analyse zielführend. Aufgrund seiner starken Verbreitung im Fertigungsumfeld[280] wird hierfür der PDCA-Zyklus exemplarisch analysiert. Im Anschluss wird er mit dem Aufbau gegenwärtiger I4.0 Vorgehensmodellen aus der Abbildung 12 verglichen, um die für eine Anwendung in der Praxis erfolgskritischen Unterschiede darzustellen.

Der PCDA-Zyklus ist eine Weiterentwicklung des schrittweisen Deming-Kreises und eines der wichtigsten in der Praxis anwendbaren Instrumente zur ständigen Verbesserung. Er ist eine Blaupause mit einem stufenweisen Ablauf für verschiedene Anwendungsfälle, wie beispielsweise die Umsetzung von Verbesserungsprojekten.[281] Beim PDCA-Zyklus werden nach der initialen Analyse des IST-Zustands ausschließlich erreichbare Ziele im SOLL-Zustand fixiert.[282] Zusätzlich werden im ersten Schritt (Plan) Maßnahmen für die Umsetzung des Deltas von IST- zu SOLL-Zustand abgeleitet und geplant. Im zweiten Schritt (Do) wird der ausgearbeitete konkrete Plan umgesetzt. Im dritten Schritt (Check) wird der Erfolg des umgesetzten Plans geprüft. Im letzten Schritt (Act) wird bei erfolgreicher Schließung des Deltas der neue Standard etabliert bzw. bei Misserfolg eine neue Planung durchgeführt, bis das Delta geschlossen und Rückschlüsse abgeleitet sind. Der schrittweise PDCA-Zyklus ist ein laufend angewandter Zyklus zur kontinuierlichen Verbesserungsarbeit.[283]

---

[278] Lennings 2019, S. 9.
[279] Lennings 2019, S. 6.
[280] Gorecki und Pautsch 2018, S. 6; Horne 2016, S. 18.
[281] Schmitt und Pfeifer 2015, S. 66.
[282] Syska 2006, S. 100 f.
[283] Lennings 2019, S. 7.

Gleicht man den PDCA-Zyklus mit dem Aufbau der gegenwärtigen allgemeinen und nicht in der Praxis erfolgreich anwendbaren[284] I4.0 Vorgehensmodellen aus Kapitel 2.3.1.2 ab, so gibt es Überschneidungen. Darüber hinaus gibt es aber auch wesentliche Unterschiede:

- Der PDCA-Zyklus ist kein einmaliges Vorgehensmodell, sondern ein laufend angewandter Ansatz, der auf der kontinuierlichen Verbesserungsarbeit basiert
- Im PDCA-Zyklus sollen im SOLL-Zustand nur erreichbare Ziele definiert werden
- Im PDCA-Zyklus wird ein konkreter Plan für die Umsetzung ausgearbeitet
- Im PDCA-Zyklus erfolgt eine umfassende Kontrolle der Zielerreichung und eine Ableitung von Rückschlüssen für den nächsten Zyklus

Aufgrund der erfolgreichen Anwendbarkeit des PDCA-Zyklus in Werken von Industrieunternehmen und der grundsätzlichen Eignung als Blaupause werden die aufgezeigten Unterschiede als Anforderungen an das zu entwickelnde I4.0 Transformationskonzept adressiert. Die Unterschiede zum gegenwärtigen Aufbau erfolgreicher Modelle der Praxis aus der Abbildung 12 werden in der Abbildung 13 hervorgehoben.

Abbildung 13 - Erforderlicher Aufbau eines Transformationskonzeptes für I4.0, eigene Darstellung

Die Abbildung 13 zeigt, dass der Schritt „Planung" hinzugefügt wurde und die weiteren Schritte in ihren Details verändert wurden. Dies deckt sich mit der Erkenntnis aus Kapitel 2.3.1, dass die bisherigen Ansätze die konkrete Planung der Transformation zu I4.0 nicht ermöglichen.

Die aufgezeigten notwendigen Schritte für eine erfolgreiche Anwendung eines Transformationskonzeptes zu I4.0, wie exemplarisch in Werken von Industrieunternehmens mit variantenreicher Fertigung, bilden die Basis für die detaillierte Bewertung in Kapitel 3.2.2 und sind gleichzeitig auch Anforderungen an die Entwicklung im Kapitel 4.

3.1.2   Konkretisierung der relevanten sozio-technischen Betrachtungsfelder

Bei der digitalen Transformation werden sich die bestehende Arbeitslandschaft sowie die Produktionssysteme der Industrieunternehmen langfristig verändern.[285] Im Kapitel 2.3.1 wurde gezeigt, dass für eine erfolgreiche Anwendung in der Praxis alle sozio-technischen Aspekte im Rahmen eines I4.0 Transformationskonzeptes berücksichtigt werden müssen. Bereits 1951 zeigen Trist und Bamforth die enge Verzahnung zwischen Personal, Organisation und Technologien von Arbeitssystemen auf.

---

[284] Vgl. Schumacher 2018; Leineweber et al. 2018.
[285] Leineweber et al. 2018, S. 24.

Hierbei gingen positive Veränderungen wie die Steigerung der Arbeitszufriedenheit und die Verbesserung der Produktivität mit dem verbesserten Zusammenspiel von Mensch, Technik und Organisation unmittelbar einher.[286] Im Kontext der digitalen Transformation zu I4.0 wird mittlerweile in vielzähligen Publikationen auf diese drei zu berücksichtigenden sozio-technischen Dimensionen und ihre zugehörigen Betrachtungsfelder bei der Einführung von Technologien, wie beispielsweise MES-Systeme, hingewiesen.[287] Um die erforderliche Anwendbarkeit des zu entwickelnden branchenspezifischen I4.0 Transformationskonzeptes sicherstellen zu können und darauf basierend direkte Handlungsempfehlungen zu ermöglichen, müssen die sozio-technischen Dimensionen für den Anwendungsfall branchenspezifisch in einer ausreichenden Granularität auf die einzelnen Betrachtungsfelder heruntergebrochen werden. Im Rahmen dieses Kapitels werden deshalb die für die Werke eines Industrieunternehmens mit variantenreicher Fertigung relevanten sozio-technischen Betrachtungsfelder abgeleitet und abgegrenzt. Dafür soll eine entsprechende Literaturrecherche bisherige Transformationskonzepte für I4.0 identifizieren und im Detail analysieren.

Als Transformationskonzept für I4.0 zählen Ansätze, Handlungsempfehlungen, Konzepte, Modelle und Leitfäden, welche die digitale Transformation zu I4.0 sowie die Implementierung von I4.0 ermöglichen sollen und mit ihren Schritten und Betrachtungsfelder hierfür Lösungen anbieten. Dazu zählen nicht nur umfassende und ganzheitliche Transformationskonzepte und Leitfäden, sondern auch bestehende Ansätze, welche nur Teile des sozio-technischen Systems oder auch nur Teile der in Kapitel 3.1.1 konkretisierten Schritte fokussieren. Im Rahmen einer Literaturrecherche von Juli bis September 2018 wurde nach den Begriffen „Industrie 4.0" oder „Digitalisierung" bzw. „Industry 4.0" oder „Digitalization" jeweils in Kombination mit den Begriffen „Leitfaden", „Modell" oder „Konzept" bzw. „Model", „Guideline" oder „Concept" gesucht. Die Literaturrecherche umfasste dabei die Kataloge des Springer Wissenschaftsverlag, der IEEE Xplore Digital Library sowie der Suchmaschinen Google und Google Scholar. Hierbei konnten 52 Ansätze identifiziert werden. Diese wurden auf ihre Betrachtungsfelder untersucht und im Anschluss die Betrachtungsfelder strukturiert und ihren sozio-technischen Dimensionen, der Organisation, der Technik oder dem Personal, zugeordnet. Dabei wurde nicht unterschieden, ob die Betrachtungsfelder nur erwähnt oder bereits im Detail beschrieben worden sind. Im Anschluss wurde die Häufigkeit der Berücksichtigung der Betrachtungsfelder verglichen und aufgezeigt. Es wurden insgesamt 16 verschiedene Betrachtungsfelder identifiziert. Zur Dimension Organisation wurden die Betrachtungsfelder Strategie, Organisationsstruktur, Führung, Vertrieb, Service und Geschäftsmodelle zugeordnet. Zur Dimension Technik konnten die Betrachtungsfelder Prozesse, Fertigung, Logistik, Informationstechnologie (IT), Daten, Sicherheit und Produkte zugeordnet werden.

---

[286] Vgl. Trist und Bamforth 1951.
[287] Leineweber et al. 2018, S. 24; Vgl. auch Dombrowski et al. 2018; Matt et al. 2018; Müller et al. 2018a.

Zuletzt konnten bei der Dimension Personal die Betrachtungsfelder Qualifikation, Kommunikation und Kultur identifiziert werden. Grundsätzlich ließ sich hierbei feststellen, dass keines der I4.0 Modelle, Ansätze und Leitfäden alle Betrachtungsfelder berücksichtigt, welche im Rahmen der Literaturrecherche ermittelt wurden. Dies bestätigt, dass keines der Modelle alle sozio-technischen Betrachtungsfelder abdeckt und damit keines der Modelle eine erfolgreiche digitale Transformation zu I4.0 in den Werken von Industrieunternehmen mit variantenreicher Fertigung ermöglicht. Darüber hinaus unterschieden sich die Modelle in ihrem Fokus und berücksichtigten in der Regel einen unterschiedlichen Umfang an Betrachtungsfeldern. Im Durchschnitt wurden dabei im 6,2 Betrachtungsfelder berücksichtigt, was bei 16 Betrachtungsfeldern einer Abdeckung von 39% entspricht. Die genauen Ergebnisse werden dabei in der Abbildung 14 dargestellt:

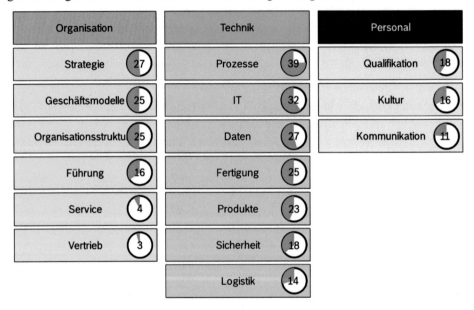

Abbildung 14 - Betrachtungsfelder der I4.0 Modelle und Ansätze, eigene Darstellung

Abbildung 14 stellt die drei sozio-technischen Dimensionen durch die einzelnen Betrachtungsfelder in einer tieferen Granularität dar, welche wie bereits in Kapitel 2.3.1 aufgezeigt für die detaillierte Bewertung im weiteren Verlauf der Arbeit erforderlich ist. Um die digitale Transformation in einem Unternehmen erfolgreich umsetzen zu können, ist es grundsätzlich notwendig, alle hier aufgezeigten sozio-technischen Betrachtungsfelder zu berücksichtigen.

Mit der in Kapitel 1.2 und 2.1.1 beschriebenen Fokussierung der Arbeit auf Werke von Industrieunternehmen mit variantenreicher Fertigung kann es sein, dass sich der Umfang der erforderlichen Betrachtungsfelder reduziert. Daher ist es notwendig, die Relevanz der Betrachtungsfelder für diesen Anwendungsfall abzugrenzen. Dorner zeigt, dass produzierende Industrieunternehmen grundsätzlich drei Arten von Prozessen aufweisen: direkt-, indirekt- und nicht-produktionsmengenabhängige Prozesse.

Die Prozessausführung der nicht-produktionsmengenabhängigen Prozesse hängt dabei nicht oder nur sehr entfernt von der hergestellten Produktionsmenge ab.[288] Analysiert man nun den Aufbau von Industrieunternehmen, so ist festzustellen, dass aus diesem Grund nicht-produktionsmengenabhängige Prozesse und Tätigkeiten im Regelfall als Stabstellen und Zentralbereiche ausgelagert werden und demnach nicht oder nicht unmittelbar in den Werken verbleiben. Sowohl bei großen Konzernen als auch in KMUs sind die als Zentralbereiche oder Stabsstellen ausgelagerten Funktionen in der Regel das Marketing, Vertrieb, strategische Geschäftsmodellentwicklung, Service, Forschung und die Produktentwicklung.[289] Das im Kapitel 4 zu entwickelnde I4.0 Transformationskonzept soll den Fokus auf Werke von Industrieunternehmen mit variantenreicher Fertigung legen. Da die Betrachtungsfelder Geschäftsmodelle, Service, Vertrieb und Produkte wie aufgezeigt in der Regel nicht innerhalb der Werke von Industrieunternehmen abgedeckt sind, sondern im Regelfall ausgelagert werden, sind sie für den weiteren Verlauf der Arbeit und eine erfolgreiche Transformation der Werke von Industrieunternehmen zu I4.0 nicht erfolgskritisch. Die aufgezählten Betrachtungsfelder werden daher nicht weiter berücksichtigt. Die dadurch verbleibenden sozio-technischen Betrachtungsfelder für die erfolgreiche digitale Transformation zu I4.0 von Werken von Industrieunternehmen mit variantenreicher Fertigung werden in der Abbildung 15 dargestellt.

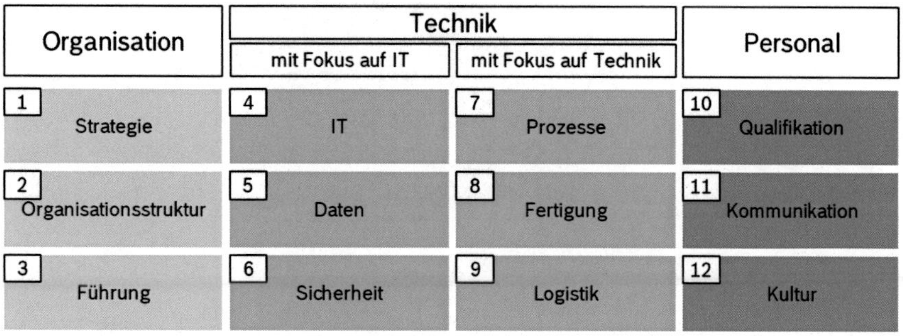

| Organisation | Technik | | Personal |
	mit Fokus auf IT	mit Fokus auf Technik	
1 Strategie	4 IT	7 Prozesse	10 Qualifikation
2 Organisationsstruktur	5 Daten	8 Fertigung	11 Kommunikation
3 Führung	6 Sicherheit	9 Logistik	12 Kultur

Abbildung 15 - Erforderliche Betrachtungsfelder in Werken, eigene Darstellung[290]

3.1.3 Konkretisierung und Bestätigung der Bedarfe der Werke

Die bisherigen Überlegungen der vorangegangenen Kapitel 2.3.1 zur Abgrenzung und Darstellung des Forschungsbedarfes und der Kapitel 3.1.1 und 3.1.2 zur Konkretisierung der relevanten Schritte und sozio-technischen Betrachtungsfelder basieren im Regelfall auf vorhandene Ausführungen sowie Untersuchungen aus der Forschung und Industrie, welche öffentlich zugänglich publiziert wurden. Um vor einer Entwicklung im Kapitel 4 noch einmal die Praxistauglichkeit zu fokussieren, werden in diesem Kapitel die Bedarfe der Werke von Industrieunternehmen mit variantenreicher Fertigung weiter konkretisiert und aus der Praxis bestätigt.

---

[288] Dorner 2014, S. 34.
[289] Vgl. auch Lippold 2016.
[290] Vgl. auch Dommermuth 2019, S. 3.

Auch wenn die sozio-technischen Betrachtungsfelder im Abgleich mit der Grundstruktur der Werke von Industrieunternehmen variantenreicher Fertigung grundsätzlich bestätigt werden können, ist es erforderlich, die konkreten Anforderungen von Werken im Detail abzugleichen.[291] Hierfür wurden im Rahmen eines ganztägigen Workshops im Oktober 2017 14 Experten und I4.0 Verantwortliche aus acht deutschen Werken eines produzierenden Industrieunternehmens mit variantenreicher Fertigung befragt, um die Bedarfe der Werke bei der Analyse, Planung, Umsetzung und Kontrolle von I4.0 Vorhaben zu konkretisieren und zu bestätigen. Im ersten Teil des Workshops wurde sich mit der Frage beschäftigt, welches die größten Herausforderungen für die Implementierung von I4.0 in den entsprechenden Werken sind. Dabei haben die Experten jeweils ihre überwiegend qualitativen Antworten auf Papierkarten niedergeschrieben. Im Anschluss wurden die Papierkarten eingesammelt und durch die jeweiligen Experten erläutert. Im letzten Schritt wurden die Karten im Rahmen einer Gruppendiskussion auf Stellwänden strukturiert und sortiert und dabei gemeinsam abgeleiteten Überbegriffen zugeordnet, wie in der Abbildung 16 gezeigt. Der zweite Teil des Workshops widmete sich der Fragestellung, welche Maßnahmen notwendig sind, um I4.0 in den Werken erfolgreich zu implementieren. Dabei wurde nach gleicher Vorgehensweise vorgegangen.

Abbildung 16 - Ergebnisse aus Workshop mit Experten der Werke

Um eine Vergleichbarkeit der Ergebnisse aus den Workshops mit den in Kapitel 3.1.1 und 3.1.2 konkretisierten Schritten und sozio-technischen Betrachtungsfeldern zu ermöglichen, werden die Antworten der Experten hiermit abgeglichen.

---

[291] Dommermuth 2019, S. 3.

Dafür wurden die einzelnen Unterpunkte nach ihrer Häufigkeit der Nennungen absteigend sortiert und den in Kapitel 3.1.1 definierten vier erforderlichen Schritten Analyse, Planung, Umsetzung und Kontrolle sowie den in Kapitel 3.1.2 konkretisierten und gruppierten zwölf sozio-technischen Betrachtungsfeldern zugeordnet. Die Ergebnisse des Workshops hinsichtlich der Herausforderung aus der Praxis zur Implementierung von I4.0 in Werken eines produzierenden Industrieunternehmen mit variantenreicher Fertigung werden in der Abbildung 17 und die erforderlichen Maßnahmen zur erfolgreichen Implementierung von I4.0 in der Abbildung 18 dargestellt.

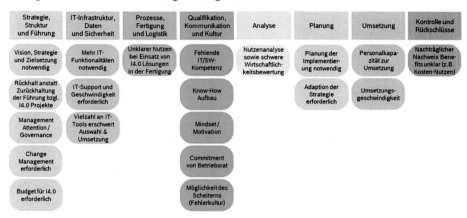

Abbildung 17 - Herausforderungen zur Implementierung von I4.0 in Werken

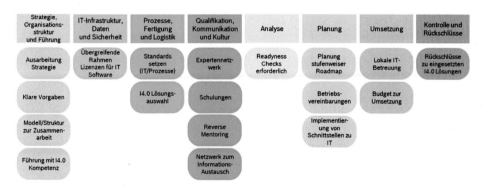

Abbildung 18 - Maßnahmen zur erfolgreichen Implementierung von I4.0 in Werken

Zusammengefasst wird mit diesen Ergebnissen aus der Praxis bestätigt, dass die Herausforderungen bei der Einführung von Industrie 4.0 in Werken von Industrieunternehmen mit variantenreicher Fertigung nicht nur in einem Bereich, sondern ganzheitlich in allen sozio-technischen Betrachtungsfeldern liegen. Auch konnte gezeigt werden, dass in allen erforderlichen Schritten Herausforderungen sowie die Notwendigkeit von anwendbaren Ansätzen bestehen. Insbesondere für den zweiten erforderlichen Schritt „Planung" bestehen die meisten Herausforderungen. Das deckt sich im Vergleich mit den aufgezeigten Forschungsbedarfen des Kapitels 2.3.1, bei welchen vor allem bei der Planung den Industrieunternehmen entsprechende Ansätze fehlen.

Die Aussagen der Werke bestätigen damit auch aus der Praxis die aufgezeigte Forschungslücke aus Kapitel 2.3.1. Auch bestätigen sie den abgegrenzten Rahmen in Kapitel 3.1.1
und 3.1.2 mit dem Fokus auf Werke von Industrieunternehmen mit variantenreicher Fertigung. Hervorzuheben sind dabei die folgenden konkretisierten Herausforderungen:

- die Bewertung des Nutzens von eingesetzten und einzusetzenden I4.0 Technologien
  als Entscheidungsgrundlage und als Basis für die Kontrolle und Rückschlüsse,
- die entsprechende Befähigung der Werke durch Qualifizierung der Mitarbeiter, Bereitstellung der notwendigen IT-Kompetenzen, Kapazitäten sowie Verantwortliche im
  Werk für die Umsetzung von I4.0,
- eine I4.0 Strategie für das Werk und seine Bereiche abgeleitet aus den Anforderungen
  der I4.0 Strategie des Gesamtunternehmens,
- die Abschätzung und Auslegung der erforderlichen Informationstechnologien und zugehörigen Prozesse für die Lösungsauswahl und das Setzen von Standards,
- das erfolgreiche Einbeziehen und Überzeugen der beteiligten Stakeholder bei Zu-
  kunftsthemen, insbesondere der Mitarbeiter, Betriebsräte und Management und
- die Umsetzungsgeschwindigkeit, insbesondere der Know-How-Transfer (Austausch).

Weiterführende notwendige Maßnahmen zur erfolgreichen Implementierung von I4.0 in
den Werken von Industrieunternehmen mit variantenreicher Fertigung sind: ein stufenweises Vorgehen, Reifegrad Checks, Schulungen, Schnittstellen und Standards bei IT und
I4.0 sowie eine Umsetzungsorganisation inklusive Experten basierend auf einer Aus-
tauschplattform. Darüber hinaus benötigen die Werke von Industrieunternehmen mit variantenreicher Fertigung ein Budget zur Umsetzung, Ansätze um Rückschlüsse zu eingesetzten I4.0 Lösungen zu ziehen und eine Strategie und Roadmap zur erfolgreichen Transformation zu I4.0.

3.2 Bewertung vorhandener I4.0 Konzepte

Im folgenden Kapitel 3.2.1 wird die Vorgehensweise zur Bewertung aktueller I4.0 Transformationskonzepte beschrieben sowie anschließend ab Kapitel 3.2.2.1 die identifizierten
I4.0 Transformationskonzepte, Modelle und Leitfäden aus Kapitel 3.1.2 im Detail analysiert und hinsichtlich der festgelegten Anforderungen bewertet. Die Bewertung eignet sich
als Grundlage für die Ableitung des Fokus und der Rahmenbedingungen als Basis für die
anschließende Entwicklung des I4.0 Transformationskonzeptes in Kapitel 4. Zusätzlich
ermöglicht die folgende Bewertung die Identifikation vorhandener Ansätze, welche bereits verschiedene Betrachtungsfelder oder Schritte fokussieren und dadurch in Teilen
auch als Vorlage dienen können.

3.2.1 Methodik zur Bewertung

Basierend auf der Forschungslücke aus Kapitel 2.3.1 wurden in Kapitel 3.1 die erforderlichen Schritte und relevanten sozio-technischen Betrachtungsfelder weiter konkretisiert
und durch die Praxis belegt.

Dadurch ist es im Rahmen der Bewertung der I4.0 Transformationskonzepte notwendig, die Ansätze hinsichtlich der vier erforderlichen Schritte zu analysieren:

1. Möglichkeit zur Reifegradermittlung,
   (IST-Zustand, SOLL-Zustand sowie Ableitung von Maßnahmen)
2. Vorgehen zur Planung der Implementierung,
3. Konkrete Anleitung und Beschreibung der Umsetzung und
4. Vorgehensweise zur Kontrolle, Potentialermittlung und Ableitung von Rückschlüssen.

Da im Rahmen der Arbeit neben der Abdeckung der Schritte zusätzlich die Praxistauglichkeit der Transformationskonzepte für die Umsetzung von I4.0 in Werken bewertet werden soll, müssen auch die für die Werke von Industrieunternehmen mit variantenreicher Fertigung relevanten sozio-technischen Betrachtungsfelder in ausreichender Granularität hinsichtlich ihrer Berücksichtigung und Anwendbarkeit analysiert werden.

Die relevanten Betrachtungsfelder für die erfolgreiche Transformation zu I4.0 sind dabei:

1. Dimension Organisation:
   Strategie, Organisationsstruktur und Führung
2. Dimension Technik:
   a. Prozesse, Fertigung und Logistik (Technik-Fokus)
   b. IT, Daten und Sicherheit (IT-Fokus)
3. Dimension Personal:
   Qualifikation, Kommunikation und Kultur

Vorgehensweise

Im Rahmen der Literaturrecherche aus Kapitel 3.1.2 wurden bereits vorhandene Transformationskonzepte für I4.0 identifiziert. Als Transformationskonzept für I4.0 zählten dabei Ansätze, Handlungsempfehlungen, Konzepte, Modelle und Leitfäden, welche die ganzheitliche Transformation zu I4.0 ermöglichen sollen und dadurch für die relevanten Schritte und Betrachtungsfelder Lösungen anbieten. Dazu zählten sowohl Ansätze, welche nur Teilaspekte fokussieren, als auch umfassendere Transformationskonzepte und Leitfäden. Die Transformationskonzepte für I4.0 werden im Rahmen dieser Arbeit in der erforderlichen Granularität analysiert und danach hinsichtlich der Berücksichtigung der relevanten sozio-technischen Betrachtungsfelder und Ermöglichung der erforderlichen Schritte bewertet.

Für eine tiefergehende Analyse eignen sich diejenigen identifizierten Ansätze, welche konsekutiv bzw. stufenweise vorgehen und damit möglichst alle vier relevanten Schritte der Transformation zu I4.0 aus Kapitel 3.1 abdecken. Darüber hinaus sollen die identifizierten Ansätze im ausreichenden Umfang die sozio-technischen Dimensionen berücksichtigen. Aus diesem Grund werden im Rahmen dieses Kapitels nur die Transformationskonzepte für I4.0 in einer tieferen Granularität beschrieben und analysiert, welche mindestens einen Teil der Anforderungen aus Kapitel 3.1 erfüllen.

Dies bedeutet, dass sie entweder einen ganzheitlichen Ansatz verfolgen und damit mehr als eine sozio-technische Dimension voll betrachten oder dass sie ein stufenweises Vorgehen ermöglichen, indem sie mehr als einen der relevanten Schritte voll abdecken. Um diesen ausreichenden Erfüllungsgrad einschätzen zu können, werden die im Rahmen der Arbeit identifizierten Ansätze hinsichtlich ihrer Abdeckung der relevanten Schritte und sozio-technischen Dimensionen hinreichend orientierend analysiert. Im Anschluss werden nur diejenigen Ansätze tiefergehend analysiert, bei welchen der entsprechende Erfüllungsgrad gegeben ist. Dies bedeutet, dass sie entweder mehr als eine sozio-technische Dimension betrachten, selbst wenn nur einer der relevanten Schritte abgedeckt ist, oder dass sie ein stufenweises Vorgehen ermöglichen, indem sie mehr als einen der relevanten Schritte abdecken, bei gleichzeitiger Abdeckung von mindestens einer sozio-technischen Dimension. Hieraus ergibt sich die Faustregel, dass nur solche I4.0 Transformationskonzepte in Kapitel 3.2.2 im Detail analysiert werden, welche mindestens drei von den zu erfüllenden acht[292] Kriterien abdecken.

Nach einer Kurzbeschreibung des jeweiligen I4.0 Transformationskonzeptes erfolgt die Analyse des Umfangs und der Abdeckung im Hinblick auf die zu berücksichtigenden Kriterien. Um die Ansätze auf ihre unmittelbare Anwendbarkeit in den Werken bewerten zu können, wird besonders berücksichtigt, ob die sozio-technischen Betrachtungsfelder nicht nur erwähnt werden, oder allgemein beschrieben sind, sondern auch im Detail für ein Werk anwendbar bzw. ableitbar beschrieben sind. Ein Beispiel hierfür ist das sozio-technische Betrachtungsfeld IT, bei welchem nicht nur die Relevanz der Berücksichtigung von IT für ein Industrieunternehmen erwähnt werden sollte, sondern beispielsweise neben der Software-Architektur auch die physische IT-Infrastruktur des Maschinenparks in einer Fertigung konkretisiert und berücksichtigt werden sollten. Im letzteren Fall würde das Betrachtungsfeld nicht nur als voll berücksichtigt, sondern auch als „für ein Werk umfassend konkretisiert" bewertet werden. Neben den sozio-technischen Betrachtungsfeldern muss auch der Umfang der Berücksichtigung der relevanten Schritte analysiert werden und ob diese in den Werken unmittelbar anwendbar sind. Ein Beispiel hierfür sind für den erforderlichen Schritt „Planung" beispielsweise Planungsansätze und Leitfäden, welche unmittelbar in einem Werk verwendet werden können.

Dies kann entweder aufgrund einer Allgemeingültigkeit oder aufgrund des entsprechenden Fokus ermöglicht werden. Ein Planungsansatz, welcher nur aufzeigt, dass aus den Anforderungen eine IT-Landschaft abgeleitet werden muss, ist beispielsweise nicht unmittelbar anwendbar, da er nur aufzeigt „was" zu tun ist, aber nicht „wie" es zu tun ist. Würde der Planungsansatz konkret die Methoden und Vorgehensschritte im Detail erläutern, wäre er hingegen unmittelbar für ein Werk anwendbar. In der Bewertung würde der letztere Fall ebenfalls nicht nur als voll berücksichtigt bewertet werden, sondern darüber hinaus noch als für ein Werk in Gänze direkt anwendbar.

---

[292] Acht Kriterien: vier aggregierte sozio-technische Betrachtungsfelder und vier relevante Schritte

Daraus abgeleitet ergibt sich die Bewertungsmatrix wie in der Tabelle 5 dargestellt.

Bewertungsschema der I4.0 Transformationskonzepte bzgl. der Betrachtungsfelder:
Betrachtungsfeld wird ggf. erwähnt, jedoch nicht berücksichtigt
Betrachtungsfeld wird in Teilen berücksichtigt
Betrachtungsfeld wird voll berücksichtigt, jedoch nur in allgemeiner Form
Betrachtungsfeld wird voll berücksichtigt und ist für ein Werk in Teilen konkretisiert
Betrachtungsfeld wird voll berücksichtigt und ist für ein Werk umfassend konkretisiert
Bewertungsschema der I4.0 Transformationskonzepte bzgl. der relevanten Schritte:
Schritt wird ggf. erwähnt, jedoch nicht berücksichtigt
Schritt wird in Teilen berücksichtigt
Schritt wird voll berücksichtigt, jedoch nur in allgemeiner Form
Schritt wird voll berücksichtigt und ist von einem Werk in Teilen direkt anwendbar
Schritt wird voll berücksichtigt und ist von einem Werk in Gänze direkt anwendbar

Tabelle 5 - Bewertungsmatrix zur Bewertung der I4.0 Transformationskonzepte

Ein Bewertungskriterium gilt im Rahmen der Arbeit als ausreichend berücksichtigt, sofern es in dem Bewertungsschema mindestens die Bewertung [ ] (voll berücksichtigt, ohne zwingend für ein Werk anwendbar sein zu müssen).

Nachdem die Bewertung des Ansatzes auf die einzelnen Kriterien überprüft wurde, werden die Ergebnisse in einer Bewertungsmatrix abschließend dargestellt. Die Tabelle 6 zeigt dabei eine beispielhafte Bewertungsmatrix.

Transformationskonzept	Bewertungskriterien:									
	Betrachtungsfelder				Reifegradermittlung					
	Strategie, Organisationsstruktur & Führung	Prozesse, Fertigung & Logistik	IT, Daten & Sicherheit	Qualifikation, Kommunikation & Kultur	Ermittlung des IST-Zustands	Ermittlung des SOLL-Zustands	Ableitung von Maßnahmen	Planung der Implementierung	Umsetzung	Kontrolle und Rückschlüsse
Name	☐	◩	◪	◳	◻	◻	◻	◱	☐	◩

Tabelle 6 - Beispielhafte Bewertungsmatrix für ein I4.0 Transformationskonzept

Die Tabelle 7 listet die Fragen auf, anhand derer die I4.0 Transformationskonzepte hinsichtlich der Kriterien im nachfolgenden Kapitel 3.2.2 analysiert und bewertet werden:

Kriterien	Fragen
Strategie, Organisationsstruktur & Führung	In welchem Ausmaß werden die Betrachtungsfelder berücksichtigt?
Prozesse, Fertigung & Logistik	Werden die Betrachtungsfelder für ein Werk umfassend konkretisiert bzw. direkt übertragbar gemacht?
IT, Daten & Sicherheit	
Qualifikation, Kommunikation & Kultur	(z.B. durch konkrete Umsetzungsbeispiele)
Ermittlung des IST-Zustands	In welchem Ausmaß wird beschrieben wer benötigt wird, mit welcher Methode und auf welcher Grundlage der Schritt durchgeführt wird?
Ermittlung des SOLL-Zustands	
Ableitung von Maßnahmen	(z.B. ist die Methode in der Form ohne Anpassung unmittelbar anwendbar)
Planung der Implementierung	Wird die Planung der Implementierung beschrieben und die Ansätze und Methoden gezeigt? (z.B. Wer wird benötigt? Wie und was muss geplant werden?)
Umsetzung	Wird die Umsetzung dargestellt und Ansätze für ein Werk aufgezeigt? (z.B. Beschreibung, wer die Steuerung und Umsetzung festgelegter I4.0 Ansätze in welcher Form durchführt)
Kontrolle und Rückschlüsse	Wird gezeigt, wie die Umsetzung und das Erreichen des SOLL-Zustands kontrolliert werden kann und wie die Rückschlüsse einfließen? (z.B. konkrete KPIs und Prozesse für ein Werk, wer die KPIs wo, wann und wie erfasst)

Tabelle 7 - Beispielhafte Fragenübersicht je Themenfeld

3.2.2 Bewertung der I4.0 Transformationskonzepte

3.2.2.1 Leitfaden digitale Transformation nach Hanschke

Hanschke beschreibt einen ganzheitlichen Schritt-für-Schritt Leitfaden für Unternehmensmanager zur Umsetzung der digitalen Transformation und I4.0. Im Fokus der Methode liegen das Enterprise Architecture Management sowie das Geschäftsmodell inklusive Business Capability Management und damit vor allem die Kundenorientierung.[293]

Analyse und Bewertung:

Berücksichtigte Betrachtungsfelder:
Es wird die übergeordnete Geschäftsstrategie betrachtet und diese auf weitere Strategie-Themenfelder, wie beispielsweise die Marken-, Produkt- oder die Geschäftsmodellstrategie heruntergebrochen. Werke werden im Rahmen der Strategie nicht berücksichtigt. Die Organisation 4.0 umreißt die Ablauf- und Aufbauorganisation mit klaren Verantwortlichkeiten. Das „digital Leadership" zeigt die Rolle und Bedeutung zu schaffender Führungspersonen wie auch Aufgabenspektrum eines Chief-Digital-Officer. Somit wird das aggregierte Betrachtungsfeld Strategie, Organisationsstruktur und Führung voll berücksichtigt, jedoch nur in allgemeiner Form, da es keine Konkretisierung für ein Werk gibt. Das Kriterium Prozesse, Fertigung und Logistik wird nur teilweise berücksichtigt, da mit Ausnahme der Geschäftsprozesse weder die Fertigung noch die Logistik betrachtet werden. Es wird das Enterprise Architecture Management zur Beherrschung der IT-Landschaft beschrieben, das Datenmanagement und die Datensicherheit berücksichtigt und hierbei auch in Teilen konkrete Ansätze aufgezeigt, welche auch im Werk ihre Gültigkeit haben. Das Kriterium IT, Daten und Sicherheit wird deshalb voll berücksichtigt und in Teilen für ein Werk beschrieben. Die digitalen Fähigkeiten werden erwähnt, jedoch keine konkreten Qualifikationskonzepte beschrieben. Es wird auf die Wichtigkeit der Kommunikation der strategischen Stoßrichtung hingewiesen, um die Mitarbeiter und Führungskräfte mitzunehmen und die erforderliche Kultur beschrieben. Der Bereich Qualifikation, Kommunikation und Kultur wird deshalb voll berücksichtigt und ist dabei auf Führungskräfte und IT-Entscheider zugeschnitten. Deshalb ist er nur in Teilen für ein Werk konkretisiert.

Reifegradermittlung:
Die Reifegradanalyse sowie der SOLL-IST-Vergleich werden hervorgehoben. In dem Ansatz werden fünf Reifegrade, von Einstieg und Erproben über Treiben und Etablieren bis hin zur Excellence, beschrieben. Die Ermittlung der Ausgangssituation mit ihrer Bedeutung wird beschrieben und vor allem im Bereich Business Capabilities, IT und Daten Ansätze aufgezeigt. Die IST-Ermittlung wird in den Bereichen neben der IT nicht beschrieben, auch gibt es keinen unmittelbar anwendbaren Fragenkatalog. Die Ermittlung des SOLL-Zustands wird inklusive der Formulierung der Mission und Vision berücksichtigt und ist in Teilen wie beispielsweise im Bereich der IT-Landschaft explizit beschrieben.

---

[293] Hanschke 2018, S. 127–164.

Die Ableitung von Maßnahmen erfolgt aus einem SOLL-IST-Abgleich und diese münden in einer Roadmap für die digitale Transformation. Es werden konkrete Ansätze wie die SWOT-Analyse und die Projektportfolio Grafik genannt, jedoch wird nicht aufgezeigt, welche Methoden für welche Einsatzfelder und Fälle anzuwenden sind. Alle Themenfelder im Rahmen der Reifegradermittlung werden somit berücksichtigt und sind für ein Werk in Teilen direkt anwendbar.

Planung der Implementierung:
Die Planung der Implementierung der digitalen Transformation wird in einigen Bereichen beschrieben. Vom Operationalisieren der Ziele und der Verankerung in Prozessen über die agile Planung bis hin zur Konzeption, Pilotieren und Ausrollen von IT-Lösungen werden konkrete Konzepte exemplarisch aufgezeigt (z.B. TOGAF, EAM, Swimm-Lanes, Wertstromanalyse, IT Management, Organisations-Struktur). Es fehlt jedoch die Betrachtung welche Akteure in einem Werk für die Planung und anschließende Umsetzung konkret notwendig sind. Die Planung der Implementierung wird deshalb voll berücksichtigt und ist in Teilen für das Werk direkt anwendbar.

Umsetzung:
Die Umsetzung wird berücksichtigt und es wird explizit auf die agile Umsetzung der digitalen Roadmap eingegangen. Auch sind bewährte Methoden zur Umsetzung, wie beispielsweise Innovationsmethoden oder das Lean-Konzept sowie auch neuere Methoden aufgelistet, ohne dabei konkret auf den Nutzen der einzelnen Methoden einzugehen. Im Fokus liegt die Beschreibung der Ansätze, jedoch fehlt die Berücksichtigung, welche Personen in welcher Sequenz die einzelnen Methoden anzuwenden haben. Das Kriterium Umsetzung wird deshalb voll berücksichtigt, aber es ist nicht unmittelbar für ein Werk anwendbar.

Kontrolle und Rückschlüsse:
Es wird auf den KVP hingewiesen und nahegelegt, messbare KPIs zur Steuerung zu verwenden. Weitergehend wird erwähnt, dass nach jedem Schritt die Zielerreichung überprüft, die Transformationsschritte nachhaltig verankert und die Strategie aktualisiert werden sollte. Es wird nur erwähnt, dass KPIs zu verwenden sind. Ansätze, welche KPIs einzusetzen sind und wie die Rückschlüsse konkret in den Transformationsprozess einfließen sollen, werden nicht beschrieben. Der Schritt Kontrolle und Rückschlüsse wird damit in Teilen berücksichtigt und ist für ein Werk jedoch nicht unmittelbar anwendbar.

Aufgrund der oben beschriebenen Analysen und Bewertungen wird das Transformationskonzept wie folgt bewertet:

Transformationskonzept	Bewertungskriterien:									
	Betrachtungsfelder				Reifegradermittlung					
	Strategie, Organisationsstruktur & Führung	Prozesse, Fertigung & Logistik	IT, Daten & Sicherheit	Qualifikation, Kommunikation & Kultur	Ermittlung des IST-Zustands	Ermittlung des SOLL-Zustands	Ableitung von Maßnahmen	Planung der Implementierung	Umsetzung	Kontrolle und Rückschlüsse
Leitfaden digitale Transformation nach Hanschke	◫	◱	◲	◱	◱	◱	◱	◱	◫	◰

Tabelle 8 - Bewertungsmatrix Leitfaden digitale Transformation nach Hanschke

3.2.2.2 I4.0 Maturity Index von acatech

Der acatech Industrie 4.0 Maturity Index soll produzierenden Unternehmen helfen eine digitale Roadmap zu entwickeln und damit I4.0 umzusetzen. Mit ihm kann der aktuelle Reifegrad bestimmt und konkrete Maßnahmen abgeleitet werden. Das Modell gliedert sich dabei in Ordnungsrahmen, Geschäftsfelder und Funktionsbereiche und bildet diese in sechs Stufen der Digitalisierung ab.[294]

Analyse und Bewertung:

Berücksichtigte Betrachtungsfelder:

Die Strategie wird als Input verwendet, jedoch nicht darauf eingegangen, wie sie konkret abgeleitet und angewendet werden kann. Eine Organisationsstruktur und interne Organisation werden beschrieben und das Konzept einer agilen Organisation gezeigt, worin Mitarbeiter flexibel aufgaben- und zielorientiert arbeiten sollen. Es wird jedoch nicht darauf eingegangen, wie dies in einem Werk abgebildet werden kann. Im Rahmen der Führung werden Beispiele gegeben wie motivierende Vergütung, agiles Management, Management von Entscheidungsrechten und ein demokratischer Führungsstil. Unklar bleiben die Bedeutung, Auswirkungen und Übertragbarkeit auf ein Werk. Das Kriterium Strategie, Organisationsstruktur und Führung wird voll berücksichtigt ist jedoch für ein Werk nicht konkretisiert. Die Unternehmensprozesse und die Funktionsbereiche Produktion und Logistik werden berücksichtigt. Es wird dabei eine Vision gezeigt, welche für Teile eines Werkes explizit beschrieben ist. Ob und wie jedoch übergreifende Unternehmensprozesse abgebildet werden können, wird nicht beschrieben.

---

[294] Schuh et al. 2017.

Das Kriterium Prozesse, Fertigung und Logistik wird berücksichtigt und ist in Teilen für ein Werk explizit beschrieben. Die IT wird im Rahmen der Software Architektur detailliert berücksichtigt und es wird darauf eingegangen, dass ein Werk mit der entsprechenden IT-Infrastruktur auszurüsten ist. Das Betrachtungsfeld Daten, wie beispielsweise Rückmeldedaten automatisiert durch Einsatz von Sensorik im Werk erzeugt werden, wird näher beschrieben. Die IT-Sicherheit wird ebenfalls berücksichtigt, ist jedoch nicht für ein Werk beschrieben. Der Bereich IT, Daten und Sicherheit wird voll berücksichtigt und ist für ein Werk in Teilen konkretisiert. Im Rahmen der Qualifikation werden vorhandene Fähigkeiten als auch teilweise für ein Werk anwendbare Ansätze berücksichtigt, wie z.B. das Anlernen durch Augmented Reality (AR). Auch bei der Kommunikation werden für Werke anwendbare Ansätze gezeigt, wie zum Beispiel die Mensch-Maschine Schnittstelle. Das Gestaltungsfeld Kultur wird allgemein für alle betrachteten Bereiche beschrieben. Der Bereich Qualifikation, Kommunikation und Kultur wird deshalb voll berücksichtigt und ist in Teilen für ein Werk konkretisiert.

Reifegradermittlung:
Das Konzept der Reifegradermittlung beinhaltet sechs Reifegradstufen, welche in ihrer Ausprägung im Generellen ausführlich beschrieben sind und logisch aufeinander aufbauen. Bei der einzigen Beispielfrage wird die geforderte Granularität nicht abgebildet (nur vier der sechs Reifegradstufen beschrieben). In der ersten Phase soll die Entwicklungsstufe des Unternehmens bestimmt werden. Das Themenfeld der Ermittlung des IST-Zustands wird in Form von Fragelisten berücksichtigt, welche jedoch nicht einsehbar und deshalb nicht unmittelbar für das Werk anwendbar sind. In der zweiten Phase sollen abgeleitet aus der Unternehmensstrategie die angestrebte Entwicklungsstufe als Ziel des späteren Transformationsprozesses festgelegt werden. Es bleibt unklar, inwieweit die Gesamtstrategie eine Relevanz für das Werk hat und welche konkreten Auswirkungen ein gewählter SOLL-Zustand im betrachteten Bereich hat. Das Themenfeld wird damit berücksichtigt, ist jedoch nicht unmittelbar für ein Werk anwendbar. In der dritten Phase erfolgt eine Gap-Analyse und es wird dargestellt, wie Maßnahmen abgeleitet werden können und in einer Roadmap münden. Der Ansatz ist aufgrund seiner Allgemeingültigkeit auf ein Werk übertragbar. Der Ansatz wird deshalb voll berücksichtigt und ist unmittelbar auf das Werk anwendbar. Bei allen drei Abschnitten der Reifegradermittlung wird jedoch nicht darauf eingegangen, wen das Werk bei der Reifegradermittlung benötigt. Eine genaue Abgrenzung von einem Unternehmen zu einem Werk erfolgt ebenfalls nicht.

Planung der Implementierung:
Es wird eine Roadmap als Ergebnis der Reifegradermittlung erwähnt, jedoch die anschließende Planung weder berücksichtigt noch in ihrem Ablauf beschrieben. Das Themenfeld wird deshalb nicht berücksichtigt.

Umsetzung:
Es wird nicht darauf eingegangen, wie die Umsetzung erfolgen soll. Das Themenfeld wird somit nicht berücksichtigt.

Kontrolle und Rückschlüsse:

Es wird ein Klassifikationsschema für Kennzahlen aufgeführt und beschrieben. Es wird jedoch nicht darauf eingegangen, wie Rückschlüsse behandelt werden und einfließen sollen. Das Themenfeld wird deshalb nur teilweise berücksichtigt.

Aufgrund der Analyse ist die Bewertungsmatrix wie folgt dargestellt:

Transformationskonzept	Bewertungskriterien:									
	Betrachtungsfelder				Reifegradermittlung					
	Strategie, Organisationsstruktur & Führung	Prozesse, Fertigung & Logistik	IT, Daten & Sicherheit	Qualifikation, Kommunikation & Kultur	Ermittlung des IST-Zustands	Ermittlung des SOLL-Zustands	Ableitung von Maßnahmen	Planung der Implementierung	Umsetzung	Kontrolle und Rückschlüsse
I4.0 Maturity Index	◪	◱	◱	◱	◻	◻	◼	◻	◻	◪

Tabelle 9 - Bewertungsmatrix I4.0 Maturity Index

3.2.2.3 Digital in NRW nach FIR der RWTH Aachen

Der Ansatz soll Unternehmen bei der digitalen Transformation helfen. Das Konzept gliedert sich in fünf aufeinanderfolgende Schritte der Implementierung. Beginnend beim Informieren, Demonstrieren und Qualifizieren über das Konzipieren bis hin zum Umsetzen. Die ersten drei Schritte sollen vorab bei der Befähigung des Unternehmens helfen, der letzte Schritt soll die Unternehmen bei der Umsetzung unterstützen.[295]

Analyse und Bewertung:

Berücksichtigte Betrachtungsfelder:

Im Rahmen des vierten Schrittes, der Konzeption, soll über eine Einführungsstrategie beschrieben werden, wie I4.0 Lösungen im Unternehmen implementiert werden können. Die Organisationsstruktur und Führung werden nicht betrachtet. Der Bereich Strategie, Organisationsstruktur und Führung wird somit nur teilweise berücksichtigt. Der Bereich Prozesse, Fertigung und Logistik sowie der Bereich IT, Daten und Sicherheit werden voll berücksichtigt und in Teilen explizit für ein Werk beschrieben, beispielsweise wie Daten in Logistik und Fertigung zurückgemeldet werden.

---

[295] FIR an der RWTH Aachen 2018.

Es werden jedoch für ein Werk nicht in Gänze alle Bereiche näher beschrieben, z.B. fehlt die Betrachtung der für Werke relevanten Prozesse. Im Rahmen des zweiten Schrittes des Transformationskonzeptes wird die Qualifizierung berücksichtigt. Über Schulungen zu relevanten I4.0 Themen sollen Unternehmen zur Implementierung befähigt werden. Der Bereich Kommunikation und Kultur wird nicht berücksichtigt. Der Bereich Qualifikation, Kommunikation und Kultur wird somit nur in Teilen berücksichtigt.

Reifegradermittlung:
Es werden fünf Reifegradstufen beschrieben und dargestellt. Dabei wird nicht genau darauf eingegangen, welche Stakeholder das Werk im jeweiligen Abschnitt der Reifegradermittlung benötigt. Die Ermittlung des IST-Zustands erfolgt über Online-Selbstcheck-Fragebögen und bietet damit eine Möglichkeit, den I4.0 Reifegrad einzuschätzen und ist durch die vorliegenden allgemeingültigen Fragen unmittelbar anwendbar. Die Ermittlung des SOLL-Zustands und die Ableitung der Maßnahmen sollen auf Basis der Fragebögen in einem extern geführten Tagesworkshop priorisiert und daraus Potentiale bewertet werden. Die beiden Themenfelder werden somit berücksichtigt, jedoch sind sie nicht unmittelbar für das Werk anwendbar.

Planung der Implementierung:
Die verschiedenen Fortschritte im IST-Zustand werden zum Zeitpunkt der Konzipierung verwendet, um die Implementierung zu planen. Ausgehend aus den identifizierten Potentialen wird in einem extern geführten 2-tägigen Gestaltungsworkshop ein I4.0 Fahrplan entwickelt (z.B. Projektplan und technische Umsetzungsskizzierung). Der Workshop wird nicht weiter detailliert und es gibt weder eine konkrete Anleitung noch einen Leitfaden, wie die Implementierung von I4.0 für ein Werk im Detail zu planen ist. Somit wird das Themenfeld voll berücksichtigt, aber ist nicht unmittelbar für ein Werk anwendbar.

Umsetzung:
Über eine Einführungsstrategie soll das Vorgehen für die Implementierung von I4.0 Lösungen im Unternehmen festgelegt werden. Im Rahmen des fünften Implementierungsschrittes bietet das Kompetenzzentrum Mittelstand einen Erfahrungsaustausch an, jedoch werden hier nicht alle Aspekte der Umsetzung, wie z.B. die Auslegung der IT-Architektur, berücksichtigt. Das Themenfeld der Umsetzung wird demnach nur in Teilen berücksichtigt und es ist nicht unmittelbar für ein Werk anwendbar.

Kontrolle und Rückschlüsse:
Das Themenfeld wird nicht berücksichtigt.

Aufgrund der Analyse ist die Bewertungsmatrix wie folgt dargestellt:

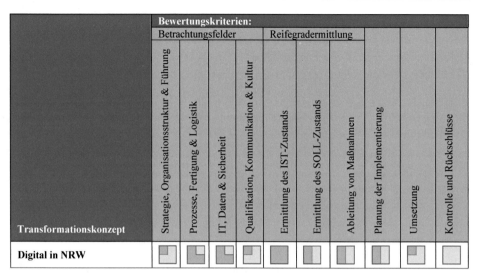

Tabelle 10 - Bewertungsmatrix Digital in NRW

3.2.2.4 Mechatronik Cluster nach Jodlbauer und Schagerl

Das Mechatronik Cluster I4.0 Reifegradmodell soll Unternehmen dazu befähigen, ihren aktuellen Reifegrad in Bezug auf I4.0 zu ermitteln sowie ihre Zielsetzung festzulegen. Das Reifegradmodell als strategisches Vorgehensmodell betrachtet die drei Dimensionen Daten, Intelligenz und Digitale Transformation und ist in elf Reifegrade je Dimension unterteilt.[296]

Analyse und Bewertung:
Berücksichtigte Betrachtungsfelder:
Die Unternehmensstrategie wird als Basis für die Reifegradermittlung genommen und die Mitarbeiterführung berücksichtigt. Der Bereich Organisationsstruktur wird nicht erwähnt. Der Bereich Strategie, Organisationsstruktur und Führung wird somit in Teilen berücksichtigt. Die Prozesse werden im Rahmen der Applikationsfelder und zu definierenden Träger berücksichtigt. Die Fertigung wird explizit im Rahmen eines Applikationsfeldes und der Enabler beschrieben. Der Bereich Logistik wird nicht explizit erwähnt, jedoch müsste er im Rahmen der Lokalisierbarkeit betrachtet werden. Für die einzelnen Themen sind direkt bewertbare Referenztabellen formuliert. In diesen sind jedoch nicht alle Reifegradstufen beschrieben und es konnte dadurch nicht ermittelt werden, welche Teile der Betrachtungsfelder berücksichtigt werden. Der Bereich Prozesse, Fertigung und Logistik wird deshalb voll berücksichtigt und ist aufgrund der beschriebenen Applikationsfelder und Träger in Teilen explizit für ein Werk beschrieben. Die IT wird nicht erwähnt. Daten werden ausführlich beschrieben, klassifiziert (z.B. nach Datenmenge) und beschrieben. Bei der Security wird im Rahmen der Daten-Dimension auf die ISO/IEC 27001 verwiesen.

---

[296] Vgl. auch Kese und Terstegen 2017, S. 32; Jodlbauer und Schagerl 2016a, 2016b.

Der Bereich IT, Daten und Sicherheit wird deshalb nur in Teilen berücksichtigt. Im Rahmen Mitarbeiter (Können) wird die Qualifikation, im Rahmen Mitarbeiter (Wollen) die Kultur berücksichtigt. Die Kommunikation wird nicht erwähnt. Der Bereich Qualifikation, Kommunikation und Kultur wird somit in Teilen berücksichtigt.

Reifegradermittlung:
Das Modell beinhält 11 Reifegradstufen, wobei in den Beispielen für die Applikationsfelder nicht alle Stufen beschrieben sind. Mittels Interviews soll der IST-Zustand ermittelt, anschließend SOLL-Zustände definiert und Projektvorschläge bzw. zielgerichtete Maßnahmenvorschläge abgeleitet werden. Es werden somit alle drei Abschnitte des Themenfeldes Reifegradermittlung berücksichtigt. Da zu den Abschnitten keine unmittelbar anwendbaren Unterlagen vorliegen, werden die Themenfelder der IST- und SOLL-Analyse und die Maßnahmenableitung voll berücksichtigt und sind aber alle nicht unmittelbar von einem Werk anwendbar.

Planung der Implementierung, Umsetzung sowie Kontrolle und Rückschlüsse:
Auf die konkrete Planung der Implementierung und auf die Umsetzung wird nicht eingegangen. Es wird erwähnt, dass eine iterative Überprüfung der Erreichung des SOLL-Zustands zu erfolgen hat. Jedoch wird nicht beschrieben, wie die Kontrolle erfolgen kann (z.B. durch KPIs) oder ob Rückschlüsse abgeleitet werden. Das Themengebiet Kontrolle und Rückschlüsse wird deshalb nur teilweise berücksichtigt.

Aufgrund der Analyse ist die Bewertungsmatrix wie folgt dargestellt:

| Transformationskonzept | Bewertungskriterien: | | | | | | | | | |
| | Betrachtungsfelder | | | | Reifegradermittlung | | | | | |
	Strategie, Organisationsstruktur & Führung	Prozesse, Fertigung & Logistik	IT, Daten & Sicherheit	Qualifikation, Kommunikation & Kultur	Ermittlung des IST-Zustands	Ermittlung des SOLL-Zustands	Ableitung von Maßnahmen	Planung der Implementierung	Umsetzung	Kontrolle und Rückschlüsse
Mechatronik Cluster	◳	◰	◱	◲	◫	◧	◨	◧	□	◳

Tabelle 11 - Bewertungsmatrix Mechatronik Cluster

3.2.2.5 4i-Audit des WZL

Das 4i-Audit des WZL der RWTH Aachen soll eine Hilfestellung zur Entwicklung einer unternehmensspezifischen I4.0-Roadmap geben. Es wurde für die Bewertung des Auftragsabwicklungsprozesses produzierender Unternehmen entwickelt und basiert auf dem 4i-Reifegradmodell. Das Reifegradmodell besteht aus fünf Reifegradstufen und es können für verschiedene Teilprozesse individuelle Zielzustände definiert werden. Es dient zur strategischen Positionierung von Unternehmen, die Reifegradbewertung ist dabei nur relativ. Im Rahmen des Audits werden Handlungsfelder identifiziert und anschließend hinsichtlich ihres Potentials priorisiert.[297]

Analyse und Bewertung:
Berücksichtigte Betrachtungsfelder:
Die Strategie, Ziele und zukünftige Prioritäten sollen im Rahmen eines initialen Workshops festgelegt werden. Die organisatorischen Voraussetzungen für die Einführung von I4.0 sollen ebenfalls bewertet werden. Der Bereich Führung wird nicht erwähnt. Der Bereich Strategie, Organisationsstruktur und Führung wird deshalb in Teilen berücksichtigt. Es wird der gesamte Auftragsabwicklungsprozess inklusive der Produktions- und Supply-Chain Prozesse mit besonderem Augenmerk auf verschwendungsarme Prozesse betrachtet. Der Bereich Prozesse, Fertigung und Logistik wird deshalb voll berücksichtigt und ist durch die reine Fokussierung auf den Auftragsabwicklungsprozess nur in Teilen für ein Werk beschrieben. Es werden die IT-Infrastruktur, die Daten und ihre Verfügbarkeit sowie die Datensicherheitsstandards berücksichtigt. Der Bereich IT, Daten und Sicherheit wird deshalb voll berücksichtigt und ist durch die Fokussierung auf den Auftragsabwicklungsprozess in Teilen explizit für ein Werk beschrieben. Im Rahmen des Audits soll überprüft werden, ob ein Bewusstsein für I4.0 im Unternehmen vorhanden ist. Notwendige Qualifikationen und die Kommunikation werden nicht erwähnt. Der Bereich Qualifikation, Kommunikation und Kultur wird deshalb nur in Teilen berücksichtigt.

Reifegradermittlung:
Der initiale Strategieworkshop legt den SOLL-Zustand fest und anschließend wird im Rahmen des Audits anhand eines Fragenkatalogs der gesamte IST-Auftragsabwicklungsprozess aufgenommen. Der Fragenkatalog ist dabei noch auf die eigenen Prozesse anzupassen. Der Vergleich zwischen dem IST- und SOLL-Zustand soll ermöglichen, Handlungselemente abzuleiten. Das Themenfeld der IST-Analyse wird somit voll berücksichtigt und ist aufgrund der eventuell notwendigen Anpassung des Fragenkataloges in Teilen für ein Werk unmittelbar anwendbar. Das Themenfeld des SOLL-Zustands wird ebenfalls voll berücksichtigt, ist aufgrund der Abgrenzung auf den Auftragsabwicklungsprozess jedoch nur in Teilen unmittelbar anwendbar. Das Themenfeld Ableitung von Maßnahmen wird aufgrund der Ableitung der Handlungselemente ebenfalls voll berücksichtigt. Es wird jedoch nicht aufgezeigt, wie die Maßnahmenpakete abgeleitet werden können, weshalb der Schritt nicht unmittelbar für ein Werk anwendbar ist.

---

[297] Reuter et al. 2016.

Planung der Implementierung:

Auf die Vorgehensweise und Planung der Implementierung wird nicht eingegangen.

Umsetzung:

Die Vorgehensweise zur Umsetzung der Maßnahmen wird nicht beschrieben.

Kontrolle und Rückschlüsse:

Es werden in der Reifegradstufe drei Kennzahlen erwähnt, aber nicht gezeigt, ob und wie Rückschlüsse einfließen sollen. Das Themenfeld wird somit nur teilweise berücksichtigt.

Aufgrund der Analyse ist die Bewertungsmatrix wie folgt dargestellt:

	Bewertungskriterien:									
	Betrachtungsfelder				Reifegradermittlung					
Transformationskonzept	Strategie, Organisationsstruktur & Führung	Prozesse, Fertigung & Logistik	IT, Daten & Sicherheit	Qualifikation, Kommunikation & Kultur	Ermittlung des IST-Zustands	Ermittlung des SOLL-Zustands	Ableitung von Maßnahmen	Planung der Implementierung	Umsetzung	Kontrolle und Rückschlüsse
4i-Audit des WZL	◩	◧	◧	◩	◧	◧	◧	☐	☐	◩

Tabelle 12 - Bewertungsmatrix 4i-Audit des WZL

3.2.2.6   Industrie 4.0-Readiness nach Bildstein und Seidelmann

Industrie 4.0-Readiness ist ein Vorgehensmodell für die Integration von I4.0 in Unternehmen. Es besteht aus einem 7-stufigen Einführungsprozess zur Annäherung der Unternehmen an die I4.0 Einführung. Es schätzt das Nutzenpotential verschiedener I4.0 Aspekte ab und soll danach die Einführung planen. Kern des Vorgehensmodells ist die Prozess- und Potentialanalyse.[298]

Analyse und Bewertung:

Berücksichtigte Betrachtungsfelder:

Die Strategie wird nicht berücksichtigt. Im Rahmen des Abgleichs der Prozesslandkarte mit Industrie 4.0 Standardanwendungsfällen soll die Notwendigkeit von organisatorischen Anpassungen überprüft werden.

---

[298] Bildstein und Seidelmann 2014.

Entlang des Vorgehensmodells sind Workshops mit Führungskräften geplant. Der Bereich Strategie, Organisationsstruktur und Führung wird deshalb nur teilweise berücksichtigt. Geschäftsprozesse bilden den Kern der Betrachtungen und die Ableitung eines I4.0 Produktionssystems. Inwieweit die Fertigung und Logistik hierbei eine Rolle spielen wird nicht beschrieben. Der Bereich wird deshalb voll berücksichtigt und ist aufgrund des erwähnten Produktionssystems teilweise im Kontext eines Werkes beschrieben. Es wird auf Software, Services und Produktionsdaten eingegangen, jedoch nicht genauer beschrieben, wie man diese berücksichtigen soll. Der Bereich Sicherheit wird nicht berücksichtigt. Der Bereich IT, Daten und Sicherheit wird deshalb nur in Teilen berücksichtigt. Im Rahmen der vierten Stufe des Vorgehensmodells sollen durch Kommunikation die Mitarbeiter, Betriebsräte, Kunden und Lieferanten eingebunden werden und das Commitment der Mitarbeiter steht ebenfalls im Fokus. Benötigte Qualifikationen werden nicht berücksichtigt. Der Bereich Qualifikation, Kommunikation und Kultur wird somit nur in Teilen berücksichtigt.

Reifegradermittlung:
Im ersten Schritt sollen die relevanten Geschäftsprozesse herausgearbeitet und dabei die Hauptprozesse detailliert und Unterprozesse festgelegt werden. Es werden vier Methoden vorgeschlagen inklusive einer Prozesslandkarte als Ergebnis. Welche Methoden und Prozesse in den verschiedenen Teilen der Werke fokussiert werden sollen, wird nicht beschrieben. Das Themenfeld Ermittlung des IST-Zustands wird demnach voll berücksichtigt und ist für ein Werk in Teilen unmittelbar anwendbar. Die Prozesslandkarte wird anschließend hinsichtlich der Verbesserungspotentiale analysiert, SOLL-Prozesse definiert und mit I4.0 Standardanwendungsfällen verglichen. Hierfür ist jedoch ein I4.0 Werkzeugkasten mit beschriebenen Standardanwendungsfällen erforderlich, welcher nur in Teilen vorhanden ist und für die Vollständigkeit noch befüllt werden muss. Das Themenfeld der Ermittlung des SOLL-Zustands wird somit voll berücksichtigt und ist in Teilen für ein Werk unmittelbar anwendbar. Der Abgleich zwischen Prozesskarten und I4.0 Werkzeugkasten soll als Entscheidungsgrundlage für die Umsetzungsplanung dienen, ob Maßnahmen abgeleitet werden, wird nicht gezeigt. Das Themenfeld der Ableitung von Maßnahmen wird somit teilweise berücksichtigt und ist nicht unmittelbar für ein Werk anwendbar.

Planung der Implementierung:
Es wird darauf eingegangen, dass am Anfang der Planung die Kommunikation mit den Mitarbeitern an erster Stelle steht. Zusätzlich wird betont, dass ein iteratives Vorgehen zur Planung und Umsetzung zielführend ist. Welche Bereiche und Methoden im Rahmen der Planung berücksichtigt werden müssen, wird nicht weiter beschrieben. Das Themenfeld wird demnach voll berücksichtigt und ist in Teilen, z.B. bei der Kommunikation, unmittelbar anwendbar.

Umsetzung:
Es wird betont, dass vor einer Implementierung entsprechende Pilotierungen durchgeführt werden sollen und nach Umsetzungsschleifen anschließend ein Rollout in der Breite erfolgen soll.

Wie die Umsetzung erfolgt, welche Umsetzungsmethoden es gibt und wo sie einzusetzen sind, wird nicht beschrieben. Ebenfalls bleibt unklar, warum Pilote in der Breite ausgerollt werden sollten, da in Werken nicht von einem homogenen Anforderungsprofil ausgegangen werden kann. Das Themenfeld der Umsetzung wird deshalb nur teilweise berücksichtigt und ist nicht unmittelbar anwendbar.

Kontrolle und Rückschlüsse:
Nach der Umsetzungsschleife sollen Rückschlüsse in Form von Kosten und Nutzen betrachtet werden und sich langfristig ein I4.0 Produktionssystem entwickeln. Wie dies erfolgen soll und welche KPIs erfasst werden sollen, ist nicht beschrieben. Das Themenfeld der Kontrolle und Rückschlüsse wird deshalb nur teilweise berücksichtigt und ist nicht unmittelbar anwendbar.

Aufgrund der Analyse ist die Bewertungsmatrix wie folgt dargestellt:

Transformationskonzept	**Bewertungskriterien:**									
	Betrachtungsfelder				Reifegradermittlung					
	Strategie, Organisationsstruktur & Führung	Prozesse, Fertigung & Logistik	IT, Daten & Sicherheit	Qualifikation, Kommunikation & Kultur	Ermittlung des IST-Zustands	Ermittlung des SOLL-Zustands	Ableitung von Maßnahmen	Planung der Implementierung	Umsetzung	Kontrolle und Rückschlüsse
Industrie 4.0-Readiness	◧	◧	◱	◩	◱	◱	◱	◱	◱	◩

Tabelle 13 - Bewertungsmatrix Industrie 4.0-Readiness

3.2.2.7   IMPULS I4.0-Readiness

Beim IMPULS Industrie 4.0-Readiness-Modell handelt es sich um einen Online-Selbst-Check, in denen Unternehmen ihren individuellen I4.0-Reifegrad ermitteln können. Er besteht aus sechs Reifegraden von der Stufe 0 bis Stufe 5 und soll ermitteln, in welchen Bereichen ein Unternehmen gut aufgestellt ist und in welchen Bereichen noch Entwicklungsmöglichkeiten bestehen.[299]

---

[299] IMPULS-Stiftung des VDMA 2018, 2015.

Analyse und Bewertung:

Berücksichtigte Betrachtungsfelder:

Der Bereich Strategie und Organisationsstruktur wird im Readiness-Modell berücksichtigt und für ein gesamtes Unternehmen beschrieben. Der Bereich Führung wird nicht erwähnt. Der Bereich Strategie, Organisationsstruktur und Führung wird deshalb in Teilen berücksichtigt. Es werden Smart Operations (digitale Abbildbarkeit von Prozessen) und die Smart Factory (vernetzte und automatisierte Produktion) betrachtet. Die Betrachtung erfolgt mit Ausnahme des Maschinenparks und der Steuerung nur auf übergeordneter Ebene. Der Bereich Prozesse, Fertigung und Logistik wird demnach voll berücksichtigt und ist in Teilen explizit für ein Werk beschrieben. Im Rahmen des Modells wird überprüft, welche IT-Systeme in der Smart Factory im Einsatz sind, wie die Datennutzung erfolgt und es wird auch die IT-Sicherheit betrachtet. Eine Beschreibung ist für ein Werk nur in Teilen verfügbar, beispielsweise bei der Steuerung der Produkte durch die Produktion. Der Bereich IT, Daten und Sicherheit wird demnach voll berücksichtigt und ist für ein Werk in Teilen explizit beschrieben. Im Rahmen des Modells wird überprüft, inwieweit die Kompetenzen für die Umsetzung von Industrie 4.0 reichen. Die Bereiche Kommunikation und Kultur werden nicht berücksichtigt. Der Bereich Qualifikation, Kommunikation und Kultur wird deshalb nur in Teilen berücksichtigt.

Reifegradermittlung:

Die IST-Analyse des Reifegrades erfolgt anhand eines unmittelbar anwendbaren Fragenkatalogs. Die Fragen sind dabei in Teilen für ein Werk relevant, jedoch meist auf übergeordneter Unternehmensebene. Beispielsweise sind übergeordnete Systeme aufgelistet und es wird nicht ersichtlich, inwieweit diese für ein Werk relevant sind. Das Themenfeld der Ermittlung des IST-Zustands wird deshalb voll berücksichtigt, ist jedoch für ein Werk nur in Teilen unmittelbar anwendbar. Es wird erwähnt, dass in Abhängigkeit der Ausgangssituation eigene Zwischen- und Abschlussziele für Industrie 4.0 definiert werden sollen. Die Ermittlung des SOLL-Zustands ist im Rahmen des Online-Checks nicht berücksichtigt. Das Themenfeld der Ermittlung des SOLL-Zustands wird demnach nur erwähnt, jedoch nicht berücksichtigt. Auf die Ableitung von Maßnahmen wird nicht eingegangen. Da es sich bei dem Readiness-Modell um eine reine Reifegradanalyse handelt, wird auf die Planung der Implementierung, auf die Umsetzung und auf die Kontrolle und Rückschlüsse nicht weiter eingegangen.

Aufgrund der Analyse ist die Bewertungsmatrix wie folgt dargestellt:

Transformationskonzept	Bewertungskriterien:									
	Betrachtungsfelder				Reifegradermittlung					
	Strategie, Organisationsstruktur & Führung	Prozesse, Fertigung & Logistik	IT, Daten & Sicherheit	Qualifikation, Kommunikation & Kultur	Ermittlung des IST-Zustands	Ermittlung des SOLL-Zustands	Ableitung von Maßnahmen	Planung der Implementierung	Umsetzung	Kontrolle und Rückschlüsse
IMPULS I4.0-Readiness	◩	◩	◩	◩	◩	☐	☐	☐	☐	☐

Tabelle 14 - Bewertungsmatrix IMPULS I4.0-Readiness

3.2.2.8   VDMA Lean Leitfaden Industrie 4.0

Der Leitfaden soll veranschaulichen, wie der Lean-Ansatz mit I4.0 und Digitalisierung verbunden werden kann. Er stellt Lean und I4.0 gegenüber und erweitert im Kontext der Digitalisierung den Verschwendungsbegriff und die Wertstromdesign-Methode. Er soll unter anderem die Digitalisierung beherrschbar machen und wird in fünf Lean Stufen unterteilt. Hauptteil ist die entwickelte Wertstrommethode 4.0, welche die Reduktion und Vermeidung von informationslogistischen Verschwendungen fokussiert.[300]

Analyse und Bewertung:
Berücksichtigte Betrachtungsfelder:
Der Bereiche Strategie, Organisationsstruktur und Führung werden erwähnt, jedoch nicht im Rahmen der Wertstrommethodik berücksichtigt. Die Methodik fokussiert die schlanke Produktion und damit abteilungsübergreifend den gesamten Auftragsabwicklungsprozess. Wie andere I4.0 Ansätze, wie beispielsweise bei der Instandhaltung die Maschinendatenerfassung auszulegen ist, wird nicht beschrieben. Der Bereich Prozesse, Fertigung und Logistik wird demnach voll berücksichtigt und ist für den Auftragsabwicklungsprozess explizit für ein Werk beschrieben. Die Wertstrommethode fokussiert vor allem informationslogistische Verschwendungen und ihre dazugehörigen Systeme und damit die gesamte IT-Infrastruktur, Daten und Informationsflüsse. Der Bereich Sicherheit wird jedoch nicht berücksichtigt. Der Bereich IT, Daten und Sicherheit wird deshalb nicht vollständig berücksichtigt. Der Bereich Qualifikation, Kommunikation und Kultur wird nicht berücksichtigt.

---

[300] Metternich et al. 2018.

Reifegradermittlung:

Die Wertstrommethode 4.0 betrachtet allgemeingültig alle informationslogistischen Prozesse und Verschwendungsarten. Im Rahmen der Wertstromanalyse 4.0 werden die Informationsflüsse analysiert und damit der IST-Zustand abgeleitet. Mithilfe des Wertstromdesigns können die Informationsflüsse gestaltet und damit der SOLL-Zustand abgeleitet werden. Liegt die Wertstrom-Vision vor, können Maßnahmen und Umsetzungsprojekte definiert werden, welche anhand von Fragestellungen systematisch geprüft und identifiziert werden. Das Themenfeld der Ermittlung des IST-Zustands, die Ermittlung des SOLL-Zustands und die Ableitung von Maßnahmen werden aufgrund der Allgemeingültigkeit des Ansatzes voll berücksichtigt und sind für ein Werk überall unmittelbar anwendbar.

Planung der Implementierung:

Die Planung der Implementierung wird nicht berücksichtigt.

Umsetzung:

Die Umsetzung der abgeleiteten Maßnahmen wird nicht berücksichtigt.

Kontrolle und Rückschlüsse:

Das Verschwendungsniveau bei den Informationsflüssen soll mit Kennzahlen quantifiziert werden. Hierbei werden die drei Kennzahlen Informationsverfügbarkeit, Informationsnutzung und Digitalisierungsrate beschrieben. Sie können für den Arbeitsplatz, die Linie oder den Gesamtwertstrom erfasst werden. Wie und ob daraus Rückschlüsse abgeleitet werden, wird nicht beschrieben. Das Themenfeld Kontrolle und Rückschlüsse wird somit nur in Teilen berücksichtigt.

Aufgrund der Analyse ist die Bewertungsmatrix wie folgt dargestellt:

Transformationskonzept	Bewertungskriterien:									
	Betrachtungsfelder				Reifegradermittlung					
	Strategie, Organisationsstruktur & Führung	Prozesse, Fertigung & Logistik	IT, Daten & Sicherheit	Qualifikation, Kommunikation & Kultur	Ermittlung des IST-Zustands	Ermittlung des SOLL-Zustands	Ableitung von Maßnahmen	Planung der Implementierung	Umsetzung	Kontrolle und Rückschlüsse
VDMA Lean Leitfaden I4.0	◻	◩	◪	◻	◼	◼	◼	◻	◻	◩

Tabelle 15 - Bewertungsmatrix VDMA Lean Leitfaden I4.0

3.2.2.9   KMU Reifegradmodell nach Leineweber

Es handelt sich hierbei um ein Reifegradmodell, welches den Anspruch hat, alle sozio-technischen Dimensionen zu berücksichtigen und darüber hinaus auch die Wechselwir-kungen und Abhängigkeiten zwischen diesen Kriterien abzubilden. Es ist ein branchenun-abhängiges Modell, fokussiert jedoch die Produktion und die angrenzenden Bereiche. Es soll zur Unterstützung der digitalen Transformation von KMUs dienen.[301]

Analyse und Bewertung:
Berücksichtigte Betrachtungsfelder:
Das Modell betrachtet alle Bereiche, da es alle drei soziotechnischen Dimensionen Perso-nal, Organisation und Technik mit seinen 46 I4.0 Kriterien beschreiben soll. Es wird da-rauf hingewiesen, dass das Modell branchenabhängig angepasst werden muss, wonach es nicht in allen Bereichen für ein Werk explizit beschrieben sein kann.

Reifegradermittlung:
Im Rahmen des Reifegradmodells können IST- und SOLL-Zustände definiert werden und im Gegensatz zu allen anderen Modellen zusätzlich noch Abhängigkeiten zwischen den Kriterien bestimmt werden. Das Reifegradmodell dient primär zur Ermittlung des IST-Zustands innerhalb eines Unternehmens. Trotz seines allgemeingültigen Ansatzes kann dieses Modell nur in Teilen unmittelbar angewendet werden, da darauf hingewiesen wird, dass es branchenabhängig jeweils angepasst werden muss. Das Themenfeld Ermittlung des IST-Zustands wird deshalb voll berücksichtigt und ist in Teilen unmittelbar für ein Werk anwendbar. Im Rahmen der Bestimmung der Zielzustände sollen in den Kriterien auch Interpendenzen zu anderen Kriterien und deren Ausprägungen berücksichtigt wer-den. Wie jedoch der Ziel-Zustand festgelegt werden kann, wird nicht weiter beschrieben. Das Themenfeld Ermittlung des SOLL-Zustands wird deshalb nur teilweise berücksichtigt und ist nicht unmittelbar für ein Werk anwendbar. Aus den Interpendenzen sollen The-menbereiche aufgezeigt werden, welche zur Erreichung des angestrebten ZIEL-Zustands weiterhin von Relevanz sind. Es lassen sich jedoch nicht konkrete Handlungsempfehlun-gen formulieren. Zusätzlich erhebt das Modell auch nicht den Anspruch, alle Wechselwir-kungen zu beschreiben. Das Themenfeld Ableitung von Maßnahmen wird deshalb nur teilweise berücksichtigt.

Die konkrete Planung der Implementierung, Umsetzung der Planungen sowie die Kon-trolle und Rückschlüsse werden im Rahmen des Reifegradmodells nicht berücksichtigt.

---

[301] Leineweber et al. 2018.

Aufgrund der Analyse ist die Bewertungsmatrix wie folgt dargestellt:

| Transformationskonzept | Bewertungskriterien: | | | | | | | | | |
| | Betrachtungsfelder | | | | Reifegradermittlung | | | | | |
	Strategie, Organisationsstruktur & Führung	Prozesse, Fertigung & Logistik	IT, Daten & Sicherheit	Qualifikation, Kommunikation & Kultur	Ermittlung des IST-Zustands	Ermittlung des SOLL-Zustands	Ableitung von Maßnahmen	Planung der Implementierung	Umsetzung	Kontrolle und Rückschlüsse
KMU Reifegradmodell	◰	◰	◰	◰	◰	◳	◳	◻	◻	◻

Tabelle 16 - Bewertungsmatrix KMU Reifegradmodell

3.2.2.10 Industrie 4.0 Assessment nach Matt et al.

Das fünfstufige Vorgehen soll Unternehmen bei der Umsetzung von I4.0 Projekten unterstützen. Das Vorgehen umfasst ein Einführungsseminar, geführte Workshops und das I4.0 Assessment. Der Fokus des fünfstufigen Vorgehens liegt vor allem auf der Selbstbewertung des Unternehmens und der darauf aufbauenden Potentialanalyse. Die Basis für diese Reifegradanalyse bilden 42 I4.0 Konzepte.[302]

Analyse und Bewertung:
Berücksichtigte Betrachtungsfelder:
Es wird im Rahmen der I4.0 Roadmap die Strategie berücksichtigt. Die Organisationsstruktur wird im Rahmen der Organisationsbetrachtung ebenfalls berücksichtigt. Der Bereich Führung wird nicht berücksichtigt. Der Bereich Strategie, Organisationsstruktur und Führung wird demnach in Teilen berücksichtigt. Es wird das Manufacturing System betrachtet und die Supply Chain. Ob und inwieweit Prozesse und Geschäftsprozesse betrachtet werden, ist nicht beschrieben. Der Bereich Prozesse, Fertigung und Logistik ist somit in Teilen berücksichtigt. Das Assessment betrachtet die ERP/MES Integration, data analytics, big data und die cyber security. Es wird jedoch nicht auf alle Werksbereiche eingegangen, wie beispielsweise die Netzwerk IT- Infrastruktur. Der Bereich IT, Daten und Sicherheit wird somit voll berücksichtig und ist in Teilen für ein Werk explizit beschrieben.

---

[302] Matt et al. 2018.

Es wird Training 4.0 und Culture 4.0 berücksichtigt. Die Kommunikation wird technologisch beschrieben, es wird jedoch nicht genauer aufgezeigt, was kommuniziert werden soll. Aufgrund der ausformulierten Reifegrade sind die Bereiche in Teilen für ein Werk explizit beschrieben. Der Bereich Qualifikation, Kommunikation und Kultur wird demnach voll berücksichtigt und ist in Teilen für ein Werk explizit beschrieben.

Reifegradermittlung:

In einer Selbstbeurteilung der Ausgangssituation soll identifiziert werden, welche I4.0 Konzepte bereits implementiert wurden und diese werden einem der fünf Reifegrade zugeordnet. Das Themenfeld Ermittlung des IST-Zustands wird somit voll berücksichtigt. Im Rahmen der Selbstbeurteilung wird auch ein Zielzustand und somit Reifegrad definiert, den ein Unternehmen erreichen möchte und realistisch erscheint. Das Themenfeld der Ermittlung des SOLL-Zustands wird folglich voll berücksichtigt. Aufgrund des vorhandenen Excel-Tools ist die Ermittlung überall unmittelbar anwendbar. Neben der Erfassung von IST- und SOLL-Zustand wird auch das Potential der I4.0 Konzepte mit ihrem Aufwand zur Realisierung seitens der Unternehmen abgeschätzt und bewertet. Die Themen werden anschließend bezüglich ihres Gaps und des Potentials eingeordnet und anschließend ausgewählt. Das Themenfeld Ableitung von Maßnahmen wird somit voll berücksichtigt und ist aufgrund der allgemeingehaltenen Methode im Ganzen unmittelbar für ein Werk anwendbar.

Planung der Implementierung:

Auf Basis der Potentialanalyse sollen Handlungsschwerpunkte definiert werden und im Rahmen eines Implementierungsplans festgehalten werden. Dieser beinhaltet die einzelnen Umsetzungsschritte in Form einer Roadmap inklusive der beteiligten Teams, Meilensteine und Verantwortlichkeiten. Wie die Planung konkret erfolgen soll, wird jedoch nicht beschrieben. Das Themenfeld Planung der Implementierung wird somit voll berücksichtigt, ist jedoch nicht unmittelbar für ein Werk anwendbar.

Auf die Umsetzung sowie die Kontrolle und Rückschlüsse wird im Rahmen des Konzeptes nicht eingegangen, weshalb die Themenfelder nicht berücksichtigt werden.

Aufgrund der Analyse ist die Bewertungsmatrix wie folgt dargestellt:

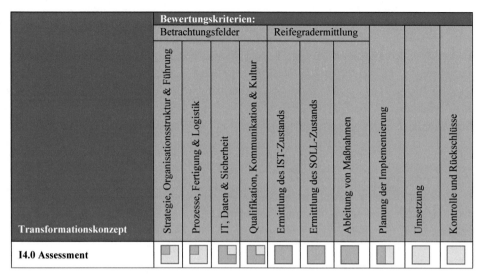

Transformationskonzept	Bewertungskriterien:									
	Betrachtungsfelder				Reifegradermittlung					
	Strategie, Organisationsstruktur & Führung	Prozesse, Fertigung & Logistik	IT, Daten & Sicherheit	Qualifikation, Kommunikation & Kultur	Ermittlung des IST-Zustands	Ermittlung des SOLL-Zustands	Ableitung von Maßnahmen	Planung der Implementierung	Umsetzung	Kontrolle und Rückschlüsse
I4.0 Assessment	◱	◧	◱	◱	▣	▣	▣	◧	☐	☐

Tabelle 17 - Bewertungsmatrix I4.0 Assessment

3.2.2.11 Systematischer Leitfaden nach Appelfeller und Feldmann

Der systematische Leitfaden nach Appelfeller und Feldmann[303] soll Unternehmen eine Hilfestellung bei der digitalen Transformation geben. Der Ansatz liefert nur generelle Aussagen mit einer geringen Spezifität für die Unternehmenspraxis und garantiert keine branchenspezifische Anwendbarkeit. Er gliedert sich in drei Modelle. Das Referenzmodell untergliedert dabei das Unternehmen in einzelne Elemente. Ein Reifegradmodell betrachtet den Reifegrad der einzelnen Elemente in vier Stufen. Das Vorgehensmodell untergliedert sich in fünf Schritte, der Vision, IST-Zustand, ZIEL-Zustand, PDCA und Reflektieren.

Analyse und Bewertung:

Berücksichtigte Betrachtungsfelder:

Im Rahmen des Referenzmodells geht der systematische Leitfaden auf zehn Elemente ein, welche jedoch alle weder branchenspezifisch noch geschäftsspezifisch beschrieben sind. Im Rahmen des Modells wird darauf eingegangen, dass eine Strategie benötigt wird. Auf die Organisationsstruktur wird nicht explizit eingegangen. Das Betrachtungsfeld Führung wird im Rahmen der Vision und Strategie teilweise berücksichtigt. Das Betrachtungsfeld Strategie, Organisationsstruktur und Führung wird deshalb in Teilen berücksichtigt. Die Prozesse werden als eines der zehn Elemente berücksichtigt. Die Logistik und Fertigung werden ebenfalls im Rahmen verschiedener Elemente berücksichtigt, welche aufgrund ihrer Beispiele in Teilen für ein Werk beschrieben sind (z.B. CPS in der Fabrik und im Produktionssystem). Das Betrachtungsfeld Prozesse, Fertigung und Logistik wird daher voll berücksichtigt und ist in Teilen für ein Werk beschrieben.

---

[303] Appelfeller und Feldmann 2018.

Sowohl die IT als auch Daten werden durch die jeweiligen Elemente berücksichtigt. Auch werden hierbei für Werke relevante Teile in Grundzügen beschrieben, wie beispielsweise APIs oder auch die Schatten-IT. Die IT-Sicherheit wird in den Elementen IT-Systeme und Vernetzung berücksichtigt und ist ebenfalls in allgemeingültigen Grundzügen beschrieben. Das Betrachtungsfeld IT, Daten und Sicherheit wird dadurch voll berücksichtigt und ist in Teilen für ein Werk beschrieben. Qualifikationen werden im Rahmen des Elements digitalisierter Mitarbeiter berücksichtigt und sind aufgrund der Allgemeingültigkeit in Teilen für ein Werk beschrieben, wie beispielsweise durch Qualifizierungsbedarfe für IT-Systeme. Die Kommunikation wird berücksichtigt, ist jedoch nur im Bereich der internen Maschinenkommunikation exemplarisch beschrieben. Nicht einbezogen in die Elemente ist die Kultur. Es wird jedoch erwähnt, dass die Unternehmenskultur wichtig ist. Das Betrachtungsfeld Qualifikation, Kommunikation und Kultur wird daher nur in Teilen berücksichtigt.

Reifegradermittlung:
Im Rahmen des Vorgehensmodells wird in den fünf Schritten auf die Ermittlung des IST-Zustands, des ZIEL-Zustands und das Ableiten von Maßnahmen im Rahmen eines PDCA-Zyklus eingegangen. Für jedes der Elemente wird eine kompakte Matrix mit vier Reifegradstufen umrissen. Spezifika werden damit nicht abgebildet und so sind hierfür pro Element verschiedene Ausprägungen zu erstellen. Grundsätzlich ist aber jede exemplarische Matrix für ein Werk anpassbar und kann zumindest in Teilen unmittelbar angewendet werden. Bei der Ableitung des ZIEL-Zustands wird darauf hingewiesen, dass nicht die maximale Ausprägung und Reifegrad, sondern ein sinnvoller ZIEL-Zustand abgeleitet werden soll. Auch hier ist durch eine exemplarische Matrix in Teilen eine unmittelbare Anwendbarkeit im Werk gegeben. Im Rahmen des PDCA-Zyklus sollen Maßnahmen abgeleitet werden. Das konkrete Vorgehen hierfür wird nicht beschrieben, jedoch werden exemplarische Handlungsempfehlungen gegeben, welche in Teilen unmittelbar für ein Werk anwendbar sind. Alle Schritte der Reifegradermittlung sind daher voll berücksichtigt und in Teilen für ein Werk beschrieben.

Planung der Implementierung:
Im Rahmen der Anwendung des PDCA-Zyklus sollen Maßnahmen abgeleitet und geplant werden. Wie und in welchem Umfang bei den Anwendungsgebieten eine Planung erfolgt, wird nicht beschrieben. Der Schritt Planung der Implementierung wird deshalb nur in Teilen berücksichtigt.

Umsetzung:
Im Rahmen der Umsetzung soll der PDCA-Zyklus angewandt werden und für die Umsetzung werden in Teilen für die definierten Elemente exemplarische Beispiele gegeben. Mit welchem Vorgehen die Umsetzung jedoch konkret erfolgen soll (z.B. Vorgehensschritte oder Leitfäden), wird nicht beschrieben. Der Schritt Umsetzung wird deshalb nur teilweise berücksichtigt.

Kontrolle:

Im Rahmen der Anwendung des PDCA-Zyklus und durch den fünften Schritt „Reflektieren", welcher jedoch nicht näher beschrieben wird, soll die Umsetzung überprüft werden. Auf einzelne Kennzahlen, wie beispielsweise den Digitalisierungsgrad, wird eingegangen. Sonstige quantitative Beurteilungen wie beispielsweise die Potential- und Produktivitätsermittlung wird nicht berücksichtigt. Wie Rückschlüsse aus den umgesetzten Maßnahmen gezogen werden können, ist auch nicht näher beschrieben. Der Schritt Kontrolle und Rückschlüsse wird aufgrund der nur vereinzelten Beispiele nur in Teilen berücksichtigt.

Aufgrund der Analyse ist die Bewertungsmatrix wie folgt dargestellt:

| Transformationskonzept | Bewertungskriterien: | | | | | | | | | |
| | Betrachtungsfelder | | | | Reifegradermittlung | | | | | |
	Strategie, Organisationsstruktur & Führung	Prozesse, Fertigung & Logistik	IT, Daten & Sicherheit	Qualifikation, Kommunikation & Kultur	Ermittlung des IST-Zustands	Ermittlung des SOLL-Zustands	Ableitung von Maßnahmen	Planung der Implementierung	Umsetzung	Kontrolle und Rückschlüsse
Systematischer Leitfaden	◧	◧	◧	◧	◧	◧	◧	◧	◧	◧

Tabelle 18 - Bewertungsmatrix Systematischer Leitfaden

3.2.2.12 Adoption Maturity Model nach Scremin et al.

Das Adoption Maturity Model von Scremin et al.[304] wurde als Framework für die Reifegradermittlung in Fertigungsunternehmen ermittelt. Es wurde von Experten der Bereiche IoT, Projekt- und Innovationsmanagement entwickelt und eignet sich für die Reifegradbestimmung unterschiedlicher Fertigungsunternehmen sowie dem Vergleich der Ergebnisse. Umgesetzt wird die Reifegradermittlung über Fragebögen und Interviews mit Experten aus einzelnen Fertigungsunternehmen.

Analyse und Bewertung:

Berücksichtigte Betrachtungsfelder:

Das Betrachtungsfeld Strategie wird durch die Teilaspekte Geschäfts-, Technologie- und Netzwerkstrategie berücksichtigt. Das Management soll dafür einbezogen werden. Auf die notwendige Organisationsstruktur wird nicht eingegangen.

---

[304] Scremin et al. 2018.

Das Betrachtungsfeld Strategie, Organisationsstruktur und Führung wird deshalb nur in Teilen berücksichtigt. Auf die Notwendigkeit zur Implementierung von I4.0 Technologien in Fertigungsunternehmen wird eingegangen, jedoch nicht genauer klassifiziert, in welchen Bereichen diese zum Einsatz kommen sollen. In den exemplarischen Fragen wird nur die Fertigung aufgegriffen. Auf Prozesse wird nicht eingegangen. Das Betrachtungsfeld Prozesse, Fertigung und Logistik wird somit in Teilen berücksichtigt. Insbesondere wird die Notwendigkeit von data analytics und erforderliche Daten für die Umsetzung von I4.0 aufgezeigt. Auch wird auf die IT Infrastruktur mit ihren einzelnen I4.0 Systemen sowie Netzwerktechnologien eingegangen. Zuletzt wird auch die Cyber-Security aufgegriffen. Das Betrachtungsfeld IT, Daten und Sicherheit wird aus diesem Grund voll berücksichtigt und wird in Teilen für ein Werk konkretisiert, wie beispielsweise durch notwendige IT-Infrastrukturen für die Fertigung. Auf erforderlichen Qualifikationen und das Kompetenzmanagement, insbesondere bei den Auswirkungen von I4.0, wird eingegangen. Auf die Kommunikation mit den Mitarbeitern sowie die Kultur wird nicht eingegangen. Das Betrachtungsfeld Qualifikation, Kommunikation und Kultur wird daher nur in Teilen berücksichtigt.

Reifegradermittlung:
Die Reifegradermittlung des Adoption Maturity Modell erstreckt sich über mehrere Phasen. Dabei werden die Manager von Fertigungsunternehmen in einem Fragenkatalog bezüglich Ihrer Einschätzung der Reife befragt, welche sich in fünf Stufen von 0 (keine Abdeckung) bis zu 4 (volle Abdeckung) ausprägen kann. Beispiele für die Ausprägungen gibt es jedoch nicht. Die Reife kann dabei vor, während und nach der Implementierung von I4.0 abgefragt werden. Neben der IST-Analyse wird nicht näher aufgezeigt, wie der SOLL-Zustand und die Maßnahmen abgeleitet werden können. Es wird jedoch erwähnt, dass man Maßnahmen und Zielzustände formulieren soll. Beispielsweise wird für die Abschätzung der wirtschaftlichen Potentiale gefragt: „What are the economic benefits?". Die Frage zeigt, dass man die wirtschaftlichen Potentiale betrachten muss. Sie zeigt jedoch nicht, wie man die wirtschaftlichen Potentiale ableiten kann. Die Fragen zur Ermittlung des Reifegrades sind in einem zweiseitigen Interviewbogen enthalten und können deshalb aufgrund des allgemeingültigen Charakters zur Ableitung des IST-Zustands unmittelbar angewendet werden. Wie die SOLL-Zustandsermittlung und Maßnahmenbeschreibung erfolgt, wird nicht weiter konkretisiert. Für den relevanten Schritt der Reifegradermittlung wird der Schritt Ermittlung des IST-Zustands voll berücksichtigt und ist von einem Werk in Gänze direkt anwendbar. Die Schritte Ermittlung des SOLL-Zustands sowie Ableiten von Maßnahmen werden jedoch nur in Teilen aufgezeigt und nicht beschrieben, wie diese erfolgen können.

Planung der Implementierung:
Grundsätzlich wird bei den verschiedenen Betrachtungsfeldern darauf hingewiesen, dass eine Planung, wie beispielsweise die Formulierung eines Implementierungsplans für die Unternehmensstrategie, erfolgen soll.

Es wird jedoch betont, dass die Unternehmen eigenständig ihre individuelle Strategie und Roadmap für die Implementierung erarbeiten müssen und daher wird im Rahmen des Adoption Maturity Modells keine Hilfestellung gegeben. Lediglich wird abgefragt, wie die Planung erfolgt ist, aber erst, nachdem sie durchgeführt wurde. Auch wird nicht darauf eingegangen, welche Aspekte für eine Roadmap geplant werden müssen, sondern es werden nur einzelne Beispiele genannt. Auch wird erwähnt, dass sich eine fehlerhafte Technologieauswahl negativ auf die Unternehmensziele auswirken kann. Wie die Technologieauswahl zu erfolgen hat, wird nicht beschrieben. Der Schritt Planung der Implementierung wird daher nur teilweise berücksichtigt.

Umsetzung:

Im Rahmen des Fragenkataloges wird gefragt, wie die Umsetzung in dem jeweiligen Unternehmen abgelaufen ist. Durch die Reifegradbestimmung der Umsetzung wird sie grundsätzlich berücksichtigt. Es wird jedoch nicht beschrieben, wie die Umsetzung im Detail zu erfolgen hat. Auch werden keine Ansätze für die Umsetzung und Steuerung gezeigt. Der Schritt Umsetzung wird daher nur in Teilen berücksichtigt.

Kontrolle und Rückschlüsse:

Es werden Fragen aufgezeigt, welche feststellen sollen, ob die Implementierung von I4.0 Erfolge gebracht hat, wie beispielsweise: „are you satisfied with the implementation?", auch werden zwölf exemplarische Kennzahlen genannt, welche eine Relevanz haben könnten. Es wird jedoch nicht gezeigt, welche KPIs für unterschiedliche Anwendungsgebiete eingesetzt werden sollen. Zuletzt fehlt das Vorgehen für die Ableitung konkreter Rückschlüsse. Der Schritt Kontrolle und Rückschlüsse wird daher nur teilweise berücksichtigt.

Aufgrund der Analyse ist die Bewertungsmatrix wie folgt dargestellt:

Transformationskonzept	**Bewertungskriterien:**									
	Betrachtungsfelder				Reifegradermittlung					
	Strategie, Organisationsstruktur & Führung	Prozesse, Fertigung & Logistik	IT, Daten & Sicherheit	Qualifikation, Kommunikation & Kultur	Ermittlung des IST-Zustands	Ermittlung des SOLL-Zustands	Ableitung von Maßnahmen	Planung der Implementierung	Umsetzung	Kontrolle und Rückschlüsse
Adoption Maturity Model	◩	◩	◩	◩	◼	◼	◼	◻	◩	◩

Tabelle 19 - Bewertungsmatrix Adoption Maturity Model

3.2.2.13   Nicht weiter bewertete Transformationskonzepte

Im Rahmen der Literaturrecherche in Kapitel 3.1.2 wurden I4.0 Transformationskonzepte für die Analyse identifiziert, welche mindestens drei der acht Kriterien erfüllen (vgl. Kapitel 3.2.1). Nach einer tiefergehenden Analyse konnte festgestellt werden, dass einige der Modelle die erforderlichen Schritte und sozio-technischen Betrachtungsfelder zwar erwähnen, diese jedoch nicht beschrieben oder berücksichtigt haben. In diesem Kapitel werden deshalb diejenigen I4.0 Transformationskonzepte aufgeführt und kurz beschrieben, welche nach der tiefergehenden Analyse aufgrund des niedrigen Erfüllungsgrades (weniger als 3 abgedeckte Kriterien) nicht weiter berücksichtigt wurden.

Die Reifegradanalyse HS Neu-Ulm[305] betrachtet plakativ Industrie 4.0 Aspekte der Organisation, Geschäftsmodelle, Geschäftsprozesse und Entwicklung. Es wird keine der sozio-technischen Dimensionen voll abgedeckt und auch nur der erste relevante Schritt für die Transformation zu I4.0 in Teilen abgedeckt, weshalb der Ansatz im Rahmen der Arbeit nicht weiter berücksichtigt wird.

Der Digitalisierungsindex[306] betrachtet Kundenbeziehungen, den Einsatz von IT-Lösungen, digitale Geschäftsmodelle, IT- und Informationssicherheit und Datenschutz im Rahmen einer Online-Frageliste. Da der Digitalisierungsindex lediglich die Betrachtungsfelder IT, Daten und Sicherheit berücksichtigt, wird er im Rahmen der Arbeit nicht weiter bewertet.

Der Industrie 4.0-Readiness-Index[307] betrachtet die Prozessdigitalisierung im Produktions- und Logistikumfeld im Rahmen der mobilen Überwachung von Maschinen und Anlagen. Daneben behandelt er den Bereich Cloud, IT-Security, das Product-Lifecycle-Management (IT-Systeme und Datenmanagement) und die Produktions-IT. Es werden demnach das Betrachtungsfeld Prozesse, Fertigung und Logistik sowie IT, Daten und Sicherheit berücksichtigt. Eine nähere Beschreibung[308] der Betrachtungsfelder und Schritte erfolgt nicht und somit wird nicht ersichtlich, ob Teile der relevanten Schritte eines I4.0 Transformationskonzeptes abgedeckt werden.

Der Leitfaden Industrie 4.0[309] berücksichtigt die IST-Analyse und betrachtet hierbei die Bereiche Produkte, Geschäftsmodelle, Fertigung, IT-Infrastruktur, Struktur, Kultur, Qualifikation, Sicherheit und Daten. Die IST-Analyse ist in Teilen unmittelbar für ein Werk anwendbar und der Bereich IT, Daten und Sicherheit wird voll berücksichtigt. Alle anderen Betrachtungsfelder werden jedoch nur in Teilen berücksichtigt, weshalb der Leitfaden Industrie 4.0 im Rahmen der Arbeit nicht weiter bewertet wird.

---

[305] Hochschule für angewandte Wissenschaften Neu-Ulm 2018.
[306] Telekom Deutschland GmbH 2018.
[307] H&D InternationalGroup 2018.
[308] Vgl. auch Kese und Terstegen 2017, S. 32.
[309] IHK München und Oberbayern 2018.

Der Industrie 4.0 Reifegrad-Test[310] berücksichtigt die IST-Analyse und betrachtet dabei die Bereiche Forschung, Entwicklung, Produktion, Logistik, Verwaltung, Administration, Vertrieb, Kundenservice und in diesen sowohl IT-Systeme, Daten sowie Prozesse. Die IST-Analyse ist in Teilen unmittelbar für ein Werk anwendbar, jedoch werden neben dem Betrachtungsfeld Prozesse, Fertigung und Logistik alle anderen Betrachtungsfelder nicht oder nur in Teilen berücksichtigt. Der Industrie 4.0 Reifegrad-Test wird deshalb im Rahmen der Arbeit nicht weiter bewertet.

Der Werkzeugkasten Industrie 4.0[311] soll I4.0 in handhabbare Entwicklungsstufen zerlegen und hat neue Geschäftsmodelle, innovative Produkte und die verbesserte Produktion im Fokus. Der Fokus liegt hiermit nicht auf der Implementierung von I4.0, sondern auf der Ideenfindung und somit beim Anbieter und nicht beim Anwender. Der Werkzeugkasten berücksichtigt die Betrachtungsfelder Fertigung, IT, Daten, Prozesse und Kommunikation. Auf eine Vorbereitungs- und Analysephase folgt die Kreativitäts- und Bewertungsphase und endet mit der Einführungsphase. Der Werkzeugkasten Industrie 4.0 betrachtet damit keine der relevanten Betrachtungsfelder und Schritte voll, weshalb er nicht weiter berücksichtigt wird.

Der Digital Acceleration Index[312] hilft bei der Ermittlung der digitalen Reife eines Unternehmens auf Basis eines Fragebogens. Von den im Rahmen der Arbeit fokussierten Betrachtungsfeldern berücksichtigt der Digital Acceleration Index die Strategie, Prozesse sowie Daten und beschreibt hierbei vier Reifegradstufen. Da er nur die IST-Analyse berücksichtigt und keine der relevanten Betrachtungsfelder voll betrachtet, wird er im Rahmen der Arbeit nicht weiter analysiert und bewertet.

Der Industrie 4.0 Readiness Check[313] soll den Status eines Unternehmens im Hinblick auf die Digitalisierung und I4.0 ermitteln.[314] Er beginnt mit einer IST-Analyse, welche den Status des Unternehmens bezüglich der Digitalisierung ableiten. Anschließend wird dieser in sechs Stufen der Technology Readiness Level eingeordnet. Anschließend soll eine I4.0 Roadmap und eine digitale Agenda zur Ableitung der Digitalisierungsstrategie erarbeitet werden. Welche Betrachtungsfelder berücksichtigt werden, wird nicht näher aufgezeigt. Da nur die IST-Analyse und Roadmap (Maßnahmenableitung) aufgezeigt werden, wird der Industrie 4.0 Readiness Check im Rahmen der Arbeit nicht weiter berücksichtigt.

---

[310] Vision Lasertechnik GmbH et al. 2018.
[311] Anderl 2015.
[312] Boston Consulting Group 2018.
[313] UNITY AG 2018.
[314] Kese und Terstegen 2017.

Die REFA-Checkliste Industrie 4.0 soll dabei helfen, die Anforderungen eines Unternehmens zu identifizieren und passende Handlungsbedarfe und Maßnahmen abzuleiten. Sie betrachtet dabei fünf Dimensionen: Führung, Beschäftigte, Technik, Kultur und Prozess.[315] Es werden nur die Betrachtungsfelder IT, Daten und Sicherheit detaillierter berücksichtigt und beim Schritt der Reifegradermittlung nur die IST-Analyse voll berücksichtigt. Es erfolgt weder die SOLL-Analyse noch eine Maßnahmenableitung. Es wird lediglich eine Maßnahmenliste dargestellt. Die Schritte Planung der Implementierung, Umsetzung sowie Kontrolle und Rückschlüsse werden nicht berücksichtigt. Die Checkliste wird deshalb nicht weiter analysiert.

Der WGP-Standpunkt Industriearbeitsplatz 2025 beschreibt ein Stufenmodell mit dem Fokus auf Werkzeugmaschinen und Produktionsanalgen am Arbeitsplatz 2025.[316] Es wird der Material- und Informationsfluss, die Sicherstellung der Anlagenfunktionalität und der Produktionsprozess an sich berücksichtigt. Es werden exemplarische Beispiele und die Stufen beschrieben. Das Modell berücksichtigt jedoch keinen der Schritte voll und wird im Kontext dieser Arbeit nicht weiter berücksichtigt.

Lanza et al. beschreiben einen reifegradbasierten Ansatz zur Implementierung von I4.0. Der reifegradbasierten Handlungsleitfaden soll die Einführung individuell zugeschnittener I4.0-Methoden ermöglichen und bei der Bewältigung von entstehenden Herausforderungen helfen.

Der integrative und iterative Ansatz fokussiert die Implementierung von I4.0 auf dem Shopfloor produzierender Unternehmen und erarbeitet Einführungs- und Befähigungsstrategien mit dem Ziel der Produktivitätssteigerung. Basierend auf einem Quick Check mit integriertem Reifegradmodell sollen Potentiale durch I4.0 identifiziert und einzelne I4.0-Methoden priorisiert werden. Sie basieren auf einer einer Risiko- und Potentialabschätzung im Vorfeld. Für eine erfolgreiche Implementierung sollen die Mitarbeiter im Rahmen der Kompetenzentwicklung auf I4.0 vorbereitet werden. Die im Rahmen des Forschungsprojektes „Intro 4.0" entwickelten I4.0-Methoden werden in einer Toolbox zusammengefasst, in welcher die Rahmenbedingungen, erforderlichen Kompetenzen, Risiken und Potentiale ausgewiesen werden.[317] Der Implementierungsansatz erwähnt neben der Reifegradermittlung auch die Kontrolle und Rückschlüsse. Wie der Quick-Check konkret durchgeführt wird und aufgebaut ist, wird nicht genauer erläutert. Es wird auch nicht aufgezeigt, welche Betrachtungsfelder berücksichtigt werden. Eine Konkretisierung der KPIs erfolgt ebenfalls nicht. Im Rahmen der Arbeit wird der Ansatz daher nicht tiefer analysiert und bewertet.

---

[315] Bogus und Stock 2018.
[316] Behrens et al. 2018.
[317] Lanza et al. 2016.

Das Ziel des Industry 4.0-MM[318] von Gökalp et al. als Reifegradmodellund Leitfaden ist die Ableitung des Reifegrades von Unternehmen als Basis für die I4.0 Roadmap. Das Industry 4.0-MM beschreibt sechs Reifegradstufen.

Wie der Reifegrad ermittelt werden soll und ob Maßnahmen abgeleitet werden können, wird nicht näher erläutert. Es berücksichtigt die sozio-technischen Betrachtungsfelder IT, Daten und Sicherheit (Asset Management incl. Security issues, Data Governance, Application Management), die Betrachtungsfelder Prozess und Fertigung (Process Transformation incl. Production) sowie die Betrachtungsfelder Organisationsstruktur und Strategie (Oranizational Alignment incl. Strategy). Dabei fehlt die Beschreibung, welche konkreten Aspekte der jeweiligen Betrachtungsfelder berücksichtigt werden. Die relevanten Schritte Planung, Implementierung und Kontrolle werden nicht adressiert. Das Modell berücksichtigt damit ausschließlich in Teilen die Reifegradermittlung (IST-Zustand) sowie auch nur eine der sozio-technischen Dimensionen voll, weshalb es im Rahmen der Arbeit nicht tiefer analysiert wird.

Das Maturity and Readiness Model for Industry 4.0 Strategy von Akdil et al.[319] besteht aus vier Reifegrad-Leveln, welche auch detailliert beschrieben sind. Im Rahmen eines 66-seitigen Fragebogens wird der Reifegrad in den jeweiligen Betrachtungsfeldern abgefragt und damit der IST-Zustand bestimmt. Obwohl ein detaillierter Fragebogen bereits vorhanden ist, ermöglicht er nur einen Teil der Reifegradanalyse und berücksichtigt nicht die SOLL-Zustands- und Maßnahmenableitung. Bei der Reifegradanalyse fokussiert es smart products and services, smart business processes sowie strategy and organization. Das Modell deckt damit die sozio-technischen Betrachtungsfelder Prozesse, Fertigung, Logistik, IT, Strategie, Organisationsstruktur und Führung und damit zwei der relevanten sozio-technischen Dimensionen ab. Gleichzeitig deckt es keinen der erforderlichen Schritte für eine erfolgreiche Transformation zu I4.0 voll ab, da die Reifegradanalyse nur die IST-Zustandsermittlung ermöglicht. Es erfüllt daher nur zwei der acht Kriterien und wird im Rahmen der Arbeit nicht tiefer analysiert.

In dem Blueprint for digital success von Geissbauer et al.[320] wird ein Transformationsprozess zu I4.0 dargestellt. Er beinhaltet sechs Schritte: Industry 4.0 strategy, Initial pilot projects, define capabilities, data analytics, transform into digital enterprise und ecosystem approach. Der erste Schritt beinhaltet ein Reifegradmodell, welches auf vier Stufen basiert.

Dabei werden die relevanten Betrachtungsfelder Prozesse, Daten, IT, Organisationsstruktur und Kultur berücksichtigt. Im zweiten Schritt sollen im Rahmen von Piloten Technologien und Ansätze getestet werden. Neben exemplarischen Überschriften für mögliche Pilote wird die Planung, Ableitung und Umsetzung nicht beschrieben.

---

[318] Gökalp et al. 2017.
[319] Akdil et al. 2018.
[320] Geissbauer et al. 2016, S. 26-32.

Der dritte Schritt zeigt auf, dass basierend auf den Erfahrungen aus den Piloten die IT-Architektur und -Infrastruktur definiert und Geschäftsprozesse verbessert werden sollen. Auch hierbei werden exemplarische Begriffe genannt, jedoch kein konkreter Ansatz gezeigt. Im vierten Schritt sollen die Daten bereinigt und erfasst werden, um anschließend mit Data Analytics Potentiale zu heben. Eine Beschreibung dazu fehlt. Im fünften Schritt soll die Transformation des Unternehmens erfolgen, wofür ebenfalls exemplarische Überschriften aufgezeigt werden wie z.B. Einbezug des obersten Managements. Der letzte Schritt geht auf die benötigte horizontale und vertikale Integration der Unternehmen ein. Ein Beispiel ist dabei die Integration von Kunden und Lösungen. Der Ansatz Blueprint for digital success erwähnt mit seinen Schritten lediglich, was zu tun ist und zeigt nicht auf, wie es zu tun ist. Es wird auf die relevanten Schritte Reifegradermittlung, Planung und Umsetzung in Teilen eingegangen. Auch wird keine der sozio-technischen Dimensionen voll berücksichtigt. Da keines der Kriterien erfüllt wird, wird der Ansatz im Rahmen der Arbeit nicht tiefer analysiert.

Das Categorical Framework of Manufacturing for Industry 4.0 von Qin et al.[321] soll einen Ansatz beschreiben, wie die Fertigungsindustrie I4.0 erreichen kann. Basierend auf der Forschungslücke zwischen den aktuellen Fertigungssystemen und I4.0 wird das Framework beschrieben. Es geht dabei auf drei Ebenen der Intelligenz ein sowie drei Ebenen der Automatisierung. Das Framework deckt weder die sozio-technischen Betrachtungsfelder ab, noch ermöglicht es die relevanten Schritte, weshalb es nicht weiter berücksichtigt wird.

Das Connected Enterprise Maturity Model von Rockwell Automation[322] fokussiert die Transformation eines Unternehmens sowohl bei der Technik als auch Organisation und beschreibt dabei fünf Reifegradstufen. Die Reifegradstufen sollen dabei schrittweise durchlaufen werden, wobei nicht detaillierter beschrieben wird, wie dies erfolgt. Von den sozio-technischen Dimensionen werden die Betrachtungsfelder Strategie, Sicherheit, IT, Prozesse und Kultur berücksichtigt. Da das Modell keine der relevanten Schritte und sozio-technischen Betrachtungsfelder voll berücksichtigt, wird es im Rahmen der Arbeit nicht tiefer analysiert.

Das Three Stage Maturity Model von Ganzarain und Errasti[323] ist ein Prozessmodell für die Transformation von KMUs zu I4.0 und fokussiert dabei eine kollaborative Diversifikation der Unternehmen. Mit seinen drei Schritten „evision 4.0 Vision", „enable 4.0 Roadmap" und „enact 4.0 Projects" beschreibt es wie Unternehmen neue Geschäftsmodelle ableiten können. Da der Fokus auf Geschäftsmodellen und damit auf keines der sozio-technischen Betrachtungsfelder liegt und da auch keine der vier Schritte abgedeckt werden, wird der Ansatz im Rahmen der Arbeit nicht weiter berücksichtigt.

---

[321] Qin et al. 2016.
[322] Rockwell Automation 2014.
[323] Ganzarain und Errasti 2016.

Das Industry 4.0 Maturity Model von Schumacher et al.[324] möchte durch eine Erweiterung des Technologiefokus um organisatorische Aspekte die Reifegradanalyse eines Fertigungsunternehmens ermöglichen. Die berücksichtigten Aspekte sind "Products", "Customers", "Operation", "Technology", "Strategy", "Leadership", "Governance", "Culture" sowie "People". Anhand einer einfachen Befragung kann der Erfüllungsgrad der Frage von 1 bis 5 bewertet werden, wobei ein tiefes Verständnis des Befragten vorausgesetzt wird. Der anwendungsfreundliche Ansatz berücksichtig jedoch nur die IST-Analyse des Reifegrades. Von den relevanten sozio-technischen Betrachtungsfeldern werden die Organisationsstruktur, Fertigung, Logistik, IT, Daten, Sicherheit, Qualifikation, Kommunikation und Kultur nicht berücksichtigt bzw. beschrieben. Das Industry 4.0 Maturity Model erfüllt daher keines der Kriterien voll, weshalb es im Rahmen der Arbeit nicht weiter analysiert wird.

Das Digital Readiness Assessment Maturity Model von Carolis et al.[325] beschreibt fünf Reifegradstufen und betrachtet dabei die Themenfelder "design and engineering", "production management", "quality management", "maintenance management", "logistics management", "process monitoring and control", "technology" und "organization". Mit dem dargestellten Ansatz soll der Reifegrad ermittelt werden können sowie Ziele inklusive Maßnahmen abgeleitet werden. Wie dies erfolgt, wird nicht näher beschrieben. Das Modell deckt daher mit der Reifegradanalyse nur einen der relevanten Schritte voll ab und berücksichtigt nur das Betrachtungsfeld Prozesse, Fertigung und Logistik voll. Da nicht mindestens drei Kriterien erfüllt sind, wird es im Rahmen der Arbeit nicht tiefer analysiert.

Das Smart Manufacturing System Readiness Assessment von Jung et al.[326] beschreibt eine Methode, wie Werke ihre Reife bzgl. der I4.0 Technologieeinführung bewerten. Es baut auf drei Schritten auf, in denen die IST-Situation erfasst und beurteilt und zuletzt ein individueller Verbesserungsplan inklusive Maßnahmen abgeleitet wird. Dabei werden von den relevanten sozio-technischen Betrachtungsfeldern die Prozesse, IT, Daten und Organisationsstruktur analysiert und diese anschließend nach der Relevanz gewichtet. Von den erforderlichen Schritten für eine erfolgreiche Transformation zu I4.0 wird die Reifegradanalyse voll berücksichtigt. Von den sozio-technischen Betrachtungsfeldern wird keines voll abgedeckt. Der Ansatz ist aufgrund lediglich eines erfüllten Kriteriums nicht weiter relevant.

---

[324] Schumacher et al. 2016.
[325] Carolis et al. 2017.
[326] Jung et al. 2017.

3.2.3   Übersicht und Fazit der Analyse und Bewertung

Transformationskonzept	Bewertungskriterien:									
	Betrachtungsfelder				Reifegradermittlung					
	Strategie, Organisationsstruktur & Führung	Prozesse, Fertigung & Logistik	IT, Daten & Sicherheit	Qualifikation, Kommunikation & Kultur	Ermittlung des IST-Zustands	Ermittlung des SOLL-Zustands	Ableitung von Maßnahmen	Planung der Implementierung	Umsetzung	Kontrolle und Rückschlüsse
Leitfaden digitale Transformation nach Hanschke[327]										
I4.0 Maturity Index[328]										
Digital in NRW[329]										
Mechatronik Cluster[330]										
4i-Audit des WZL[331]										
Industrie 4.0-Readiness[332]										
IMPULS I4.0-Readiness[333]										
VDMA Lean Leitfaden I4.0[334]										
KMU Reifegradmodell[335]										
I4.0 Assessment[336]										
Systematischer Leitfaden[337]										
Adoption Maturity Model[338]										

Tabelle 20 - Übersichtsmatrix der Bewertung der I4.0 Transformationskonzepte

---

[327] Hanschke 2018, S. 127–164.
[328] Schuh et al. 2017.
[329] FIR an der RWTH Aachen 2018.
[330] Jodlbauer und Schagerl 2016a, 2016b.
[331] Reuter et al. 2016.
[332] Bildstein und Seidelmann 2014.
[333] IMPULS-Stiftung des VDMA 2018.
[334] Metternich et al. 2018.
[335] Leineweber et al. 2018.
[336] Matt et al. 2018.
[337] Appelfeller und Feldmann 2018.
[338] Scremin et al. 2018.

Im Rahmen der Analyse wurde nach ganzheitlichen I4.0 Transformationskonzepten gesucht, jedoch im Regelfall überwiegend Reifegradmodelle identifiziert, welche nur den ersten essenziellen Schritt im Rahmen eines I4.0 Transformationskonzeptes abdecken. Darüber hinaus kann zusammengefasst werden, dass es bereits eine Vielzahl von Reifegradmodellen gibt, welche jeweils eine unterschiedliche Anzahl und Form von Reifegraden beschreiben. Sie sind generell ähnlich aufgebaut. Die Auswahl des besten Reifegradmodells ist komplex, jedoch erweist sich die im Rahmen der Arbeit entstandene Bewertungsmatrix als nützlich, um einen detaillierten und fundierten Abgleich zwischen den Modellen durchführen zu können. Die einzelnen Bewertungskriterien werden im Rahmen dieses Kapitels genauer analysiert und die Ergebnisse aus den individuellen Bewertungen als Fazit verglichen.

Betrachtungsfelder:
Analysiert man das Bewertungskriterium der Betrachtungsfelder, wurden das KMU Reifegradmodell nach Leineweber und der I4.0 Maturity Index als die einzigen Reifegradmodelle bestätigt, welche die vier sozio-technischen Aspekte und Bereiche berücksichtigen. Das KMU Reifegradmodell ist darüber hinaus das einzige, welches die Bereiche miteinander verknüpft. Keines der untersuchten Modelle wurde jedoch für ein Werk konkretisiert und beschrieben. Eine Anwendung im Werk ist damit nur möglich, wenn die Modellbestandteile auf die Anwendung in einem Werk angepasst oder zugeschnitten werden, indem allgemein beschriebene Funktionen, wie beispielsweise der einzurichtende Chief Digital Officer einer Organisation, auf seine Relevanz und Ausprägung in einem Werk untersucht wird. Es wurde damit belegt, dass es kein I4.0 Transformationskonzept gibt, welches alle sozio-technischen Betrachtungsfelder berücksichtigt und für ein Werk konkretisiert und unmittelbar anwendbar ist.

Reifegradermittlung:
Wie bereits gezeigt, berücksichtigen die I4.0 Transformationskonzepte und Modelle meist ausschließlich die Reifegradermittlung, den initialen und erforderlichen ersten Schritt eines I4.0 Transformationskonzeptes.[339] Sie sind ähnlich aufgebaut und beschreiben im Regelfall verschiedene Reifegrade, welche tiefer analysiert werden. Die Reifegrade unterscheiden sich in ihrer Ausprägung und Anzahl, jedoch sind die Beschreibungen und der Aufbau grundsätzlich vergleichbar. Hinsichtlich des Bewertungskriteriums der Reifegradermittlung gibt es zwischen den Ansätzen starke Unterschiede. Ausschließlich der VDMA Lean Leitfaden und das I4.0 Assessment berücksichtigen die definierten Teile der Reifegradermittlung, also die IST- und SOLL-Zustandsbestimmung sowie die Maßnahmenableitung. Aufgrund der direkt übertragbaren Vorgehensweise sind diese Methoden auch unmittelbar im Werk anwendbar. Verknüpft man dies nun mit dem Bewertungskriterium der betrachteten Bereiche, berücksichtigen die beiden Konzepte jedoch nur maximal die Hälfte der erforderlichen Betrachtungsfelder. Der VDMA Lean Leitfaden fokussiert hauptsächlich Informationsflüsse in den Prozessen von Fertigung und Logistik.

---

[339] Vgl. auch Kese und Terstegen 2017.

Das I4.0 Assessment dagegen berücksichtigt diesen Bereich nicht ausreichend, jedoch im Vergleich zu VDMA die anderen Bereiche deutlich umfangreicher. Es kann somit festgestellt werden, dass bereits unmittelbar einsetzbare Ansätze bei der Reifegradermittlung bestehen. Im Rahmen der Entwicklung eines ganzheitlichen I4.0 Transformationskonzeptes bietet es sich bei der Reifegradermittlung an, bereits vorhandene Ansätze, welche unmittelbar anwendbar sind, zu berücksichtigen, anstatt für jedes Betrachtungsfeld gänzlich neue Ansätze zu entwickeln. Jedoch muss sichergestellt werden, dass sie alle relevanten Betrachtungsfelder ausreichend für ein Werk konkretisieren und berücksichtigen.

Planung der Implementierung:
Der zweite Teil eines ganzheitlichen Transformationskonzeptes ist die Planung der Implementierung. Diese basiert auf einem festgelegten SOLL-Zustand und Maßnahmen. Neben der Reifegradermittlung gehen nur vier der bewerteten I4.0 Transformationskonzepte und Modelle über die Reifegradermittlung hinaus und davon sind nur der Leitfaden nach Hanschke und das Industrie 4.0-Readiness Modell in Teilen unmittelbar anwendbar. Es kann somit aufgezeigt werden, dass der Schritt der Implementierungsplanung in keinem der vorhandenen Modelle ausreichend berücksichtigt wird und damit auch keines im Werk unmittelbar anwendbar ist. Im Rahmen der Entwicklung eines ganzheitlichen I4.0 Transformationskonzeptes besteht somit noch Forschungsbedarf zur Gestaltung der Implementierungsplanung unter besonderer Berücksichtigung der Anwendbarkeit in Werken von Industrieunternehmen mit variantenreicher Fertigung.

Umsetzung:
Im Rahmen der detaillierten Bewertung konnte für das Bewertungskriterium der Umsetzung von I4.0 gezeigt werden, dass keiner der Ansätze auch nicht in Teilen unmittelbar in Werken anwendbar ist. Lediglich der Leitfaden nach Hanschke berücksichtigt die Umsetzung. Der Leitfanden zählt jedoch nur Methoden bzw. Fragestellungen auf. Es wird nicht gezeigt, welche Methoden einen Nutzen bringen und wie hoch dieser ist. Auch wird nicht beschrieben, wann die Methoden einzusetzen sind und wer diese anzuwenden hat. Auf die Umsetzung und Steuerung wird in keinem der Modelle im Detail eingegangen. Drei weitere Ansätze berücksichtigen die Umsetzung in Teilen und alle anderen Transformationskonzepte berücksichtigen die Umsetzung gar nicht. Es wurde damit aufgezeigt, dass im Rahmen der Entwicklung eines ganzheitlichen I4.0 Transformationskonzeptes noch Forschungsbedarf für den Schritt der Umsetzung unter besonderer Berücksichtigung der Anwendbarkeit in Werken von Industrieunternehmen mit variantenreicher Fertigung besteht.

Kontrolle und Rückschlüsse:
Im Rahmen von Kapitel 3.2.2 konnte festgestellt werden, dass keines der berücksichtigten I4.0 Transformationskonzepte und Modelle das Bewertungskriterium Kontrolle und Rückschlüsse im erforderlichen Umfang berücksichtigt. Auch ist keiner der Ansätze im Werk anwendbar. Es wird in der Regel darauf hingewiesen, dass KPIs ein Hilfsmittel darstellen, jedoch nicht gezeigt, welche eingesetzt werden sollen.

Es konnte damit aufgezeigt werden, dass im Rahmen der Entwicklung eines ganzheitlichen I4.0 Transformationskonzeptes im Schritt der Kontrolle und Rückschlüsse ein besonderer Forschungsbedarf besteht.

Fazit:

Das umfassendste Transformationskonzept ist der Leitfaden von Hanschke, welcher jedoch nur drei Betrachtungsfelder voll berücksichtigt und davon wiederum keines im erforderlichen Maße für ein Werk beschrieben ist. Von den Schritten berücksichtigt Hanschke ebenfalls drei von vier. Es konnte belegt werden, dass es aktuell nur lückenhafte I4.0 Transformationskonzepte gibt, welche weder ganzheitlich noch umfassend genug und praxisnah sind, um unmittelbar in Werken von Industrieunternehmen anwendbar zu sein. Damit ermöglicht auch keines der Konzepte eine erfolgreiche Umsetzung der digitalen Transformation zu I4.0 in Werken von Industrieunternehmen mit variantenreicher Fertigung.

Durch die granulare Bewertung konnte ebenfalls gezeigt werden, dass einige I4.0 Transformationskonzepte im Schritt der Reifegradanalyse schon unmittelbar in einem Werk anwendbare Ansätze und Methoden liefern und sich in Teilen auf einem guten und ausreichenden Niveau befinden. In den anderen Schritten weisen die I4.0 Transformationskonzepte größere Lücken auf, insbesondere bei der Planung, Umsetzung sowie auch Kontrolle und Rückschlüsse. Im Rahmen der Betrachtungsfelder wurde ebenfalls gezeigt, dass alle Ansätze für ein Werk angepasst und erweitert werden müssten. Die bisherigen Aussagen, dass die Reifegradmodelle überwiegend auf die technischen Aspekte fokussiert sind, konnte ebenfalls bestätigt werden. Nur zwei der Ansätze betrachten das gesamte sozio-technische System, müssen aber ebenfalls für ein Werk angepasst und erweitert werden und liefern mit Ausnahme der Ermittlung der Reifegradanalyse in keinem der erforderlichen Schritte eine Lösung.

Es konnte gezeigt werden, dass keines der analysierten I4.0 Transformationskonzepte die Anforderungen abdeckt (gesamtes sozio-technische System sowie alle relevanten Schritte). Dadurch muss die Entwicklung eines integralen und konsekutiven I4.0 Transformationskonzeptes noch erfolgen, welches in Werken eines Industrieunternehmens mit variantenreicher Fertigung angewendet werden kann. Die Detailanalyse liefert die Grundlage für das Kapitel 4, in dem ein konsekutives und integrales I4.0 Transformationskonzept entwickelt werden soll. Das zu entwickelnde I4.0 Transformationskonzept wird auf die Anwendung in Werken von Industrieunternehmen mit variantenreicher Fertigung fokussiert. Diese Eingrenzung soll wie bereits aufgezeigt eine erfolgreiche Anwendung und Umsetzung in den Werken sowie die konkrete Ableitung von Maßnahmen ermöglichen.[340] Aufgrund der Lücken insbesondere bei der Planung, Umsetzung und Kontrolle werden im Rahmen der Entwicklung des I4.0 Transformationskonzeptes diese Schritte, wie z.B. die Nutzenbewertung von I4.0, besonders berücksichtigt.

---

[340] Leineweber et al. 2018.

3.3 Fokus und Rahmen für Entwicklung I4.0 Konzept

3.3.1 Auswirkungen bisheriger Vorgehensweisen auf die Rahmenbedingungen

Im Kapitel 2.1.5 wurde die Anbieter und Anwender Doppelstrategie aufgezeigt. Dabei setzen Industrieunternehmen im Rahmen ihrer I4.0 Anwenderstrategie Ansätze und Technologien um. Exemplarisch hierfür ist die von Aßmann und Resenhoeft (2017) gezeigte Vorgehensweise der Robert Bosch GmbH bei der I4.0 Umsetzung (vgl. Abbildung 19).

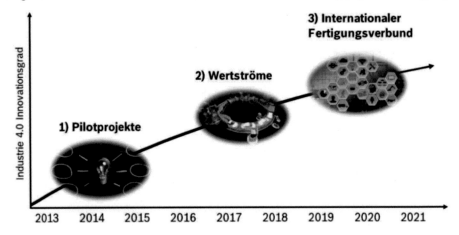

Abbildung 19 - Bisherige Vorgehensweise zur I4.0 Implementierung der Anwender, eigene Darstellung[341]

In der Abbildung 19 kann man erkennen, dass große Unternehmen wie beispielsweise die Robert Bosch GmbH einen dreistufigen Plan als Anwender umsetzen. Zuerst werden verschiedene I4.0 Lösungen für unterschiedliche Ziele in einzelnen Piloten und abgegrenzten Pilotprojekten umgesetzt. Danach sollen die pilotweise umgesetzten I4.0 Lösungen zu einem vernetzten Wertstrom kombiniert und im Anschluss die vernetzten Wertströme der Werke in einem internationalen Produktionsnetzwerk gekoppelt werden. Betrachtet man dieses Vorgehen genauer, muss festgestellt werden, dass ein initiales und pilotweises Vorgehen auch Risiken mit sich bringt. Wenn nun Werke jeweils ihre eigenen I4.0 Projekte pilotweise umsetzen und erst bei der letzten Stufe im internationalen Fertigungsbund gekoppelt werden sollen, besteht die Gefahr, dass sie aufgrund sehr unterschiedlicher Rahmenbedingungen und Bedarfe nicht gekoppelt werden können. Bildstein und Seidelmann stellten in diesem Kontext fest, dass pilotweise Vorgehen oftmals dazu führen, dass Unternehmen in verschiedenen Werken für die gleiche Aufgabe unterschiedliche Tools einsetzen. Pilot- und Insellösungen lassen sich anschließend nur schwer oder gar nicht in die Gesamtarchitektur integrieren.[342] Auch Hanschke weist ausdrücklich auf eine Vermeidung dieser Heterogenität und Fleckenlandschaft hin und betont, dass ein wesentliches Ziel die Konsolidierung und Reduzierung der IT-Komplexität sein muss.

---

[341] In Anlehnung an Aßmann und Resenhoeft 2017, S. 187.
[342] Bildstein und Seidelmann 2014, 583 f.

Die Komplexität wird durch jedes weitere IT-System, weitere Schnittstellen und Technologien erhöht, was durch eine technische und prozessuale Standardisierung vorab vermieden werden muss.[343] Auch Lanza et al. betonen, dass dieselben I4.0 Insellösungen in anderen Unternehmensbereichen gegebenenfalls nicht erfolgversprechend sind und man
diese nicht ohne weiteres ausrollen kann und deshalb vor der Implementierung Analysen
erforderlich sind.[344]

Dommermuth konkretisierte dies und zeigt, dass der Fokus von Anwenderstrategien meist
auf der ausdrücklichen Umsetzung von I4.0 Lösungen liegt. Die Zielsetzung ist dabei das
Testen, Weiterentwickeln sowie Lernen aus der Anwendung der I4.0 Lösungen. Dadurch
erfolgt jedoch in der Regel der Abgleich zwischen den tatsächlichen Prozessanforderungen vor einem Einsatz der I4.0 Lösungen und Ansätze nicht im erforderlichen Umfang.
Darüber hinaus fehlt die verzahnte Nutzenbetrachtung im Rahmen des gesamten sozio-
technischen Systems. Abschließend mündet eine solche Vorgehensweise oftmals in individuellen Lösungen für individuelle Rahmenbedingungen und Anforderungen. Gerade in
Werken mit variantenreicher Fertigung sind selbst erfolgreich umgesetzte Lösungen aufgrund sehr unterschiedlicher individueller Rahmenbedingungen meist nicht übertragbar,
wie beispielsweise aufgrund standortspezifischer MES-Systeme, unterschiedlicher Daten-
und IT-Landschaften, Schnittstellen und Eingang- und Ausgangsgrößen der Prozesse und
Systeme. Das Ergebnis dieser pilotweisen Vorgehensweise zeigt sich heutzutage in einer
sehr heterogenen I4.0 Lösungs- und IT-Landschaft.[345] Der Abgleich dieser Rahmenbedingungen und Erfassung des IST- und SOLL-Zustands ist im Rahmen der Analyse eine
Grundvoraussetzung, um im Anschluss bei einer Planung, wie beispielsweise über mehrere Werke hinweg, die erforderlichen Bereinigungs-, Anpassungs- und Standardisie-
rungsmaßnahmen ableiten zu können. Dadurch kann die erfolgreiche Umsetzung sichergestellt werden. Die Notwendigkeit eines I4.0 Transformationskonzeptes, welches von
Anfang an ganzheitlich erfolgt, wird durch die beschriebenen Auswirkungen derzeitiger
Vorgehensweisen und dadurch vorhandenen individuellen Rahmenbedingungen der
Werke zusätzlich bestätigt.

3.3.2 Ableitung der Rahmenbedingungen für das I4.0 Transformationskonzept

In diesem Kapitel werden basierend auf der Forschungslücke vom Kapitel 2.3.1, den Kon-
kretisierungen der erforderlichen Schritte und sozio-technischen Betrachtungsfeldern so-
wie deren Bestätigung aus der Praxis in Kapitel 3.1 und den detaillierten Bewertungen des
Kapitels 3.2 der Fokus, Rahmen und die Anforderungen an ein I4.0 Transformationskon-
zept als Grundlage für das Kapitel 4 zusammengefasst. Die Aufgabe von Kapitel 4 ist die
Entwicklung eines konsekutiven und integralen Transformationskonzeptes zur digitalen
Transformation hin zu I4.0 von Werken von Industrieunternehmen mit variantenreicher
Fertigung.

---

[343] Hanschke 2013, S. 101, 299 f.
[344] Vgl. Lanza et al. 2016.
[345] Dommermuth 2019, S. 2.

Das Transformationskonzept muss, um eine integrale und ganzheitliche Abdeckung zu ermöglichen, alle sozio-technischen Betrachtungsfelder berücksichtigen und auch für Werke mit variantenreicher Fertigung konkretisiert sein. Die relevanten sozio-technischen Betrachtungsfelder sind dabei:

1. Dimension Organisation:
   Strategie, Organisationsstruktur und Führung
2. Dimension Technik:
   a.Prozesse, Fertigung und Logistik (Technik-Fokus)
   b.   IT, Daten und Sicherheit (IT-Fokus)
3. Dimension Personal:
   Qualifikation, Kommunikation und Kultur

Das Transformationskonzept sollte neben der Berücksichtigung der sozio-technischen Betrachtungsfelder auf vier konsekutiv aufeinander aufbauenden Schritten basieren:

1. Die Reifegradermittlung und initialer Schritt der Transformation zusammengesetzt aus:
   a.   der Analyse des IST-Zustands,
   b.   der Ermittlung des SOLL-Zustands,
   c.   und der Ableitung von Maßnahmen,
2. die Planung der Implementierung,
3. die Umsetzung und Implementierung,
4. die Kontrolle und Rückschlüsse zur Nutzen- und Potentialbewertung.

Beim ersten Schritt der Reifegradermittlung können aus den bisherigen I4.0 Transformationskonzepten als Basis Ansätze und Methoden abgeleitet und anschließend für Werke von Industrieunternehmen mit variantenreicher Fertigung konkretisiert werden. Exemplarisch hierfür ist beispielsweise die Verknüpfung der sozio-technischen Aspekte (vgl. Kapitel 3.2.2.9). Die Schritte Planung und Umsetzung müssen überwiegend neu entwickelt werden, wie beispielsweise die Steuerung der Umsetzung, um in Werken erfolgreich umgesetzt werden zu können. Hierbei müssen vor allem die Rahmenbedingungen durch bisherige Vorgehensweisen aus dem Kapitel 3.3.1, wie z.B. die erforderliche Homogenisierung der IT-Landschaft und Prozesse, berücksichtigt werden. Der vierte Schritt Kontrolle und Rückschlüsse ist aufgrund fehlender Ansätze gänzlich neu zu entwickeln, inklusive der erforderlichen Methoden und Anleitungen zur Potentialbewertung und Kontrolle. Die entwickelten Ansätze müssen im Anschluss auf die Anwendbarkeit in Werken von Industrieunternehmen mit variantenreicher Fertigung validiert werden (vgl. Kapitel 5). Das entwickelte I4.0 Transformationskonzept hat ein ganzheitliches bzw. integrales und konsekutives Vorgehen zu ermöglichen. Dieses fokussiert im Gegensatz zu den bisherigen pilotweisen Vorgehensweisen eine Standardisierung und die anschließende Rolloutfähigkeit. Zuletzt sollte das entwickelte Transformationskonzept analog zum PDCA-Zyklus einen zyklischen Ansatz aufzeigen, welcher die kontinuierliche Verbesserung hin zu I4.0 ermöglicht, indem er ausschließlich potentialversprechende und erreichbare Zielsetzungen festlegt.

4 Entwicklung konsekutives integrales Transformationskonzept (I4.0-KIT)

Die Basis der Entwicklung des konsekutiven und integralen Transformationskonzeptes zu I4.0 mit dem Fokus auf Werke von Industrieunternehmen mit variantenreicher Fertigung (nachfolgend als I4.0-KIT abgekürzt) sind folgende Aspekte:

- Kapitel 2.2: Stand der Forschung sowie die Erwartungen und Befürchtungen zu I4.0
- Kapitel 2.3.1: Aufgezeigte und eingegrenzte Forschungslücke für die Entwicklung
- Kapitel 2.3.2: Aufgezeigte Ansätze zur I4.0 Produktivitäts- und Potentialermittlung
- Kapitel 3.1.1: Konkretisierte relevante Schritte für ein I4.0 Transformationskonzept
- Kapitel 3.1.2: Relevante sozio-technische Betrachtungsfelder für Werke
- Kapitel 3.1.3: Konkretisierte und bestätigte Bedarfe aus der Praxis
- Kapitel 3.2.3: Ergebnis aus der Analyse und Bewertung bisheriger I4.0 Konzepte
- Kapitel 3.3: Konkretisierter Fokus, Rahmen und Anforderungen an die Entwicklung

Im Kapitel 4 wird das Transformationskonzept für die erfolgreiche Analyse, Planung, Umsetzung und Kontrolle der digitalen Transformation zu I4.0 in Werken von Industrieunternehmen mit variantenreicher Fertigung beschrieben. Zuerst wird in Kapitel 4.1 das grundsätzliche Vorgehen zur Entwicklung des I4.0-KIT aufgezeigt. Im Anschluss wird das Konzept in Kapitel 4.2 dargestellt und der konsekutive Aufbau mit seinen vier Phasen detaillierter beschrieben. Im Kapitel 4.3 werden der Fokus sowie die zu berücksichtigenden Betrachtungsfelder für die integrale sozio-technische Abdeckung der Werke von Industrieunternehmen mit variantenreicher Fertigung aufgezeigt. Im Anschluss werden im Kapitel 4.4 bis Kapitel 4.7 die einzelnen Phasen und notwendigen Stakeholder sowie die Inhalte, Methoden, Anleitungen, Leitfäden und anwendbare Schritte im Detail für ein Werk dargestellt. Im letzten Unterkapitel 4.8 wird das entwickelte I4.0 Transformationskonzept gegenüber den konkretisierten Anforderungen und Forschungsbedarfen und den bisherigen I4.0 Modellen verglichen und ein Fazit gebildet.

4.1 Vorgehen zur Entwicklung I4.0-KIT

Die zentrale Aufgabe des I4.0-KIT ist die Ermöglichung der Analyse, Planung, Umsetzung sowie Kontrolle bei der digitalen Transformation zu I4.0 der Werke von Industrieunternehmen mit variantenreicher Fertigung. Für diese Aufgabenstellung eignen sich insbesondere zwei Modellansätze, die **Vorgehensmodelle** sowie die **Reifegradmodelle**, da diese sich vor allem durch ihre Anwendbarkeit in der Praxis auszeichnen. Auch eignen sie sich besonders für die Umsetzung von neuen und nicht absehbaren Vorhaben, wie beispielhaft die digitale Transformation und Industrie 4.0.[346] Aus diesen Gründen werden die beiden Modellarten als Grundlage für die Entwicklung des I4.0-KIT herangezogen und nachfolgend näher erläutert.

---

[346] Vgl. auch Appelfeller und Feldmann 2018.

© Der/die Autor(en), exklusiv lizenziert durch
Springer-Verlag GmbH, DE, ein Teil von Springer Nature 2021
M. Dommermuth, *Entwicklung und Anwendung eines konsekutiven integralen Transformationskonzeptes für Werke von Industrieunternehmen mit variantenreicher Fertigung*, ifaa-Edition, https://doi.org/10.1007/978-3-662-62823-2_4

Der Fokus liegt dabei auf dem Aufbau, der Zielsetzung sowie den grundsätzlichen Vorteilen von Vorgehensmodellen und Reifegradmodellen.

Vorgehensmodelle:
Ein Vorgehensmodell beschreibt die Vorgehensweise zur Durchführung eines Vorhabens oder einer Zielsetzung, welche im Rahmen der Arbeit die digitale Transformation der Werke von Industrieunternehmen mit variantenreicher Fertigung ist. Es beschreibt den Input für das entsprechende Ergebnis (welche Ressource, welcher Zeitpunkt, welche Sequenz, welche Tätigkeiten, in welcher Form) und beinhaltet sowohl Prozess- als auch Methoden- und Funktionswissen. Grundsätzlich fokussieren und beschreiben Vorgehensmodelle daher die erforderlichen Aktivitäten, Prozesse, Rollen, Standards und Methoden bzw. Werkzeuge, welche für das fokussierte Vorgehen benötigt werden. Deshalb sind die Bestandteile eines Vorgehensmodells in der Regel Erfahrungen wie z.B. good-practices, Vorlagen, Checklisten, Methoden und Hilfsmittel zur Durchführung des Vorhabens. Vorgehensmodelle zeichnen sich darüber hinaus durch ihre Wiederholbarkeit aus, welches eine iterative Anwendung und Durchführung ermöglicht. Ein weiterer Vorteil und Fokus von Vorgehensmodellen sind die Anwendbarkeit in der Praxis, insbesondere auch bei einem starken IT-Bezug, welcher bei der digitalen Transformation gegeben ist.[347] Für das Gesamtvorgehen und die Durchführung der relevanten Schritte der digitalen Transformation zu I4.0 wird das I4.0-KIT als Vorgehensmodell entwickelt.

Reifegradmodelle:
Für den relevanten Schritt der Analyse und damit für die Reifegradermittlung inklusive Ableitung des IST-Zustands, SOLL-Zustands und Maßnahmen eignet sich insbesondere ein Reifegradmodell. Deshalb weisen Reifegradmodelle einen hohen Durchdringungsgrad in der Unternehmenspraxis auf. Vor allem bei einer Verzahnung mit IT-spezifischen Anwendungsfällen zeigen Sie erhebliche Vorteile, weshalb Reifegradmodelle sich vor allem im Umfeld einer digitalen Transformation anbieten. Gerade bei einer Unsicherheit, wie beispielsweise das Endstadium von I4.0, steigt der Bedarf sowie auch Nutzen eines Reifegradmodells. Reifegradmodelle sind eine Form von Referenzmodellen, welche sich mit der Transformation von Organisationen und/oder IT-Systemen auseinandersetzen. Sie analysieren grundsätzlich, wie Organisationen, deren Bestandteile sowie Prozesse funktionieren, und ermöglichen dadurch im Anschluss die Transformation auf Basis ihrer Erkenntnisse. Dabei gibt es zwei verschiedene Typen von Reifegradmodellen. Optimierungsmodelle versuchen anhand von good-practices einen Verbesserungspfad aufzuzeigen. Bewertungsmodelle ermöglichen ein Betrachtungsfeld laufend zu überprüfen und dynamisch Ansätze zur Verbesserung abzuleiten. Alle Reifegradmodelle sollen ihr Anwendungsgebiet, wie beispielsweise Werke von Industrieunternehmen mit variantenreicher Fertigung bewerten. Dabei bedienen sie sich qualitativer Bewertungsmethoden wie beispielsweise der Bestimmung der Existenz von Merkmalen bzw. ihrer Ausprägung.

---

[347] Appelfeller und Feldmann 2018, S. 206; Vgl. auch Johanning 2014; Linssen und Kuhrmann 2013, S. 153 f.; Kammermeier 2010, S. 9 ff.; Lehmbach 2007, S. 15 ff.

Sie ermöglichen neben der IST- und SOLL-Zustandsbestimmung aufgrund der Analyse der Abweichung zwischen diesen Zuständen eine Maßnahmenableitung. Aufbauend auf den im Rahmen eines Reifegradmodells abgeleiteten Maßnahmen kann anschließend eine strukturierte Planung erfolgen. Ordnet man den jeweiligen Ausprägungen Zahlenwerte hinzu, lassen sich die qualitativen Einschätzungen in quantifizierbare Werte überführen.[348]

Vorgehen zur Entwicklung des I4.0-KIT

Für die Reifegrad- und Vorgehensmodellentwicklung gibt es in der Literatur vielzählige erprobte Ansätze und Frameworks, wie beispielsweise von Mettler (2010), Becker et al. (2009), Bruin et al. (2005) oder Hevner et al. (2004), welche auch bereits im Kontext der digitalen Transformation ihre Anwendung finden.[349] Im Rahmen dieser Arbeit wurde aufbauend auf diesen Ansätzen das Vorgehen zur Entwicklung des I4.0-KIT abgeleitet und durchgeführt, welches in Abbildung 20 dargestellt wird. Die Abbildung zeigt dabei auch, dass die Kapitel 1 bis 3 die erforderlichen Grundlagen für die Entwicklung des I4.0-KIT darstellen.

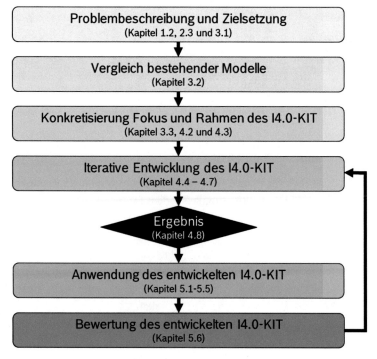

Abbildung 20 - Vorgehen zur Entwicklung des I4.0-KIT in Anlehnung an Becker[350] und Bruin[351]

[348] Appelfeller und Feldmann 2018; Mettler 2010, S. 39 ff.; Becker et al. 2009.
[349] Vgl. auch Metternich et al. 2018; Winter und Mettler 2016; Leyh und Schäffer 2016; Mettler 2010; Becker et al. 2009; Bruin et al. 2005; Nyhuis 2008; Hevner et al. 2004.
[350] Becker et al. 2009, S. 218.
[351] Bruin et al. 2005, S. 2.

Das gezeigte Vorgehen zur Entwicklung des I4.0-KIT geht insbesondere auf eine iterative Entwicklung ein, welche im Rahmen eines Entwicklungszyklus die Anwendung im sozio-technischen Umfeld der Werke von Industrieunternehmen mit variantenreicher Fertigung fokussieren soll. Die Abbildung 21 zeigt diesen iterativen Entwicklungszyklus und Rahmen für die Entwicklung des I4.0-KIT im Detail. Die Wissensbasis für die iterative Entwicklung liefern bestehende Grundlagen, Erfahrungen und Methoden, welche laufend weiterentwickelt werden, um die Anwendung im sozio-technischen Umfeld evaluieren und dadurch sicherstellen zu können.

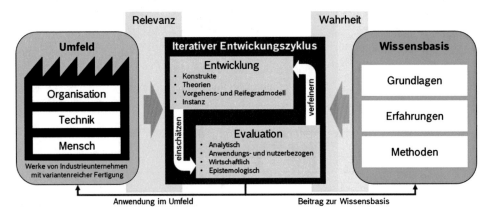

Abbildung 21 - Iterative Entwicklung des I4.0-KIT in Anlehnung an Mettler[352] und Hevner[353]

4.2 Darstellung und Aufbau I4.0-KIT

Das im Rahmen der Arbeit für Werke von Industrieunternehmen mit variantenreicher Fertigung entwickelte I4.0-KIT wurde erstmals auf dem Frühjahrskongress der Gesellschaft für Arbeitswissenschaft im Februar 2019 mit seinem Grundaufbau dargestellt.[354] Das I4.0-KIT ist mit seinem kontinuierlichen zyklischen Ansatz angelehnt an den erfolgreich erprobten Instrumenten aus der Praxis, wie beispielsweise dem PDCA-Zyklus (vgl. Kapitel 3.1.1). In der ersten Phase, der Analysephase, wird die initiale Reifegradermittlung und Maßnahmenableitung durchgeführt. Anhand eines auf Werke von Industrieunternehmen mit variantenreicher Fertigung abgestimmten Fragekatalogs wird der IST-Zustand ermittelt. Der Fragekatalog berücksichtigt alle zwölf sozio-technischen Betrachtungsfelder sowie alle tiefergehenden prozessnahen Analyseverfahren, wie z.B. Informationsflussaufnahmen.

---

[352] Mettler 2010, S. 18.
[353] Hevner et al. 2004, S. 80.
[354] Vgl. Dommermuth 2019.

Er ermöglicht, einen erreichbaren und sinnvollen SOLL-Zustand zu definieren und Maßnahmen nach verschiedenen Kriterien (z.B. aufgezeigtes Potential) und Abhängigkeiten (z.B. Investitionsbedarfe) zu gewichten und nach Ihrer Priorität abzuleiten. Anders als bei den untersuchten I4.0 Vorgehensmodellen kommt nach der Maßnahmenableitung nicht direkt die Implementierung.

Wie die Forschungslücke dargestellt hat und es aus der Praxis bestätigt wurde, liegen vor allem bei der tatsächlichen Planung der Umsetzung der identifizierten Maßnahmen für ein Werk die größten Herausforderungen. In der zweiten Phase des Modells, der Planungsphase, wird die Implementierung im Detail geplant.

Im ersten Teil müssen dabei die konkreten Anforderungen für die Umsetzung der Maßnahmen abgeleitet werden, wie beispielsweise die erforderliche IT-Landschaft oder Qualifikationen der Mitarbeiter. Erst in dem zweiten Schritt der Planung werden – im Gegensatz zu den bisherigen Vorgehensweisen – die am besten geeigneten Technologien wie beispielsweise Software ausgewählt und im Anschluss die dafür erforderlichen Betriebskonzepte und Umsetzungsformen ausgearbeitet. Auch die konkrete Nutzenbewertung und Aufwandsabschätzung nimmt eine wichtige Rolle in der Planungsphase ein. In der dritten Phase, der Umsetzungsphase, wird das geplante Vorgehen umgesetzt. Dafür werden verschiedene Umsetzungsformen mit ihren Vor- und Nachteilen beschrieben und für ein Werk aufgezeigt, wann, wer und wie sie anzuwenden sind.

Neben den Umsetzungsformen wird ebenfalls ein Ansatz aufgezeigt, wie die Steuerung und das Vorgehen bei der Umsetzung ermöglicht werden kann und darüber hinaus auf geeignete Rollout- und Change-Managementansätze eingegangen. In der letzten Phase, der Kontroll- und Lernphase wird die Zielerreichung kontrolliert und Rückschlüsse aus der Umsetzung und den Ergebnissen für den nächsten Transformationszyklus gezogen. Dabei ist vor allem die Kennzahlerfassung relevant, welche die Produktivität der umgesetzten Maßnahmen in den Werken erfasst sowie der kontinuierliche PLAN-IST-Abgleich, um rechtzeitig Abweichungen zu erkennen und schnelle Gegenmaßnahmen ableiten zu können. Ist der Transformationszyklus einmal durchlaufen, sollte er im Sinne der kontinuierlichen Verbesserung für einen konsekutiven und iterativen Ablauf erneut gestartet werden. Das entwickelte Transformationskonzept wird in der Abbildung 22 dargestellt.

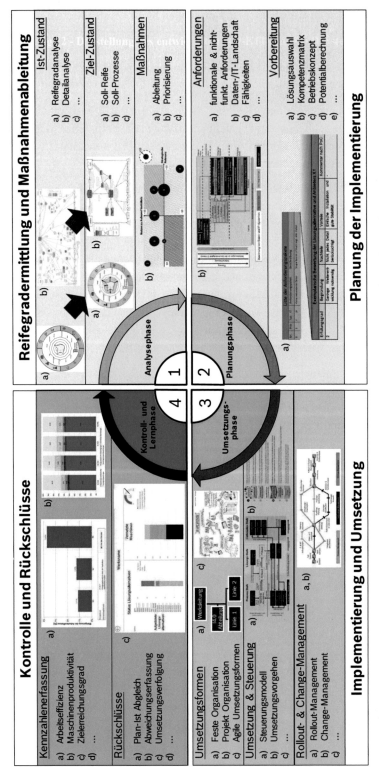

Abbildung 22 - Darstellung des entwickelten I4.0-KITs, eigene Darstellung

Die Modularität des I4.0-KIT zeigt sich vor allem darin, dass betriebs- und werksspezifische Ansätze in diesen und seinen Quadranten bzw. Phasen integriert werden können. Grundsätzlich ist das Konzept somit im Hinblick auf Weiterentwicklungen und Erweiterungen offen. Es erfüllt die Kriterien eines Vorgehensmodells (vgl. Kapitel 4.1) indem es aus good-practices, Vorlagen, Checklisten, Leitfäden, Methoden und Hilfsmitteln besteht, um die Durchführung der digitalen Transformation zu I4.0 in Werken von Industrieunternehmen mit variantenreicher Fertigung zu ermöglichen - auch aufgrund der eingangs beschriebenen Wiederholbarkeit und iterativen Anwendung, welche nur erreichbare und sinnvolle Zielsetzungen festlegt.

Eine grundlegende Anforderung an das I4.0-KIT ist die Anwendbarkeit in der Praxis durch einen konsekutiven und schrittweisen Aufbau. Die bisherigen I4.0 Modelle sind, wie bereits in Kapitel 2.3.1 und 3.1.1 gezeigt, zu abstrakt und nicht praxisnah genug und beschreiben in der Regel nur einen End-Zustand ohne schrittweises bzw. konsekutives Vorgehen. Es wird dabei nicht berücksichtigt inwiefern der SOLL-Zustand ein realistisches Ziel darstellt und ob bzw. wie dieser Zustand konkret geplant, umgesetzt und kontrolliert werden kann. Als Basis für die Neuentwicklung des I4.0-KIT für Werke von Industrieunternehmen mit variantenreicher Fertigung wurden deshalb bereits etablierte Methoden der Praxis mit unterschiedlichem Fokus in Kapitel 3.1.1 mit den bisherigen I4.0 Konzepten verglichen. Die abgeleiteten erforderlichen Schritte für die Transformation zu I4.0 sind in der Abbildung 23 dargestellt.

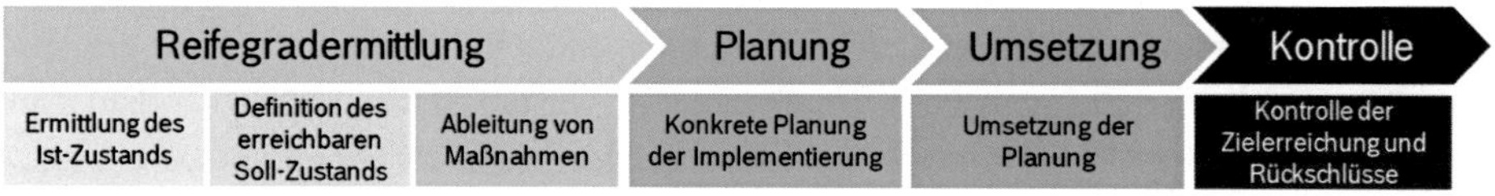

Reifegradermittlung			Planung	Umsetzung	Kontrolle
Ermittlung des Ist-Zustands	Definition des erreichbaren Soll-Zustands	Ableitung von Maßnahmen	Konkrete Planung der Implementierung	Umsetzung der Planung	Kontrolle der Zielerreichung und Rückschlüsse

Abbildung 23 - Erforderliche Schritte der Transformation zu I4.0, eigene Darstellung

Die Anforderungen aus Kapitel 3.1.1 sind, dass der Ansatz eine laufende, iterative und konsekutive Anwendung in den Werken ermöglichen muss. Basierend auf der Analyse, Planung, Umsetzung und auch Kontrolle ermöglicht der phasenweise Aufbau des entwickelten I4.0-KIT eine iterative und konsekutive Vorgehensweise welche zyklisch angewendet werden kann und soll (vgl. Abbildung 24).

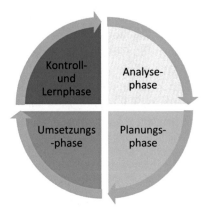

Abbildung 24 - Phasenweiser konsekutiver Aufbau des entwickelten I4.0-KIT, eigene Darstellung

Das Transformationskonzept beinhaltet dabei vier aufeinander aufbauende Phasen:

- Die Analysephase,
- die Planungsphase,
- die Umsetzungsphase,
- und die Kontroll- und Lernphase.

In der Analysephase muss das Werk integral, also ganzheitlich in allen relevanten sozio-technischen Betrachtungsfeldern, analysiert werden. Jedoch werden hierbei nur erreichbare und sinnvolle SOLL-Zustände abgeleitet. Es ist vorgesehen, dass zwischen den SOLL- und IST-Zuständen einzelner Betrachtungsfelder nicht zwingend ein Delta bestehen muss. Dies ist insbesondere dann der Fall, wenn beispielsweise eine Digitalisierung in dem Betrachtungsfeld noch nicht bzw. grundsätzlich nicht nutzenbringend ist. Anschließend werden die Maßnahmen nach verschiedenen gewichteten Kriterien priorisiert. Das Ergebnis ist dann der Maßnahmenplan. In der nun folgenden Planungsphase gilt es den Maßnahmenplan mit den Anforderungen und Rahmenbedingungen abzugleichen und anschließend nach einer konkreten Planung den Implementierungsplan für das Werk abzuleiten. Im Implementierungsplan muss sichergestellt werden, dass dieser auch in einem vertretbaren Zeitraum mit den vorhandenen bzw. definierten zusätzlichen Ressourcen umsetzbar ist. Auch wird in dieser Phase die Technologieauswahl erfolgen, da die Entscheidung der optimalen Technologien erst nach den Anforderungen und Rahmenbedingungen der Werke, wie beispielsweise den festgelegten Budgets, im Detail geplant werden können. In der dritten Phase, der Umsetzungsphase, erfolgt auf Basis des Implementierungsplans die Umsetzung. Dabei sollten auch bereits in der Planung die passende Umsetzungsorganisation inklusive der Umsetzungsformen, wie beispielsweise Hackathons oder Projekte, vorgeschlagen werden. Während der Umsetzung ist es grundlegend wichtig, die Steuerung und das Management davon zu ermöglichen.

In der letzten Phase müssen die Zielerreichung durch die Kennzahlenerfassung kontrolliert werden sowie laufende PLAN-IST-Abgleiche erfolgen, um frühzeitig erkennen zu können, ob beispielsweise zusätzliche Maßnahmen zur Zielerreichung notwendig sind, oder auch einschätzen zu können, welche der Maßnahmen besonders zielführend sind. Diese Erfahrungswerte und Handlungsempfehlungen sind die Basis für weitere Zyklen. Sind alle vier Phasen durchlaufen, sollte der nächste Transformationszyklus initiiert werden. Das I4.0-KIT ermöglicht damit eine kontinuierliche, konsekutive, nutzenorientierte, zielgerichtete, umsetzbare und erfolgreiche digitale Transformation zu I4.0. Aufgrund der Praxistauglichkeit der bewährten Methoden aus Kapitel 3.1.1 wird der Aufbau des Transformationskonzeptes mit den bewährten Methoden in der Tabelle 21 verglichen:

Problemlöseprozess	PDCA	RADAR	DMAIC	8D-Report	REFA	Transformationskonzept
Ausgangssituation untersuchen	P	R	D, M	1, 2, 3	1	Analysephase
Ziel ausarbeiten					2	
Lösungsalternativen erarbeiten		A	A	4, 5	3, 4	Planungsphase
Lösungsalternativen auswählen						
Lösungen umsetzen	D	D	I	6	5	Umsetzungsphase
Erfolg kontrollieren	C, A	A, R	C	7, 8	6	Kontroll- und Lernphase

Tabelle 21 - Transformationskonzept im Vergleich mit den Ansätzen nach Lennings[355]

Der Vergleich zeigt, dass sich auch der Phasenaufbau des entwickelten zyklischen und konsekutiven I4.0-KIT einen vergleichbaren Aufbau besitzt. Er ermöglicht damit denselben Problemlöseprozess wie zahlreich in der Praxis bewährte Methoden (z.B. PDCA).

4.3 Fokus und Betrachtungsfelder I4.0-KIT

Wie bereits in Kapitel 2.3.1 aufgezeigt, sind die Vorteile einer Eingrenzung des I4.0-KIT die Sicherstellung der Anwendbarkeit und Ableitung konkreter Handlungsempfehlungen. Das im Rahmen der Arbeit entwickelte I4.0-KIT wird daher eingegrenzt und fokussiert den Einsatz in Werken von Industrieunternehmen mit variantenreicher Fertigung (vgl. Kapitel 2.1.1). Die variantenreiche Fertigung zeichnet sich durch die Abdeckung unterschiedlicher Geschäftsarten (MTS, ATO, MTO und ETO), komplexer Strukturen, eines schwankenden Nachfrageverlaufs, einer kundenorientierten und auftragsbezogenen Fertigung, verschiedener Ablaufarten und Organisationstypen sowie einer hohen Fertigungstiefe aus. Auf Basis der bereits erfolgten Eingrenzung der relevanten sozio-technischen Betrachtungsfelder in Kapitel 3.1.2 sowie deren Bestätigung aus der Praxis in Kapitel 3.1.3 werden der Fokus und die Betrachtungsfelder für Werke von Industrieunternehmen mit variantenreicher Fertigung im Rahmen diese Kapitels detailliert beschrieben.

---

[355] Lennings 2019, S. 9.

Beschreibung der relevanten und integralen sozio-technischen Betrachtungsfelder
Eine weitere grundlegende Anforderung an das entwickelte I4.0-KIT ist die ganzheitliche bzw. integrale Berücksichtigung der Werke. Wie in Kapitel 3.1 eingegrenzt und bestätigt werden konnte, sind dafür zwölf sozio-technische Betrachtungsfelder relevant, um das Kriterium der integralen Berücksichtigung entsprechend erfüllen zu können. Das I4.0-KIT berücksichtigt deshalb die in der Abbildung 25 aufgeführten zwölf Betrachtungsfelder.

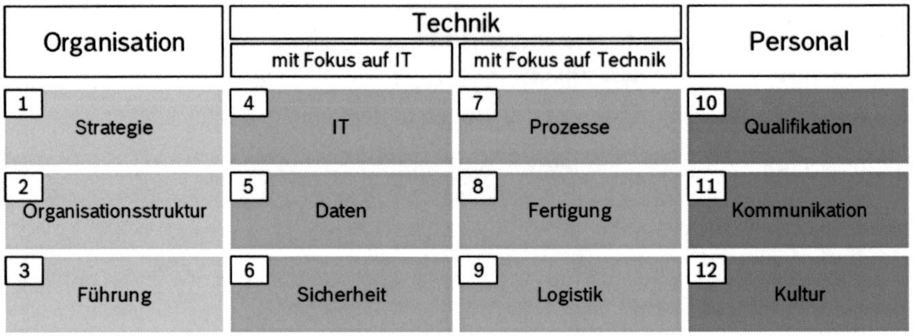

Organisation	Technik		Personal
	mit Fokus auf IT	mit Fokus auf Technik	
1 Strategie	**4** IT	**7** Prozesse	**10** Qualifikation
2 Organisationsstruktur	**5** Daten	**8** Fertigung	**11** Kommunikation
3 Führung	**6** Sicherheit	**9** Logistik	**12** Kultur

Abbildung 25 - Relevante und zu berücksichtigende Bereiche in den Werken

Die aufgelisteten Bereiche decken in größerer Granularität alle sozio-technischen Dimensionen innerhalb der Werke ab, welche zur erfolgreichen Implementierung von I4.0 erforderlich sind. Sie werden in diesem Abschnitt detailliert für ein Werk beschrieben.

1) Strategie
Zur erfolgreichen Gestaltung der digitalen Transformation zu I4.0 muss diese bereits in der zentralen Unternehmensstrategie integriert sein, um in der Praxis problemlos umgesetzt werden zu können.[356] Abgeleitet aus der Unternehmensstrategie muss die Werksstrategie die Basis für die erforderlichen Zielsetzungen und Vorgehensweisen zur erfolgreichen digitalen Transformation der Werke bilden.

2) Organisationsstruktur
Für eine erfolgreiche digitale Transformation muss die Aufbau- und Ablauforganisation auf I4.0 abgestimmt sein.[357] Die Werke müssen durch ihre entsprechende Organisationsstruktur befähigt werden, I4.0 Lösungen auf Basis der Strategie erfolgreich umsetzen und steuern zu können, sowohl durch agile als auch durch klassische Umsetzungsformen.

3) Führung
Auf Basis der Strategie und der auf I4.0 abgestimmten Organisationsstruktur, müssen die Auswirkungen von I4.0 auf die Führung bekannt sein. Darüber hinaus müssen die Führungskräfte die Zusammenarbeit im Rahmen von I4.0 und den unterschiedlichen Disziplinen erfolgreich koordinieren.[358] Die Führungskräfte der Werke müssen die Bewältigung der digitalen Transformation im Rahmen ihrer Führung und Koordination sicherstellen.

---

[356] Matt et al. 2018, S. 95.
[357] Vgl. auch Binner 2014, S. 233; Feld et al. 2012, S. 41.
[358] Binner 2014, S. 233; Sendler 2013, S. 17.

4) Informationstechnologie

Im Rahmen von I4.0 bekommen die IT-Infrastruktur und -Architektur aufgrund der steigenden Vernetzung in der Produktion eine besondere Rolle. Das klassische Ingenieurwesen verschmilzt zunehmend mit der IT-Welt und ein steigender Anteil der Wertschöpfung in der Fertigung besteht aus Software.[359] Die Informationstechnologie und deren systematisches Management sind essenziell zur Beherrschung und Planung der IT als Grundanforderung der Digitalisierung.[360] Die Herausforderung für die Werke ist die Anbindung von IT-Lösungen an ihre unterschiedlichen Leit- und IT-Systeme. Die IT der Werke und deren Standardisierung wird zum Kern für die Umsetzung der digitalen Transformation und wird deshalb in diesem Betrachtungsfeld fokussiert. Hierunter fallen im Rahmen der Arbeit sowohl die klassische IT-Infrastruktur mit allen IT-Komponenten wie z.B. LAN-Systeme, als auch die IT-Architekturen wie z.B. Software.

5) Daten

Wie im Kapitel 2.1.3 gezeigt sind Daten die Basis und „Rohstoff" für die digitale Transformation zu I4.0. Die Ermittlung, Analyse und Transformation der Daten zu Informationen und Wissen und deren Darstellung sowie Speicherung übernehmen neben dem Menschen auch zunehmend IT-Systeme. Die softwaregestützte Datenverarbeitung hat dabei einen massiven Einfluss auf die Wettbewerbsfähigkeit eines Unternehmens.[361] Erfasste Daten und deren Verfügbarkeit, Integrität, Konsistenz und Qualität werden zur Grundvoraussetzung für den Erfolg und Betrieb der IT sowie Implementierung von I4.0 in Werken.

6) Sicherheit

Die zunehmende Vernetzung und IT-Durchdringung durch I4.0 birgt wie in Kapitel 2.2.2 aufgezeigt Risiken. So sind IT-Infrastrukturen und -Architekturen in der Industrie zahlreichen Cyber-Angriffen ausgesetzt, welche in der Zukunft noch steigen werden. Eine zentrale Aufgabe für die Werke ist bei der Einführung von I4.0 die Beseitigung von Risiken durch geeignete Ansätze und Maßnahmen, um den Betrieb der Anlagen sicherzustellen und vertrauliche Informationen und Wissen vor unrechtmäßigen Zugriffen zu schützen.

7) Prozesse

Eine der Auswirkungen von I4.0 ist die Automatisierung der Geschäftsprozesse durch IT-Anwendungen. Die Voraussetzungen für die Einführung neuer I4.0 Lösungen in den Werken sind dabei funktionierende, standardisierte, schlanke und robuste Prozesse.[362] Für Werke bedeutet dies, dass noch vor der Digitalisierung die Rahmenbedingungen und Prozesse, wie beispielsweise die Material- und Informationsflüsse ausreichend bekannt, standardisiert und optimiert sein müssen. Die Basis für schlanke, robuste und standardisierte Prozesse liefert hierbei überwiegend das Industrial Engineering mit seinen Methoden und Ansätzen wie beispielsweise auch dem Lean-Ansatz.

---

[359] Bürger und Tragl 2017, 207 f.
[360] Hanschke 2018, 200 f.
[361] Huber 2018, S. 18 f.
[362] Cernavin et al. 2018, S. 165; Kese und Terstegen 2017, S. 34; Reuter et al. 2016.

8) Fertigung

Im Rahmen von I4.0 sollen durch die digitale Transformation Smart Factories entstehen. Für die Werke bedeutet dies grundlegende Veränderungen wie beispielsweise durch den Einsatz von CPS. Um diese Veränderungen zielgerichtet umsetzen zu können müssen in den Werken die bisherigen Anlagen und Infrastruktur besonders berücksichtigt und die Produktion und ihr Umfeld mit den passenden Technologien hin zur I4.0 auch im Brownfield gestaltet werden.[363]

9) Logistik

I4.0 wird den Materialfluss entscheidend beeinflussen.[364] Auf dem Weg zur Smart Factory müssen neben der Fertigung auch die Logistik entlang der gesamten Wertschöpfungskette berücksichtigt werden und dabei neue Lösungen wie beispielsweise AGVs für den Einsatz vorbereiten. Die Werke müssen durch ein Supply-Chain-Management und durch digitale Technologien diesen Wandel umsetzen können, wie beispielsweise durch Scanner und Logistik IT-Systeme. Dafür müssen insbesondere die Informationsflüsse und End-to-End Prozesse in den Fokus gerückt werden, indem auch informationslogistische Verschwendungen reduziert werden.

10) Qualifikation

Das Arbeiten in einem sich stetig ändernden Arbeitsumfeld mit komplexen Technologien, vernetzten Produkten und zunehmender Digitalisierung verlangt von den Mitarbeitern völlig neue Fähigkeiten und Qualifikationen.[365] Die Qualifizierungsbedarfe der Mitarbeiter der Werke müssen abgeschätzt und Kompetenzen entsprechend aufgebaut werden.

11) Kommunikation

Der Mensch als Mittelpunkt ist das steuernde und treibende Element in der Produktion und wird im Rahmen von I4.0 entlang aller Prozesse von IKT unterstützt.[366] In den Werken müssen die Mitarbeiter im Rahmen der Mensch-zu-Mensch als auch der Mensch-zu-Maschine Interaktion sowie Kommunikation optimal unterstützt werden. Hierfür ist es entscheidend, dass Mitarbeiter neue Kommunikationsplattformen nutzen können und auch Wissen durch IKT vermittelt bekommen, wie beispielsweise beim Einlernen in neue Arbeitsprozesse und -umfelder.

12) Kultur

Die digitale Transformation zu I4.0 ist neben Chancen auch mit Ängsten verbunden. Die Akzeptanz der Mitarbeiter muss deshalb sichergestellt werden.[367] In den Werken ist neben Qualifikationen eine entsprechende Unternehmens-Kultur die Grundvoraussetzung.

---

[363] Kagermann et al. 2012, S. 9.
[364] Siems 2015, S. 11.
[365] Obermaier 2016, S. 32; Ludwig et al. 2016, S. 77; PwC - PricewaterhouseCoopers 2014, S. 37; Spath 2013, S. 131; Kagermann et al. 2012, S. 37
[366] Richter et al. 2017, S. 117 ff.
[367] Dombrowski und Wagner 2014, S. 352.

Dadurch sollen Mitarbeiter die digitale Transformation nicht nur umsetzen können sondern auch umsetzen wollen. Hierfür müssen die Werke im Rahmen eines geeigneten Change-Managements das erfolgreiche Zusammenspiel der Mitarbeiter mit den sozio-technischen Systemen wie z.B. CPS sicherstellen.

4.4 Analysephase I4.0-KIT

Die Analysephase stellt den initialen und ersten Schritt des I4.0-KIT dar. Dafür werden, bevor die Planung und Umsetzung der digitalen Transformation zu I4.0 erfolgen kann, die beschriebenen drei Schritte durchlaufen:

1. Die Analyse des IST-Zustands und Reifegrads:
   Über eine Reifegradermittlung muss initial die Ausgangssituation der Werke analysiert und korrekt eingeschätzt werden. Das Ergebnis ist der IST-Zustand.
2. Die Ermittlung des SOLL- und ZIEL-Zustands:
   Im Anschluss ist es erforderlich durch realistische Zielsetzungen einen individuellen, erreichbaren und erfolgsversprechenden SOLL-Zustand für die Werke abzuleiten.
3. Die Ableitung von Maßnahmen:
   Ein Abgleich von SOLL- und IST-Zustand und der Einflussfaktoren ermöglicht die Ableitung konkreter Maßnahmen und Handlungsfelder als Basis für die Planung.

In den Analysen der I4.0 Vorgehensmodelle konnte gezeigt werden, dass es bereits vielzählige Reifegradmodelle gibt. Überwiegend werden bei den Ansätzen über Fragenkataloge die IST-Zustände ermittelt.

Obwohl die Fragenkataloge an sich ein geeignetes Mittel sind, berücksichtigen die bisherigen jeweils nur einen Teil der relevanten sozio-technischen Betrachtungsfelder und sind darüber hinaus zu abstrakt und nicht auf ein Werk zugeschnitten. Im Rahmen der Arbeit wurde deshalb ein mehrsprachiger Fragenkatalog in Deutsch und Englisch entwickelt, welcher alle zwölf relevanten sozio-technischen Betrachtungsfelder eines Werkes berücksichtigt und den IST-Zustand granular ermittelt. Die Möglichkeiten der Erfassung des IST-Zustands durch einen Fragenkatalog haben jedoch auch Grenzen. Für die detaillierte Ableitung von Maßnahmen und deren Potentiale ist trotz eines umfassenden Fragenkatalogs in einigen Fällen eine Erhöhung des Detailgrads erforderlich. Um die Granularität und den Detailgrad weiter zu erhöhen, können neben einem Fragenkatalog weitere Methoden für die Erfassung des IST-Zustands zum Einsatz kommen. Die digitale Transformation zu I4.0 muss auf stabilen, schlanken und robusten Prozessen basieren, um erfolgreich umgesetzt werden zu können. Prozessanalysen legen dafür den Grundstein, um den IST-Zustand in den Werken detailliert darstellen zu können. Neben den klassischen Prozessdarstellungen, wie beispielsweise der Wertstromanalyse, bekommen im Rahmen von I4.0 andere Methoden eine noch größere Rolle. In der Praxis zeigt sich, dass der Informationsfluss bei I4.0 eine entscheidende Bedeutung hat, da die Leistungsfähigkeit eines Prozesses vor allem bei der Digitalisierung und Automatisierung unmittelbar vom Informationsfluss abhängt.

So können die Verbesserungen der Informationsflüsse durch die klassische Prozessverbesserung und den Einsatz von digitalen Technologien, wie beispielsweise Scanner, sogar die größten Potentiale bei der Implementierung von I4.0 aufzeigen.[368] Denn zahlreiche Informations- und Medienbrüche zeigen nicht nur die größten Potentiale auf, sondern sind gleichzeitig Hürden bei der Umsetzung von I4.0, wenn sie nicht entsprechend analysiert und berücksichtigt werden.[369] Es müssen im Zuge der digitalen Transformation der Werke von Industrieunternehmen mit variantenreicher Fertigung vor allem interne Produktionsprozesse und Wertströme hinsichtlich ihres Informationsflusses überdacht und optimiert werden. Die Symbiose aus Materialflüssen und koordinierten Informationsflüssen ist daher von strategischer Bedeutung.[370]

Neben dem entwickelten Fragenkatalog werden im Rahmen der Analysephase des I4.0-KIT deshalb durch Prozessanalysen - und hierbei vor allem durch Informationsflussanalysen - die notwendigen Details, wie beispielsweise Verbesserungspotentiale, dargestellt.

Aufbau des Fragenkatalogs zur Reifegradermittlung und Zielzustandsbestimmung
Der Fragenkatalog im Rahmen des Reifegradmodells von Leineweber et al. ist der einzige, welcher neben den verschiedenen Reifegraden und Ausprägungen auch die Abhängigkeiten zwischen den sozio-technischen Kriterien berücksichtigt. Dieser Ansatz wird im Rahmen der Entwicklung des I4.0-KIT aufgegriffen und für ein Werk ein entsprechender Fragenkatalog entwickelt. Hierfür wurden teilweise Fragen der überwiegend allgemeinen Modelle aus Kapitel 3.2.2 auf die Anwendbarkeit in den Werken überprüft, angepasst und weiterentwickelt. Überwiegend mussten gänzlich neue Fragen abgeleitet werden, um den IST-Zustand in den Bereichen eines Werkes tatsächlich bewerten zu können. Es wurden für alle eingangs definierten zwölf Betrachtungsfelder entsprechende Fragen eigens nach dem iterativen Entwicklungszyklus erarbeitet, um die Berücksichtigung der relevanten sozio-technischen Dimensionen eines Werkes sicherstellen zu können. Der Fragenkatalog, weitergehend auch I4.0 Implementierungscheck genannt, wurde im Rahmen einer Excel-Tabelle realisiert und enthält dabei 120 Fragen aus allen zwölf sozio-technischen Betrachtungsfeldern. Sein Aufbau ist in Tabelle 22 exemplarisch dargestellt.

1	2	3	4	5	6	7	8	9	10	11	12	13
7.1	...?	0 - nein	Geplant	5 - ja	Bis 03/19	0	+		Prozesse aufnehmen	0	+	+
7.4	...?	0 - n.v.		1 - Abweichungskatalog wird erstellt	Ab 04/19	++	++		Katalog erstellen	++	0	0
8.6	...?	0 - n.v.		2 - Erfassung aller Bestandteile eines OEE	Vom Management geforderte KPI	++	+	7.4 − 3	OEE berechnen	+	0	0

Tabelle 22 - Aufbau I4.0 Implementierungscheck, eigene Darstellung

---

[368] Dommermuth 2019, S. 5.
[369] Vogel-Heuser et al. 2017, S. 22 f.
[370] Altendorfer-Kaiser 2014, S. 111.

Die Spalte eins („Nr.") legt die Nummer der jeweiligen Frage fest. Dabei gibt die Zahl vor dem Punkt das dazugehörige und berücksichtigte Betrachtungsfeld vor, die Zahl nach dem Punkt die Fragennummer im jeweiligen Betrachtungsfeld, in aufsteigender Nummer entsprechend ihrer Reihenfolge.

Die Spalte zwei („Frage") enthält die jeweilige Frage der zugeordneten Nummer. Dabei gibt es drei verschiedene Fragentypen, die informative Frage, die einfache Frage (ja/nein) und die detaillierte Ausprägungsfrage (0,1,2,3,4,5). Die informative Frage benötigt keine Ausprägung und dient lediglich der Einordnung und Vergleichbarkeit des befragten Werkes (z.B. Größe des Standortes). Die einfache Frage eignet sich vor allem, um K.o.-Kriterien für aufeinander aufbauende Fragen abzuhandeln. Beispielsweise können Abweichungen von Prozessen nur erfasst werden, wenn die Prozesse im Voraus bekannt sind. Die detaillierte Ausprägungsfrage ermöglicht hingegen sechs verschiedene Ausprägungen und Reifegrade als Antwortmöglichkeit.

Die Spalte drei („Ausprägung IST-Zustand") soll den IST-Zustand beschreiben und enthält dabei die Zahlen 0-5. Wobei 0 die niedrigste Ausprägung ist (bei der einfachen Frage 0 = nein) und 5 die höchste (bei der einfachen Frage 5 = ja). Für jede Frage sind die unterschiedlichen Ausprägungsstufen beschrieben und eine höhere Ausprägung entspricht einer höheren Reife.

Die Spalte vier („Kommentar IST-Zustand") ermöglicht weiterführende Kommentare zur detaillierteren Beschreibung des IST-Zustands. Dieser ist vor allem für die aufbauenden Schritte relevant, wenn die Ausprägung nicht ausreichend aussagekräftig ist.

Die Spalte fünf („Ausprägung SOLL-Zustand") soll den SOLL-Zustand beschreiben und enthält dabei die Zahlen 0-5. Wobei 0 die niedrigste Ausprägung ist (bei der einfachen Frage 0 = nein) und 5 die höchste (bei der einfachen Frage 5 = ja). Für jede Frage wurden die unterschiedlichen Ausprägungsstufen abgeleitet und beschrieben. Dabei entspricht eine höhere Ausprägung einem höheren Reifegrad. Bei der Wahl der Ziel-Ausprägung ist vor allem wichtig, dass es sich um realistische Zielsetzungen handelt, welche umsetzbar und erreichbar sind.

Die Spalte sechs („Kommentar SOLL-Zustand") ermöglicht weiterführende Kommentare zur detaillierteren Beschreibung des SOLL-Zustands. Dieser ist vor allem für die Maßnahmenableitung relevant, wenn die Ausprägung nicht ausreichend aussagekräftig ist.

Die Spalte sieben („Strategische Relevanz") soll die Einschätzung der strategischen Relevanz hinsichtlich der festgelegten Ausprägung des SOLL-Zustandes bewerten. Die Antwortmöglichkeiten sind dabei Sehr hoch (++), Hoch (+), Mittel (0), Niedrig (-) und Sehr niedrig (--) und sollten den strategischen Zielen der Werke entsprechen.

Die Spalte acht („Zeithorizont") soll die Bewertung des Zeithorizonts zur Umsetzung bewerten, bis wann die Umsetzung eines SOLL-Zustands erfolgen soll. Die Antwortmöglichkeiten sind dabei sehr kurzfristig (++), kurzfristig (+), mittelfristig (0), langfristig (-) und sehr langfristig (--). Sie sollten den strategischen Zielen und Möglichkeiten der Werke entsprechen.

Die Spalte neun („Abhängigkeiten") zeigt an, ob nicht erfüllte Abhängigkeiten zu anderen Fragen aus den sozio-technischen Bereichen im Vergleich zu ihrem ausgewählten SOLL-Zustand vorhanden sind. Hierbei werden jeweils die Fragennummer sowie die erforderliche Ausprägung angezeigt, welche notwendig sind, um den SOLL-Zustand erreichen zu können.

Eine Zeile färbt sich orange, wenn in anderen Fragen die Ausprägungen der IST-Zustände nicht den notwendigen Voraussetzungen zur Erfüllung der gewählten Ausprägung des SOLL-Zustandes innerhalb der Zeile entsprechen. Im Anschluss kann die nicht erfüllte Voraussetzung, welche in der Spalte neun ebenfalls gekennzeichnet ist, gegebenenfalls angepasst werden. Somit wird sichergestellt, dass die voneinander abhängigen definierten SOLL-Zustände auch umgesetzt werden können. So kann beispielsweise der Einsatz einer Analysesoftware für Maschinendaten nicht zielführend sein, wenn die Ausprägung im Bereich der Vernetzung der Maschinen noch nicht die entsprechende Reife hat.

Die Spalte zehn („Maßnahme") beschreibt die erforderliche Maßnahme anhand des Deltas zwischen IST- und SOLL. Falls diese anhand des IST- und SOLL-Zustandes nicht unmittelbar ableitbar ist, muss die Notwendigkeit einer Detailanalyse, wie in diesem Kapitel beschrieben, abgeschätzt werden. Dabei gilt die Faustregel: Bei einem positiven Nutzen-Aufwand-Verhältnis und nicht möglicher konkreter Maßnahmenableitung ist eine Detailanalyse zu verwenden. Es können auch mehrere Maßnahmen zur Erreichung des SOLL-Zustands formuliert werden.

Die Spalte elf („Nutzen-Aufwand-Verhältnis") beschreibt die Einschätzung hinsichtlich des erwarteten Nutzens im Verhältnis zum geschätzten Aufwand bei der Maßnahmenumsetzung. Die Antwortmöglichkeiten sind dabei sehr positiv (++), positiv (+), neutral (0), negativ (-), sehr negativ (--). Die Einschätzung erfolgt dabei durch Expertenbewertungen oder anhand konkret abschätzbarer Kosten. Die Grundlage für die Abschätzung kann die Differenz zwischen SOLL- und IST-Zustand darstellen, welche den Aufwand greifbarer macht, auch durch die abgeleiteten konkreten Maßnahmen.

Die Spalte zwölf („Umsetzungsgeschwindigkeit") soll die Umsetzungsgeschwindigkeit der Maßnahme bewerten. Die Antwortmöglichkeiten sind dabei unmittelbar (++), bei weniger als einem Monat; schnell (+), bei einem bis drei Monaten; normal (0), bei drei bis zwölf Monaten; langsam (-) bei bis zu 3 Jahren; sehr langsam (--), bei mehr als drei Jahren.

Die Spalte dreizehn („Risiko") soll das Risiko bei und nach der Durchführung der Maßnahme bewerten. Ein Risiko können beispielsweise fehlende Kapazitäten und Budgets zur Durchführung der Maßnahme sein oder auch zu entwickelnde IT-Lösungen, bei welchen der Aufwand noch nicht hinlänglich bekannt ist. Die Antwortmöglichkeiten in der Spalte dreizehn sind: kein Risiko (++), kleines Risiko (+), mittleres Risiko (0), größeres Risiko (-), großes Risiko (--).

Teilnehmer und Stakeholder

Zur Beantwortung des I4.0 Implementierungschecks werden verschiedene Akteure benötigt. Grundsätzlich ist der Fragenkatalog von jedem Mitarbeiter unmittelbar anwendbar, jedoch nur soweit auch Wissen im Betrachtungsfeld vorhanden ist. Aufgrund der verschiedenen Abhängigkeiten ist es zur Beantwortung der Fragen sinnvoll, Vertreter und Experten aus allen beteiligten Feldern einzubinden. Es empfiehlt sich zur Bearbeitung des Fragenkataloges eine eintägige Workshop-Sequenz unter sequenzieller Einbindung nachfolgend genannter Teilnehmer:

- Pflicht-Teilnehmer:
  - Experten und Anwender aus den jeweiligen Bereichen zur Darstellung und Bewertung des IST-Zustands und Empfehlung der SOLL-Zustände
  - Führungskräfte der Bereiche zur Festlegung der SOLL-Zustände
- Optionale-Teilnehmer:
  - Interne oder externe Domänenexperten zur Unterstützung bei der validen Abschätzung eines realistischen SOLL-Zustandes
  - Durch die Festlegung der SOLL-Zustände betroffene Mitarbeiter und Betriebsräte der Bereiche zur Steigerung der Akzeptanz durch frühzeitige Einbindung

Auswertung

Wurde der I4.0 Implementierungscheck durchgeführt können auch die Ergebnisse aggregiert werden. Hierfür wird der Durchschnitt der IST-Zustand Ausprägung, sowie der Durchschnitt der SOLL-Zustand Ausprägung jedes Betrachtungsfeldes gebildet und anhand eines Spinnendiagramms, wie in Abbildung 26 dargestellt, visualisiert.

Alle zwölf Betrachtungsfelder sind kreisförmig angeordnet. Die jeweiligen Durchschnittswerte werden entsprechend in der Matrix angezeigt. Anhand dieser Darstellung ist leicht zu erkennen, in welchen Bereichen ein größeres Delta zwischen IST- und SOLL-Zustand liegt und in welchen kein Anpassungsbedarf besteht. Für anschließende Detailanalysen empfehlen sich die im Rahmen der Reifegradermittlung durch den Fragenkatalog identifizierten Bereiche mit hohem Potential sowie Bereiche mit notwendiger weiterer Detailierung, oder auch Bereiche mit einer Allgemeingültigkeit für das gesamte Werk, wie beispielsweise Referenzwertströme innerhalb der Fertigung. Diese identifizierten Bereiche sollten im Rahmen von detaillierten Analysen umfassender dargestellt und bewertet werden, um konkrete IST- und SOLL-Zustände sowie dazugehörige Potentiale im Detail ableiten zu können.

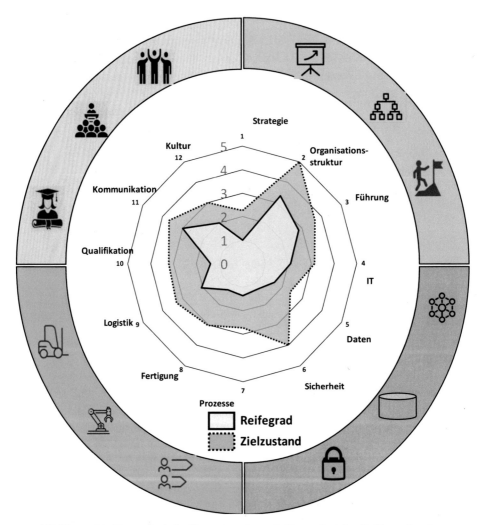

Abbildung 26 - Exemplarische Bewertungsmatrix Fragenkatalog Reifegradanalyse, eigene Darstellung

Neben dieser visuellen Darstellung wurde auch eine Berechnungslogik zur Darstellung des IST-Zustands, des SOLL-Zustands und des Deltas (Potential) in den einzelnen sozio-technischen Betrachtungsfeldern abgeleitet. Dadurch können beispielsweise der Reifegrad und die Potentiale von verschiedenen Werken insgesamt und auch zwischen jeweiligen sozio-technischen Betrachtungsfeldern verglichen und quantifiziert werden.

Die erste erforderliche Kennzahl ist dabei der Reifegrad. Er bildet den Durchschnitt der Ausprägungen im Rahmen der IST-Zustandsbewertungen für das jeweilige Betrachtungsfeld.

$$Reifegrad_{x,n} \ bzw. \ R_{x,n} = \sum_{i=1}^{m} \frac{I_{n_i}}{m}$$

Formel 7 - Reifegrad (R)

mit:	x	=	Name des Werkes
	n	=	Index des sozio-technischen Betrachtungsfeldes (1-12), oder (gesamt), bei der Berücksichtigung aller Betrachtungsfelder
	I	=	Ausprägung des IST-Zustands (0-5)
	m	=	Anzahl der Fragen im jeweiligen Betrachtungsfeld
	i	=	Index der Frage im jeweiligen Betrachtungsfeld

Dabei kann für x auch „Unternehmen" eingesetzt werden, wenn der durchschnittliche Reifegrad eines Betrachtungsfelds aller Werke des Unternehmens berechnet wird.

Die zweite Kennzahl ist der Zielzustand. Er bildet den Durchschnitt der Ausprägungen im Rahmen der SOLL-Zustandsbewertungen für das jeweilige Betrachtungsfeld.

$$Zielzustand_{x,n} \ bzw. \ Z_{x,n} = \sum_{i=1}^{m} \frac{S_{n_i}}{m}$$

Formel 8 - Zielzustand (Z)

mit:	x	=	Name des Werkes
	n	=	Index des sozio-technischen Betrachtungsfeldes (1-12), oder (gesamt), bei der Berücksichtigung aller Betrachtungsfelder
	S	=	Ausprägung des SOLL-Zustands (0-5)
	m	=	Anzahl der Fragen im jeweiligen Betrachtungsfeld
	i	=	Index der Frage im jeweiligen Betrachtungsfeld

Dabei kann für x auch „Unternehmen" eingesetzt werden, wenn der durchschnittliche Zielzustand eines Betrachtungsfelds aller Werke des Unternehmens berechnet wird.

Die dritte Kennzahl ist das mögliche Potential in den einzelnen Betrachtungsfeldern und ist dabei die Differenz zwischen dem Zielzustand und dem Reifegrad.

$$Potential_{x,n} \ bzw. \ P_{x,n} = Z_{x,n} - R_{x,n}$$

Formel 9 - Potential (P)

mit:	x	=	Name des Werkes
	n	=	Index der Frage, des sozio-technischen Betrachtungsfeldes (1-12), oder (gesamt), bei der Berücksichtigung aller Betrachtungsfelder

Dabei kann für x auch „Unternehmen" eingesetzt werden, wenn der durchschnittliche Zielzustand eines Betrachtungsfelds aller Werke des Unternehmens berechnet wird.

Grundsätzlich sind auch negative Potentiale möglich, indem ein hoher Reifegrad langfristig nicht gehalten werden kann. Ein Beispiel dafür wären der Abbau von Personal, welches die erfassten Informationsflüsse langfristig nicht aktuell halten kann, auch aufgrund der erheblich steigenden Anzahl an Informationsflüssen in einem Werk. Aus diesen Gründen sollte für die Maßnahmenableitung auf die einzelnen Fragen im Detail eingegangen. Die Aggregation der Werte für ein Betrachtungsfeld ermöglicht zwar eine übergreifende Aussage, erschwert damit aber konkrete Aussagen zu konkreten Potentialen und Maßnahmen. Die Möglichkeit der Aggregation und Darstellung zeigt die nachfolgende exemplarische Tabelle 23. Die sozio-technischen Betrachtungsfelder sind dabei entsprechend der Reihenfolge in der Abbildung 26 nummeriert. Die sozio-technischen Dimensionen bilden den Mittelwert aus dem Betrachtungsfeld 1-3 (Organisation), 4-9 (Technik) und 10-12 (Personal bzw. Mensch).

	sozio-technisches Betrachtungsfeld												sozio-technische Dimension		
	1	2	3	4	5	6	7	8	9	10	11	12	Organisation	Technik	Personal
Reifegrad	2,0	1,5	3,5	2,0	0,3	0,5	3,5	2,0	3,0	2,0	3,0	4,0	2,33	1,89	3,00
Zielzustand	4,0	2,5	4,0	4,0	1,7	1,5	4,0	3,5	3,5	4,0	3,0	4,3	3,50	3,03	3,75
Potential	2,0	1,0	0,5	2,0	1,3	1,0	0,5	1,5	0,5	2,0	0,0	0,3	1,17	1,14	0,75

Tabelle 23 - Exemplarische Darstellung der ermittelten Reifegrade, Zielzustände und Potentiale

Die abgeleiteten Kennzahlen Reifegrad, Zielzustand und Potential ermöglichen neben der Quantifizierung vor allem auch die Vergleichbarkeit zwischen den Betrachtungsfeldern innerhalb eines Werkes und auch zwischen mehreren Werken. Hierdurch kann beispielsweise ein Benchmark der Reifegrade einzelner Betrachtungsfelder oder sogar Fragen durchgeführt werden, um best-practices aufzeigen zu können und einen Know-How-Transfer im Anschluss zu ermöglichen. Zusätzlich kann das Verfolgen dieser Kennzahlen dem Management Aufschluss über die Reifegrade und deren Entwicklungen seiner Werke diesbezüglich geben. Darüber hinaus geben die Kennzahlen den zuständigen Mitarbeitern der jeweiligen Betrachtungsfelder oder einzelner Fragestellungen wie beispielsweise dem IT- oder dem Change-Management-Verantwortlichen Aufschluss darüber, wie hoch das jeweilige Potential in dem sozio-technischen Betrachtungsfeld bzw. Fragestellung ist.

Detailanalysen
Die identifizierten Bereiche für die Detailanalysen können tiefergehend analysiert werden. Dies empfiehlt sich vor allem zur Ableitung konkreter IST-, SOLL-Zustände und Maßnahmen, wenn diese in Form des I4.0 Implementierungschecks nicht aussagekräftig genug sind. Es sollte deshalb zuerst geprüft werden, ob die abgeleiteten SOLL- und IST-Zustände des I4.0 Implementierungschecks bereits ausreichen, um im Anschluss konkrete Maßnahmen formulieren zu können. Ist dies nicht der Fall, sollten bei gegebener Verhältnismäßigkeit der Analyse im Hinblick auf die eingeschätzten Potentiale in den ausgewählten Handlungsfeldern Detailanalysen durchgeführt werden. Im Rahmen der Detailanalysen werden Prozessanalysen durchgeführt.

Dabei wird aufgrund der Relevanz hinsichtlich I4.0 empfohlen, Informationsflüsse zu fokussieren. Denn 80%[371] des Optimierungspotentials in Werken befinden sich innerhalb von indirekten Prozessen und werden erst durch Informationsfluss- und Prozessanalysen sichtbar. Sind also bisher in einem Werk noch keine Prozessanalysen durchgeführt worden, bieten sie sich bereits vor der Bearbeitung des Fragenkataloges an, da dem Aufwand durch die aufgedeckten Potentiale ein entsprechend hoher Nutzen gegenübersteht. Denn für die Umsetzung von I4.0 in den Werken und Wertschöpfungsnetzwerken sind die Durchgängigkeit der Prozesse und vor allem die Transparenz der zugehörigen Informationsflüsse eine Grundvoraussetzung. Hierbei kann das IE mit seinem Methodenwissen und der Prozessstandardisierung sowie -optimierung entsprechende Ansätze für die Prozessanalysen liefern.

Methoden und Modelle zur Prozessanalyse vereinfachen den Blick auf die Realität. Die Prozessmodellierung eignet sich insbesondere für die Erfassung und Dokumentation der Geschäftsprozesse, zur Schwachstellenanalyse, zur Anforderungsdefinition neuer Informationssysteme und zum Aufbau eines Unternehmensprozessmodells. Zur Modellierung und Analyse von Prozessen haben sich in der Praxis bereits verschiedene Methoden etabliert. Eine Übersicht bildet dabei die Darstellung in Tabelle 24.[372]

Methode	Beschreibung	Bewertung (Vor- und Nachteile - V, N)
Prozessland-karte	Darstellung wesensbestimmender Geschäftsprozesse eines Unternehmens unterteilt in Steuerungs-, Kern- und Unterstützungsprozesse.	V: Auf verschiedene Bereiche anwendbar N: Nicht für Detaildarstellungen geeignet
Prozesssteck-brief	Erweiterung der Prozesslandkarte um Detailinformationen der einzelnen Prozessschritte.	V: Detailbeschreibung der Prozesse möglich N: Keine Übersicht in einer Darstellung*
Tabellarische Notation	Einfaches Formular zur Erhebung von Prozessinformationen.	V: Schnelle Erhebung von IST-Zuständen N: Komplexere Prozesse nicht abbildbar
Swimlane-Diagramme	Einfache Darstellung von Tätigkeitsfolgen und Verantwortlichkeiten der Prozessabschnitte.	V: Visualisiert Reihenfolge und Abhängigkeiten N: Detailtiefe ist eingeschränkt.
Ereignisgesteuerte Prozesskette	Beschreibt den Ablauf der Geschäftsprozesse als Basis für IT-Lösungen zur Umsetzung.	V: Für große und komplexe IT anwendbar N: Probleme bei Abbildung komplexer Tätigkeiten*
Business Process Model and Notation	Normierte Standard-Methode zur Darstellung und Ausführung von Prozessen angelehnt an die Swimlane-Methodik.	V: Komplexe Prozesse und zugehörige IT Informationsflüsse werden verständlich dargestellt N: Hoher Einarbeitungsaufwand
Wertstromanalyse 4.0	Erweiterung der klassischen Wertstromanalyse um informationslogistische Prozesse.	V: Fokus auf Verschwendungen* N: Keine Reihenfolge der Systeminteraktionen*
Wertstromanalyse nach Rother	In der Praxis erprobtes Verfahren, Material- und Informationsflüsse in der Fertigung zu erfassen.	V: Universal in der Fertigung einsetzbar* N: Bei hohem Detailgrad komplexe Darstellung*

Tabelle 24 - Bewertung der Methoden zur Detailanalyse in der Praxis, eigene Darstellung

---

[371] Schüll 2016.
[372] Bewertungen nach Gadatsch 2017, S. 79 ff. erweitert um Methoden (grau) und Bewertungen (*).

Zusätzlich zu den betrachteten Methoden nach Gadatsch (2017) wurden dabei zwei weitere Methoden im Rahmen der Arbeit ergänzt. Zum einen ist die Wertstromanalyse 4.0 aus dem Modell des Kapitels 3.2.2.8 hinzugekommen, da sie eine verschwendungsfokussierte Informationsflussaufnahme ermöglichen soll. Zum anderen ist die in der Praxis bewährte Wertstrommethode zur Analyse und Design eines Wertstroms hinzugefügt worden, welche Rother und Shook (2018) sowie Erlach (2010) ausführlich beschreiben.[373]

Die Detailanalysen ermöglichen, konkrete Aussagen hinsichtlich der Optimierungspotentiale treffen zu können, und bilden damit die Grundlage für eine detaillierte Ableitung der Maßnahmen im Anschluss. Für die Detailanalysen muss der Anwender in den Werken im ersten Schritt eine geeignete Methode auswählen. Grundsätzlich sollte mit derselben Methode sowohl der IST- als auch SOLL-Zustand modelliert werden, um die Vergleichbarkeit gewährleisten zu können. Die aufgezeigte Bewertung hilft bei der Auswahl der entsprechenden Methode, indem sie auf den jeweiligen Fokus der Methode sowie ihre Vor- und Nachteile hinweist. Dennoch ist durch die Übersicht nicht sichergestellt, dass der Anwender sich eindeutig auf eine Methode für seinen individuellen Prozesstyp festlegen kann. Ausschließen kann er jedoch die Prozesslandkarte und den Prozesssteckbrief, welche für detaillierte Darstellungen von Prozessen und einer Übersicht ihrer Details nicht einsetzbar sind, sowie die tabellarische Notation, welche zwar eine IST- aber keine SOLL-Zustandsanalyse ermöglicht. Die nachfolgenden Ausführungen analysieren weitere Methoden und identifizieren dabei für einen Anwender eines Werkes, welche sich am besten für einfache und für komplexe Prozesse und deren Darstellung eignen.

Die Swimlane-Diagramme werden aufgrund der Visualisierung der Reihenfolge und Abhängigkeiten für einfachere und mittelkomplexe Prozesse empfohlen. Sie sind jedoch für komplexe Prozesse, wie beispielsweise umfassende Informationsflüsse der Wertströme, nicht anwendbar.

Die ereignisgesteuerte Prozesskette eignet sich für die Betrachtung und Umsetzung von Informationsflüssen inkl. vorhandener IT-Lösungen. Sie hat jedoch Nachteile bei der Darstellung von Organisations-, System- und Datenbrüchen und stößt bei komplexen Tätigkeiten an ihre Grenzen in der Darstellung. Vor allem Informationsflüsse und Kommunikationsbeziehungen können nicht im erforderlichen Umfang dargestellt werden.[374]

Die Wertstromanalyse 4.0 eignet sich aufgrund der Weiterentwicklung vor allem beim Fokus auf Verschwendungen der Wertströme und zugehörigen IT-Systeme. Leider ermöglicht sie nicht die Reihenfolgendarstellung zwischen den einzelnen Systemen und Akteuren, weshalb eine Analyse des konkreten Ablaufs eines Informationsflusses nicht ermöglicht wird.

---

[373] Vgl. Rother und Shook 2018; Vgl. auch Erlach 2010.
[374] Vgl. auch Thomas 2010, S. 47 ff.; Staud 1999, S. 173; Wenzel 1997, S. 110.

Die Business Process and Model Notation (BPMN) ist eine normierte Standard-Methode und ermöglicht auch hoch komplexe Prozesse darzustellen. Ein Beispiel hierfür ist der für ein variantenreiches Werk dargestellte Prozess für das Auftragsmanagement und die zugehörige Feinplanung und Steuerung in der Abbildung 27 unter Hinzunahme der beteiligten IT-Systeme.

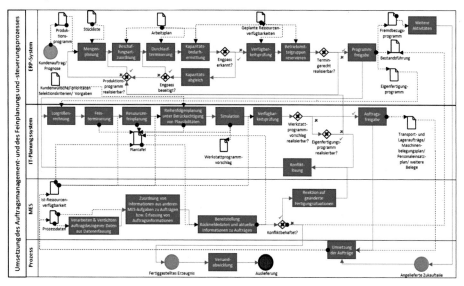

Abbildung 27 - Darstellung des Auftragsmanagements, Feinplanung und -steuerung in der BPMN[375]

Der Nachteil der BPMN ist aufgrund der zahlreichen Darstellungsformen und Notationen gleichzeitig die entsprechend notwendigen hohen Einarbeitungsaufwände des Anwenders. Auch stößt die Darstellung bei vielzähligen IT-Systemen aufgrund der Analogie zu den Swimlane Diagrammen an ihre Grenzen. Die BPMN wird deshalb nur für Werke empfohlen, bei denen sich der Aufwand der Einarbeitung in die BPMN lohnt, beispielsweise aufgrund vielzählig durchzuführender Prozessanalysen komplexer Prozesse mit einem moderaten Umfang an IT-Systemen oder wenn bereits ausgebildete BPMN Experten vorhanden sind.

Zuletzt ist die Wertstromanalyse nach Rother eine in der Praxis bewährte Methode zur Darstellung von Prozessen in den Werken von Industrieunternehmen und ermöglicht damit neben dem Materialfluss und den zugehörigen Bearbeitungsschritten auch die Visualisierung aller zugehörigen Informationsflüsse. Aufgrund der einfachen Symbole kann das entstandene Diagramm schnell verstanden werden.[376] Kletti und Schumacher betonen dabei, dass der Fokus vieler Unternehmen und Berater hauptsächlich auf dem Materialfluss und dem Herstellungsprozess liegt.

---

[375] Leicht modifizierte Darstellung nach Sachdeva 2019, S. 109.
[376] Kletti und Schumacher 2015, S. 65.

Die Wertstromanalyse ermöglicht durch die Analyse der Informationsflüsse jedoch auch einen Fokus auf beispielsweise Informations- und Planungsabläufe und damit vor allem auf die indirekten Prozesse. Da wie eingangs beschrieben gerade hier die größten Potentiale vorhanden sind, wird die Anwendung der Wertstromanalyse für komplexe Prozesse ausdrücklich empfohlen, wie beispielsweise den gesamten Informationsfluss einer Supply-Chain oder End-to-End Prozesses.

Zusammenfassend werden für den Anwender deshalb vor allem zwei Methoden empfohlen. Die Swimlane-Diagramme für die Detailanalyse und Darstellung einfacher Prozesse mit wenigen Prozessbeteiligten und die klassische Wertstromanalyse mit dem Fokus auf Informationsflüsse für die Detailanalyse und Darstellung komplexer Prozesse mit vielen Prozessbeteiligten.

Teilnehmer und Stakeholder

Zur Durchführung der Detailanalysen des IST-Zustands ist zum einen der Process-Owner notwendig, welcher den Prozess im Detail kennt. Der Process-Owner ist dabei diejenige Person, welche für den betrachteten Prozess gesamtheitlich verantwortlich ist, wie beispielsweise für den Bestellprozess. Grundsätzlich wird empfohlen, dass vor allem End-to-End Prozesse nur einen Process-Owner haben, wie beispielsweise die Herstellung eines Produktes von der Bestellung bis zur Auslieferung. Die Reduktion auf einen End-to-End Prozessverantwortlichen ermöglicht, dass die Gesamtauswirkungen bei Prozessveränderungen fokussiert werden, anstelle von Teilprozessen und Einzeloptimierungen. Oftmals unterteilt sich jedoch in der Praxis ein Prozess in einzelne Prozessschritte mit unterschiedlichen Verantwortlichen. Hierfür wird empfohlen bei der Analyse und Darstellung des jeweiligen Prozessschrittes den jeweiligen Verantwortlichen zu befragen. Zum anderen sollten Methoden Experten bei der Durchführung der Analysen helfen. Gibt es keinen eindeutigen Process-Owner oder sind Unklarheiten vorhanden empfiehlt es sich grundsätzlich alle am Prozess beteiligten Mitarbeiter und Bereiche zu involvieren. Im Rahmen der iterativen Entwicklung des I4.0-KIT zeigte sich, dass oft der Process-Owner und die durchführenden Mitarbeiter für denselben Prozess verschiedene Varianten beschreiben. Für die Durchführung der Detailanalyse des IST-Zustands sind deshalb je nach Kenntnisstand und Umfang bis zu drei Tage erforderlich, wie beispielsweise für die Analyse des Informationsflusses eines größeren Wertstroms oder End-to-End Prozesses.

Zur detaillierten Ableitung des SOLL-Zustandes sollten neben dem Process-Owner und Methodenexperten alle am Prozess beteiligten Mitarbeiter und Instanzen involviert werden. Da-rüber hinaus können interne und externe Prozess und IT-Tool Experten eingebunden werden, um weitere Potentiale im Rahmen der SOLL-Zustand Modellierung aufzudecken. Zusätzlich ist es zu empfehlen, ähnliche Prozesse anderer Werke, welche einen Benchmark im Unternehmen darstellen, als Blaupause zu verwenden und auf die eigenen Spezifika anzupassen. Der Aufwand für die SOLL-Zustandsableitung ist mindestens so hoch wie beim IST-Zustand und kann dabei für einen größeren Wertstrom und End-to-End Prozess oder auch die Ableitung von Referenzprozessen bis zu fünf Tage einnehmen.

Priorisierung der Maßnahmen und Ableitung des Maßnahmenplans

Sobald in allen sozio-technischen Bereichen eines Werkes die IST- und SOLL-Zustände vorliegen, dienen diese als Basis zur konkreten Maßnahmenableitung. Im ersten Schritt werden bereits im Fragenkatalog die IST- und SOLL-Zustände verglichen und das Delta in Form von Maßnahmen aufgezeigt und anhand von Abschätzungen bewertet. Sind das Delta und die Maßnahme nicht ermittelbar bzw. ist mit hohen Potentialen zu rechnen, sollte eine Detailanalyse durchgeführt werden und erst im Anschluss die Bewertung zu den einzelnen Punkten im Fragenkatalog erfolgen. Nach der Durchführung des Fragenkatalogs werden anschließend die Maßnahmen anhand ihrer Bewertungen entsprechend gewichtet. Die Gewichtung wird in Tabelle 25 exemplarisch dargestellt und in der Formel 10 beschrieben.

Kriterium	Gewichtung	Punkte				
		-10	-5	0	5	10
Strategische Relevanz	3	Sehr niedrig (--)	Niedrig (-)	Mittel (0)	Hoch (+)	Sehr hoch (++)
Zeithorizont	1	sehr langfristig (--)	langfristig (-)	mittelfristig (0)	kurzfristig (+)	sehr kurzfristig (++)
Nutzen zu Aufwand Verhältnis	10	Sehr negativ (--)	Negativ (-)	Neutral (0)	Positiv (+)	Sehr positiv (++)
Umsetzungsgeschwindigkeit	4	> 3 Jahre (--)	1-3 Jahre (-)	3-12 Monate (0)	1-3 Monate (+)	<1 Monat (++)
Risiken	2	Großes Risiko (--)	Größeres Risiko (-)	Mittleres Risiko (0)	Kleines Risiko (+)	kein Risiko (++)

Tabelle 25 - Bewertungsmatrix zur Gewichtung der Maßnahmen

$$Maßnahmengewichtung_i (Mg_i) = \frac{\sum g_n * Punkte_n}{\sum g_n}$$

Formel 10 - Maßnahmengewichtung

mit: i   =   Abgeleitete Maßnahme zur zugehörigen Fragenummer

           n   =   Kriterium des Fragenkatalogs

           g   =   Festgelegter Gewichtungsfaktor für das Kriterium

    Punkte   =   Bewertungspunktzahl des Kriteriums

Die Gewichtung der einzelnen Kriterien kann dabei jeweils von den Anwendern eigenständig festgelegt werden und ist damit auf die einzelnen Anforderungen und Rahmenbedingungen der Werke individuell anpassbar. Nach der Gewichtung der Kriterien und Berechnung der gewichteten Maßnahmen werden die Maßnahmen anhand ihrer gewichteten Punktezahl wie in der Tabelle 26 dargestellt sortiert.

Zusätzlich werden Maßnahmen, welche Abhängigkeiten zu Maßnahmen anderer sozio-technischen Bereiche besitzen, entsprechend gekennzeichnet. Die Tabelle 26 ermöglicht damit eine einfache Übersicht der Maßnahmen entsprechend ihrer Relevanz für die Werke.

Die gewichtete Maßnahme mit den höchsten Zahlenwerten empfiehlt sich als erstes für die Umsetzung in der anschließenden Planung.

Kriterium n:	Strategische Relevanz	Zeithorizont	Nutzen zu Aufwand Verhältnis	Umsetzungsgeschwindigkeit	Risiken	Abhängigkeit	Maßnahmengewichtung Mg
Gewichtungsfaktor g	3	1	10	4	2		
Maßnahme i:							
Maßnahme 1	0	0	5	5	0	Maßnahme 2	**3,5**
Maßnahme 3	5	-5	0	10	5	-	**3**
Maßnahme 6	-5	0	5	5	0	-	**2,7**
Maßnahme 2	-10	10	10	-5	-5	-	**2,5**
Maßnahme 7	5	-10	5	0	-10	Maßnahme 4	**1,7**
Maßnahme 5	-5	5	0	-10	10	-	**-1,5**
Maßnahme 4	10	-5	-10	0	0	Maßnahme 5	**-3,7**

Tabelle 26 - Exemplarische Sortierung gewichteter Kriterien

Nach der Sortierung der gewichteten Kriterien sollte unter Berücksichtigung ihrer Abhängigkeiten ein initialer Abgleich mit den vorhandenen Kapazitäten und Budgets für die bestbewerteten Maßnahmen erfolgen. Im Anschluss werden die umzusetzenden Maßnahmen in einem Maßnahmenplan festgehalten und im Rahmen der Planungsphase konkret geplant. Da Insel-lösungen vermieden werden sollten, empfiehlt es sich bei mehreren Standorten die Maßnahmen abzugleichen. Sofern hier gemeinsame Rahmenbedingungen, Ziele und Maßnahmen vorhanden sind, sollte in der nachfolgenden Planungsphase auch gemeinsam eine Lösung basierend auf einem werksübergreifenden Referenzprozess erarbeitet werden. Auch empfiehlt sich in diesem Schritt der Abgleich der Zielzustände mit den Reifegraden anderer Werke im jeweiligen sozio-technischem Betrachtungsfeld, da hierdurch bereits vorhandene Ansätze als Basis identifiziert werden können.

Für den Abgleich kann eine mehrdimensionale Darstellung und Einordung der Maßnahmen hinsichtlich ihrer Bewertungskriterien helfen. Auch sollten hierin die Abhängigkeiten zwischen den Maßnahmen dargestellt werden. Die Abbildung 28 zeigt eine exemplarische Einordnung der jeweiligen Maßnahmen. Bei der Tabelle 26 führt aufgrund der verschiedenen Gewichtungen die Maßnahme 1 und 3 die Liste an. Im Gegensatz dazu scheint in der Abbildung 28 die Maßnahme 7 am sinnvollsten. Dadurch wird ersichtlich, dass sich bei einer Vernachlässigung oder Anpassung eines Bewertungskriterium (in diesem Fall Risiken) die Maßnahmenbewertung stark verändert. Die Bedeutung einer vorab belastbaren und gründlichen Festlegung der jeweiligen Gewichtungsfaktoren wird dadurch ersichtlich.

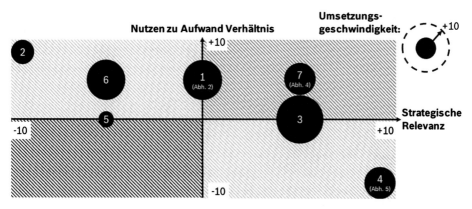

Abbildung 28 - Darstellung und Einordnung der Maßnahmen hinsichtlich der Bewertungskriterien

Teilnehmer und Stakeholder

Zur Durchführung der Maßnahmenbewertung ist die Teilnahme der I4.0 Verantwortlichen, Process-Owner, Fachexperten und Führungskräfte sinnvoll. Insbesondere um sicherzustellen, dass die Maßnahmen hinsichtlich ihrer Kriterien korrekt bewertet werden können und die Gewichtungsfaktoren belastbar festgelegt werden. Zur anschließenden Maßnahmenauswahl sind neben den I4.0 Verantwortlichen und Experten die Entscheider und Führungskräfte einzubinden, welche auch die Gewichtung der einzelnen Kriterien in belastbar festlegen müssen. Der Umfang bei der Ausarbeitung des Maßnahmenplans entspricht ungefähr einem Tag, wovon die Auswertung den kleineren Teil und die Maßnahmenfestlegung den größeren Teil einnehmen.

4.5 Planungsphase I4.0-KIT

Als Ergebnisse der Analysephase liefern der IST-Zustand, SOLL-Zustand sowie der aus den aufgedeckten Potentialen festgelegte Maßnahmenplan die Grundlage für die Planung. Hierauf wird die Planungsphase aufbauen, indem sie zuerst die konkreten Anforderungen anhand der Rahmenbedingungen, IST- und SOLL-Zustände und aus den Maßnahmen durch die Werke ermöglicht. Im Kapitel 4.5.1.1 wird die Ableitung der funktionalen und nicht-funktionalen Anforderungen beschrieben, welche grundsätzlich alle sozio-technischen Betrachtungsfelder abdecken können. Da es bei der Umsetzung der intelligenten Fabrik vor allem auch an den IT-Grundlagen scheitert und die digitale Transformation alle klassischen Fertigungsbereiche mit IT durchdringen soll, wird im anschließenden Kapitel 4.5.1.2 der Fokus auf die erforderliche Daten- und IT-Landschaft gelegt, welche aus den Anforderungen abgeleitet wird.[377] Im Kapitel 4.5.1.3 werden aus den Maßnahmen und bisher abgeleiteten Anforderungen die erforderlichen Fähigkeiten des Werkes abgeleitet. Erst nach der detaillierten Ableitung der Anforderungen erfolgt im zweiten Schritt der Planungsphase die konkrete Planung der Umsetzung.

---

[377] Hertwig 2018; Roth 2016b, S. 20 f.

Hierfür werden die erforderlichen Technologien im Kapitel 4.5.2.1 ausgewählt und die passenden Umsetzungsorganisationen und -formen in Kapitel 4.5.2.2 abgeleitet. Im Kapitel 4.5.2.3 wird das individuelle Qualifizierungskonzept für die Mitarbeiter der Werke abgeleitet und im Kapitel 4.5.2.4 die erforderlichen Betriebs- und Notfallkonzepte für die festgelegten Prozesse und Technologien. Danach ist vor allem für die Unternehmensführung eine Wirtschaftlichkeitsbetrachtung und Potentialberechnung erforderlich, um neben den funktionalen Gesichtspunkten auch eine monetäre Bewertung und anschließende Entscheidungsfindung zu ermöglichen. Das Kapitel 4.5.2.5 beschreibt dafür die Potential- und Wirtschaftlichkeitsberechnung anhand von Use-Cases. Im letzten Schritt werden im Kapitel 4.5.2.6 die Roadmaps sowie die Zeitpläne für die Umsetzung festgelegt. Das Ergebnis ist der Umsetzungsplan, welcher damit die Basis für die Umsetzungsphase des I4.0-KIT liefert.

4.5.1   Ableitung der Anforderungen für die Umsetzungsplanung

4.5.1.1   Ableitung der funktionalen und nicht-funktionalen Anforderungen

Bevor die Umsetzungsplanung und dazugehörige Technologieauswahl erfolgen kann, müssen im Vorhinein die Anforderungen zur Umsetzung der Maßnahmen im Detail abgeleitet werden. Dabei stellt die integrale sozio-technische Berücksichtigung der zwölf Betrachtungsfelder eines Werkes in der Analysephase sicher, dass Maßnahmen ganzheitlich abgeleitet werden können. Darüber hinaus ist festzuhalten, dass die Einführung und Umsetzung von einzelnen Maßnahmen, wie beispielsweise die IT, grundsätzlich mehr sozio-technische Dimensionen betreffen kann, als zunächst angenommen wird. Das Kapitel 4.5.1.3 zeigt dies exemplarisch auf, indem die abgeleiteten funktionalen und nicht-funktionalen Anforderungen aus diesem Kapitel auch mehrdimensionale Auswirkungen auf die Werke haben, wie beispielsweise auf die notwendigen Qualifikationen der Mitarbeiter. In diesem Kapitel wird beschrieben, wie die funktionalen und nicht-funktionalen Anforderungen abgeleitet und dargestellt werden können. Als Grundlage für die Ableitung von funktionalen und nicht-funktionalen Anforderungen wird hierfür ein exemplarischer Maßnahmenplan in der Tabelle 27 gezeigt.

Exemplarischer Maßnahmenplan eines Werkes	Abhängigkeit	Maßnahmenge-wichtung (Mg)
Maßnahme 5: Berechnung des OEE zur Verfolgung der Anlagen-produktivität	Maßnahme 1, Maßnahme 4	5
Maßnahme 1: Einführung einer Abweichungserfassung durch Mit-arbeiter und Maschinen	Maßnahme 2, Maßnahme 3	4
Maßnahme 4: Umsetzung einer systemseitig gestützten Reihenfol-geplanung	-	2,5
Maßnahme 6: Einführung einer Bestellsoftware	-	2,25
Maßnahme 2: Einführung von Bildschirmen und HMIs an den Ar-beitsplätzen des Wertstroms	-	1
Maßnahme 3: Einführung von einer Maschinen- und Prozessdaten-erfassung	-	-0,5

Tabelle 27 - Exemplarischer Maßnahmenplan eines Werkes

Anhand der Bewertungen sind im Maßnahmenplan die resultierenden Maßnahmenge-
wichtungen eines Werkes inklusive der Abhängigkeiten zueinander exemplarisch dargestellt. Für die Planungsphase wird der Maßnahmenplan als Grundlage genommen.

Eine weitere Grundlage für die Ableitung funktionaler und nicht-funktionaler Anforderungen sind die vorhandenen Detailanalysen. Ein Beispiel hierfür ist die exemplarische
Detailanalyse basierend auf einer Wertstromanalyse für den IST-Zustand wie in Abbildung 29 dargestellt.

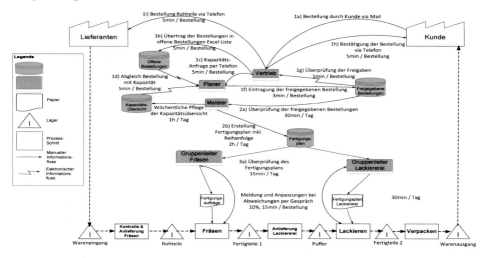

Abbildung 29 - Exemplarische Detailanalyse eines Informationsflusses, eigene Darstellung

Aus der Detailanalyse des IST-Zustands wird bereits ersichtlich, dass Mitarbeiterkapazi-
täten von 37 Minuten pro Bestellung erforderlich sind, inklusive der anteiligen Aufwände
im Zuge der Abweichungen am Shopfloor. Bei 20 täglichen Bestellungen würde dies 740
Minuten entsprechen. Für die verbliebenen nicht direkt bestellungsabhängigen laufenden
Tätigkeiten kommen nochmals 325 Minuten täglich hinzu. Insgesamt entspräche dies bei
7h Arbeit pro Tag rund 2,54 benötigten Mitarbeitern, rein für die hier aufgezeigten indirekten Tätigkeiten. Neben der Quantifizierung der Aufwände sollten bei der IST-Zustands
Darstellung auch aufgefallene Verbesserungspotentiale niedergeschrieben werden, wie
beispielsweise:

- viele voneinander getrennte manuelle Tätigkeiten und Abstimmungsprozesse
  beim Bestellungsprozess
- redundante Datenhaltung in verschiedenen Excel Dokumenten und Listen
- ausschließlich interne Abstimmungen bezüglich Kapazitäten und Lieferterminen
  und kein Einbezug des Kunden und seiner möglichen Flexibilität
- fehlende Abstimmungen zwischen den Gruppenleitern und dem Meister beim
  Planen und daher mehrmalige Reihenfolgeänderungen
- hoher manueller Aufwand bei Störungen
- viel Papier im Shopfloor

Neben dem IST-Zustand sollte auch der SOLL-Zustand analog mit derselben Methode dargestellt werden. Eine exemplarische Detailanalyse und Darstellung des SOLL-Zustandes eines Prozesses wird in der Abbildung 30 beschrieben.

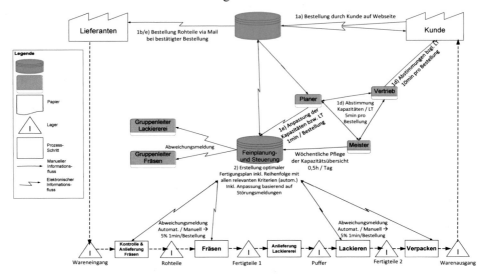

Abbildung 30 - Exemplarischer SOLL-Zustand eines Informationsflusses, eigene Darstellung

Aus der Darstellung des SOLL-Zustands des Informationsflusses geht hervor, dass Aufwände für den Bestellungsprozess nur bei nicht ausreichenden Kapazitäten zum geplanten Liefertermin anfallen in Höhe von durchschnittlich 1,3 Minuten. Dazu kommen für den Abweichungsmeldungsprozess bei nur 5% der Bestellungen manuelle Aufwände von jeweils einer Minute hinzu, was durchschnittlich 0,1 Minuten pro Bestellung entsprechen würde. Bei 20 täglichen Bestellungen entspräche dies 28 Minuten. Dazu kommen tägliche Aufwände für die Pflege der Kapazitätsübersicht von 30 Minuten. Insgesamt entspräche dies bei 7h Arbeit pro Tag im SOLL-Zustand nur noch rund 0,14 benötigten Mitarbeitern für die dargestellten indirekten Tätigkeiten. Damit würde dies aufgrund des verringerten Umfangs an täglichen indirekten Tätigkeiten einem quantifizierten Verbesserungspotential von 2,4 Manntagen entsprechen.

Aus den Detailanalysen und Darstellungen der Informationsflüsse kann abgeleitet werden, dass die IST-Zustände von Informationsflüssen große Potentiale aufweisen können. Unabhängig von der digitalen Transformation ist es erforderlich die Informationsflüsse und Prozesse detailliert zu überprüfen und hier kontinuierliche Verbesserungsarbeit zu leisten. Denn ineffiziente Prozesse werden durch eine reine Digitalisierung ohne vorangehende Verbesserung nicht effizienter. Neben den ungenutzten Potentialen, welche durch die Analyse und Gestaltung von Informationsflüssen erschlossen werden können, gibt es noch weitere Vorteile, einen effizienten SOLL-Informationsfluss abzuleiten.

Sie eigenen sich bei ähnlichen Anforderungen zwischen den Werken als Blaupause und Referenzprozess. So kann beispielsweise, wenn mehrere Werke eines Unternehmens in die SOLL-Zustandsableitung eines Informationsflusses eingebunden werden, ein übergeordneter allgemeingültiger Referenzprozess abgeleitet werden. Der grundlegende Vorteil hiervon ist die Informationsflussstandardisierung. Sofern in mehreren Werken ähnliche SOLL-Prozesse umgesetzt werden sollen, wird die Entwicklung und Anwendung von Standardlösungen deutlich erleichtert. Ist zum Beispiel ein Standard-Informationsfluss für das Abweichungsmanagement definiert, ist es nur noch erforderlich eine Standard-Lösung hierfür zu entwickeln, welche dann direkt in mehreren Werken angewandt und ausgerollt werden kann. Die Standardisierung der Prozesse ist dadurch die Grundlage für die werksübergreifende Standardisierung und Homogenisierung der IT-Architekturen und Lösungen in den Werken, welche langfristig die Entwicklung-, Betriebs- und Supportkosten senken. Daher ist es ebenfalls möglich für den Referenzprozess eine gewisse Modularität zu fokussieren. So können beispielsweise verschiedene Geschäftsarten unterschiedliche Ausprägungen einzelner Teile des Referenzprozesses haben mit einer gleichzeitig hohen Abdeckung desselben. Wird für den modularen Referenzprozess eine Lösung entwickelt, kann diese im Anschluss durch ein Customizing an die verschiedenen Ausprägungen des Referenzprozesses angepasst werden. Robuste und standardisierte Informationsflüsse sowie Referenzprozesse bilden daher die Basis für eine schnelle und erfolgreiche digitale Transformation der Werke. Wie bereits in Kapitel 3.3.1 aufgezeigt, ist nur bei homogenisierten Rahmenbedingungen und Referenzprozessen ein gesamtheitlicher werksübergreifender Rollout von Standardlösungen leichter möglich.

Ableitung der funktionalen und nicht-funktionalen Anforderungen

Basierend auf der aus dem Reifegrad und Zielzustand des I4.0 Implementierungschecks abgeleiteten Maßnahmenliste sowie der Detailanalysen und den daraus entstandenen SOLL-Informationsflüssen können nun die funktionalen und nicht-funktionalen Anforderungen abgeleitet werden. Dazu werden im ersten Schritt die konkreten Anforderungen in abgegrenzte Bereiche zusammengefasst, welche weitergehend als Anforderungspakete bezeichnet werden. Die Anforderungspakete können zur Übersichtlichkeit auch weiter unterteilt werden. Die in den Anforderungspaketen zusammengefassten Anforderungen unterteilen sich dabei in funktionale und nicht-funktionale Anforderungen. Funktionale Anforderungen sind Anforderungen, welche konkret eine Funktion beschreiben, wie beispielsweise die aus dem Planzustand abgeleitete visuelle Darstellung des nächsten Auftrages an den Arbeitsplätzen und zugehörigen HMIs der Fertigung. Die nicht-funktionalen Anforderungen sind Anforderungen, welche nicht direkt eine Funktion beschreiben. Beispielsweise sollte die visuelle Darstellung des Auftrages an den Arbeitsplätzen auch einfach, innovativ, logisch und aufgeräumt sein, sowie auch leicht erlernbar und bedienbar. Funktionale Anforderungen sind dabei immer konkret beschrieben und somit auch messbar, wobei nicht-funktionale Anforderungen meist nur qualitativ beschrieben und bewertet werden können. In der nachfolgenden Tabelle 28 wurden für die exemplarischen Informationsflüsse und die Maßnahmenliste entsprechende Anforderungspakete abgeleitet.

Nr.	Prio (1-5)	Typ	IT	Anforderungspaket	Beschreibung
0	5	F	ja	Keine redundante Daten	Single Source of truth bzgl. aller Daten
1	4	F	z.T.	Bestellungsprozess	Durchführung eines einfachen Bestellungsprozesses
1.1	4	F	ja	Website	Website mit Bestellmöglichkeit / Konfigurator für die Produkte inklusive Typ, Menge, Liefertermin
1.2	4	F	ja	Kapazität prüfen	Überprüfung ob für Bestellung zum angefragten Liefertermin genüg Kapazität vorhanden ist, hierfür Kapazität aus Fertigungsplanungs- und Steuerungstool
1.3	3	F	ja	Bestellung annehmen	Wenn Kapazität vorhanden, Annahme der Bestellung und Versendung Mail an Kunden
1.4	3	F	nein	Abstimmungsprozess bei nicht vorhandener Kapazität	Falls keine Kapazität vorhanden ist, um Produkt zum angefragten Liefertermin fertigstellen zu können
1.4.1	3	F	nein	Abstimmungsprozess intern	Absprache zwischen Meister, Planer und Vertrieb, welche Optionen bestehen um Liefertermin zu halten
1.4.2	1	F	nein	Abstimmungsprozess mit dem Kunden	Abstimmung zwischen Vertrieb und Kunde, ob einemögliche Terminflexibilität beim Kunden besteht
1.5	5	F	ja	Verfügbarkeit Tool	Verfügbarkeit Tool für Bestellprozess >99,9%
1.6	4	NF	ja	Benutzerfreundlichkeit	Einfache Bedienbarkeit und Anleitung durch den Bestellprozess
1.7	2	NF	nein	Guter Support	Qualitativer Support für Tool durch SW-Anbieter
2	4	F	z.T	Fertigungsplanung und -steuerung	Reihenfolgeplanung inklusive aller Kriterien, Visualisierung am Shopfloor und Reaktion auf Abweichungen
2.1	5	F	ja	Reihenfolgeplanung	Reihenfolgeplanung inklusive Berücksichtigung der Kriterien
2.1.1	5	F	z.T.	Pflege Kapazitäten	Einpflegen Schichtpläne und verfügbare Kapazitäten
2.1.2	4	F	z.T.	Pflege Einflussfaktoren	Pflegen der Einflussfaktoren für die Planung
2.1.3	4	F	ja	Einbezug aller Einflussfaktoren für die Planung	Optimale Reihenfolgebildung (Kapazität, Nivellierung, Produktfamilien, Rüstzeit, Verfügbarkeit Material / Werkzeug, Prozesszeiten, Materialeigenschaften, ...)
2.1.4	3	NF	nein	Belastbare Planung	Tatsächlich optimale Planung und Einhaltung im Betrieb
2.2	4	F	ja	Aufträge	Erstellung der Fertigungsaufträge auf Basis Bestellungen
2.2.1	4	F	ja	Auftragserstellung	Erstellung der Aufträge in festgelegter Reihenfolge
2.2.2	3	F	ja	Visualisierung der Aufträge	Papierlose Visualisierung der Aufträge in Reihenfolge
2.3	4	F	ja	Verfügbarkeit Tool	Verfügbarkeit Tool für Reihenfolgeplanung >99,9%
2.4	3	NF	ja	Gute Darstellung	Einfache, übersichtliche und kompakte Visualisierung der geplanten Reihenfolge sowie der Aufträge
2.5	2	NF	ja	Benutzerfreundlichkeit	Einfache Bedienbarkeit des Tools durch Anwender
3	4	F	z.T.	Anlagenproduktivität	Erfassen und Managen der Anlagenproduktivität
3.1	1	F	ja	Maschinen- und Prozessdatenerfassung	Erfassung aller möglichen Prozess und Maschinendaten wie beispielsweise Bearbeitungszeiten und Teilenummern und Speicherung der Daten im Auftrag
3.2	4	F	z.T.	Abweichungserfassung	Erfassung aller Abweichungen im Betrieb
3.2.1	4	F	ja	Automatisch	Z.B. Maschinenstörungen inklusive Maschinencode/Dauer
3.2.2	4	F	z.T.	Semi-Automatisch/manuell	Abweichungserfassung durch Mitarbeiter (z.B. Scanner)
3.3	5	F	ja	Berechnung Anlagenproduktivität	Berechnung der Anlagenproduktivität basierend auf dem Planzustand abzüglich der erfassten Abweichungen
3.4	3	F	ja	Visualisierung der Anlagenproduktivität	Darstellung des Verlaufs der Anlagenproduktivität inklusive der gruppierten Abweichungen nach Wichtigkeit
3.5	3	F	nein	Verbesserungsmaßnahmen	Verbesserungsmaßnahmen abgeleitet aus Abweichung
3.6	2	F	ja	Verfügbarkeit Tool	Verfügbarkeit Tool für Anlagenproduktivität >95%
3.7	2	NF	ja	Benutzerfreundlichkeit	Einfache Bedienbarkeit z.B. bei Abweichungserfassung

Tabelle 28 - Funktionale (F) und nicht-funktionale (NF) Anforderungspakete

In der Spalte „Nr." wird die Nummer des abgeleiteten Anforderungspaketes aufgeführt, wobei die Anforderungspakete logisch in weitere Anforderungspakete unterteilt werden können. Die Spalte „Prio" bewertet die Priorität und Erfolgskritikalität der einzelnen Anforderungspakete, wobei 1 die niedrigste und 5 die höchste Priorität darstellt. Die Spalte „Typ" beschreibt, ob die Anforderungen funktional (F) oder nicht-funktional (NF) sind. In der dritten Spalte „IT" wird beschrieben inwieweit die Anforderung durch IT umgesetzt werden soll. In der vierten Spalte „Anforderungspaket" wird eine passende Überschrift für das Anforderungspaket eingetragen, welche in der fünften Spalte „Beschreibung" detaillierter beschrieben wird. Die Anforderungspakete können aufgrund der vorhandenen Detailanalysen und niedergeschriebenen Verbesserungspotentiale hoch granular heruntergebrochen werden. Die Auflistung der funktionalen und nicht-funktionalen Anforderungspakete ist die Basis für die Ableitung der Daten- und IT-Landschaft in Kapitel 4.5.1.2 sowie der erforderlichen Fähigkeiten des Werkes in Kapitel 4.5.1.3.

Teilnehmer und Stakeholder

Um die Ableitung und Auflistung der Anforderungspakete durchführen zu können, sind die fachlichen und technischen Experten, die betroffenen Mitarbeiter sowie die Process-Owner aus den Detailanalysen und der Maßnahmenableitung erforderlich. Im Anschluss müssen die Führungskräfte, welche für den Maßnahmenplan verantwortlich sind, die aufgelisteten Anforderungspakete bestätigen und gegebenenfalls ergänzen sowie die Priorität abschließend festlegen.

4.5.1.2 Ableitung der Daten- und IT-Landschaft

Aufgrund der steigenden IT-Durchdringung im Zuge von I4.0 wird eine passende und performante Daten- und IT-Landschaft basierend auf den Anforderungen als Grundlage für die digitale Transformation bedeutend. Für die digitale Transformation zu I4.0 und der dazugehörigen Automatisierung der Wertschöpfungsprozesse ist eine Methodik erforderlich, welche alle Zusammenhänge und Abhängigkeiten der IT und Prozesse beschreibt. Dabei muss eine Modellierung der Daten- und Informationsflüsse auf allen Ebenen der Automatisierungspyramide durch geeignete Werkzeuge und Methoden ermöglicht werden.[378] Für die Werke ist deshalb der Entwurf der zukünftigen Daten- und IT-Landschaft entscheidend, welche das Zusammenspiel der IT-, Daten- und Automatisierungsarchitektur berücksichtigt.[379] Aus diesen Gründen wurde im Rahmen dieses Kapitels eine prozessnahe Grundstruktur einer Daten- und IT-Landschaft erarbeitet, welche die Grundlage für die Planung der digitalen Transformation liefert und den Einsatz und die Einordnung der IT- und I4.0-Lösungen ermöglicht.

---

[378] Vgl. auch BITKOM 2015, S. 22, 24.
[379] Kaufmann 2015, S. 40.

In diesem Kapitel wird darüber hinaus aufgezeigt, wie aus den funktionalen und nicht-funktionalen Anforderungen, welche auf dem I4.0 Implementierungscheck und den Informationsflüssen sowie Detailanalysen basieren, eine Daten- und IT-Landschaft in den Werken abgeleitet werden kann, um in der anschließenden Planung die passenden IT- und I4.0 Lösungen auswählen und einordnen zu können.

Entwicklung einer Darstellung für die Daten- und IT-Landschaft

Im Rahmen der Automatisierung von Werken ist das bekannteste IT-Architekturmodell die Automatisierungspyramide. Es wird im Zuge von I4.0 jedoch von starken Veränderungen ausgegangen, welche den starren Aufbau der Automatisierungspyramide in Zukunft aufweichen und auflösen. Einerseits müssen I4.0-Lösungen wie CPS in die IT-Landschaft integriert werden können, andererseits erweitern Apps in Zukunft die traditionellen IT-Systeme.[380]

Der klassische Aufbau der Automatisierungspyramide wird in Abbildung 31 dargestellt:

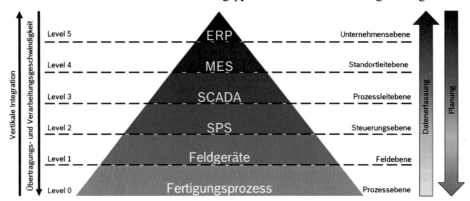

Abbildung 31 - Automatisierungspyramide in Anlehnung an Siepmann[381], eigene Darstellung

Die Automatisierungspyramide ist grundsätzlich in verschiedene Ebenen unterteilt, welche aufeinander aufbauen. Dabei findet ein Daten-Austausch immer nur zwischen den aufeinanderliegenden Ebenen statt. In der Prozessebene liefern intelligente Produkte Informationen (z.B. via RFID). In der Feldebene befinden sich beispielsweise die Werkstätten am Shopfloor, in welchen die Produkte gefertigt und bearbeitet werden. Die Steuerungsebene ermöglicht über definierte Eingangs- und Ausgangsgrößen die Maschinen- und Anlagensteuerung. Die Prozessleitebene liefert über Mensch-Maschine-Schnittstellen ein Bedien- und Beobachtungssystem. Die Standortleitebene mit ihrem MES-System bildet das Bindeglied und steuert die Fertigung über Planungs- und Unternehmensdaten auf Basis von Betriebs-, Maschinen- und Personaldaten. Die Unternehmensebene basiert auf den relevanten ERP-Daten. Je höher die Ebene in der Automatisierungspyramide angeordnet ist, desto niedriger ist die Übertragungs- und Verarbeitungsgeschwindigkeit.

---

[380] Gölzer 2017, S. 41; Bildstein und Seidelmann 2014, S. 586 f.; VDI - Verein Deutscher Ingenieure e.V 2013, S. 3 ff.
[381] Siepmann 2016, S. 49.

Dies liegt zum einen an den Distanzen zur Datenquelle. Beispielsweise können via Kabel-verbindung oder Gateway die Maschinen- und Prozessdaten wie Spindeldrehzahlen un-mittelbar ohne große Latenz abgegriffen werden. Zentrale Systeme mit beispielsweise cloudbasiertem Speicher und einer zeitaufwendigeren Vorverarbeitung, wie die Aggrega-tion und Mittelwertbildung, verlängern die Übertragungsdauer. Zum anderen sind auf der Prozessebene höhere Geschwindigkeiten und niedrigere Latenzen erforderlich, da bei-spielsweise unmittelbare Reaktionen gefordert sind, um Werkzeugbrüche nach der direk-ten Auswertung von Sen-sordaten vorausschauend zu verhindern. Systeme auf der Unter-nehmensebene haben meist eine geringere Zeitkritikalität, da es beispielsweise ausreicht, wenn die Anwesenheitszeiten der Mitarbeiter zur Entgeltabrechnung auf Tagesbasis be-richtet werden.

Es wird im Rahmen von I4.0 erwartet, dass in Zukunft in den Werken die Prozessschritte und Datenübertragung nicht mehr zwischen nur zwei der aufeinanderliegenden Level stattfindet. Aus diesen Gründen stößt die Automatisierungspyramide aufgrund des starren Aufbaus bei der Einordung von I4.0-Lösungen an ihre Grenzen, vor allem hinsichtlich der Performance der Datenübertragung und -verarbeitung zwischen den unterschiedlichsten Ebenen.[382] Dies liegt unter anderem daran, dass beispielsweise Feldgeräte direkt mit dem MES kommunizieren sollen, ohne jede Ebene durchlaufen zu müssen. Die monolithische IT-Landschaft mit wenigen abgegrenzten zentralen IT-Systemen wird sich daher zukünf-tig auflösen. Dies stellt große Anforderungen an die Weiterentwicklung von IT-Systemen, welche mit ihren Architekturplattformen von monolithischen IT-Systemen abweichen und modular integrierbar sein müssen.[383]

Der Aufbruch der monolithischen Strukturen und die notwendige Modularität stellt an die zukünftige Daten-Landschaft die Anforderung, dass eine gemeinsame Single Source of Truth zukünftigen I4.0- und IT-Tools sowie Apps als einheitliche Datenbasis dienen muss.[384] Betrachtet man dies im Kontext eines Werkes ist es sogar möglich, dass sich die klassische Systemarchitektur in der Produktion komplett auflöst und sich verwandelt zu dezentralen auf einer Cloud basierenden Services.[385] Eine Schlussfolgerung hieraus ist, dass sich die Automatisierungspyramide zur Ableitung einer zukunftsfähigen Daten- und IT-Landschaft und der anschließenden Einordung der CPS, I4.0- und IT-Systeme alleine nicht eignet. Aufgrund der steigenden Anzahl an IT-Lösungen und dezentralen Systemen im Zuge von I4.0 wurde bereits auf die Sicherstellung der Single Source of Truth sowie auf dafür notwendige performante IT-Architekturen hingewiesen.

Um die Integration der erfassten steigenden Datenmengen aus heterogenen Datenquellen sicherzustellen, gibt es in der IT einen grundsätzlichen Aufbau an Datenquellen und Sys-temen in drei Ebenen, wie er in der Abbildung 32 dargestellt wird.

---

[382] Siepmann 2016, S. 49 ff.
[383] Scheer 2016, S. 50 f.
[384] Schuh et al. 2017, S. 40.
[385] Burger et al. 2017, S. 66.

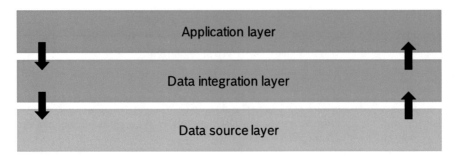

Abbildung 32 - Vereinfachte Darstellung der Datenebenen nach Wu[386], eigene Darstellung

Dabei sind die Datenquellen aller beteiligten Systeme im Data source layer einzuordnen. Der Data integration layer enthält alle relevanten Daten und ordnet sie. Der Application layer besteht aus Anwendungen oder Apps, welche auf die Datenbasis zugreifen und diese anzeigen oder verarbeiten. Für die Erarbeitung einer Daten- und IT-Landschaft müssen diese Datenebenen berücksichtigt werden. Dies erfolgt nicht in der Automatisierungspyramide. Neben der fehlenden Betrachtung der Datenebenen fokussiert die Automatisierungspyramide nur die vertikale Integration. Im Rahmen von I4.0 muss jedoch durch eine unternehmensübergreifende Zusammenarbeit gerade auch die horizontale Integration der verschiedenen IT-Systeme ermöglicht werden, um eine Durchgängigkeit der Informationsflüsse gewährleisten zu können.

Eine der wesentlichen Betrachtungen für die horizontale Integration von IT-Systemen ist das Product Lifecycle Management (PLM). Das PLM-System integriert dabei die verschiedenen IT-Systeme entlang der gesamten Wertschöpfungskette. Die Herausforderung an das PLM im Rahmen von I4.0 ist die Beherrschung der Daten- und Systemheterogenität und damit die Gewährleistung eines durchgängigen Informationsflusses digitaler Prozesse entlang der Wertschöpfungskette.[387] Der erforderliche Prozessbezug fehlt sowohl bei der Automatisierungspyramide als auch bei den Datenebenen. Die Komplexität bei der Überführung des Prozessdenkens in eine IT-Architektur stellt sich gerade in der Praxis als grundlegende Herausforderung dar. Die verschiedenen Geschäftsarten und Prozessreihenfolgen werden in den IT-Architekturen nicht abgebildet, weshalb der Anwender nicht oder nur begrenzt bewerten kann, welche Prozessabschnitte im Rahmen eines IT-Systems tatsächlich berücksichtigt werden.

Gerade deshalb erwartet die Industrie von der Forschung eine Methodik, welche die direkten und indirekten Zusammenhänge und Abhängigkeiten der relevanten Prozesse und Informationsflüsse mit der IT ausreichend beschreibt, wie beispielsweise PLM- oder MES-Systeme.[388]

---

[386] Wu 2012, S. 931.
[387] Zehbold 2018.
[388] Vgl. auch BITKOM 2015, S. 22.

Um den Prozessbezug und die Abdeckung der gängigen Arten von IT-Systemen in den Unternehmen darstellen zu können, wurden die beschriebenen Prozessschritte der IT-Systeme, wie beispielsweise die in der VDI 5600[389] festgelegten Tätigkeiten und Prozesse eines MES, mit bekannten Darstellungen des Gesamtprozesses der Unternehmen verglichen und die IT-Systeme darin eingeordnet. Dabei zeigt die Abbildung 33 die Einordnung der IT-Systeme in das Product Lifecycle Management (PLM) und die Abbildung 34 die Einordung der IT-Systeme in das Operations Management (OM). Deckt ein System nur Teile eines Prozessabschnittes ab, so wird dies durch eine Überlappung in den jeweiligen Prozessabschnitt dargestellt.

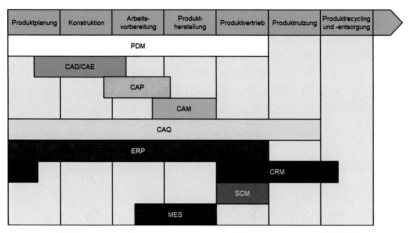

Abbildung 33 - Einordung gängiger IT-Systeme in das PLM[390]

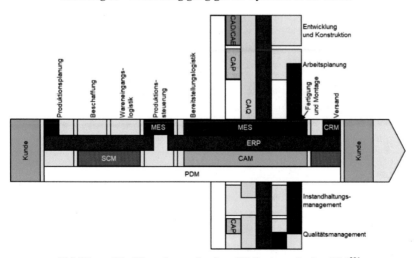

Abbildung 34 - Einordung gängiger IT-Systeme in das OM[391]

---

[389] VDI 5600.
[390] Überarbeitete Darstellung auf der Basis von Sachdeva 2019, S. 55.
[391] Überarbeitete Darstellung auf der Basis von Sachdeva 2019, S. 56.

Grundsätzlich unterscheidet man bei der digitalen Transformation von Industrieunternehmen und seinen Werken zu I4.0 zwischen drei Arten der Integration:[392]

1. Horizontale Integration über Wertschöpfungsnetzwerke
   (z.B. Vernetzung von IT-Systemen über verschiedene Fertigungsprozesse)
2. Vertikale Integration über vernetzte Fertigungssysteme
   (z.B. Kommunikation von IT-Systemen über verschiedene Unternehmensebenen)
3. Digitale End-to-end Integration des Engineerings entlang der gesamten Wertschöpfungskette (z.B. PLM Integration aller Engineering Aktivitäten entlang der Wertschöpfungskette)

Im Gegensatz zur Automatisierungspyramide, welche die vertikale Integration fokussiert, und den Datenebenen, welche die Datenstruktur und damit eine Mischform aus allen drei Integrationsarten fokussiert, erlaubt die PLM- und OM-Betrachtung grundsätzlich die horizontale Zuordnung verschiedener IT-Systeme entlang der Unternehmensprozesse sowie auch die digitale End-to-End Integration. Dies ermöglicht eine einfache Identifikation von Schnittstellen zu anderen Bereichen entlang der Wertschöpfungsketten, wie beispielsweise von der Fertigung und Logistik. Sie ermöglicht damit die Darstellung der horizontalen Vernetzung. Für die Anwender in den Werken hilft diese Darstellung beim grundsätzlichen Verständnis und bei der Abgrenzung von IT-Systemen. Hierdurch kann die Prozessbetrachtung auch im Kontext der komplexen IT-Architekturen und -systeme sichergestellt werden. Sie ist vor allem notwendig, da für eine erfolgreiche digitale Transformation zu I4.0 optimale und schlanke Prozesse die Basis bilden.

Die PLM- und OM-Betrachtung ermöglichen jedoch weder die Darstellung der vertikalen Vernetzung sowie auch der Datenebenen, und es wird nicht ersichtlich in welcher Form die Systeme miteinander kommunizieren. Auch verringern sich durch die zahlreichen Prozessschritte die Übersichtlichkeit und Zusammenhänge der einzelnen Schritte und beteiligten Unternehmensbereiche, was bei der OM-Betrachtung deutlich hervorsticht.

Um eine einheitliche Sprache sprechen zu können, ist eine übergreifende allgemeingültige Darstellung erforderlich, welche alle Details einer Daten- und IT-Landschaft berücksichtigt und dabei die Darstellung der Automatisierungspyramide zum einen um die gesamte Wertschöpfungskette erweitert und zum anderen die Berücksichtigung der Datenebenen ermöglicht. Ersteres, also das Zusammenspiel der Automatisierungspyramide mit der Wertschöpfungskette für ein allgemeines Verständnis, adressieren Heidel et al. (2017) mit ihrem entwickelten RAMI4.0 Modell. Sie belegen damit, dass die Verknüpfung der Prozessdarstellung mit der Logik der Automatisierungspyramide möglich ist. Darüber hinaus können sie mit dem RAMI4.0 Modell zeigen, dass eine solche Verknüpfung für ein allgemeines Verständnis der verschiedenen Experten unterschiedlicher Fachbereiche essenziell ist. Das RAMI4.0 Modell erweitert die Automatisierungspyramide um den Produktlebenszyklus und soll komplexe Abläufe in überschaubare Pakete aufteilen.

---

[392] Scremin et al. 2018, S. 226.

Es ist eine serviceorientierte Referenzarchitektur, welche durch eine einheitliche Sprache ein allgemeines Verständnis ermöglicht, wie für I4.0 Anbieter und Normungsinstitutionen. Offene Anwendungen werden in den Mittelpunkt gestellt, welche im Verständnis von RAMI4.0 nur mit allgemein verfügbaren Standards und Normen realisierbar sind. Das Ziel des RAMI4.0 ist deshalb die Darstellung der anwendungsspezifischen Zusammenhänge von Normen und Standards um einen I4.0-Lösungsraum und die Veranschaulichung seiner Untermengen als allgemeingültige Diskussionsgrundlage.[393] Das RAMI4.0 Modell hat jedoch nicht die Zielsetzung, Daten- und IT-Landschaften darzustellen, wie beispielsweise von Werken. Durch seine Komplexität in der Visualisierung der heruntergebrochenen Untermengen in ein Schaubild und des I4.0 Anbieterfokus eignet es sich nicht als ein einfaches Grundgerüst für die Darstellung und Einordnung einer Daten- und IT-Landschaft der I4.0 Anwender. Es ermöglicht jedoch verschiedene I4.0-Lösungen, welche nach RAMI4.0 eingeordnet sind, gut voneinander abzugrenzen und dadurch vergleichbar zu machen.

Um aus den funktionalen und nicht-funktionalen Anforderungspaketen eine passende Daten- und IT-Landschaft für Werke ableiten zu können, musste im Rahmen dieser Arbeit eine eigene Darstellung entwickelt werden. Die entwickelte Darstellung soll dabei die Vorteile einer Visualisierung aller drei Integrationsarten ermöglichen. Hierfür wird die vertikale Vernetzung der Automatisierungspyramide mit der horizontalen Visualisierung der Unternehmensprozesse und Wertschöpfungskette verknüpft. Darüber hinaus ermöglicht die Abbildung der verschiedenen Datenebenen auch die Darstellung der Daten, welche entlang der vertikalen und horizontalen Integration auftreten.

Die entwickelte Darstellung als Grundgerüst zur Übertragung, Modellierung und Einordung der Anforderungen in eine Daten- und IT-Landschaft wird in der Abbildung 35 dargestellt. Hierbei ist eine horizontale Untergliederung der Werksprozesse mit ihrer Schnittstelle zu Vertrieb, Entwicklung, Produktion und Logistik vorgesehen, damit auch umfassende End-to-End Fertigungsprozesse von der Auftragsbestellung bis hin zur Auslieferung abgebildet werden können. Die vertikale Untergliederung ermöglicht die Darstellung der Kommunikation zwischen den jeweiligen Systemen und Lösungen und lässt sich diese anhand ihrer Anforderung aufteilen, wie z.B. einen lokalen Speicherort. Zuletzt ermöglicht die Klassifizierung nach Daten- und IT-Systemen eine Darstellung, in welche die Datenquellen von der Datenintegration und den Applikationen abgegrenzt werden können.

---

[393] Vgl. auch Heidel et al. 2017.

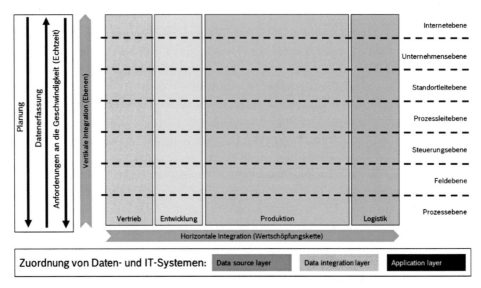

Abbildung 35 - Grundgerüst der Daten- und IT-Landschaft für Werke

Die Grundprämisse der Daten- und IT-Landschaft ist die Modularität, da die bisherigen Modelle zu starr waren. Die einzelnen Ebenen und Bereiche sind daher eine Richtlinie, können aber je nach Bedarf der Werke erweitert oder auch reduziert werden. Dabei ist es wichtig, einen Kompromiss zwischen Komplexität und Vollständigkeit der Abgrenzung zu finden.

Die Automatisierungspyramide wurde in Anlehnung an RAMI4.0 um die Internetebene erweitert. In dieser Ebene erfolgt die Vernetzung außerhalb der Werke und auch über Unternehmen hinweg, wie beispielsweise über Webapplikationen. Die vertikalen Ebenen können je nach Relevanz reduziert oder auch zusammengefasst werden. Neben den vertikalen Integrationsebenen wird in dem Grundgerüst der Daten- und IT-Landschaft die horizontale Integration entlang der Wertschöpfungskette dargestellt. Für die Übersichtlichkeit wurden hierbei nur vier Sektoren aufgelistet, der Vertrieb, die Entwicklung, die Produktion und die Logistik.

Im Rahmen der Darstellung der horizontalen Vernetzung können die Sektoren nach Bedarf um irrelevante Sektoren reduziert und auch über neue Sektoren erweitert werden. Auch ist die Änderung der Reihenfolge möglich. Neben der vertikalen und horizontalen Vernetzung können Anhand einer farblichen Darstellung die Daten- und IT-Systeme in dem Grundgerüst auch zu den drei Datenebenen zugeordnet werden. Die erarbeitete Daten- und IT-Landschaft ermöglicht damit als Blaupause den Übertrag der Anforderungspakete und die anschließende Ableitung des IT-Grundgerüstes und somit der Daten- und IT-Landschaft für die Werke.

Vorgehen zur Ableitung der Daten- und IT-Landschaft aus Anforderungspaketen

Die Anforderungspakete beinhalten, welche Anforderungen mit IT-Lösungen umgesetzt werden sollen. Diese IT-Lösungen und Funktionen können hinsichtlich ihrer beteiligten horizontalen Ebenen, Sektoren und Prozessschritte sowie ihrer vertikalen Ebenen in die Daten- und IT-Landschaft eingeordnet werden. Die exemplarische Einordung zeigt die Abbildung 36.

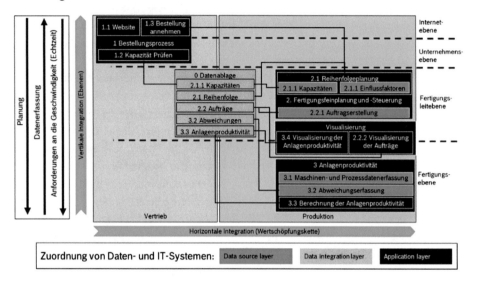

Abbildung 36 - Aus Anforderungspaketen abgeleitete Daten- und IT-Landschaft, eigene Darstellung

Bei der Ableitung der Daten- und IT-Landschaft wurden aufgrund der Relevanz nur der horizontale Sektor Vertrieb und Produktion aufgeführt. Ebenfalls wurden die vertikalen Ebenen auf die Internet-, Unternehmens-, Fertigungsleit- und Fertigungsebene aggregiert. Durch die Verbindung der einzelnen Module und Bausteine können die Abhängigkeiten zueinander visualisiert werden. Außerdem können aus den funktionalen Anforderungspaketen architektonische Verschiebungen der einzelnen Anforderungen visualisiert werden. Exemplarisch ist neben den vier übergeordneten Anforderungspaketen die „Visualisierung" als eigenständiges Modul aufgenommen worden. Die farbliche Unterteilung der Daten- und IT-Systeme ermöglicht die Darstellung der verschiedenen Datenebenen.

Das Vorgehen ermöglicht die Darstellung und Zuordnung der Anforderungspakete zu einer Daten- und IT-Landschaft. Sie unterteilt sich modular in die vertikalen Vernetzungsebenen und Datenebenen sowie horizontal entlang der Wertschöpfungskette der Werke und angrenzenden Sektoren. Benötigte Schnittstellen, Daten- und Informationsflüsse sowie Anpassungsbedarfe können hierdurch identifiziert und visualisiert werden. Die abgeleitete Daten- und IT-Landschaft bildet als Grundgerüst die Basis für die anschließende Detailplanung und Lösungsauswahl im Kapitel 4.5.2.1.

Teilnehmer und Stakeholder

Zur Ableitung der passenden Daten- und IT-Landschaft für die Werke und abgeleiteten Anforderungspakete werden die Prozess-Owner, Anwender und Betreuer der IT-Tools benötigt. Zusätzlich können Daten- und IT-Architekten dabei helfen, Anordnungen zu optimieren. Auch können zusätzliche Experten hinsichtlich IT- und I4.0-Lösungen und angrenzender Sektoren eingebunden werden, welche im Lösungsauswahlprozess benötigt werden. Damit kann sichergestellt werden, dass die abgeleitete Daten- und IT-Landschaft für das Erfüllen der Anforderungspakete auch zu den bisherigen Rahmenbedingungen passt. Wichtig ist, dass nicht im Detail über bereits bestehende Lösungen und deren Notwendigkeit gesprochen wird, sondern das Thema Daten- und IT-Landschaft rein fachlich und emotionslos diskutiert wird, um befreit von Restriktionen zu diskutieren und ein Optimum ableiten zu können. Wie bereits dargestellt, können prozessnahe Diskussionen die Ableitung standardisierter und allgemeingültiger Referenzprozesse ermöglichen, welche die Basis für die Ableitung standardisierter IT-Lösungen bildet, unabhängig von den jeweiligen Rahmenbedingungen der Werke. Außerdem wird betont, dass im Rahmen einer Daten- und IT-Landschaft disruptive Veränderungen zum Wegfall von bestehenden und zum Teil eigens entwickelten Lösungen führen können. Falls hierdurch mit Konflikten zu rechnen ist, sollten auch unabhängige Moderatoren eingesetzt werden. Grundsätzlich sollte die Daten- und IT-Landschaft auf den abgeleiteten und definierten Prozessen sowie Anforderungen basieren. Aufgrund der Schatten-IT, auf die im Rahmen des Kapitels 4.5.2.1 eingegangen wird, ist in diesem Teil der Planungsphase mit größeren Widerständen zu rechnen. Denn ein Wegfall von eigenentwickelten und personenabhängigen Lösungen, welche zum Teil geschäftskritische Prozesse abdecken, würden den Betreiber nicht mehr unersetzbar machen. Es sollten daher vor allem auf Anforderungen hinsichtlich der Lösungen und Prozesse eingegangen werden, um die Notwendigkeit verständlicher darstellen zu können. Beispielsweise ist die Anforderung an die Verfügbarkeit einer Lösung meist ein K.o.-Kriterium für eigenentwickelte Lösungen eines Betreibers und Mitarbeiters. Das liegt unter anderem daran, dass die Verfügbarkeit bei Problemen und Ausfällen außerhalb der Arbeitszeiten und auch langfristig beim Wegfall des Mitarbeiters nicht ausreichend gewährleistet werden kann.

4.5.1.3   Ableitung der Anforderungen an die Fähigkeiten des Werkes

Die Daten- und IT-Landschaft, welche die IT-seitige Voraussetzung für die digitale Transformation der Werke zu I4.0 schafft, deckt einen essenziellen Teil der Planung für die anschließende Umsetzung ab. Es fehlt jedoch die Betrachtung der Fähigkeiten, welche die Werke erfüllen müssen, um die geplanten Maßnahmen umsetzen zu können, wie beispielsweise erforderliche Mitarbeiterkompetenzen. Die Fähigkeiten lassen sich aus den Potentialen des I4.0 Implementierungschecks, den Anforderungspaketen und der Daten- und IT-Landschaft ableiten. Sollen beispielsweise Abweichungen erfasst werden, benötigt das Werk die Fähigkeit „Abweichungen erfassen".

Die Daten- und IT-Landschaft kann hierbei zum einen Fähigkeiten abdecken und gleichzeitig auch neue Fähigkeiten benötigen, wie beispielsweise das Bedienen von IT-Systemen. Anhand des bisherigen Beispiels wird eine exemplarische Fähigkeitsliste aus den Anforderungspaketen sowie der Daten- und IT-Landschaft abgeleitet und in der Abbildung 37 dargestellt. Die Art der Fähigkeitsabdeckung sollte in der Fähigkeitsliste bereits kommentiert werden, ob diese durch die internen Mitarbeiter (MA), durch die IT oder durch externe Services abgedeckt werden sollen.

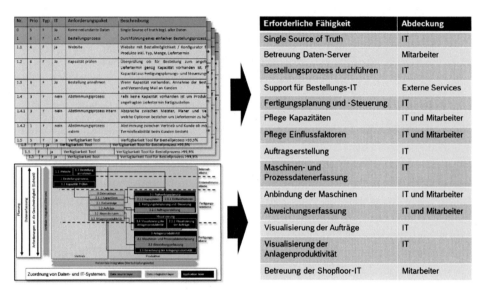

Abbildung 37 - Ableitung der erforderlichen Fähigkeiten des Werkes, eigene Darstellung

Neben dieser einfachen Darstellung in Form einer Fähigkeitsliste, gibt es für komplexere Anforderungen das funktionale Referenzmodell oder auch Capability Map genannt. Die Business Capabilities sind hierarchisch zerlegte Fähigkeiten, „was" ein Unternehmen tut. Im Gegensatz dazu zeigen Geschäftsprozesse, „wie" etwas getan wird.[394] In einem funktionalen Referenzmodell können die aktuellen oder geplanten Fähigkeiten eines Unternehmens dokumentiert werden. Die Abbildung 38 zeigt den grundsätzlichen Aufbau eines funktionalen Referenzmodells.

---

[394] Vgl. auch Zhu 2017.

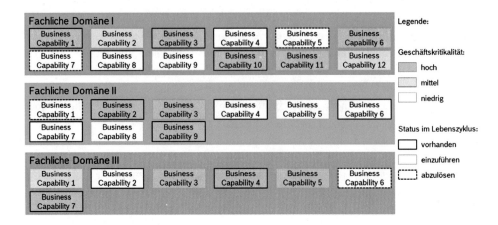

Abbildung 38 - Aufbau eines funktionalen Referenzmodells, eigene Darstellung[395]

Die farblich getrennten Domänen enthalten dabei die verschiedenen Business Capabilities bzw. Fähigkeiten. In der Darstellung können neben der Geschäftskritikalität der Fähigkeiten, welche aus der bewerteten Priorität der Anforderungspakete abgeleitet werden können, auch der Status im Lebenszyklus abgebildet werden. Hiermit ist unmittelbar erkennbar ob es neue zu schaffende, bereits vorhandene oder sogar zukünftig nicht mehr erforderliche Fähigkeiten sind. Auch wird für das Management schnell ersichtlich, ob wichtige oder weniger wichtige Fähigkeiten vorhanden bzw. erforderlich sind. Die beschriebenen Ableitungsmöglichkeiten von Fähigkeiten sind universell anwendbar. Für Werke und deren Wertschöpfungskette kann das Framework daher eingesetzt werden.[396] Bei komplexen Unternehmensarchitekturen sind die Fähigkeiten und ihr Framework eng mit dem Enterprise Architecture Management (EAM) verknüpft.[397] Aus den Anforderungspaketen und der Daten- und IT-Landschaft lassen sich die erforderlichen Fähigkeiten eines Werkes ebenfalls ableiten. Die abgeleiteten erforderlichen Fähigkeiten für das Werk bilden die Grundlage des Kapitels 4.5.2.3, der Auswahl passender Technologien wie beispielsweise von IT-Lösungen.

Teilnehmer und Stakeholder

Die Ermittlung und Festlegung der erforderlichen Fähigkeiten der Werke kann sowohl Bottom-Up als auch Top-Down erfolgen und ist somit für die verschiedenen Stakeholder anwendbar. Im Rahmen der Arbeit wird empfohlen, dass die erforderlichen Fähigkeiten aus der IT- und Datenlandschaft und den Anforderungspaketen durch die Process-Owner und fachbereichsspezifischen Experten, wie beispielsweise IT-Architekten oder Planungsexperten, erfolgt. Nach der Ableitung sollten die erforderlichen Fähigkeiten mit den Führungskräften diskutiert werden und im Anschluss festgelegt werden.

---

[395] In Anlehnung an Hanschke 2018, S. 226.
[396] Vgl. Sato und Fujita 2009.
[397] Vgl. Wißotzki 2017, S. 123 ff.

4.5.2   Detaillierte Umsetzungsplanung

Nachdem im Kapitel 4.5.1 alle erforderlichen Anforderungen ermittelt, detailliert und festgelegt wurden, ist darauf aufbauend, als letzter Schritt vor der eigentlichen Umsetzung, die Umsetzungsplanung erforderlich. Im Abschnitt 4.5.2.1 werden basierend auf den Anforderungspaketen und der abgeleiteten Daten- und IT-Landschaft die geeigneten technischen und informationstechnischen Lösungen nach verschiedenen Kriterien bewertet und anschließend ausgewählt, um den festgelegten Zielzustand im Rahmen der digitalen Transformation zu I4.0 umzusetzen. Im Abschnitt 4.5.2.2 werden unter anderem anhand bestehender Referenzmodelle eine passende Umsetzungsorganisation und –form ausgewählt. Im darauffolgenden Abschnitt 4.5.2.3 wird auf Basis der abgeleiteten erforderlichen Fähigkeiten der Standorte ein entsprechendes Qualifizierungskonzept abgeleitet. Der Abschnitt 4.5.2.4 geht im Anschluss auf Betriebs- und Notfallkonzepte ein, die im Rahmen der Umsetzung zwingend erforderlich sind. Der Abschnitt 4.5.2.5 beschreibt die erforderliche Potential- und Wirtschaftlichkeitsberechnung anhand von Use-Cases. Im letzten Abschnitt 4.5.2.6 wird die Roadmap und der Zeitplan für eine realistische Umsetzung festgelegt. Basierend auf der detaillierten Umsetzungsplanung erfolgt die anschließende Implementierung im Rahmen der Umsetzungsphase wie in Kapitel 4.6 dargestellt.

4.5.2.1   Auswahl geeigneter technischer und informationstechnischer Lösungen

Bei der Auswahl geeigneter technischer und informationstechnischer Lösungen werden grundsätzlich vier Schritte durchlaufen, wie sie in der Abbildung 39 dargestellt werden. Der erste Schritt ist dabei das Identifizieren und Erfassen des Inputs, worauf im zweiten Schritt die Bewertungsmatrix zum Einsatz kommt. In den anschließenden Proof of Concepts (PoC's) werden die Lösungsalternativen auf ihre Bewertung und Umsetzbarkeit validiert. Im letzten Schritt erfolgt die Festlegung der Lösungsalternativen.

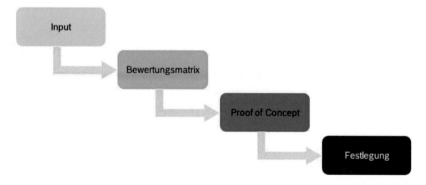

Abbildung 39 - Vorgehen zur Auswahl der geeigneten Lösungen, eigene Darstellung

Identifikation, Sammlung und Erfassung des Input

Im ersten Schritt der Auswahl geeigneter technischer und informationstechnischer Lösungen sollte zuerst der gesamte vorliegende Input identifiziert und gesammelt werden, um im Anschluss den erfassten Input als Basis für die nächsten Schritte heranziehen zu können. Die nachfolgende Liste zeigt exemplarisch den möglichen Input:

- Kapitel 4.4: Reifegrad, Zielzustand und Potentiale aus I4.0-KIT inklusive der Detailanalysen und Informationsflüsse
- Kapitel 4.5.1.1: Liste der funktionalen und nicht-funktionalen Anforderungspakete
- Kapitel 4.5.1.2: Erarbeitete Daten- und IT-Landschaft
- Kapitel 4.5.1.3: Abgeleitete Fähigkeitsliste oder Capability Map
- Weiterer möglicher Input:
  o Interne umgesetzte Lösungsansätze
  o Externe Lösungskataloge von Use-Cases aus Wissenschaft und Praxis
  o Mark- und Anbieteranalyse

Neben dem bereits erarbeiteten Input der vorangegangenen Kapitel können als weiterer möglicher Input auch vorhandene umgesetzte Lösungsansätze dienen, welche beispielsweise im Vergleich der Kennzahlen aus dem I4.0-KIT zwischen den verschiedenen Werken als Benchmark identifiziert wurden. Auch können vorhandene externe Lösungskataloge von Use-Cases aus der Wissenschaft und Praxis einen detaillierteren Input geben, wie beispielsweise die im Kapitel 3.2.2 erwähnten I4.0 Methoden und Use-Cases aus der Toolbox nach Lanza et al.[398] oder dem I4.0 Werkzeugkasten[399]. Dabei gilt es hervorzuheben, dass erfolgreich angewandte Lösungen in anderen Unternehmen oder Werken nicht ohne weiteres auf den eigenen Anwendungsfall übertragbar sind. Dieser Aspekt muss bei der Auswahl ausreichend berücksichtigt werden, ebenso wie bestehende Rahmenbedingungen zwischen den Werken intensiv abgeglichen werden müssen.[400] Zusätzliche Lösungsvarianten und Technologien können im Rahmen einer Markt- und Anbieteranalyse ermittelt werden. Eine Hilfestellung liefert die Zuordnung gängiger IT-Systeme in die horizontalen Prozessketten im Kapitel 4.5.1.2. Bevor der hier aufgezeigte Input nicht umfassend erfasst wurde, sollten keine konkreten Lösungsvarianten und -anbieter abschließend festgelegt werden, da dies zu Fehlentscheidungen führen kann.

Erarbeitung und Umsetzung der Bewertungsmatrix
Erst nachdem der Input umfassend erfasst wurde, kann im Anschluss eine optimale Bewertung der Lösungsvarianten für den eigenen Anwendungsfall erfolgen. Die erfassten Lösungsvarianten und Technologien sollten im ersten Schritt grob gegenüber den Anforderungspaketen geprüft werden. Dabei ist in der Regel eine niedrige Detailtiefe ausreichend um bereits eine Vielzahl der Lösungsvarianten und Technologien ausschließen zu können, wie beispielsweise bezüglich des Funktionsumfangs oder des preislichen Rahmens, weshalb nur wenige Lösungsvarianten verbleiben. Sowohl bei der groben Prüfung als auch bei der anschließenden Bewertung gilt das Grundprinzip, dass vor einem PoC nur so detailliert geprüft werden muss, um eine Auswahl einer möglichen Lösungsalternative treffen zu können.

---

[398] oder auch Liebrecht et al. 2018; vgl. auch Hübner et al. 2017, S. 269; Lanza et al. 2016, S. 77 f.
[399] Vgl. Anderl 2015.
[400] Vgl. auch Dommermuth 2019.

Ist beispielsweise eine Funktion für die Speicherung der Daten in einer Cloud erforderlich, müssen verschiedene Lösungsvarianten nicht auf die einzelnen Schnittstellen untersucht werden (z.B. OPC-UA) wenn nur bei einer Lösungsvariante die Funktion der Speicherung in eine Cloud gegeben ist. Erfüllen jedoch alle Lösungsvarianten die geforderte Funktion, muss tiefer analysiert werden, in welchem Umfang sie diese erfüllen, um eine belastbare Auswahl ermöglichen zu können.

Die Basis für die Bewertungsmatrix sind die beschriebenen funktionalen und nicht-funktionalen Anforderungspakete, gegen welche die verbliebenen technischen und informationstechnischen Lösungsvarianten bewertet werden. Dabei wird die Tabelle der Anforderungspakete je Lösungsvariante und Anbieter um fünf Spalten erweitert, wie in der Abbildung 40 gezeigt:

Liste der Anforderungspakete					
Nr.	Prio	Typ	IT	Anforderungspaket	Beschreibung
0	5	F	Ja	Keine redundante Daten	Single Source of truth bzgl. aller Daten

Exemplarische Bewertung der Lösungsalternative und Anbieters XY				
Erfüllungsgrad	Begründung	Nachteile	Vorteile	Kommentar nach PoC
2	Geringe Weiterentwicklung notwendig	Nicht jedes Detail berücksichtigt	Einfache Installation und gute Stabilität	-

Abbildung 40 - Erweiterung der exemplarischen Bewertung der Lösungsalternativen, eigene Darstellung

Die erste erweiterte Spalte „Erfüllungsgrad" bewertet, inwiefern das Anforderungspaket durch den Anbieter bzw. die Lösungsvariante erfüllt wird. Dabei gibt es vier Erfüllungsgrade von 0 bis 3. Die vier Erfüllungsgrade sind ausreichend, da eine detailliertere Bewertung von z.B. IT-Lösungen ohne eine Anwendung nicht möglich ist. Dies liegt vor allem daran, dass oftmals Anbieter auf Überschriftenebene Funktionen erfüllen, wie z.B. die Anbindung von weiteren Lösungen über Schnittstellen, der Funktionsumfang jedoch nicht aus Unterlagen abschätzbar ist. Im Rahmen der iterativen Entwicklung des I4.0-KIT ist vor allem bei IT-Lösungen aufgefallen, dass sie nicht in einem ausreichenden Detailgrad erläutert werden. Meist waren mehrere umfangreiche Termine mit den jeweiligen IT-Lösungsanbietern erforderlich, um die Funktionen in einer ausreichenden Granularität kennenzulernen, wie beispielsweise der Aufbau einer Funktion. Der Erfüllungsgrad 0 zeigt, dass die Lösungsalternative das betrachtete Anforderungspaket aktuell und zukünftig nicht erfüllen wird. Der Erfüllungsgrad 1 sagt, dass das betrachtete Anforderungspaket aktuell nicht oder in großen Teilen nicht erfüllt ist und mit einem höheren Weiterentwicklungsaufwand (z.B. größer 6 Monate) gerechnet werden muss. Der Erfüllungsgrad 2 beschreibt, dass das betrachtete Anforderungspaket bestenfalls in Teilen erfüllt ist und mit einem geringen Anpassungsaufwand (z.B. kleiner 6 Monate) gerechnet werden muss. Der Erfüllungsgrad 3 beschreibt die vollständige Erfüllung des Anforderungspaketes.

Im Rahmen der Bewertungen der Erfüllungsgrade sollte - falls möglich - gerade bei Unklarheiten Kontakt zu den jeweiligen Anbietern hergestellt werden. Sie können die Funktionen im Detail erläutern, beispielsweise durch tiefergehende Dokumentationen. Dies sichert eine Belastbarkeit der Bewertung als Basis für die PoC's. Dies gilt sowohl für Softwareanbieter als auch für klassische Hardware- und Maschinenanbieter. In der zweiten erweiterten Spalte „Begründung" wird die Bewertung des Erfüllungsgrades entsprechend begründet. In der dritten und vierten erweiterten Spalte werden die Vor- und Nachteile der jeweiligen Lösungsalternativen niedergeschrieben, um einen anschließenden Vergleich zu erleichtern. Die letzte erweiterte Spalte „Kommentar nach PoC" wird nach der Durchführung eines PoC befüllt und kommentiert beispielsweise Änderungen an dem bewerteten Erfüllungsgrad. Nachdem die Bewertung der Erfüllungsgrade durchgeführt wurde, wird der Erfüllungsgrad der verschiedenen Anforderungspakete durch die jeweiligen Lösungsalternativen anhand der Formel 11 und Formel 12 berechnet und anschließend verglichen.

$$Erfüllungsgrad_{x,n} \; bzw. \; E_{x,n} = \sum_{i=1}^{m} \frac{E_{n_i}}{m}$$

Formel 11 - Erfüllungsgrad

mit:	x	=	Bezeichnung der Lösungsvariante des Anbieters
	n	=	Nummer des Anforderungspaketes oder optional (gesamt), bei der Berücksichtigung aller Anforderungspakete
	E	=	Erfüllungsgrad des Anforderungspaketes durch die Lösungsvariante (0-3)
	m	=	Anzahl der bewerteten Anforderungen im jeweiligen Anforderungspaket

$$gewichteter \; Erfüllungsgrad_{x,n} \; bzw. \; gE_{x,n} = \sum_{i=1}^{m} \frac{p_n * E_{n_i}}{\sum p_n}$$

Formel 12 - gewichteter Erfüllungsgrad

mit:	x	=	Bezeichnung der Lösungsvariante des Anbieters
	n	=	Nummer des Anforderungspaketes oder optional (gesamt), bei der Berücksichtigung aller Anforderungspakete
	p	=	Festgelegte Priorität des Anforderungspaketes
	E	=	Erfüllungsgrad des Anforderungspaketes durch die Lösungsvariante (0-3)
	m	=	Anzahl der bewerteten Anforderungen im jeweiligen Anforderungspaket

Der Erfüllungsgrad ermöglicht den direkten Vergleich der verschiedenen Lösungsvarianten untereinander bezüglich einzelner Anforderungspakete und durch die Quantifizierung anschließend eine Lösungsauswahl.

Adressieren Lösungsvarianten mehrere Anforderungspakete bzw. Unteranforderungspakete, ermöglicht der gewichtete Erfüllungsgrad die quantifizierte Bewertung und den anschließenden Vergleich der verschiedenen Lösungsvarianten untereinander, indem die wichtigeren Funktionen stärker ins Gewicht fallen gegenüber weniger wichtigen Funktionen und Anforderungen. In der Tabelle 29 wird die Bewertung exemplarisch gezeigt. Dabei ist deutlich zu erkennen, dass ohne eine Gewichtung nach der Priorität der jeweiligen Anforderungen die Erfüllungsgrade stark abweichen und dadurch zu einer anderen bzw. fehlerhaften Auswahl der Lösungsalternativen der verschiedenen Anbieter führen können.

Nr.	Prio	Typ	IT	Anforderungspaket	$E_{AnbieterA,2}$ / $gE_{AnbieterA,2}$	$E_{AnbieterB,2}$ / $gE_{AnbieterB,2}$	$E_{AnbieterC,2}$ / $gE_{AnbieterC,2}$
2	3	F	ja	Schnittstellen verfügbar	2,0 / 2,4	1,7 / 1,4	2,0 / 1,3
2.1	5	F	ja	OPC-UA vorhanden	3	1	0
2.2	1	F	ja	Simatic-S7 vorhanden	1	2	3
2.3	3	F	ja	XML vorhanden	2	2	3

Tabelle 29 - Exemplarische Darstellung der Erfüllungsgradbewertungen

Beschreibung und Durchführung der Proof of Concepts (PoC's)

Nach der Bewertung und dem Vergleich der Erfüllungsgrade bzw. gewichteten Erfüllungsgrade der einzelnen Lösungsalternativen sollten die vielversprechendsten Optionen in einem nachfolgenden PoC getestet werden. Die Durchführung und Validierung im Rahmen von PoC's ist erforderlich, da die vorhandenen Rahmenbedingungen gerade vor allem im Bereich der IT vorab nicht vollständig festgelegt werden können. Das liegt beispielsweise daran, dass die Aufwände für die Anbindung von bereits vorhandenen Lösungen an die betrachtete Lösungsalternative und die Performance der IT-Infrastruktur vorab nicht endgültig abgeschätzt werden können oder sogar mit einem größeren Aufwand verbunden sind. Einen Einfluss hat folglich die aus verschiedenen Gründen entstandene Schatten-IT der Unternehmen (vgl. Abbildung 41), wie oftmals eigenentwickelte und selbstbetriebene Lösungen wie Access- und Excel-Tools. Auch wenn die Detailanalysen dabei helfen, den Großteil der Schatten-IT zu identifizieren, so können die Auswirkungen auf die Daten- und IT-Landschaft nur schwer abgeschätzt werden.

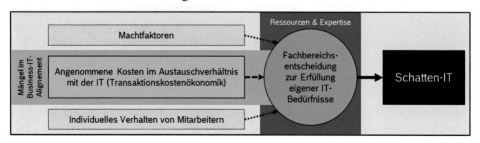

Abbildung 41 - Entstehungsprozess der Schatten-IT nach Zimmermann[401], eigene Darstellung

---

[401] Zimmermann 2018, S. 47.

Für die Vorbereitung der PoC's müssen die Anforderungspakete in einem höheren Detailgrad für die Anwendung beschrieben werden. Hierbei müssen vor allem die vorhandenen Rahmenbedingungen in den Werken, wie beispielsweise die IT-Architektur und -Infrastruktur erfasst werden und die Anforderungen an die Lösungsalternativen im Detail beschrieben sein. Hierfür wird das ARC42 Template aufgrund seiner Praxisnähe, Bewährtheit, Anwendbarkeit und Vollständigkeit benutzt.[402] Die Abbildung 42 zeigt die Bausteine von ARC42.

Einführung und Ziele	Bausteinsicht	Entwurfsentscheidungen
Randbedingungen	Laufzeitsicht	Qualitätsszenarien
Kontextabgrenzung	Verteilungssicht	Risiken & techn. Schulden
Lösungsstrategie	Konzepte	Glossar

Abbildung 42 - Bausteine des ARC42 Templates nach Starke und Hruschka[403], eigene Darstellung

Das ARC42 Template eignet sich für eine umfassende Dokumentation und Kommunikation der funktionalen und nicht-funktionalen Anforderungen und berücksichtigt dabei alle erforderlichen Aspekte wie beispielsweise die SW-Architekturen oder auch Risiken. Es wird nicht im ersten Schritt, sondern erst im dritten Schritt der Umsetzungsplanung angewandt, da die Erstellung der umfassenden Dokumentation erst erforderlich wird, wenn grundsätzlich abgeklärt werden konnte, ob die rudimentären Funktionen durch eine Lösungsvariante erfüllt werden können. Kann beispielsweise eine der Anforderungen von keiner Lösungsalternative erfüllt werden, muss diese nicht im Detail beschrieben werden, da sie ohnehin nicht getestet werden kann. Auch sind je nach Lösungsvariante andere Schnittstellen und IT-Systeme relevant. Die umfassende Dokumentation der Anforderungen ist daher nicht für die Lösungsauswahl entscheidend und erst für die spätere Lösungsentwicklung erforderlich, wie beispielsweise bei einer agilen Softwareentwicklung (vgl. Kapitel 4.6.2). Die Anwendung der Dokumentation kann auf die speziellen Bedürfnisse der Werke angepasst werden und die erarbeiteten Inhalte wie die Daten- und IT-Landschaft integriert werden. Für die Ableitung und Beschreibung des PoC werden deshalb die Anforderungen in den relevanten Bausteinen des ARC42 Templates dokumentiert. Sie sind dabei abgeleitet aus den Anforderungspaketen für welche eine Lösungsvariante validiert werden soll. Der Vorteil der Dokumentation ist zum einen die Wiederverwendbarkeit zur kontinuierlichen Verbesserung und Weiterentwicklung der dokumentierten Lösungsvarianten und Rahmenbedingungen.

---

[402] Vgl. auch Starke und Hruschka 2016.
[403] Starke und Hruschka 2016, 2.

Zum anderen bietet das ARC42 Template die Möglichkeit, die relevanten Bausteine in einer beliebigen Reihenfolge bearbeiten zu können. Die klare Struktur des ARC42 Templates ermöglicht die Beschreibung von beliebig komplexen Systemen, und der Aufbau ist für alle Stakeholder, wie beispielsweise für Experten als auch Manager, klar verständlich. Nachdem die PoC's durch die Dokumentation in den ARC42 Templates ausreichend beschrieben wurden, werden sie zusammen mit den Anbietern der Lösungsalternative besprochen.

Alle Punkte, welche im Rahmen der Bewertungsmatrix nicht abschließend bewertet werden konnten, sollten im Rahmen einer Besprechung mit dem Anbieter geklärt werden. Wenn sich im Anschluss die grundsätzliche Umsetzbarkeit weiterhin bestätigt, wird die Umsetzbarkeit des PoC für die Lösungsalternative getestet. Nach der Durchführung des PoC wird die Bewertungsmatrix bezüglich ihrer Erfüllungsgrade aktualisiert und weitere Details niedergeschrieben. Die Lösungsvarianten können danach zusätzlich in der Daten- und IT-Landschaft abgebildet werden. Diese Ergebnisse bilden die Basis für die anschließende Festlegung der Lösungsalternativen.

Festlegung der Lösungsalternativen
Nachdem die PoC's abgeschlossen und alle Ergebnisse verfügbar sind folgt die Festlegung der Lösungsalternativen. Hierfür werden die Erfüllungsgrade der Lösungsalternativen abschließend verglichen. Neben den Erfüllungsgraden können weitere Faktoren bei der Festlegung berücksichtigt werden. Neben harten Faktoren, wie beispielsweise dem Kostenvergleich der Lösungsalternativen oder der Umsetzungsgeschwindigkeit bei der Weiterentwicklung festgelegter Lasten- und Pflichtenhefte, können auch weiche Faktoren betrachtet werden, wie beispielsweise die Zukunftsfähigkeit und Sicherheit des Anbieters oder die Übertragbarkeit auf andere Rahmenbedingungen. Grundsätzlich sollte eine Modularität bei der IT-Architektur langfristig sichergestellt werden um in Zukunft eingesetzte Lösungsalternativen ohne große Aufwände durch bessere Lösungsalternativen austauschen zu können. Weitere Faktoren, die bewertet werden können, sind: Service, Wartung, Support, Integrierbarkeit, Kompatibilität, Schnittstellen, Trainings, Bedienbarkeit, Migrationskonzept und notwendige Kapazitäten. Die Auswahl und Festlegung der Kriterien sollte von den Process-Ownern, den späteren Lösungsbetreibern in den Werken und den verantwortlichen Führungskräften festgelegt werden.

Teilnehmer und Stakeholder
Aufgrund des Zusammenhangs zwischen der Akzeptanz der Mitarbeiter gegenüber neuen Lösungsvarianten und dem Vorhandensein von Schatten-IT ist für das Change-Management essenziell, alle betroffenen Mitarbeiter bei der Entscheidung mit einzubeziehen. Aufgrund der parallelen Bearbeitbarkeit des ARC42 Templates kann dies in verschiedenen Teams durchgeführt werden, wie beispielsweise durch Process-Owner und IT-Experten. Spätestens bei der Festlegung der Lösungsalternativen sollten die betroffenen Entscheider einbezogen werden.

4.5.2.2   Planung der Umsetzungsorganisation

Für die Umsetzungsorganisation gibt es bereits zahlreiche Standards, auf welche aufgrund ihres modularen Aufbaus zurückgegriffen werden kann. Auf die Auswahl der Umsetzungsorganisation sowie die Steuerung wird im Rahmen der Umsetzungsphase tiefer eingegangen (vgl. Kapitel 4.6). Im Rahmen dieses Kapitels wird aufgrund der besonderen Berücksichtigung der IT im Rahmen der Planung der digitalen Transformation auf die gängigen IT-Umsetzungsorganisationen und -standards eingegangen. Die Abbildung 43 zeigt dabei drei bedeutende und etablierte Ansätze aus der Praxis in einer Übersicht hinsichtlich ihrer Anwendungsgebiete.

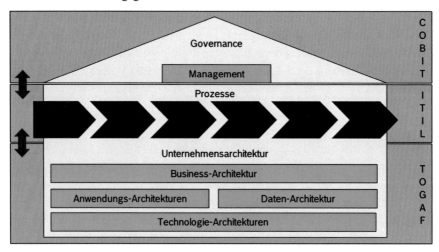

Abbildung 43 - Darstellung bewährter Referenzmodelle aus der Praxis, eigene Darstellung[404]

Für die Governance und das Management der Prozesse und zugehörigen Lösungen wurde im Jahr 1996 erstmals das Referenzmodell Control Objectives for Information and Related Technology (COBIT) entwickelt, welches in seiner heutigen Form branchen- und betriebsgrößenunabhängig angewendet werden kann. Es eignet sich damit auch für den Einsatz in Werken von Industrieunternehmen mit variantenreicher Fertigung. Dabei werden die informationstechnischen Prozesse direkt mit den geschäftlichen Anforderungen und Zielsetzungen abgeglichen und verknüpft und die Aktivitäten mittels eines allgemein akzeptierten Modells organisiert und kontrolliert, welche nachfolgend auch beschrieben werden. Es bietet darüber hinaus Steuerungs- und Managementinformationen und dazugehörige Kontrollelemente. Es eignet sich daher vor allem für die IT-Governance und das IT-Management und identifiziert geschäftsrelevante IT-Prozesse, abgeleitet aus den Zielsetzungen der bestehenden Organisation, und fokussiert anschließend eine Steuerung aber auch Auditmöglichkeit der identifizierten IT-Prozesse. COBIT soll damit sicherstellen, dass die Unternehmens-IT zur Erreichung der Unternehmensziele beiträgt, wie beispielsweise durch den Einsatz von Audits.[405]

---

[404] In Anlehnung an Begburs 2018.
[405] Johannsen et al. 2011, S. 42 f.

Es wird daher im Rahmen der Arbeit die Anwendung des COBIT Frameworks zum IT-Management und -Governance vorgeschlagen. Die Grundelemente von COBIT sind 1. Strategische Ausrichtung, 2. Wertbeitrag, 3. Ressourcenmanagement, 4. Risikomanagement und 5. Ergebnismessung, welche sowohl in ihrer Ausprägung, Anwendung als auch methodisch beschrieben werden. Die Abbildung 44 zeigt dabei den grundsätzlichen Aufbau der Module der IT-Governance nach COBIT.

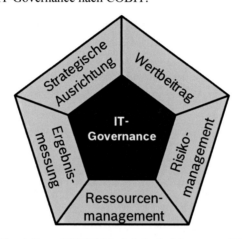

Abbildung 44 - Darstellung COBIT-Module in Anlehnung an Johannsen et al.[406], eigene Darstellung

Die strategische Ausrichtung erfolgt durch den stetigen Abgleich von Geschäfts- und IT-Strategie, indem Prioritäten, Kompetenzen, Entscheidungen und Aktivitäten der IT mit der Geschäftsstrategie und den geschäftskritischen Prozessen abgestimmt werden. Aufgrund der Prozessperspektive führt es langfristig zu einem erhöhten Wertbeitrag der IT, wie beispielsweise der Vergleich der Zielsetzungen der IT (z.B. möglichst wenig Speicher verbrauchen durch hochaggregierte Daten) mit den Zielsetzungen der Unternehmensprozesse (z.B. möglichst detaillierte Datenauswertungen für Rückschlüsse). Das Modul des Wertbeitrags beschreibt wie beispielsweise die Prozessautomatisierung durch IT oder die effiziente und effektive Nutzung der IT durch Schulungen und Qualifikationen der Mitarbeiter sichergestellt werden soll. Operative Hebel sind hierbei die Erhöhung der Wertschöpfung durch IT oder auch die Aufwandsreduktion und Kosteneinsparungen wie z.B. beim Betrieb. Das Ressourcenmanagement befasst sich mit dem letzteren Punkt, indem ein zweckmäßiges Management die Optimierung von Investitionen in IT ermöglichen soll, wie z.B. durch Reduktion von notwendiger IT-Infrastruktur (z.B. Rechenleistung) und Personal (z.B. für Betrieb und Support) oder die Reduktion vielzähliger Lösungsvarianten mit Hilfe von strikter Standardisierung. Das Risikomanagement bezweckt die Identifizierung und Analyse von Risiken bei der IT-Umsetzung durch den Einsatz verschiedener Methoden, um beispielsweise Systemausfälle durch Notfallkonzepte (z.B. zweiter gespiegelter Applikationsserver) zu verhindern.

---

[406] Johannsen et al. 2011, S. 44.

Als letztes Modul der IT-Governance nach COBIT wird die Ergebnismessung aufgegriffen, welche die Überwachung und zweckorientierte Steuerung der IT ermöglichen soll, wie beispielsweise durch das Verfolgen der Anzahl von IT-Tickets oder auch Kosten für den IT-Betrieb.[407]

Die erforderlichen Prozesse und dazugehörige Aufbauorganisation zur Umsetzung der IT wird in der IT Infrastructure Library (ITIL) beschrieben. ITIL beschreibt als good-practice Ansatz Erfahrungen und Bewährtes im Rahmen der IT Prozesse und Services sowie deren organisatorische Umsetzung und ermöglicht durch die Generalisierung die Anwendbarkeit in vielen Bereichen.[408] ITIL liefert damit Prozess- und Methodenbeispiele, welche notwendig sind, um beispielsweise den reibungslosen Betrieb und Service für die IT sicherzustellen. Der grundlegende Aufbau und die abgedeckten Prozesse von ITIL werden in der Abbildung 45 gezeigt.

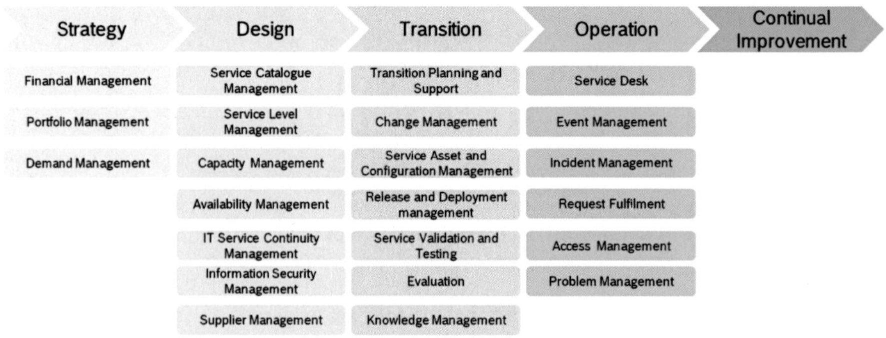

Strategy	Design	Transition	Operation	Continual Improvement
Financial Management	Service Catalogue Management	Transition Planning and Support	Service Desk	
Portfolio Management	Service Level Management	Change Management	Event Management	
Demand Management	Capacity Management	Service Asset and Configuration Management	Incident Management	
	Availability Management	Release and Deployment management	Request Fulfilment	
	IT Service Continuity Management	Service Validation and Testing	Access Management	
	Information Security Management	Evaluation	Problem Management	
	Supplier Management	Knowledge Management		

Abbildung 45 - Aufbau von ITIL basierend auf den ITIL-Prozessen[409], eigene Darstellung

Grundsätzlich untergliedert sich ITIL in „Strategy", „Design", „Transition", „Operation" und „Continual Improvement" und liefert in jedem dieser Prozessbausteine Methoden und good-practice Ansätze, welche unabhängig von der Unternehmensart einsetzbar sind und damit auch in Werken von Industrieunternehmen mit variantenreicher Fertigung. Grundsätzlich muss jedes Werk individuell ableiten, welche Prozesse relevant sind und ob diese angepasst werden müssen. Insbesondere wird im Rahmen des I4.0-KIT auf das RACI-Modell hingewiesen, welches die Beschreibung der erforderlichen Rollen sowie deren Zuordnung zu Personen und Abteilungen universell ermöglicht und dadurch für die Planung und Umsetzung in jeglichen sozio-technischen Betrachtungsfeldern grundsätzlich anwendbar ist. Eine exemplarische RACI-Matrix wird in der Tabelle 30 gezeigt. Dabei steht das R für Responsible, also die verantwortliche Person zur Umsetzung, A für Accountable, also die entscheidungsbefugte Person bei der Umsetzung, C für Consulted, also unterstützende Personen bei der Umsetzung und I für Informed, also zu informierende Personen bei der Umsetzung.[410]

---

[407] Vgl. auch Beims und Ziegenbein 2015; Johannsen et al. 2011.
[408] Beims und Ziegenbein 2015, S. 12.
[409] Johannsen et al. 2011.
[410] Beims und Ziegenbein 2015, S. 8.

Grundsätzlich gilt je weniger Verantwortliche und Entscheider es gibt (ideal jeweils einer), desto einfacher wird die Entscheidungsfindung und Steuerung der Prozessschritte im Werk, da beispielsweise keine Zielkonflikte vorhanden sein können.

Einführung einer Lösungsvariante im Werk	Werksleiter	Process-Owner	Personalabteilung	Mitarbeiter	IT-Verantwortlicher	Lösungsanbieter
Referenzprozess ausarbeiten	A	R		C	I	
Referenzprozess festlegen	A	R		C	I	
Lösungsalternativen testen und bewerten	A	C		C	R	C
Lösungsalternative auswählen	A	R	I	C	C	I
Betriebs- und Notfallkonzept für Lösung ausarbeiten	A	C		I	R	C
Mitarbeiter schulen	A	C	R	C	C	C
Lösungsalternative installieren	A	I	I	I	R	C
Support und Betrieb der Lösungsvariante	A	I	I	I	R	C

Tabelle 30 - Exemplarische Werks RACI-Matrix für die Einführung einer Lösungsvariante

Neben COBIT für die IT-Governance und ITIL für die IT-Prozesse liefert The Open Group Architecture Framework (TOGAF) alle wesentlichen Bausteine, welche für die Modellierung von Architekturen benötigt werden. Als Referenzmetamodell verzichtet es auf die Trennung der Geschäfts- und IT-Unternehmensarchitekturen. Die konkrete Dokumentation erlaubt die Anwendbarkeit durch individuelle Anpassungsmöglichkeiten und beschreibt dabei, was zu tun ist.[411] Die TOGAF Dokumentation besteht dabei aus sieben Teilen. Nach der Einführung kommt im zweiten Teil die Architecture Development Method (ADM), eine Methode zur Entwicklung einer Unternehmensarchitektur. Sie besteht aus acht Phasen und dokumentiert Ziele, Herangehensweisen, erforderlichen Input, Aktivitäten und Ergebnisse. Der dritte Teil, ADM Leitfäden und Techniken, gibt Hilfestellungen und zusätzliches Material für die Architekturentwicklung, wie beispielsweise der Architekturstile. Der vierte Teil, das Architektur Inhalts- und Rahmensystem, liefert ein detailliertes Modell für die Entwicklung der Architektur, beispielsweise durch klare Definitionen und Beschreibungen. Im fünften Teil, Unternehmenskontinuum und Methoden, werden Tools für die Entwicklung der Unternehmensarchitektur beschrieben, wie beispielsweise die strukturierte Ablage und Dokumentation der Architekturen. Im sechsten Teil geben die TOGAF Referenzmodelle einen Ordnungsrahmen für die Einordnung von technischen Standards innerhalb der Architektur. Der letzte und siebte Teil, das Architektur und Fähigkeiten Rahmensystem, beschreibt die erforderlichen Verantwortlichkeiten, Rollen und Fähigkeiten für die Entwicklung und Umsetzung der Architektur.

---

[411] Vgl. Keller 2017, S. 29, 307.

TOGAF adressiert damit den gesamten Lebenszyklus einer Unternehmensarchitektur und ist durch seinen generischen Aufbau individuell anwendbar.[412] Die Methode zur Entwicklung der Unternehmensarchitektur (ADM), der Kern von TOGAF, wird in der Abbildung 46 dargestellt. Die Basis für die Architekturvision und den Entwicklungszyklus kann dabei die abgeleitete Daten- und IT-Landschaft aus Kapitel 4.5.1.2 liefern.

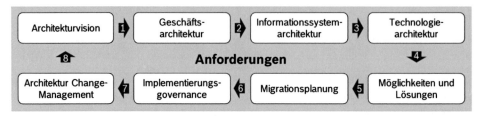

Abbildung 46 - ADM Architektur Entwicklungszyklus nach TOGAF[413], eigene Darstellung

Alle drei Modelle (COBIT, ITIL und TOGAF) liefern Ansätze, Methoden und good-practices und damit die Grundlagen für die Auswahl des passenden Vorgehens für die Umsetzungsphase der digitalen Transformation der Werke von Industrieunternehmen mit variantenreicher Fertigung. Die Werke müssen hierfür jeweils die für sich passenden und notwendigen Prozesse identifizieren und gegebenenfalls für den jeweiligen Anwendungsfall adaptieren, wie beispielsweise die unternehmensindividuellen Rollen und Verantwortlichkeiten.

Wie eingangs erwähnt, wird auf Umsetzungsorganisation, Steuerung und das Vorgehen der Umsetzungsphase im Rahmen des Kapitels 4.6 tiefer eingegangen.

4.5.2.3   Erarbeitung des Qualifizierungskonzeptes

Das Kompetenzmanagement ist ein wesentlicher Baustein zur Sicherstellung der Umsetzungsfähigkeit einer Organisation gegenüber den erforderlichen Anforderungen. In einer Kompetenzmatrix lassen sich Tätigkeitsprofile den erforderlichen Kompetenzen gegenüberstellen.[414] Nach der Festlegung der Lösungsalternativen und Umsetzungsorganisation kann basierend auf den im Kapitel 4.5.1.3 abgeleiteten erforderlichen Fähigkeiten das Qualifizierungskonzept in Form einer Kompetenzmatrix für die Umsetzung abgeleitet und konkretisiert werden. Die Qualifizierung der Organisation und Schaffung der erforderlichen Kompetenzen der Mitarbeiter ist im Zuge von I4.0 ein essenzieller Bestandteil zur Umsetzung im Rahmen des notwendigen Change-Managements.

Zuerst wird für die Erarbeitung der Kompetenzmatrix die Fähigkeitsliste oder auch Capability-Map erweitert. Dies können zusätzlich entstandene Fähigkeiten bei der Planung sein, wie beispielsweise das Bedienen der einzuführenden Software. Die festgelegten Lösungsalternativen können hierfür konkrete Anforderungen an die Kompetenzen liefern.

---

[412] Hanschke 2013, S. 188 ff.
[413] Keller 2017, S. 312.
[414] Vgl. auch North und Reinhardt 2005, S. 113 ff.

Im Anschluss werden in einer Kompetenzmatrix die Fähigkeiten den verschiedenen fest-gelegten Rollen aus der Umsetzungsorganisation zugeordnet. Im letzten Schritt erfolgt die Bewertung des Qualifizierungsaufwandes und Umfangs durch mögliche Schulungen und Qualifizierungsmaßnahmen. Können für die erforderlichen Qualifizierungsmaßnahmen keine geeigneten Ansätze identifiziert werden, so müssen eigenständig Schulungen erar-beitet werden. Einerseits kann - sofern vorhanden - ein Kompetenzmanagement im Unter-nehmen diese Aufgabe übernehmen, um geeignete Qualifizierungsmaßnahmen ableiten zu können. Andererseits können auch externe Schulungsangebote genutzt werden oder Mitarbeiter mit entsprechendem Qualifikationslevel gesucht werden. Grundsätzlich ist der Qualifizierungs- und Kompetenzverantwortliche zuständig für die Erstellung der Liste in Absprache mit den relevanten Managern und Experten der Bereiche, welche notfalls be-stimmt werden muss. Die Tabelle 31 zeigt den Aufbau einer exemplarischen Kompetenz-matrix, basierend auf der erweiterten und konkretisierten Fähigkeitsliste.

Qualifizierungsmaßnahmen \ Rollen	Manager	IT-Experte	Vertriebler	Planer	Meister	Gruppenleiter	Maschinenbediener
3 Wochen Lehrgang: IT-Administrator		V_L^3					
1 Wochen Lehrgang: Maschinenvernetzung		V_L^2					
3 Tages Schulung: Betreuung der Daten-Server		V_L^2					
1 Tages Schulung: Funktionen Bestell-SW		V_L^2	V_L^1				
1 Tages Schulung: Funktionen Planungs-SW		V_L^2		V_L^1	V_L^2		
1 Tages Schulung: Funktionen Shopfloor-SW		V_L^2					
4h Video Schulung: Shopfloor-SW Basics	O_L^2		O_E	O_E	O_E	V_E	O_E
2h Video Schulung: Visualisierung für Manager	V_L^2				O_L^1	O_L^1	
2h Video Schulung: Visualisierung für Bediener							V_L^1
2h Video Schulung: Abweichungserfassung							V_L^1

Tabelle 31 - Exemplarische Kompetenzmatrix

Die verfügbaren Qualifizierungsmaßnahmen sind in der Kompetenzmatrix in der linken Spalte niedergeschrieben. Die Rollen sind in der ersten Zeile aufgeführt. Wird einem Mit-arbeiter eine Rolle zugewiesen, sieht er direkt die für ihn relevanten Schulungen. Das „V" kennzeichnet die verpflichtenden Schulungen für die jeweiligen Rollen und das „O" kenn-zeichnet die optionalen Schulungen, welche je nach Wunsch und Bedarf der Rolle zu-stehen. Das „L" steht für laufende Schulungen, wobei die Zahl danach die Anzahl der Jahre angibt, nach denen die Schulung aufgefrischt werden muss bzw. darf. Das „E" steht für einmalige sowie initiale Schulungen.

4.5.2.4   Betriebs- und Notfallkonzepte

Obwohl die Investitionen in IT Lösungsalternativen ansteigen, nehmen ihr Wertbeitrag und die Produktivitätszuwächse stetig ab.[415] Der Großteil der Investitionen ist letztendlich nicht für die Einführung der Lösungsvarianten und Neuentwicklungen notwendig, sondern für den Betrieb. Schlecht organisierte und betriebene Lösungsvarianten sind daher mit einem erheblichen Verlust von Wettbewerbsfähigkeit der jeweiligen Unternehmen verbunden. Gerade in Zeiten der Cyber-Kriminalität und immer stärker werdenden Komplexität durch die zunehmende Automatisierung, Vernetzung und IT-Durchdringung wird daher vor dem Einsatz der ausgewählten Lösungsvarianten die Erarbeitung und laufende Aktualisierung eines Betriebs- und Notfallkonzeptes erforderlich. Das Betriebskonzept beschreibt konkret wie und durch wen die Lösungsvariante betrieben werden soll, beispielsweise hilft hierbei ein Bebauungsplan. Der Bebauungsplan ist ein Instrument um IT-Systeme und Hardware sowie ihre Lokalisierung in der Architektur festzulegen und darzustellen, wie beispielsweise auch Verantwortliche für die jeweiligen Netzwerke.[416] Die Dokumentationen der PoC's nach ARC42 können dabei als Blaupause dienen und erweitert werden. Das Betriebskonzept dient zum allgemeinen Verständnis einer klaren Vorgehensweise und als Nachschlagewerk für die Betreiber und Anwender. Der Betreiber ist für die Aufrechterhaltung und den Betrieb der Lösungen in dem jeweiligen Werk verantwortlich, wohingegen die Anwender mit der Lösung interagieren. Die exemplarischen Inhalte eines Betriebskonzeptes für die IT sind nach Pfitzinger und Jestädt (2016) beispielsweise der Organisationsaufbau, die Systemdokumentation inklusive IT-Landkarte, die Lieferanten und Partner, das technische Management, Datensicherungskonzepte, IT-Rollen und Rechte sowie auch Schnittstellen. Das Notfallkonzept beschreibt wie in einem Notfall verfahren werden soll, wie beispielsweise bei einem Maschinenausfall oder einem Computervirus in der Fertigung. Auch beschreibt es welche Vorkehrungen dafür getroffen werden müssen, wie beispielsweise Ersatzmaschinen oder Backup-Festplatten. Da die Ausarbeitung eines Betriebs- und Notfallkonzeptes für Lösungsvarianten und Industrieunternehmen individuell sehr verschieden sind, wird im Rahmen der Arbeit nicht tiefer darauf eingegangen. Für die Erstellung der Betriebs- und Notfallkonzepte sind die jeweiligen Betreiber verantwortlich. Gerade für die Schatten-IT ist ebenfalls ein Betriebskonzept notwendig. Eigenentwickelte Lösungen der Mitarbeiter ohne Betriebskonzept, wie beispielsweise für die Fertigungsplanung und -steuerung, kann bei Austritten der Verantwortlichen aus dem Unternehmen hohe Risiken mit sich bringen bis hin zu einer Existenzgefährdung.

4.5.2.5   Potential- und Wirtschaftlichkeitsberechnung anhand von Use-Cases

In den vorangegangenen Kapiteln wurde stark auf die technische Umsetzung eingegangen. Insbesondere die Zusammenhänge zwischen den Anforderungspaketen, der Daten- und IT-Landschaft sowie der Vorbereitung für eine Umsetzung wurde aufgezeigt.

---

[415] Vgl. auch Pfitzinger und Jestädt 2016.
[416] Gadatsch 2008, S. 4.

Eine wesentliche Kernaufgabe zur Sicherstellung der Wettbewerbsfähigkeit von Unternehmen ist die Bewertung und Berechnung der Lösungsvarianten aus wirtschaftlichen Gesichtspunkten. So konnte bereits in den Kapiteln 1.2, 2.3.1 und 2.3.2 aufgezeigt werden, dass die Potentialermittlung auch unter wirtschaftlichen Gesichtspunkten eine der größten Herausforderungen für die Unternehmen darstellt. Im Rahmen dieses Kapitels wird die entwickelte Systematik des I4.0-KIT erläutert welche aus den Anforderungspaketen, Detailanalysen der Prozesse und Informationsflüsse, den konkreten Beschreibungen, wie z.B. der ARC42-Templates, sowie den ausgewählten Lösungsvarianten entsprechende greifbare Use-Cases formuliert. Die Use-Cases ermöglichen für Werke aus der Praxis eine weniger komplexe quantitative Abschätzung und Bewertung der Potentiale. Die ermittelten Potentiale liefern die Grundlage für die Wirtschaftlichkeitsbetrachtung. Zur Ableitung von Use-Cases wird der SOLL-Prozess, die Anforderungspakete und die Daten- und IT-Landschaft aus Kapitel 4.5.1 als Basis genommen. Im nächsten Schritt werden die Funktionen und Anforderungspakete in sich geschlossen zusammengefasst, dass entsprechend sinnvoll abgegrenzte Überschriften und Beschreibungen die Ableitung von konkreten Use-Cases und Fallbeispielen ermöglichen. In der Regel sind hierbei die bereits vorhandenen abgegrenzten und gebündelten übergeordneten Anforderungspakete eine gute Hilfestellung. Exemplarisch können im betrachteten Beispiel fünf Use-Cases wie beschrieben abgeleitet werden:

- Use-Case 1: Automatische Kundenbestellung und Kapazitätsprüfung
- Use-Case 2: Automatische Reihenfolgeplanung inklusive Kriterien-Berücksichtigung
- Use-Case 3: Auftragserstellung und -visualisierung
- Use-Case 4: Störungs- und Abweichungsmanagement
- Use-Case 5: Messung und Visualisierung der Anlagenproduktivität

Im Rahmen dieses Kapitels wird exemplarisch der Use-Case 2 in Abbildung 47 dargestellt.

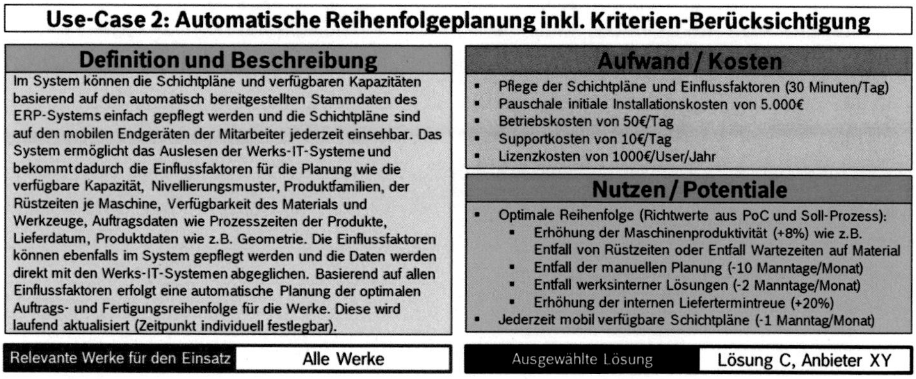

Use-Case 2: Automatische Reihenfolgeplanung inkl. Kriterien-Berücksichtigung

Definition und Beschreibung

Im System können die Schichtpläne und verfügbaren Kapazitäten basierend auf den automatisch bereitgestellten Stammdaten des ERP-Systems einfach gepflegt werden und die Schichtpläne sind auf den mobilen Endgeräten der Mitarbeiter jederzeit einsehbar. Das System ermöglicht das Auslesen der Werks-IT-Systeme und bekommt dadurch die Einflussfaktoren für die Planung wie die verfügbare Kapazität, Nivellierungsmuster, Produktfamilien, der Rüstzeiten je Maschine, Verfügbarkeit des Materials und Werkzeuge, Auftragsdaten wie Prozesszeiten der Produkte, Lieferdatum, Produktdaten wie z.B. Geometrie. Die Einflussfaktoren können ebenfalls im System gepflegt werden und die Daten werden direkt mit den Werks-IT-Systemen abgeglichen. Basierend auf allen Einflussfaktoren erfolgt eine automatische Planung der optimalen Auftrags- und Fertigungsreihenfolge für die Werke. Diese wird laufend aktualisiert (Zeitpunkt individuell festlegbar).

Aufwand / Kosten

- Pflege der Schichtpläne und Einflussfaktoren (30 Minuten/Tag)
- Pauschale initiale Installationskosten von 5.000€
- Betriebskosten von 50€/Tag
- Supportkosten von 10€/Tag
- Lizenzkosten von 1000€/User/Jahr

Nutzen / Potentiale

- Optimale Reihenfolge (Richtwerte aus PoC und Soll-Prozess):
  - Erhöhung der Maschinenproduktivität (+8%) wie z.B. Entfall von Rüstzeiten oder Entfall Wartezeiten auf Material
  - Entfall der manuellen Planung (-10 Manntage/Monat)
  - Entfall werksinterner Lösungen (-2 Manntage/Monat)
  - Erhöhung der internen Liefertermintreue (+20%)
- Jederzeit mobil verfügbare Schichtpläne (-1 Manntag/Monat)

Relevante Werke für den Einsatz	Alle Werke	Ausgewählte Lösung	Lösung C, Anbieter XY

Abbildung 47 - Exemplarischer Aufbau eines abgeleiteten Use-Cases, eigene Darstellung

Die ausführliche Definition und Beschreibung des Use-Cases ermöglicht dem Anwender eine Einschätzung und Verständnis bezüglich der Funktionen oder Lösungsalternativen, selbst wenn er sich nicht in der Tiefe in den Prozessen, der Daten- und IT-Landschaft auskennt.

Die Aufwand- und Kostenbeschreibung ermöglicht darüber hinaus eine klare Darstellung der Kosten. Die Nutzen- und Potentialbeschreibung gibt eine Hilfestellung welcher Nutzen aus der Umsetzung des Use-Cases für ein Werk je nach Rahmenbedingungen anfallen kann. Dabei können auch Richtwerte aus den durchgeführten PoC's aufgezeigt werden. Für Industrieunternehmen mit mehreren Werken kann die Relevanz eines Use-Cases aufgrund der verschiedenen Werke von Industrieunternehmen mit variantenreicher Fertigung variieren. Grundsätzlich sollte sich deshalb im Rahmen der digitalen Transformation zuerst auf Use-Cases fokussiert werden, welche eine übergreifend hohe Abdeckung der Anforderungen in unterschiedlichen Werken haben.

Sind die Use-Cases beschrieben, können die Werke die Use-Cases individuell für sich bewerten hinsichtlich des zu erwartenden Nutzens als auch Aufwands. Für die Wirtschaftlichkeitsberechnung eignen sich sowohl klassische Wirtschaftlichkeits- und Investitionsberechnungen, als auch die Return-of-Invest-Bewertung (ROI-Bewertung) bzw. die Ermittlung der Gesamtkapitalrentabilität. Diese Berechnungsformen, wie beispielsweise die ROI-Bewertung von DuPont aus dem Jahr 1919, wurden in der Praxis bereits hinreichend erprobt.[417] Im Rahmen der Arbeit wird deshalb nicht tiefer auf die Wirtschaftlichkeitsberechnung eingegangen. Es kann jedoch grundlegend gesagt werden, dass die Ableitung von Use-Cases eine Hilfestellung für die Wirtschaftlichkeits- und Investitionsberechnungen liefert und dadurch die Quantifizierung des Aufwands und des Nutzens werksindividuell ermöglicht. Dadurch können basierend auf den vorhandenen Kostenstrukturen und Rahmenbedingungen der Werke bereits vor der Umsetzung und Implementierung einer Lösung die Kosten- und Potentialbewertung erfolgen.

4.5.2.6   Planung und Festlegung der Roadmap und des Zeitplans

Nachdem alle erforderlichen Inhalte für die Umsetzung im Detail erarbeitet wurden, geht der letzte Schritt auf die Planung und anschließende Festlegung der Roadmap und des Zeitplans ein. Aufgrund der variantenreichen Lösungsalternativen und verschiedenen Betrachtungsfelder gibt es grundsätzlich zwei Herangehensweisen zur Ableitung einer Roadmap und Zeitplans. Die erste Herangehensweise ist ein iteratives und agiles Ableiten einer Roadmap und eines Zeitplans. Sie wird bevorzugt, wenn die Lösungsvarianten trotz aller Planungen nicht ausreichend abgeschätzt werden können und beispielsweise mit noch zu schaffenden Rahmenbedingungen verknüpft sind, welche nicht unmittelbar in ihrer zeitlichen Verfügbarkeit absehbar sind. Im agilen Ableiten der Roadmap wird nur ein solcher Detailgrad gewählt, um eine ausreichend fundierte Roadmap und einen Zeitplan ableiten zu können. Die agile Roadmap als Ergebnis ist eine Abschätzung, bis wann die Anforderungspakete umgesetzt werden müssen. Die anschließende Umsetzung erfolgt im Anschluss ebenfalls agil, um durch Iterationsschleifen die Roadmap und Zielsetzung laufend anpassen zu können.

---

[417] Poggensee 2015; Staats 2009, S. 55; Schneider und Hennig 2008, S. 295 f.; Posluschny 2007, S. 16 f.; Mehlan 2007, S. 149.

Die zweite Herangehensweise als Regelfall ist die klassische Roadmap und basiert auf den bisher erarbeiteten Details der vorangegangenen Kapitel. Die klassische Roadmap wird bevorzugt, wenn es um umfassendere Maßnahmen und Vorhaben geht wie beispielsweise die digitale Transformation eines gesamten Werkes zu I4.0. Die Umsetzungshorizonte und Maßnahmen hierfür können aus dem I4.0 Implementierungscheck entnommen werden. Die Anforderungen und Qualifizierungen werden aus der Liste der umzusetzenden Anforderungspakete und erforderlichen Fähigkeiten entnommen. Abschließend können aus den einzusetzenden Lösungsvarianten, der geplanten Umsetzungsorganisation, der abgeleiteten Kompetenzmatrix und den Betriebs- sowie Notfallkonzepten eine realistische Roadmap inklusive eines Zeitplans und erforderlicher Budgets abgeleitet werden. Dabei sollten in der Roadmap neben der Reihenfolge und den Zeithorizonten auch die Verantwortlichen, erforderlichen Kapazitäten und Rollen aufgeführt werden. Bei Industrieunternehmen mit mehreren variantenreichen Werken können Synergien genutzt werden, indem beispielsweise die Implementierung eines Use-Cases in einem Werk zuerst durchgeführt wird, welches die größten Potentiale im Rahmen der Wirtschaftlichkeitsberechnungen aufgezeigt hat. Erkenntnisse während der Umsetzung können direkt in die Weiterentwicklung der Use-Cases und Lösungsalternativen einfließen. In einem anschließenden Rollout des Use-Cases bzw. der Lösungsvariante in den restlichen Werken können somit bereits die Erfahrungen des ersten Werkes genutzt werden. Darüber hinaus kann der ROI verbessert werden, indem zuerst die Werke Use-Cases und Lösungsalternativen umsetzen, in denen direkt die größten Potentiale oder auch Einsparungen abgeschöpft werden können. Dies ist in der Planung der Roadmap entsprechend einzukalkulieren.

Für die Darstellung der Roadmap sollte auf standardisierte und in den Unternehmen bereits etablierte Methoden und Formen zurückgegriffen werden, wie beispielsweise Gantt-Diagramme und Netzpläne sowie die dazugehörige RACI-Matrix. Für die Erstellung der Roadmap und des Zeitplans sollten die bisher bei der Planung eingebundenen Experten eingezogen werden. Für die anschließende Festlegung der Roadmap sind die verantwortlichen Entscheider und das Management einzubeziehen. Die abgeleitete Roadmap liefert die Basis für die Umsetzungsphase und insbesondere Rolloutmanagement in Kapitel 4.6.3.

4.6 Umsetzungsphase I4.0-KIT

In diesem Kapitel wird auf die dritte Phase des I4.0-KIT eingegangen, die Umsetzungsphase. Sie untergliedert sich in drei Abschnitte. Der erste Abschnitt 4.6.1 geht auf die Umsetzungsformen und Vorhabenstypen ein, welche für die Umsetzung der digitalen Transformation in Werken von Industrieunternehmen mit variantenreicher Fertigung anwendbar sind. Der zweite Abschnitt 4.6.2 geht auf die Umsetzung und Steuerung ein, indem das im Rahmen der Arbeit entwickelte Steuerungs- und Kollaborationsmodell und die entsprechenden Vorgehensschritte für die Umsetzung in den Werken beschrieben werden. Der letzte Abschnitt 4.6.3 geht auf das Rollout- und Change-Management ein, welches die sozio-technische Umsetzung der Use-Cases und Lösungsalternativen ermöglicht sowie begleitet.

4.6.1 Umsetzungsformen und Vorhabenstypen

In der dritten Phase, der Umsetzungsphase, wird die Planung entsprechend umgesetzt. In der Literatur gibt es bereits vielzählige Leitfäden und Beschreibungen von in der Praxis erprobten Umsetzungsformen.[418] Beispielsweise zeigen Bergmann und Garrecht (2016) die Vorteile und Nachteile von vielzähligen Umsetzungsformen auf. Dabei gehen sie auf den Einfluss und die Bedeutung der jeweiligen Umsetzungsformen auf die Zielerreichung der Unternehmen ein. Auch zeigen sie, welche zentralen Problemfelder die verschiedenen Organisations- und Umsetzungsformen in der Praxis auf das gesamt sozio-technische System haben. Neben den formalen Aspekten einer Organisation, wie beispielsweise den Strukturen und Prozessen, haben vor allem informelle Aspekte eine große Bedeutung, wie beispielsweise Vertrauen, soziale Beziehungen, Macht, Unternehmenskultur oder auch Motivation.[419] Somit ist die Auswahl der passenden Umsetzungsform für das Vorgehen und die Abdeckung der Anforderungspakete ein entscheidender Faktor für die erfolgreiche Durchführung der Umsetzungsphase des entwickelten I4.0-KIT. Dieses Kapitel fokussiert deshalb die Auswahl der passenden Umsetzungsformen, welche in drei verschiedene Kategorien unterteilt wurden: Die feste Organisation, die Projekte und die agilen Umsetzungsformen. Die Abbildung 48 zeigt diese exemplarische Unterteilung.

Abbildung 48 - Exemplarische Unterteilung von Umsetzungsformen, eigene Darstellung

Die Etablierung einer festen Organisationseinheit bildet die erste Umsetzungsform. Die Stärken und Schwächen der festen Organisationseinheiten sind bereits umfassend in der Literatur beschrieben.[420] Vorteile sind beispielsweise die Aufbau- und Ablauforganisation, welche die funktionale Untergliederung mit klar definierten Verantwortlichkeiten oder auch die Komplexitätsreduktion durch die Divisionalisierung im Unternehmen ermöglicht. Gleichzeitig können Schwächen einer festen Organisation, das Entstehen von Silos durch einen fehlenden Blick aufs Ganze sowie eine geistige Isolierung aufgrund der Divisionalisierung sein, ebenso auch die erhöhte Betriebsbürokratie durch starre Regeln und Entscheidungswege, welche die Verhaltensweisen der Mitarbeiter bestimmen und beeinflussen.[421]

---

[418] Vgl. auch Hartung 2018; Häusling 2018; Hungenberg und Wulf 2015; Broy und Kuhrmann 2013; Mentzel 2008; Beck 1996.
[419] Bergmann und Garrecht 2016, S. 1 ff.
[420] Vgl. Hungenberg und Wulf 2015; Steinmann et al. 2013.
[421] Mentzel 2008, S. 159 ff.; Landwehrmann 1965, S. 102 ff.

Feste Organisation	Grundsätzlich wird im Rahmen des I4.0-KIT die Umsetzung der jeweiligen Vorhaben und Anforderungspakete in den Werken durch eine feste Organisation empfohlen, wenn erstens, die **Zielbeschreibung** und Aufgabe grundsätzlich **klar** ist, zweitens, das **Vorhaben** voraussichtlich **kein Ende** haben wird (z.B. IT-Support), und drittens, der **Umsetzungsaufwand** entsprechend **groß** ist.

Die Initiierung und Umsetzung der abgeleiteten Anforderungspakete und Vorhaben in plangetriebenen Projekten bildet die zweite Umsetzungsform und basiert auf der Vorabplanung. Auch hier gibt es in der Literatur vielzählig detaillierte, für unterschiedliche Anwendungsfälle beschriebene und in der Praxis erprobte Projektarten (vgl. ISO 21500), welche ihren Vorteil vor allem in der interdisziplinären und übergreifenden Zusammenarbeit haben.[422] Weitere Vorteile der klassischen Projektorganisationen sind beispielsweise das schnellere Reagieren auf Veränderungen oder angepassten Rahmenbedingungen und Anforderungen, eine einfache Koordination oder auch die Vermeidung von Autoritätskonflikten aufgrund der Machtzentralisierung. Nachteile sind beispielsweise die Reintegration der Projektmitarbeiter in die Grundstruktur nach Projektende oder die große Abhängigkeit von dem jeweiligen Projektleiter.[423]

Projekt-organisation	Grundsätzlich wird im Rahmen des I4.0-KIT die Umsetzung der jeweiligen Vorhaben und Anforderungspakete in den Werken durch eine Projektorganisation empfohlen, wenn erstens, die **Zielbeschreibung** und Aufgabe grundsätzlich **klar** ist, zweitens, das **Vorhaben** ein **planbares Ende** haben wird (z.B. Vernetzung der vorhandenen Maschinen), und drittens, der **Umsetzungsaufwand** entsprechend **groß** ist (Ein Richtwert ist die Dauer größer 6 Monate sowie mehrere betroffene Abteilungen).

Neben den zahlreich erprobten ersten beiden Umsetzungsformen werden mit der digitalen Transformation zu I4.0 vor allem auch neue agile Umsetzungsformen in Verbindung gebracht. Selbst wenn die Auswirkungen, Chancen und Risiken durch die digitale Transformation nicht gänzlich absehbar sind, ist die Bezeichnung „agil" nicht mit dem Begriff „planlos" zu verwechseln.[424] Agile Methoden haben ihren Ursprung im Jahr 2001, in dem die Grundsätze im Manifest für agile Softwareentwicklung von 17 renommierten Softwareentwicklern festgehalten wurden.[425] Seit den letzten Jahren werden agile Umsetzungsformen immer mehr in Bereichen außerhalb der IT umgesetzt und „agil" liegt geradezu im Trend.[426]

---

[422] Vgl. Meyer und Reher 2016; Heintel und Krainz 2015.
[423] Bergmann und Garrecht 2016, S. 238 ff.
[424] Hanschke 2016.
[425] Wolf und Bleek 2011, S. 13; bzw. Ursprungsquelle Beck et al. 2001.
[426] Schwuchow und Gutmann 2019, S. 21 ff.; Book et al. 2017; Scherber und Coldewey 2015; Vgl. beispielsweise Meyer-Stabley 2014.

Auch wenn heutzutage oftmals moderne und agile Umsetzungsformen propagiert werden, sind sie nicht grundsätzlich besser. Ihr Einsatz ist für bestimmte Vorgehen, wie beispielsweise für die Softwareentwicklung oder auch kleinere Umsetzungsvorhaben, geeigneter.[427] Agile Methoden stechen vor allem durch eine Begrenzung der Zeitdauer der Iterationen hervor und eignen sich insbesondere, wenn sich der Planzustand laufend ändern kann. Kusay-Merkle (2018) betont deshalb, dass der Begriff „agile Projekte" irreführend ist, da agile Vorgehensweisen und Methoden letztendlich keine plangetriebenen Projektmanagementmethoden im eigentlichen Sinne sind, jedoch aufgrund der häufigen Verwendung der Begriff heutzutage als etabliert gilt.[428] Die agilen Projekte wurden aus diesen Gründen im Rahmen der Arbeit nicht der Umsetzungsform der Projekte zugeordnet, sondern den agilen Umsetzungsformen. Agile Projekte sind in der Regel in ihrem konkreten Ziel, Umfang, Zeit und Kosten flexibel und basieren auf einem iterativen Vorgehen in einem kreativen Umfeld. Neben den agilen Projekten gibt es auch weitere noch junge agile Umsetzungsformen.

Beispielsweise haben in den jüngsten Jahren auch Hackathons ihren Aufschwung und fokussieren sich auf eine effektive Problemlösung in einem begrenzten Zeitraum und konkrete Resultate durch interdisziplinäre und agile Teams. Der Hackathon welcher aus den Begriffen „Hack" und „Marathon" zusammengesetzt wird, hat seinen Ursprung ebenfalls aus dem Softwareentwicklungsbereich. Im Jahr 1999 trafen sich erstmals Programmierer im Rahmen eines ambitionierten Arbeitstreffens (sogenannter Hack) und erarbeiteten am Stück über einen begrenzten Zeitraum (Marathon) beharrlich ein Ergebnis.[429] Aber auch diese Vorgehensweise ist in ihrer Anwendung nicht auf den Softwarebereich begrenzt. Im Fertigungsbereich bringt die Adaption dieser agilen Vorgehensweise deutliche Vorteile. In interdisziplinären Teams können kleinere Aufgaben in einem kurzen Zeitraum effektiv umgesetzt werden, wie beispielsweise die Einführung von kleinen und mittelgroßen Vernetzungslösungen in den Linien eines Werkes.[430] Aber nicht nur in technologischen Umsetzungen sondern beispielsweise bei der Erarbeitung von Strategien oder Positionspapieren bietet sich der interdisziplinäre Ansatz des Hackathons an.

Agile Umsetzungsformen

Grundsätzlich wird im Rahmen des I4.0-KIT die Umsetzung der jeweiligen Vorhaben und Anforderungspakete in den Werken durch eine agile Umsetzungsform empfohlen, wenn erstens, die **Zielsetzung** nur **ungefähr klar** ist, aber nicht ihr Aufgabenumfang, zweitens, das **Vorhaben** ein **planbares Ende** haben wird, und drittens, der **Umsetzungsaufwand nicht zu groß** ist. (Ein Richtwert ist hierbei eine Umsetzungsdauer der einzelnen Teilvorhaben unter 6 Monate, bestenfalls innerhalb eines Monats, wobei das übergeordnete Gesamtvorhaben grundsätzlich auch länger gehen kann).

---

[427] Duméril 2019, S. 51 ff.
[428] Kusay-Merkle 2018, S. 28
[429] Knoll S 136
[430] Beck und Lüer 2018, S. 33 f.

Im Gegensatz zu den langjährig und zahlreich erprobten ersten beiden Umsetzungsformen sind die agilen Umsetzungsformen nicht entsprechend in ihrer Anwendung ausreichend beschrieben und erprobt, wie beispielsweise in Werken von Industrieunternehmen mit variantenreicher Fertigung. Im Rahmen des Kapitels 5.4, der Anwendung und Validierung des entwickelten I4.0-KIT wird deshalb der Fokus auf die Anwendung von agilen Umsetzungsformen gelegt und im Rahmen der Anwendung von Hackathons die Anwendbarkeit sowie auch die Potentiale davon aufgezeigt.

4.6.2 Umsetzung und Steuerung

Während der Umsetzungsphase nimmt die Steuerung und Zusammenarbeit eine wichtige Rolle ein. Wie bereits in Kapitel 4.5.2.2 gezeigt wurde, ist dabei eine Prozessperspektive essenziell, um den Wertbeitrag und damit den Grad der Anforderungsabdeckung sowie Zielerreichung der umzusetzenden Use-Cases, Technologien und IT sicherstellen zu können. Vor allem wenn die Kenntnisse hinsichtlich technologischer und informationstechnischer Funktionsweisen nicht ausreichend vorhanden sind, ermöglichen analog zum Kapitel 4.4 Prozessdarstellung und -fokus eine inhaltliche und universell verständliche Grundlage für alle Werksmitarbeiter. Auch hilft der fachliche Prozessfokus etwaige Befindlichkeiten hinsichtlich vorhandener Schatten-IT oder auch künstliche Restriktionen durch einen technologischen Fokus zu überwinden, wie beispielsweise auf die Eigenschaften, Restriktionen und Funktionsweise einer bestehenden Software. Daher wurde im Rahmen der Arbeit als Referenz ein Steuerungs- und Kollaborationsmodell für die Umsetzungsphase erarbeitet, welches Anhaltspunkte, sowie einen Ordnungsrahmen für die Zusammenarbeit bei der Umsetzung in den Werken gibt und die Steuerung beginnend mit einer prozessualen Fokussierung ermöglicht. Der exemplarische Aufbau wird in der Abbildung 49 gezeigt.

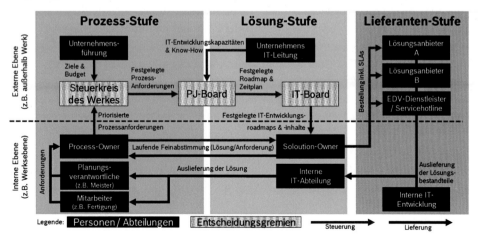

Abbildung 49 - Exemplarischer Aufbau des Steuerungs- und Kollaborationsmodells, eigene Darstellung

Das Steuerungs- und Kollaborationsmodell untergliedert sich in zwei Ebenen sowie drei Stufen. In der unteren Ebene, der internen Ebene, befinden sich die internen Abteilungen und Personen, wie beispielsweise die Abteilungen eines Werkes. In der oberen Ebene, der externen Ebene, befinden sich alle Ableitungen und Personen außerhalb der internen Ebene, welches beispielsweise auch die Unternehmensleitungsebene sein kann. Diese Trennung ermöglicht die Abgrenzung von internen Ressourcen zu externen Bedarfen. Zusätzlich können durch vertikal verlaufende Pfeile sowohl die Top-Down-Steuerung (Pfeil nach unten) als auch die Bottom-Up-Steuerung (Pfeil nach oben) dargestellt werden. Die drei Stufen beginnen mit der Prozess-Stufe als Anfangspunkt für die Steuerung und Zusammenarbeit. Damit soll der grundsätzliche Prozessfokus sichergestellt werden. Innerhalb der Prozess-Stufe werden ausschließlich Anforderungen und Prozesse besprochen und nicht die lösungsspezifischen Eigenschaften wie beispielsweise die softwareseitigen Funktionen und Restriktionen des Backends oder Diskussionen über verschiedene Hersteller von Steuerungssystemen. In der zweiten Stufe, der Lösung-Stufe, steht die Umsetzung der prozessualen Anforderungen im Vordergrund. Dafür werden die Prozessanforderungen in IT-Anforderungen übersetzt, indem beispielsweise aus den Detailanalysen die funktionalen- und nichtfunktionalen Anforderungen in eine IT- und Daten-Landschaft übersetzt werden (vgl. Kapitel 4.5.1). Obwohl bereits in der Planungsphase des I4.0-KIT Anforderungen abgeleitet und Lösungen ausgewählt werden, ist dies ebenfalls in der Umsetzungsphase des I4.0-KIT in verschiedenen Umfängen erforderlich. Hierbei handelt es sich vor allem um bereits laufende Aktivitäten, welche erst in der Umsetzungsphase genauer geplant werden können, wie beispielsweise bei einem agilen Vorgehen. Auch kann es sich um die Reaktion auf Erfahrungen aus der Umsetzung handeln und die dadurch erforderlichen (Fein-)Anpassungen der Anforderungen bzw. auch Lösungen. Die dritte Stufe, die Lieferanten-Stufe, beinhaltet die Beauftragung und Bestellung der Lösungen inklusive der erforderlichen Tätigkeiten, wie beispielsweise die Einigung auf ein Service-Level-Agreement (SLA), welches wesentliche Kriterien und Rahmenbedingungen zwischen dem Lieferanten und Auftraggeber festhält (z.B. nach ITIL). Inhalte von SLAs können zum einen die technischen Spezifikationen der Lösung und dazugehörigen Services sein, aber auch Vereinbarungen bezüglich der Mindest-verfügbarkeit einer Lösung, welche z.B. fertigungskritisch ist und damit bei einem Ausfall zu einem Stillstand in der Produktion führen würde. In dem Steuerungs- und Kollaborationsmodell werden die Personen und Abteilungen entsprechend ihrer Aufgabenbeschreibung und Tätigkeiten, durch schwarze Kästen in der Abbildung 49, eingeordnet. Die Entscheidungsgremien oder Steuerkreise werden ebenfalls basierend auf ihren Entscheidungsbefugnissen und Tätigkeiten eingeordnet. Zuletzt stellen die roten Pfeile die Steuerung dar und die schwarzen Pfeile die Lieferung, wie beispielsweise Arbeitsstunden oder Lösungen.

Das Steuerungs- und Kollaborationsmodell ermöglicht es, die Verantwortlichkeiten und Tätigkeiten der Steuerung und Zusammenarbeit klar zu visualisieren und einzuordnen. Dadurch kann universell verständlich dargestellt werden, welche Befugnisse und Aufgaben die jeweiligen Personen, Abteilungen und Entscheidungsgremien haben.

Gleichzeitig wird sichergestellt, dass basierend auf den erarbeiteten Unternehmensprozessen die Lösungen abgeglichen werden und damit die klare Steuerung der Zielerreichung auch während der Umsetzung sichergestellt werden kann. Dies sichert einen langfristig hohen Wertbeitrag der Technologien und IT.[431] Neben dem Steuerungs- und Kollaborationsmodell wird im Rahmen der Arbeit auch auf die konkreten Schritte und das Vorgehen zur Umsetzung exemplarisch eingegangen. Diese liefert den Industrieunternehmen mit seinen Werken eine Blaupause. Die im Rahmen des Entwicklungszyklus des I4.0-KIT iterativ abgeleiteten sieben Schritte, welche während der Umsetzung durchlaufen werden, zeigt die Abbildung 50. Analog zum Steuerungs- und Kollaborationsmodell erfolgen Teile des gezeigten Sieben-Schritte-Vorgehen auch bereits in der Analysephase oder Planungsphase, wie beispielsweise die Anforderungsableitung oder auch die Identifikation der Lösungsansätze. Aber auch in der gesamten Umsetzungsphase sind die sieben Schritte gültig, da hier laufend neue und detailliertere Anforderungen und Referenzprozesse entstehen können, Anpassungen erforderlich sind und auch neue Bereiche und Werke berücksichtigt werden können. Beispielsweise werden auch ungeplante Ereignisse oder nicht vorhersehbare Erkenntnisse während der Umsetzung im Werk gewonnen, welche eine Erweiterung der Anforderungen oder die Anpassung der Referenzprozesse erfordern.

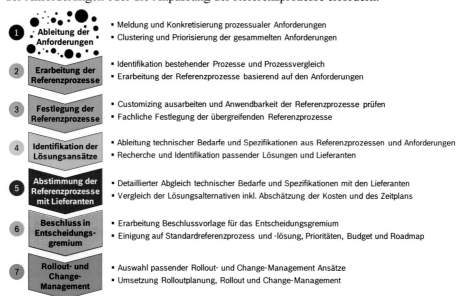

Abbildung 50 - Sieben-Schritte-Vorgehen zur Umsetzung, eigene Darstellung

Der erste Schritt beginnt mit der Ableitung der Anforderungen aus den Werken und Bereichen. In diesem Schritt melden die Werke gebündelt oder auch einzelne Bereiche eines Werkes ihre prozessualen Anforderungen. Die Anforderungen können auch durch die beschriebenen Methoden der Analysephase und Planungsphase des I4.0-KIT abgeleitet und weiter konkretisiert werden.

---

[431] Vgl. auch Beims und Ziegenbein 2015, S. 251 ff.

Danach werden im ersten Schritt die Maßnahmen nach ihren Themenblöcken geclustert, wie beispielsweise nach Use-Cases oder hinsichtlich ihrer fachlichen Prozesszuordnung (z.B. Auftragsmanagementprozess). Dies hilft nicht gebündelte Anforderungen aus verschiedenen Werken oder Werksbereichen miteinander zu vergleichen bzw. zusammenzulegen inklusive der Unterschiede und Gemeinsamkeiten. Nachdem die Anforderungen bekannt sind, werden im zweiten Schritt die zugehörigen Referenzprozesse erarbeitet. Zuerst werden dafür in den Werken bereits bestehende Prozesse und Standardprozesse identifiziert. Anschließend wird verglichen, ob diese bereits hinsichtlich der Anforderungen passen und es damit bereits einen best-practice Ansatz für den Referenzprozess gibt. Danach wird basierend auf den Anforderungen, IST-Prozessen und bestehenden Standardprozessen ein übergreifender Referenzprozess erarbeitet. Hier kann analog zum Kapitel 4.4 vorgegangen werden. Der dritte Schritt fokussiert die fachliche Festlegung der Referenzprozesse. Zuerst werden dafür die Referenzprozesse modularisiert und generischer beschrieben, indem beispielsweise verschiedene Ablaufoptionen von Teilprozessen und Varianten entsprechend aufgezeigt werden. Dies ermöglicht eventuelle Unterschiede der Anforderungen und SOLL-Prozesse zwischen den Werken bereits in den Referenzprozess einzuarbeiten. So können beispielsweise Teilprozesse in ihrem Anfangs- und Endpunkt sowie erforderliche Daten und Schnittstellen klar beschrieben und definiert werden, für den Zwischenteil aber verschiedene Optionen ausgearbeitet werden. Danach wird gemeinsam mit den Werken überprüft, ob der individualisierbare Referenzprozess in allen Werken als Standard anwendbar ist und ob noch Anpassungsbedarfe bestehen. Dies kann beispielsweise in der Durchführung von PoC's tiefer abgeklärt werden (vgl. Kapitel 4.5.2.1). Grundsätzlich führen Standard-Referenzprozesse zu Standard-Lösungen, wohingegen individuelle Prozesse je Werk zu individuellen Lösungen je Werk führen.

Deshalb ist darauf hinzuweisen, dass ein standardisierter Referenzprozess vor allem dann sinnvoll ist, wenn mehrere Bereiche und Werke diesen anwenden können, was auch bereits bei der Erstellung der Referenzprozesse berücksichtigt werden muss. Zuletzt wird der ausgearbeitete Referenzprozess getrieben durch den Process-Owner gemeinsam mit den Anforderungsstellern und den betroffenen Werken als neuer Standard festgelegt. Im vierten Schritt werden Lösungsansätze identifiziert. Dazu müssen als erstes die Anforderungen sowie der Referenzprozess in technische Bedarfe und Spezifikationen übersetzt werden (vgl. Kapitel 4.5.1). Danach werden in einer Recherche vorhandene interne Lösungsalternativen identifiziert und extern nach Lösungsalternativen gesucht. Im fünften Schritt erfolgt die Abstimmung der Referenzprozesse inklusive Anforderungen mit den Lieferanten. Dazu werden die technischen Bedarfe und Spezifikationen auf den Erfüllungsgrad mit den Lieferanten geprüft (z.B. durch PoC's). Danach werden die Lösungsvarianten in einem mehrdimensionalen Vergleich bewertet (vgl. Kapitel 4.5.2.1) sowie auch nicht-technische Kriterien verglichen, wie beispielsweise Kosten und Zeitpläne. Der sechste Schritt erarbeitet eine Beschlussvorlage für die jeweiligen Entscheidungsgremien, welche im Steuerungs- und Kollaborationsmodell entsprechend aufgezeigt sind.

Im Anschluss wird im entsprechenden Entscheidungsgremium beschlossen, erstens ob und zweitens welcher Standard-Referenzprozess und welche dazugehörige Standard-Lösung implementiert werden sollen. Auch werden dabei ihre Prioritäten festgelegt, basierend auf wichtigen Funktionen, Budgets für die Implementierung und Roadmaps inklusive nutzenorientierter Einführungssequenz unter Berücksichtigung aller aufgezeigten Risiken. Im letzten Schritt des Sieben-Schritte-Vorgehens werden die passenden Rollout- und Change-Managementansätze für die Werke ausgesucht und der Rollout geplant. Eine Hilfestellung für die Auswahl der jeweiligen Rollout- und Change-Managementansätze liefert das Kapitel 4.6.3. Die festgelegten Rollout- und Change-Managementansätze begleiten im Anschluss die Umsetzung fortlaufend.

Teilnehmer und Stakeholder

Die Erarbeitung des Modells obliegt den Experten sowie Führungskräften in den Werken der Industrieunternehmen, wobei das Einbeziehen der betroffenen Akteure im Modell (z.B. Process-Owner) einbezogen werden sollten. Für das Sieben-Schritte-Vorgehen sind entsprechend der aufgeführten Methoden die jeweiligen Teilnehmer einzubinden. Grundsätzlich treiben die Umsetzung die Process-Owner sowie Solution-Owner, welche die Einführung der Lösung und Prozesse verantworten und fortlaufend begleiten. Empfohlen wird die Einbindung der betroffenen Mitarbeiter, um je nach vorhandener Werkskultur zu einer höheren Akzeptanz zu führen.

4.6.3   Rollout- und Change-Management

Dieses Kapitel konkretisiert den letzten Schritt des Sieben-Schritte-Vorgehens der Umsetzungsphase. Dabei liegt der Fokus auf dem Rollout- und Change-Management und konkretisiert bereits vorhandene Rollout- und Change-Managementansätze für die Anwendung in Werken von Industrieunternehmen mit variantenreicher Fertigung.

Rollout-Management

Vor allem bei I4.0 Lösungen erfolgen die Auslegung und Umsetzung des Rollouts unternehmensindividuell und basieren damit auf den spezifischen Prozessen, Organisationen und Technologien des jeweiligen Unternehmens, wie z.B. IT und Kompetenzen.[432] Im Rahmen der Arbeit ist deshalb die Ableitung eines universellen Vorgehens für das Rollout-Management in Werken von Industrieunternehmen mit variantenreicher Fertigung nicht zielführend. Jedoch kann betont werden, dass die bisherigen Elemente und das Vorgehen des I4.0-KIT die notwendigen Grundlagen für den Rollout und seine Planung liefern, wie beispielsweise strategische, technische, funktionale und organisatorische Aspekte.[433] Dies wird untermauert, wenn man klassische Projekte und Rollouts mit IT-Projekten und IT-Rollouts vergleicht, welche aufgrund des IT-Fokus in der digitalen Transformation zu I4.0 eine zentrale Rolle einnehmen.

---

[432] Vgl. auch Gaum 2017, S. 61.
[433] Gleich et al. 2018, S. 190.

Betrachtet man die IT-Projekte und IT-Rollouts ist festzustellen, dass diese oftmals sowohl das Budget und den Zeitplan nicht einhalten und die Wahrscheinlichkeit des Scheiterns zwanzigmal so hoch ist wie initial abgeschätzt. Die Gründe hierfür sind in der Regel nicht bei der Technologie und IT selbst zu finden, sondern bei einer fehlenden Berücksichtigung der geschäftsstrategischen und prozessualen Zielsetzungen und Anforderungen, der fehlenden Integration und Gesamtbetrachtung der Daten- und IT-Landschaft oder auch der Organisation, welche voneinander funktional getrennt arbeitet.[434] Da vor allem der Rollout von IT die größeren Hindernisse aufweist, fokussiert sich die Arbeit beim Rollout-Management vor allem auf die IT. Durch das Steuerungs- und Kollaborationsmodell sowie die vorangegangenen sechs Schritte des Sieben-Schritte-Vorgehens sind die beschriebenen Gründe für das Scheitern bereits vorbeugend berücksichtigt. Der Process-Owner übernimmt die Sicherstellung der strategischen und prozessualen Ziele und Anforderungen und arbeitet eng abgestimmt mit dem Solution-Owner und damit der IT. Damit ist das Prozess-Management sowie das Technologie- bzw. IT-Management eng miteinander verzahnt, um auch langfristig den Wertbeitrag sicherzustellen. Vergleicht man nun bestehende Rollout-Managementansätze, so unterscheiden sich diese stark anhand ihrer Ausprägungen und Inhalte.[435] Enthalten sind hierbei nach der Analyse und Planung, welche im I4.0-KIT bereits abgedeckt sind, in der Regel die Definition, Simulation und Auswahl von Rollout- und Migrationsprozessen, die Kommunikation und Einbindung der Mitarbeiter zur Sicherstellung der Akzeptanz sowie Einführung, Migration und Betrieb der Lösung. Nachfolgend wird auf die Vor- und Nachteile der verschiedenen Rollout-Managementansätze eingegangen.

In der Praxis haben sich vor allem zwei grundlegend verschiedene Ansätze für den Rollout bewährt, der Big-Bang-Rollout und der Step-by-Step-Rollout.[436] Überträgt man die Ansätze auf Werke von Industrieunternehmen mit variantenreicher Fertigung unterscheiden sich beide Ansätze wie folgt. Beim Big-Bang-Rollout werden alle Funktionen einer Lösung werks- und bereichsübergreifend auf einmal in Betrieb genommen. Im Gegensatz dazu werden beim Step-by-Step-Rollout die Funktionen und Teile davon in einzelnen Bereichen zuerst eingeführt und in einer festgelegten Sequenz der Rollout fortgeführt. Der Step-by-Step-Rollout eignet sich damit vor allem für Industrieunternehmen, welche zum einen das Tagesgeschäft nicht allzu sehr belasten wollen und gleichzeitig mit der Einführung und Umsetzung noch nicht so viel Erfahrung gesammelt haben. Weitere Vorteile des Step-by-Step-Rollouts sind die niedrigere Einbindung von Personalkapazitäten, ein sukzessiver Erfahrungsgewinn und ein geringeres Einführungsrisiko. Dahingegen sind die Vorteile des Big-Bang-Rollouts die kurzen Einführungszeiten und die Umsetzung von bereichsübergreifenden Lösungen in einem Schritt.[437]

---

[434] Plass et al. 2013, S. 82 f.,
[435] Vgl. Witte 2018; Ganesh et al. 2014, S. 141 ff.; Doleski und Janner 2013, S. 105 ff.; Plass et al. 2013, S. 81 ff.
[436] Plass et al. 2013, S. 132.
[437] Plass et al. 2013, S. 132 f.

Bei aktuelleren Rollouts von IT-Systemen gibt es jedoch noch weitere Unterteilungen der Rollout-Varianten, wie beispielsweise die Unterteilung nach dem Greenfield-, Brownfield- und Bluefield-Rollout. Der erstere fokussiert die flächendeckende Einführung einer neuen Lösung, welche in einem Big-Bang-Rollout eingeführt wird.

Dem Greenfield-Rollout geht in der Regel eine breite Optimierung der vorhandenen Unternehmensprozesse voraus. Damit soll sichergestellt werden, dass nicht alte und schlechte Prozesse abgebildet und digitalisiert werden, sondern eine Prozessverbesserung im Vorhinein stattfindet, wie beispielsweise analog zum Sieben-Schritte-Vorgehen des I4.0-KIT. Der Brownfield-Rollout geht angelehnt am Step-by-Step-Rollout vor und fokussiert die punktuelle und pragmatische Einführung beginnend bei Teilfunktionen in einzelnen Bereichen unter Einbindung weniger Nutzer. Die Optimierung der Geschäftsprozesse steht hierbei in der Regel nicht im Vordergrund, wird durch das Sieben-Schritte-Vorgehen jedoch berücksichtigt. Der Bluefield-Rollout versucht eine optimale Kombination beider Ansätze. Beispielsweise kann eine neue Lösung in mehreren Bereichen gleichzeitig eingeführt werden, im Gegensatz zum Greenfield-Rollout allerdings jeweils nur einzelne Funktionen. Auch hierfür sind Prozessverbesserungen teilweise erforderlich.[438] Die Tabelle 32 fasst die Ansätze für die Arbeit zusammen.

	Rollout-Umfänge		
Rollout-Varianten	**Greenfield-Rollout**	**Brownfield-Rollout**	**Bluefield-Rollout**
Lokalisierung	Flächendeckend	Nur in einem Werk / Werksbereich	Mehrere Werksbereiche gleichzeitig, aber nicht alle
Prozesse	Vorhergegangene tiefgreifende Harmonisierung / Veränderung der Prozesse	Minimale, nur unbedingt notwendige Prozessveränderungen	Größere und bereichsübergreifende Prozessverbesserungen (z.B. mehrere Werke)
Funktionsumfang	Einführung des gesamten Funktionsumfangs	Erforderliche Mindest- und Teilfunktionen werden zuerst eingeführt	Sukzessive Einführung der Funktionen verteilt auf mehrere Werke und Werksbereiche

(linke Randbeschriftung: Rollout-Ausprägungen)

Tabelle 32 - Rollout-Ausprägungen und -Umfänge in Anlehnung an Plass[439]

Change-Management

Es wurde in diesem Kapitel bereits auf das Zusammenspiel von Prozess- und Technologie- bzw. IT-Management hingewiesen und dem grundsätzlich erforderlichen Fokus auf prozessuale Anforderungen zur Sicherstellung des Wertbeitrags. Neben dem Rollout-Management ist auch das Change-Management von Anfang an eng mit dem Prozess- und Technologie -Management verknüpft.[440] Eine exemplarische Darstellung der Verknüpfung des Prozess-, Technologie- und Change-Managements im Rahmen des I4.0-KIT wird in der Abbildung 51 dargestellt.

---

[438] Vgl. Kulkarni 2019, S. 104; Flanagan 2019; Gleich et al. 2018, S. 192.
[439] Plass et al. 2013, S. 132.
[440] Plass et al. 2013, S. 90.

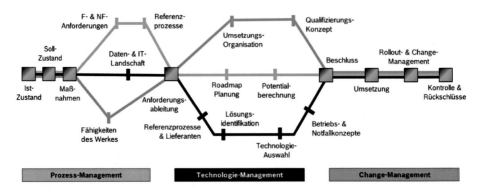

Abbildung 51 - Verflechtung Prozess-, Technologie- und Change-Management im I4.0-KIT

Ähnlich wie beim Rollout-Management hängt auch die Auswahl eines geeigneten Change-Management Ansatzes und seiner Methoden von den vorherrschenden Rahmenbedingungen in den Industrieunternehmen ab, wie beispielsweise der Organisationsstruktur oder auch Unternehmenskultur. Vergleicht man jedoch bestehende Change-Management Ansätze in Bezug auf die Anwendbarkeit in Unternehmen, so können einzelne hervorgehoben werden. Das Change-Management nach Doppler und Lauterburg (2019) ist im Vergleich zu allen anderen Change Management Ansätzen in seinem Umfang, Detailgrad und seiner Anwendung in der Praxis einzigartig, indem die Gestaltung von Veränderungen in Unternehmen präzise formuliert ist und die Sammlung von Vorgehensweisen und Instrumenten detailliert beschrieben wird.[441] Im Rahmen der Arbeit wird in Bezug auf das Change-Management für die Umsetzungsphase des I4.0-KIT näher auf den Ansatz nach Doppler und Lauterburg eingegangen. In ihrer Charta des Change-Managements zeigen Doppler und Lauterburg das enge Zusammenspiel von Veränderungen, Mitarbeitern und der Unternehmenskultur. Die Charta ist in der Abbildung 52 dargestellt.

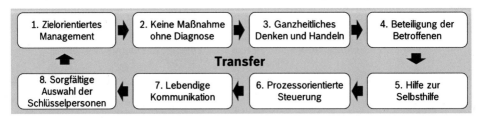

Abbildung 52 - Change-Managements nach Doppler und Lauterburg[442], eigene Darstellung

Mit dem zielorientierten Management soll versucht werden die systematische Planung, Steuerung und Kontrolle mit einer partizipativen und menschenorientierten Führung zu kombinieren. Hierfür muss zuerst die Ausgangslage aufgezeigt werden mit einem klaren Verständnis, warum eine Veränderung erforderlich ist.

---

[441] Loebbert 2015, S. 174.
[442] Doppler und Lauterburg 2019, S. 186.

Auch das Ziel muss den Mitarbeitern klar gezeigt werden inklusive der zu erwartenden Veränderungen. Die Aufgaben müssen klar verteilt und der Fortschritt der Umsetzung kritisch kontrolliert werden. Im Rahmen des zweiten Grundsatzes der Charta wird auf die erforderliche IST- und SOLL-Zustandsanalyse und Beschreibung hingewiesen (vgl. auch Kapitel 4.4). Im Rahmen des Change-Managements bekommt hierbei die Einbindung der betroffenen Mitarbeiter und Führungskräfte eine große Bedeutung, indem sie beispielsweise im Rahmen von Befragungen hinsichtlich ihrer persönlichen Einschätzung der Situation berücksichtigt werden. Im Rahmen des dritten Grundsatzes, dem ganzheitlichen Denken und Handeln wird insbesondere auf eine integrale Berücksichtigung aller Betrachtungsfelder hingewiesen. Dabei sollen neben der Organisationsstruktur beispielsweise auch die Kultur und Führung berücksichtigt werden (vgl. auch Kapitel 4.3). Im vierten Grundsatz wird auf die Beteiligung der Betroffenen eingegangen, da nur sie sich im Detail auskennen und auch für die anschließende Umsetzung motiviert werden müssen. Dabei wird ausdrücklich auf die Einbindung der betroffenen Mitarbeiter von Anfang an hingewiesen. Der fünfte Grundsatz beschreibt die Hilfe zur Selbsthilfe. Aufgrund der bereichsübergreifenden Prozesse im Rahmen eines Change-Managements müssen die Führungskräfte dafür sorgen, dass allen betroffenen Mitarbeitern die erforderlichen theoretischen Grundlagen beigebracht werden, da gerade die Unwissenheit Widerstände gegen Veränderungen erzeugt. Im Rahmen des sechsten Grundsatzes gehen Doppler und Lauterburg auf die prozessorientierte Steuerung ein. Vor allem wird auf den erforderlichen Prozessfokus hingewiesen (vgl. auch Kapitel 4.6.2). So müssen im Rahmen des Change-Managements neben den regelmäßigen Prozess-Analysen und Gesprächen mit den Mitarbeitern auch Widerstände und Konflikte bearbeitet werden. Hierbei wird insbesondere aufgezeigt, dass interne Schlüsselhierarchien genutzt und beispielsweise gerade die größten Kritiker überzeugt werden müssen. Der siebte Grundsatz geht auf eine lebendige Kommunikation ein. Dabei werden zehn „To dos" aufgezeigt, wie beispielsweise plausible Begründungen der Projektziele, eine sorgfältige Vorbereitung oder auch ein konstruktiver Umgang mit Widerständen und offenen Konflikten. Im letzten Grundsatz wird auf eine sorgfältige Auswahl der Schlüsselpersonen im Rahmen des Change-Managements hingewiesen. Dabei sind drei Fragen zu beachten: Wer sind die wichtigsten „Verbündeten"? Wo sind die Meinungsmacher, welche für die Idee gewonnen werden müssen, damit die Mehrheit mitzieht? Wer ist fähig den Veränderungsprozess bzw. Teile davon zu leiten?

Der Ansatz nach Doppler und Lauterburg zeigt anhand konkreter Beispiele die Umsetzung des Change-Managements in der Praxis.[443] Er wird deshalb im Rahmen der Arbeit für die Anwendung in der Umsetzungsphase des I4.0-KIT empfohlen. Vergleicht man zusätzlich die Bestandteile der Change-Management Grundsätze mit den Inhalten und dem Vorgehen des I4.0-KIT so ist zu erkennen, dass alle wichtigen Schritte vor der Umsetzung bereits von Anfang an berücksichtigt wurden, wie z.B. das Einbinden betroffener Mitarbeiter, die erforderlichen SOLL- und IST-Zustandsanalysen oder auch der notwendige Prozessfokus.

---

[443] Doppler und Lauterburg 2019.

4.7 Kontroll- und Lernphase I4.0-KIT

Die letzte Phase des entwickelten I4.0-KIT ist die Kontroll- und Lernphase. In ihr wird die erfolgreiche Umsetzung kontrolliert, und es werden im Sinne der kontinuierlichen Verbesserung Erfahrungen für darauffolgende I4.0 Transformationszyklen gesammelt. Sie besteht dabei aus zwei Teilen. Im ersten Teil, der Kontrolle der Zielerreichung im Kapitel 4.7.1 wird kontrolliert ob die erwarteten Potentiale und festgelegten Ziele erreicht werden, insbesondere durch den Einsatz von Kennzahlen. Im zweiten Teil, im Kapitel 4.7.2, werden aus der Umsetzung durch einen PLAN-IST-Abgleich Rückschlüsse für den nächsten Transformationszyklus abgeleitet.

4.7.1   Kennzahlenerfassung und Kontrolle der Zielerreichung

Im Rahmen des Kapitels 2.3.2 wurde untersucht mit welchen Kennzahlen in Werken von Industrieunternehmen mit variantenreicher Fertigung die Zielerreichung kontrolliert werden kann. Dabei wurden die grundlegenden Kennzahlen Arbeitseffizienz (Ae) und Maschinenproduktivität (Mp), als anwendbare Kennzahlen zur Quantifizierung der Potentiale der umgesetzten Lösungsvarianten, ausgearbeitet. Im Kapitel 4.7.1.1 wird ihre Anwendung konkret aufgezeigt. Die Ae und Mp sind durch ihre Formeln beschrieben.

$$Arbeitseffizienz\ (Ae) = \frac{\sum_{i=1}^{m} Gutst\ddot{u}ck_i * t_{e_i}}{\sum_{j=1}^{n} Anwesenheitszeit_j}$$

Formel 13 - Arbeitseffizienz (Ae)

mit:			
	i	=	Index der Gutstückvarianten; $i \in \{1,...,m\}$
	m	=	Anzahl der produzierten Gutstückvarianten
	j	=	Index der Mitarbeiter; $j \in \{1,...,n\}$
	n	=	Anzahl der direkt mengenabhängigen Mitarbeiter
	Gutstück	=	Den Qualitätsanforderungen entsprechendes Produkt
	t_e	=	Geplante Produktionszeit je Einheit
	Anwesenheitszeit	=	IST-Anwesenheitszeit des Mitarbeiters

$$Maschinenproduktivit\ddot{a}t\ (Mp) = \frac{\sum_{i=1}^{m} Gutst\ddot{u}ck_i * t_{e_i}}{PBZ}$$

Formel 14 - Maschinenproduktivität (Mp)

mit:			
	i	=	Index der Gutstückvarianten; $i \in \{1,...,m\}$
	m	=	Anzahl der produzierten Gutstückvarianten
	Gutstück	=	Den Qualitätsanforderungen entsprechendes Produkt
	t_e	=	Geplante Produktionszeit je Einheit
	PBZ	=	Planbelegungszeit (Betriebszeit der Anlage abzüglich geplanter Stillstände, welche im Rahmen der Feinplanung zur Verfügung steht)

Im Kapitel 4.7.1.2 wird auf weitere Kennzahlen und Maßnahmen eingegangen, wie die Zielerreichung kontrolliert werden kann, wie beispielsweise durch die im Kapitel 4.4 erarbeiteten Kennzahlen Reifegrad ($R_{x, n}$), Zielzustand ($Z_{x,n}$) und Potential ($P_{x,n}$). Sie sind ebenfalls durch ihre Formeln beschrieben.

$$Reifegrad_{x,n} \ bzw. \ R_{x,n} = \sum_{i=1}^{m} \frac{I_{n_i}}{m}$$

Formel 15 - Reifegrad (R)

mit:	x	=	Name des Werkes
	n	=	Index des sozio-technischen Betrachtungsfeldes (1-12), oder (gesamt), bei der Berücksichtigung aller Betrachtungsfelder
	I	=	Ausprägung des IST-Zustands (0-5)
	m	=	Anzahl der Fragen im jeweiligen Betrachtungsfeld
	i	=	Index der Frage im jeweiligen Betrachtungsfeld

$$Zielzustand_{x,n} \ bzw. \ Z_{x,n} = \sum_{i=1}^{m} \frac{S_{n_i}}{m}$$

Formel 16 - Zielzustand (Z)

mit:	x	=	Name des Werkes
	n	=	Index des sozio-technischen Betrachtungsfeldes (1-12), oder (gesamt), bei der Berücksichtigung aller Betrachtungsfelder
	S	=	Ausprägung des SOLL-Zustands (0-5)
	m	=	Anzahl der Fragen im jeweiligen Betrachtungsfeld
	i	=	Index der Frage im jeweiligen Betrachtungsfeld

$$Potential_{x,n} \ bzw. \ P_{x,n} = Z_{x,n} - R_{x,n}$$

Formel 17 - Potential (P)

mit:	x	=	Name des Werkes
	n	=	Index der Frage, des sozio-technischen Betrachtungsfeldes (1-12), oder (gesamt), bei der Berücksichtigung aller Betrachtungsfelder

4.7.1.1 Produktivitätsermittlung bei der Umsetzung von Lösungsvarianten

Grundsätzlich ist die Produktivitätssteigerung in einem Unternehmen durch unterschiedlichste Faktoren, Hebel, Prozesse und Werkzeuge beinflussbar, wie in der Abbildung 53 exemplarisch dargestellt wird.

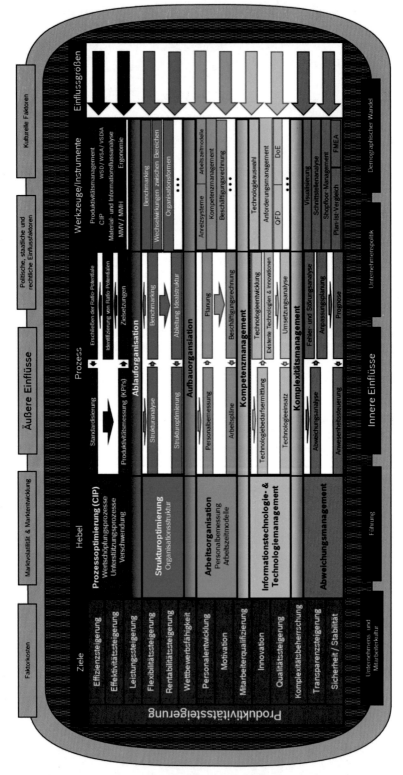

Abbildung 54 - Ordnungsrahmen exemplarischer Einflüsse auf die Produktivitätssteigerung, eigene Darstellung

Aufgrund der vielzähligen Einflussfaktoren und Hebel ist es bei der Messung der Produktivität eine Herausforderung zu belegen, welches die tatsächlichen Gründe für eine gemessene Produktivitätsveränderung sind. Denn oftmals können gar nicht alle Einflussfaktoren ermittelt werden, wie beispielsweise Arbeitsinhalte von indirekten Mitarbeitern auf Minutenebene, ohne dass der Output von ihnen verfolgt wird.[444]

Das von vielen Experten prognostizierte Potential von I4.0 für produzierende Industrieunternehmen erzeugt eine hohe Erwartungshaltung in den Unternehmen, ohne dass die Potentiale im Einzelfall konkret quantifiziert werden können.[445] Im Kapitel 2.3.2 wurden deshalb für die Quantifizierung erprobte Kennzahlen ermittelt und spezifiziert, welche neben den direkten Bereichen, auch auf die indirekte Bereichen variantenreicher Werke produzierender Industrieunternehmen anwendbar sind. Grundsätzlich muss bei der Kennzahlenerfassung sichergestellt werden, dass die Ursachen für gemessene Produktivitätssteigerungen abgegrenzt werden können. Hierfür wird die Anwendung der Produktivitätskennzahlen in den variantenreichen Werken näher beschrieben.

Misst man die Produktivität in einem abgegrenzten Bereich, wie beispielsweise in einem Arbeitssystem, so ist der gemessene Wert schwer einschätzbar. Das kann daran liegen, dass nicht unmittelbar ersichtlich ist, ob eine gemessene Produktivität von beispielsweise 0,8 für das jeweilige Arbeitssystem gut oder schlecht ist. Auch sind die Rahmenbedingen und die Einflussfaktoren auf das jeweilige Arbeitssystem nicht durch den gemessenen Wert ersichtlich. Dommermuth (2016) betont deshalb, dass die Anteile aller Einflussfaktoren auf die Produktivität deutlich komplexer und umfangreicher zu messen sind als rein die Veränderungen einzelner Einflussfaktoren.[446] Die Einschätzung, ob eine gemessene Produktivität von beispielsweise 0,8 gut oder schlecht ist, wird hinfällig, wenn man nur die Veränderung der Produktivität gegenüber dem vorherigen Zustand desselben Bereiches ermittelt. So kann eingeschätzt werden ob ein Bereich produktiver geworden ist, ohne den absoluten Wert einschätzen zu müssen. Im Rahmen dieser Arbeit werden deshalb die Formel 18 und Formel 19 eingeführt, welche jeweils die Steigerung der Produktivitätskennzahlen gegenüber dem durchschnittlichen Vorjahreswert messen:

$$Steigerung\ der\ Arbeitseffizienz\ (SAe_n) = \left[\frac{Ae_n}{Ae_{Vorjahr}} - 1\right] * 100\%$$

Formel 18 - Steigerung der Arbeitseffizienz (SAe)[447]

mit: Ae_n =   Durchschnittliche Arbeitseffizienz im betrachteten Zeitraum n

$Ae_{Vorjahr}$ =   Durchschnittliche Arbeitseffizienz des Vorjahres

---

[444] Vgl. auch Dommermuth 2016, S. 130.
[445] Vgl. auch Reuter et al. 2016.
[446] Dommermuth 2016, S. 130 ff.
[447] Basierend auf Sauter und von Killisch-Horn 2010.

$$Steigerung\ der\ Maschinenproduktivität\ (SMp_n) = \left[\frac{Mp_n}{Mp_{Vorjahr}} - 1\right] * 100\%$$

Formel 19 - Steigerung der Maschinenproduktivität (SMp)

mit: Mp_n =   Durchschnittliche Maschinenproduktivität im betrachteten Zeitraum n

$Mp_{Vorjahr}$ =   Durchschnittliche Maschinenproduktivität des Vorjahres

Bei neu entstehenden Arbeitssystemen ist der Vergleich zum Vorjahr nicht möglich, sofern es sich nicht um eine Verlagerung bereits bestehender Systeme aus anderen Bereichen und Werken handelt. Hier gibt es die Möglichkeit, die durchschnittliche Ae eines kürzeren und repräsentativen Zeitraums als Basis zu nehmen, wie beispielsweise des ersten Monats anstelle des gesamten Basisjahres. Betrachtet man den Verlauf der Steigerung der Produktivitätskennzahlen in einem Zeitraum, wie beispielsweise in den Monaten nach der Einführung einer Lösungsvariante in einem abgegrenzten Arbeitssystem eines Wertstroms, so müssen für die Abschätzung der tatsächlichen Anteile der Einflussfaktoren an der Produktivitätsveränderung nur die Veränderungen des Arbeitssystems und seiner Einflussfaktoren im Vergleich zum Vorjahr aufgezeigt werden. Kann davon ausgegangen werden, dass sich in dem Betrachtungszeitraum keine Rahmenbedingungen veränderten (wie beispielsweise die Produktionsmenge) und diese damit die einzige Veränderung in dem Betrachtungszeitraum die Einführung einer neuen Lösungsvariante sind, so können die gemessenen Produktivitätssteigerungen unmittelbar auf die Lösungsvariante zurückgeführt werden. Verändern sich im selben Zeitraum jedoch weitere Rahmenbedingungen und Einflussfaktoren, wie beispielsweise die Anzahl der eingesetzten Mitarbeiter im Arbeitssystem, so müssen diese Veränderungen entsprechend quantifiziert werden, um den Anteil der eingeführten Lösungsvariante an der Produktivitätssteigerung sauber ermitteln zu können. Für die Abschätzung der beschriebenen Einflussfaktoren, wie beispielsweise die Produktivitätsveränderungen aufgrund der Veränderung der Anzahl eingesetzter Mitarbeiter in einem Arbeitssystem, kann auf verschiedene Methoden zurückgegriffen werden. Beispielsweise können die Vorgabezeiten für die Bearbeitung eines Arbeitssystems für eine unterschiedliche Anzahl an eingesetzten Mitarbeiter im Rahmen des MTM-Verfahrens ermittelt werden.[448] Die Veränderung der Vorgabezeit im Verhältnis zur Veränderung der Anwesenheitsstunden im System ermöglicht die Quantifizierung der Produktivitätsveränderung aufgrund der unterschiedlichen Anzahl an eingesetzten Mitarbeitern. Die Messung der Arbeitseffizienzsteigerung und ihre Darstellung wird in der Abbildung 54 gezeigt.

---

[448] Bokranz und Landau 2012, S. 89 ff.

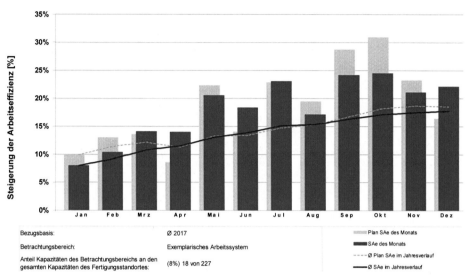

Abbildung 55 - Exemplarische Darstellung der Steigerung der Arbeitseffizienz[449]

In hellblau sind die SAe der Monate und der Verlauf des Durchschnitts der SAe als Linie über das Jahr zu erkennen. In grau werden analog die geplanten SAe Werte der jeweiligen Monate und als gewichtete Linie der Verlauf des Durchschnitts der geplanten SAe Werte gezeigt. Die Darstellung lässt erkennen, wie sich die Produktivität gegenüber des durchschnittlichen Vorjahreswertes verändert. Die geplanten Werte können bereits aus den Detailanalysen und Potentialen der Analysephase abgeleitet werden und ermöglichen dabei neben der Messung der Produktivitätsveränderung auch den Abgleich zwischen der tatsächlichen SAe zur geplanten SAe. Sie enthalten beispielsweise alle Effekte, die geplant sind, um die Menge der Gutstücke zu erhöhen sowie die Anzahl eingesetzter Anwesenheitsstunden zu verringern.

4.7.1.2 Weitere Maßnahmen zur Kontrolle der Zielerreichung

Neben den in der Praxis bewährten Produktivitätskennzahlen zur Quantifizierung der Potentiale können im Rahmen der Kontrollphase noch weitere Kennzahlen und Kontrollmechanismen zur Überprüfung der Zielerreichung zum Einsatz kommen. Die definierte Kennzahl Reifegrad quantifiziert beispielsweise den IST-Zustand des ausgewählten soziotechnischen Betrachtungsfeldes eines Werkes. Der Zielzustand quantifiziert die gewünschte Ausprägung im sozio-technischen Betrachtungsfeld. Das Potential im jeweiligen sozio-technischen Betrachtungsfeld ist die Differenz der beiden Größen. Im Rahmen des kontinuierlich anwendbaren I4.0-KIT bietet es sich deshalb an, den IST-Zustand nach der Umsetzung der geplanten Maßnahmen und Lösungsalternativen laufend neu zu evaluieren.

---

[449] Darstellung in Anlehnung an Sauter und von Killisch-Horn 2010.

Nach jedem Evaluierungsschritt kann dadurch aufgezeigt werden, ob der Zielzustand durch den neuen IST-Zustand erreicht wurde, oder ob beispielsweise neue und weitere Maßnahmen erforderlich sind, um den geplanten Zielzustand tatsächlich zu erreichen. Um den Zielerreichungsgrad in den sozio-technischen Betrachtungsfeldern quantifizieren zu können wurde die Formel 20 erarbeitet.

$$Zielerreichungsgrad_{x,n} \; bzw. \; E_{x,n} = \frac{R_{x,n}{}^{neu} - R_{x,n}}{P_{x,n}} * 100\%$$

Formel 20 - Zielerreichungsgrad eines Werkes (E)

mit: x   =   Name des Werkes

            n   =   Index der Frage, des sozio-technischen Betrachtungsfeldes (1-12),
                      oder (gesamt), bei der Berücksichtigung aller Betrachtungsfelder

      $R_{x,n}$ =   Ursprünglich gemessener Reifegrad

   $R_{x,n}{}^{neu}$ =   Aktualisierter und neu gemessener Reifegrad

      $P_{x,n}$ =   Ursprünglich ausgewiesenes Potential

Beispiel: Im Werk A im Betrachtungsfeld 7 (Prozesse) wurde im April 2019 ein Reifegrad von $R_{WerkA,7}$ = 2,1 gemessen und ein Zielzustand von $Z_{WerkA,7}$ = 3,0 festgelegt. Das ausgewiesene Potential lag damit bei $P_{WerkA,7}$ = 0,9. Soll im April 2020 nun der Zielerreichungsgrad $E_{WerkA,7}{}^{neu}$ berechnet werden, muss zunächst der Reifegrad im entsprechenden Betrachtungsfeld 7 ermittelt werden. Hierfür wird die Reifegradermittlung im Rahmen des I4.0 Implementierungschecks erneut durchgeführt. Liegt der neu gemessene Reifegrad beispielsweise bei $R_{WerkA,7}{}^{neu}$ = 2,6, so ist der Zielerreichungsgrad $E_{WerkA,7} = \frac{2,6-2,1}{0,9} *$ 100% = 55,$\overline{5}$%.

Neben dem Zielerreichungsgrad des I4.0 Implementierungschecks können auch die erarbeiteten SOLL- und Referenzprozesse kontrolliert werden, wie z.B. durch ein Process Mining. Hierbei wird der ermittelte SOLL-Prozess inklusive seiner geplanten Prozessschritte mit den tatsächlich ausgeführten Prozessschritten abgeglichen. Durch Tools wie beispielsweise Celonis können anschließend die Abweichungen von dem geplanten Prozess zeitnah dargestellt werden.[450] Hiermit kann im Sinne des kontinuierlichen Verbesserungsprozesses festgestellt werden, ob ein definierter Standard-Referenzprozess oder auch SOLL-Prozess tatsächlich eingehalten wird, um anschließend die Gründe für die Abweichungen ableiten zu können.

---

[450] Fleischmann et al. 2018, S. 221 ff.

Die Zielerreichung bei den Qualifikationen kann neben dem I4.0 Implementierungscheck auch mit einem Abgleich der aktuellen Qualifikationsstände und tatsächlich durchgeführter Qualifikationsmaßnahmen mit der Kompetenzmatrix ermittelt werden. Neben diesen Kennzahlen können auch weitere unternehmensindividuelle Kennzahlen für die Zielerreichung zum Einsatz kommen, wie beispielsweise der Digitalisierungs- und Automatisierungsgrad, die Durchlaufzeiten oder auch Qualitätskennzahlen wie Fehlerraten.[451]

4.7.2   Lernen und Rückschlüsse

Wurden die Kennzahlen ermittelt sowie weitere Kontrollmaßnahmen durchgeführt, können diese anschließend analysiert werden, um qualitative Aussagen abzuleiten. Der PLAN-IST-Abgleich ist dabei eine in der Praxis erprobte IE-Methode, um die Abweichungen erkennen zu können, insbesondere auch bei I4.0 Technologien wie MES.[452] Anhand der Maschinenproduktivität wird der PLAN-IST-Abgleich exemplarisch in der Abbildung 55 gezeigt.

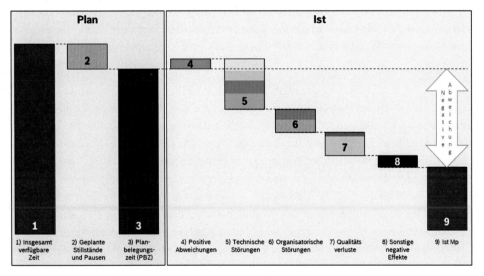

Abbildung 56 - Exemplarischer PLAN-IST-Abgleich, eigene Darstellung

Im Rahmen der Schichtplanung wird die Maschinenbelegung unter Berücksichtigung der Mp (insbesondere Ausbringungsmenge und Vorgabezeiten) geplant. Die Balken 1-3 stellen den PLAN-Zustand dar. Von der insgesamt verfügbaren Zeit (1) werden die geplanten Stillstände wie beispielsweise Maschinenwartungen und Pausen (2) abgezogen. Die verbliebene Zeit ist die Planungsbasis bzw. Planbelegungszeit (PBZ) (3). Beim PLAN-IST-Abgleich wird nun der IST-Zustand, in diesem Fall die Ist Mp (9) mit dem Plan bzw. der PBZ (3) verglichen.

---

[451] Vgl. auch Appelfeller und Feldmann 2018.
[452] Biedermann 2016, S 132. ff.

Die Abweichung von Plan zu Ist muss nun tiefer analysiert werden. Hierfür sollten die Abweichungen erfasst werden, wie beispielsweise durch Aufschriebe oder IT-Systeme. Bei den Abweichungen kann es sich um positive Abweichungen (4) handeln, welche die verfügbare Zeit der Maschinen erhöht. Ein Beispiel dafür ist eine kürzere Maschinenwartungsdauer als geplant. Neben den positiven Abweichungen müssen vor allem auch negative Abweichungen (5-8) erfasst werden (vgl. Kapitel 2.3.2). Dabei kann es sich um technische Störungen (5) wie beispielsweise ungeplante Maschinenstillstände oder Werkzeugbrüche handeln, um organisatorische Störungen (6) wie beispielsweise einen fehlenden Mitarbeiter aufgrund eines ungeplanten Ausfalls durch Krankheit, um Qualitätsverluste (7) wie beispielsweise Ausschuss und für die Nacharbeit benötigte Zeit oder auch sonstige negative Effekte (8), wie beispielsweise einen Stromausfall oder auch nicht begründbare Abweichungen. Der PLAN-IST-Abgleich bietet sich insbesondere beim Shopfloor-Management eines Werkes an (z.B. Morgenrunden), in dem die Produktion des vorherigen Tages mit den Mitarbeitern reflektiert und der kommende Tag besprochen wird. Werden die Abweichungen hier besprochen, so sollten die Gründe dafür erörtert werden und mindestens für die größten Abweichungen Verantwortliche definiert werden, welche Gegen- bzw. Verbesserungsmaßnahmen ableiten, um die Abweichungen stetig zu verringern.

Grundsätzlich sollten Abweichungen so detailliert wie möglich erfasst werden, um belastbare Abweichungsgründe für die Identifikation von Verbesserungsmaßnahmen zu erhalten. Die Erfassung der Abweichungen kann dabei auf drei Arten erfolgen: Automatisch, semi-automatisch und manuell. Die automatische Erfassung kann beispielsweise durch die automatische Erfassung von Störungscodes der Maschinen erfolgen, sowie den dazugehörigen Zeitdauern in welcher die Störungscodes gemeldet wurden. Die semi-automatische Erfassung ist nicht vollautomatisch und erfordert mindestens eine Aktion des Bedieners. Beispielsweise können die Zeitdauern der Abweichungen von dem System automatisch berechnet werden, wie beispielsweise die Zeit zwischen dem Ende eines Programmdurchlaufs und dem Start des nächsten Programmdurchlaufes einer NC Maschine, zusätzlich muss jedoch der Anwender noch manuell den Abweichungsgrund eintragen. Die manuelle Erfassung als letzte Möglichkeit der Abweichungserfassung erfordert sowohl die Eingabe oder den Aufschrieb der Zeitdauer, meist eine Schätzung, sowie die manuelle Eingabe oder den Aufschrieb des Abweichungsgrunds. Im Rahmen des PLAN-IST-Abgleichs können wie beschrieben die Ursachen für die Abweichungen im Detail analysiert werden und im Rahmen der kontinuierlichen Verbesserungsarbeit abschließend Maßnahmen abgeleitet werden, um in Zukunft weniger Abweichungen und damit eine höhere Mp zu erreichen. Diese Rückschlüsse stellen die Grundlage für das kontinuierliche Lernen und das nachhaltige Implementieren von Standards in den Werken dar.

Zusätzlich zum Einsatz von Kennzahlen wird im Rahmen der Arbeit auf die Verfolgung der umzusetzenden Maßnahmen in der Umsetzungsphase hingewiesen. So sollte die Einhaltung des Zeitplans und Budgets laufend überprüft werden. Insbesondere im Rahmen des Rollout-Managements sollte erfasst werden, welche Umsetzungsmaßnahmen und -ziele tatsächlich erreicht wurden, um bei Abweichungen kurzfristig gegensteuern zu können (z.B. analog zum Steuerungs- und Kollaborationsmodells).

Neben dem PLAN-IST-Abgleich, der Umsetzungsverfolgung und den Rückschlüssen sollten die gemessenen Kennzahlen, wie beispielsweise die Produktivitätssteigerungen durch die Umsetzung einer Lösungsalternative, ebenfalls als Basis genommen werden für die weitere Implementierung. So können beispielsweise in den definierten Use-Cases die tatsächlich gemessenen Potentiale niedergeschrieben werden. Die Dokumentation hilft im Anschluss aus dem Einsatz der Lösungsvarianten zu lernen und ihr Potential auch für weitere Anwendungsfälle besser einschätzen zu können., wie beispielsweise in anderen Werken oder Werksbereichen.

4.8 Anforderungsabgleich und Fazit I4.0-KIT

Im letzten Schritt wird das entwickelte I4.0-KIT in der Bewertungslogik nach Kapitel 3.2.1 bewertet und anschließend ein Fazit gebildet.

Analyse und Bewertung:

Berücksichtigte Betrachtungsfelder
Alle zwölf relevanten sozio-technischen Betrachtungsfelder werden im Rahmen des entwickelten I4.0-KIT voll berücksichtigt und sind gleichzeitig für ein Werk beschrieben und damit ausreichend konkretisiert.

Reifegradermittlung
Der entwickelte I4.0 Implementierungscheck berücksichtigt alle drei Schritte einer Reifegradermittlung. Bei der IST-Zustands-Analyse sind für die jeweiligen sozio-technischen Betrachtungsfelder von Werken individuelle Fragen inklusive einer Beschreibung der möglichen Ausprägungen (0-5) abgeleitet. Dies ermöglicht eine Einschätzung des IST-Zustandes für alle relevanten Betrachtungsfelder. Anschließend kann der SOLL-Zustand abgeleitet werden und ermöglicht durch seine Verknüpfung der verschiedenen sozio-technischen Betrachtungsfelder die Festlegung eines erreichbaren Zielzustands. Neben dem Fragekatalog werden auch Detailanalysen beschrieben, welche die Analyse der IST-Prozesse sowie das Ableiten von SOLL-Prozessen für Werke ermöglichen und damit den Reifegrad sowie den Zielzustand umfassend konkretisieren. Abschließend können basierend auf den Erkenntnissen konkrete Potentiale und Maßnahmen abgeleitet werden, welche nach einer mehrdimensionalen Gewichtung in einer priorisierten und optimalen Maßnahmenliste münden. Die entwickelte Methodik ist damit für ein Werk unmittelbar anwendbar (vgl. Anhang).

Planung der Implementierung

Die Planung der Implementierung wird über die Konkretisierung der Anforderungen und der anschließenden Detailplanung voll berücksichtigt und ist für die Anwendung in einem Werk in Gänze beschrieben. Die Maßnahmen werden zuerst in Anforderungspakete überführt, welche ebenfalls priorisiert werden können. Anschließend kann aus den Anforderungspaketen die erforderliche Daten- und IT-Landschaft abgeleitet werden sowie die erforderlichen Fähigkeiten eines Werkes. In der anschließenden Planung werden die Identifizierung und Festlegung der passenden Lösungsvarianten ermöglicht. Darauf aufbauend werden bewährte Methoden für die Auswahl der Umsetzungsorganisation und -form erläutert. Danach folgt die Ableitung der Qualifizierungsmaßnahmen in Form einer Kompetenzmatrix und das Ableiten der Betriebs- und Notfallkonzepte. Vor dem letzten Schritt erfolgt die initiale Potential- und Wirtschaftlichkeitsberechnung zur Vorbereitung einer Entscheidungsgrundlage. Im letzten Schritt wird die Planung durch die Erarbeitung und Festlegung der Roadmap und des Zeitplans finalisiert.

Umsetzung

Die auf der Planungsphase basierende Umsetzung wird voll berücksichtigt und ist von einem Werk in Gänze unmittelbar anwendbar. Zusätzlich werden anwendbare Umsetzungsformen dargestellt und aufgezeigt, in welchen Fällen die jeweiligen Umsetzungsformen für die Umsetzungsphase zu favorisieren sind. Darüber hinaus ist die Umsetzung und Steuerung in den Werken beschrieben, wie beispielsweise durch das Sieben-Schritte-Vorgehen zur Umsetzung oder auch durch das Steuerungs- und Kollaborationsmodell.

Ebenfalls werden verschiedene Ansätze des Rollout- und Change-Managements aufgezeigt und die Eigenschaften sowie Vor- und Nachteile für die Werke und Anwender erläutert.

Kontrolle und Rückschlüsse

Im Rahmen der Kontrolle und Rückschlüsse werden die erforderlichen KPIs und deren Anwendung beschrieben sowie die Kontrolle der Zielerreichung in den Werken. Im Anschluss wird aufgezeigt, wie unter anderem im Rahmen eines PLAN-IST-Abgleichs Rückschlüsse für den nächsten Transformationszyklus abgeleitet werden können.

Aufgrund der oben beschriebenen Analysen und Bewertungen wird das im Rahmen der Arbeit entwickelte I4.0-KIT wie folgt bewertet:

Transformationskonzept	Bewertungskriterien:									
	Betrachtungsfelder				Reifegradermittlung					
	Strategie, Organisationsstruktur & Führung	Prozesse, Fertigung & Logistik	IT-, Daten & Sicherheit	Qualifikation, Kommunikation & Kultur	Ermittlung des IST-Zustands	Ermittlung des SOLL-Zustands	Ableitung von Maßnahmen	Planung der Implementierung	Umsetzung	Kontrolle und Rückschlüsse
I4.0-KIT	☑	☑	☑	☑	☑	☑	☑	☑	☑	☑

Tabelle 33 - Bewertung des entwickelten I4.0-KIT

Das im Rahmen der Arbeit entwickelte I4.0-KIT ist damit aktuell das einzige Konzept, welches alle relevanten sozio-technischen Betrachtungsfelder der Werke von Industrieunternehmen mit variantenreicher Fertigung voll berücksichtigt. Zusätzlich ermöglicht es, alle erforderlichen Schritte für die ganzheitliche Analyse, Planung, Umsetzung und Kontrolle der digitalen Transformation zu I4.0 und deren Anwendung in variantenreichen Werken. Es ist ein phasenweises Konzept, welches in Zyklen schrittweise und konsekutiv umgesetzt wird und dadurch individuelle Geschwindigkeiten und Umfänge von der Implementierung in den jeweiligen Werken ermöglicht. Zusätzlich ist das entwickelte I4.0-KIT offen gegenüber unternehmenseigenen Methoden, wie beispielsweise Kennzahlen und kann durch seinen modularen Aufbau ergänzt werden. Es ist dadurch gegenüber zukünftigen Weiterentwicklungen und Anpassungen offen.[453] Es erklärt in seinen konsekutiven Schritten nicht nur was zu tun ist, sondern erläutert darüber hinaus wie die Dinge umzusetzen sind, auch um einen optimalen Mehrwert durch die digitale Transformation eines Werkes sicherzustellen.

Als Vorgehensmodell enthält es alle dafür erforderlichen Methoden, Ansätze, Beschreibungen, Leitfäden und good-practices für die Analyse, Planung, Umsetzung und Kontrolle der digitalen Transformation zu I4.0 der Werke von Industrieunternehmen mit variantenreicher Fertigung.

---

[453] Dommermuth 2019, S. 5 f.

5 Anwendung und Validierung I4.0-KIT

In diesem Kapitel werden das entwickelte konsekutive und integrale I4.0 Transformationskonzept (I4.0-KIT) und seine Bestandteile in mehreren unterschiedlichen Werken eines produzierenden Industrieunternehmens mit variantenreicher Fertigung angewandt. Dafür wird im Kapitel 5.1 der Anwendungsbereich inklusive der vorherrschenden Rahmenbedingungen und die Eigenschaften der Werke beschrieben. Im darauf folgenden Kapitel 5.2 bis Kapitel 5.5 wird anhand von Fallbeispielen die Anwendbarkeit der einzelnen Phasen des entwickelten I4.0-KIT und seiner Teile in verschiedenen Werken eines produzierenden Industrieunternehmens mit variantenreicher Fertigung validiert. Im letzten Kapitel 5.6 werden die Ergebnisse zusammengefasst und ein entsprechendes Fazit gebildet sowie das entwickelte I4.0-KIT hinsichtlich der wissenschaftlichen Gütekriterien Validität, Reliabilität und Objektivität bewertet. **Hinweis: Das Fazit der jeweiligen Kapitel und die Grundaussagen wurden im Rahmen der Arbeit nicht verändert. Es wurden jedoch die Zahlenwerte verändert, um im Rahmen der Transparenzreduzierung und Anonymisierung die Vertraulichkeit in Bezug auf das analysierte Industrieunternehmen wahren zu können.**

5.1 Anwendungsbereich

Um die Anwendbarkeit des entwickelten I4.0-KIT in Werken eines Industrieunternehmens mit variantenreicher Fertigung umfassend nachweisen zu können, wurden seine Phasen und Bestandteile im Rahmen dieser Arbeit in elf weltweit verteilten variantenreichen Werken angewandt. Hierbei lag der besondere Fokus auf einer breiten Verteilung der Rahmenbedingungen und Eigenschaften der Werke. Zuerst wurde auf die globale Anwendbarkeit geachtet, weshalb Teile des entwickelten I4.0-KIT in Standorten außerhalb Deutschlands, in der EU und außerhalb der EU (vorwiegend in USA und Asien) angewendet wurden. Auch wurde das I4.0-KIT in unterschiedlich großen Werken angewandt. Die Größe der elf Werke variierte dabei von unter 100 direkten Mitarbeitern bis hin zu über 1000 direkten Mitarbeitern. Dabei wurden drei Werke als klein (weniger als 250 Mitarbeiter), vier als mittel (mehr als 250 Mitarbeiter und weniger als 750 Mitarbeiter) und vier als groß (mehr als 750 Mitarbeiter) kategorisiert. Die elf Werke decken mit den jeweiligen Wertströmen und Produktionssystemen alle definierten Geschäftsarten ab, welche Industrieunternehmen mit variantenreicher Fertigung abdecken können. Die Verteilung ist dabei: 2-mal ETO, 4-mal MTO, 2-mal ATO und 3-mal MTS (vgl. Kapitel 2.1.1). Eine Übersicht liefert die nachfolgenden Tabelle 34:

© Der/die Autor(en), exklusiv lizenziert durch
Springer-Verlag GmbH, DE, ein Teil von Springer Nature 2021
M. Dommermuth, *Entwicklung und Anwendung eines konsekutiven integralen Transformationskonzeptes für Werke von Industrieunternehmen mit variantenreicher Fertigung*, ifaa-Edition, https://doi.org/10.1007/978-3-662-62823-2_5

Bezeichnung	Lokalität	Größe anhand Anzahl direkter Mitarbeiter	Untersuchte Geschäftsart
Werk 1	Innerhalb der EU	Klein	ETO
Werk 2	Außerhalb der EU	Klein	MTS
Werk 3	Außerhalb der EU	Klein	ATO
Werk 4	Innerhalb Deutschlands	Mittel	ATO
Werk 5	Innerhalb Deutschlands	Mittel	MTS
Werk 6	Außerhalb der EU	Mittel	MTO
Werk 7	Innerhalb Deutschlands	Mittel	MTO
Werk 8	Innerhalb Deutschlands	Groß	ETO
Werk 9	Außerhalb der EU	Groß	MTO
Werk 10	Innerhalb Deutschlands	Groß	MTS
Werk 11	Innerhalb Deutschlands	Groß	MTO

Tabelle 34 - Übersicht der Werke in denen das I4.0-KIT angewandt wurde

5.2 Anwendung und Validierung Analysephase

Die Analysephase wurde in allen elf Werken validiert und die Anwendung dauerte im Schnitt neun Arbeitstage pro Werk, wovon die erforderlichen Detailanalysen im Schnitt fünf Tage benötigten. Dabei korrelierte die Anwendungsdauer für die Analysephase weder mit der Größe noch mit der Geschäftsart. Sie korrelierte jedoch mit den vorhandenen Fachkenntnissen der Werke, wie beispielsweise mit dem Prozesswissen durch übergreifend bekannte und standardisierte Prozesse, oder auch dem grundsätzlichen Bedarf an Detailanalysen. Für die Anwendung und Durchführung der Analysephase wurde wie in der Abbildung 56 dargestellt vorgegangen:

Vorbereitung (1 Tag)	Kickoff (1 Tag)	I4.0 Implementierungscheck (1-2 Tage)	Detailanalysen (3-8 Tage)	Maßnahmenableitung und Ergebnis (1Tag)
• Telefonate & Mails vorab • Absprache bezüglich Vorgehen & Zielsetzung • Fixierung der Termine inkl. erforderlicher Teilnehmer • Vorbereitungen relevanter Unterlagen wie IT-Dokumentationen oder Wertstromaufnahmen	• Gegenseitiges kennenlernen aller Beteiligten in der Analysephase • Vorstellung Inhalte von I4.0, Strategie, Vorgehen & Diskussion • Vorstellung des Werkes, Produkte, Strategie & Diskussion • Führung durch das Werk mit Fokus auf einen geschäftstypischen Wertstrom	• Durchführung I4.0 Implementierungscheck im Rahmen der Interviews mit I4.0 Werks-Verantwortlichen sowie punktueller Einbezug weiterer Fachexperten aus den jeweiligen sozio-technischen Betrachtungsfeldern des Werkes • Dokumentierung in Excel Tabelle • Auswahl erforderlicher Detailanalysen • Festlegung der Soll-Zustände durch I4.0 Verantwortliche, Fachexperten & Führungskräfte	• Durchführung der Detailanalysen • Brown-Paper Visualisierung aller Schritte des Informationsflusses mit Wertstrom- & Informationsflussverantwortlichen & Experten • Konkretisierung & Finalisierung der Schritte des Informationsflusses durch punktuelle Interviews mit den beteiligten Personen • Gemeinsame Potentialableitung & Definition des Soll-Informationsflusses	• Maßnahmenableitung auf Basis der Differenz der Ist- & Soll-Zustände des Implementierungschecks & Informationsflüsse • Festlegung der Gewichtung mit dem I4.0 Verantwortlichen & den Führungskräften • Priorisierung der Maßnahmen & Finalisierung der Maßnahmenliste • Anschließend Digitalisierung aller Detailanalysen & anschließende Ergebnispräsentation mit allen Beteiligten der Analysephase sowie Diskussion

Abbildung 57 - Vorgehen zur Anwendung der Analysephase in den Werken

In den nachfolgenden Unterkapiteln werden jeweils die Ergebnisse aus den Implementierungschecks in den Kapiteln 5.2.1 bis 5.2.11 dargestellt . Anschließend werden die Ergebnisse der I4.0 Implementierungschecks im Kapitel 5.2.12 und die Ergebnisse der Detailanalysen im Kapitel 5.2.13 zusammengefasst und verglichen. Im Kapitel 5.2.14 wird im Anschluss ein Fazit aus der Analysephase gezogen mit besonderem Blick auf die Anwendbarkeit in Werken von Industrieunternehmen mit variantenreicher Fertigung.

5.2.1 Fallbeispiel I4.0 Implementierungscheck Werk 1

Im ersten Fallbeispiel wurde der I4.0 Implementierungscheck in einem Werk angewandt, welches außerhalb Deutschlands, aber innerhalb der EU lag. Die Geschäftsart des kleinen Werkes entsprach dem Engineer-to-Order Prozess. Die durchschnittlichen Losgrößen waren geringer als 10 Teile derselben Variante pro Auftrag. Die ursprüngliche Zielsetzung des Werkes den Fokus auf die Softwareeinführung zu setzen, wurde nach der Anwendung des I4.0 Implementierungschecks stark verändert, da die dafür erforderlichen Rahmenbedingungen aus der IST-Zustands-Analyse erst noch geschaffen werden müssen. Neben den umsetzbaren Digitalisierungsmaßnahmen, wie beispielsweise der Schaffung der erforderlichen IT-Infrastruktur, wurden auch überwiegend organisatorische und prozessseitige Maßnahmen sowie Potentiale abgeleitet. Das größte Potential lag dabei in den sechs sozio-technischen Betrachtungsfeldern Organisation, Führung, Strategie, IT, Prozesse und der Fertigung und damit überwiegend in der sozio-technischen Dimension Organisation. Die Ergebnisse der Anwendung des I4.0 Implementierungschecks im Werk 1 werden in der Abbildung 57 und der dazugehörigen Tabelle 35 sowie in der Tabelle 36 mit dem abgeleiteten werksindividuellen Maßnahmenplan dargestellt.

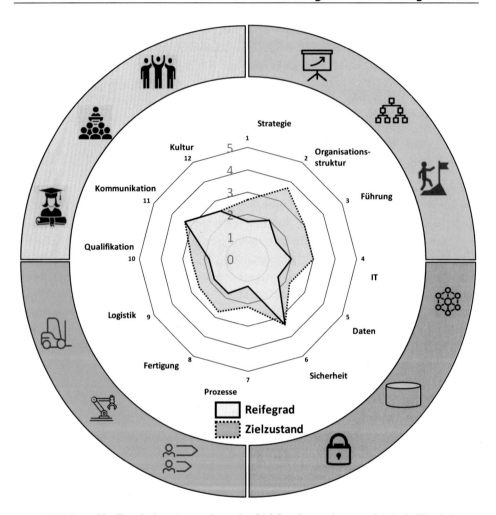

Abbildung 58 - Ergebnisse Anwendung des I4.0 Implementierungschecks in Werk 1

Die sozio-technischen Betrachtungsfelder werden in dem Diagramm dargestellt (Zahl und Name).

	sozio-technisches Betrachtungsfeld												sozio-technische Dimension		
	1	2	3	4	5	6	7	8	9	10	11	12	Organisation	Technik	Personal
Reifegrad	1,7	2,0	1,5	2,0	1,6	3,4	1,2	1,8	1,8	1,8	3,3	2,5	1,72	1,96	2,54
Zielzustand	2,7	3,7	3,0	3,0	2,2	3,4	2,1	2,7	2,6	2,6	3,3	2,5	3,11	2,67	2,81
Potential	1,0	1,7	1,5	1,0	0,6	0,0	0,9	0,9	0,8	0,8	0,0	0,0	1,39	0,71	0,27

Tabelle 35 - Ergebnisse Anwendung des I4.0 Implementierungschecks in Werk 1

Maßnahmen	Abhängigkeiten	Gewichtete Maßnahme
1: Ausarbeiten einer I4.0 Strategie für das Werk	5;7;	8
2: Umsetzung eines Fertigungsfeinplanungs- und Steuerungssystems	-	6
3: Erfassung der Abweichungen	2;6;9;	5,5
4: Einführung einer Leistungsanalyse am Shopfloor inklusive Visualisierung	2;9;	3,8
5: Initialisierung eines kleinen Teams für I4.0 Umsetzungsmaßnahmen	7;	3,2
6: Einführung von Bildschirmen an den Shopfloor-Arbeitsplätzen	-	3,0
7: Einfache Grundlagenqualifizierung der Mitarbeiter im Rahmen von I4.0	-	0,6
8: Einführung eines Informationsmanagements zur Datenverteilung und -visualisierung	-	-0,4
9: Einführung einer Maschinen- und Betriebsdatenerfassung	-	-1,8

Tabelle 36 - Top-Maßnahmen aus dem I4.0 Implementierungscheck in Werk 1

5.2.2   Fallbeispiel I4.0 Implementierungscheck Werk 2

Im zweiten Fallbeispiel wurde der I4.0 Implementierungscheck in einem Werk angewandt, welches außerhalb der EU lag. Das Werk war dabei klein und seine Geschäftsart entsprach dem Make-to-Stock. Die durchschnittliche Losgröße betrug 41. Die ausgearbeitete Strategie des Werkes konnte nach der Anwendung des I4.0 Implementierungschecks zwar bestätigt werden, aber auch weitere Maßnahmen identifiziert werden, um für I4.0 erforderliche Rahmenbedingungen zu schaffen. Neben den umsetzbaren Digitalisierungsmaßnahmen, wie beispielsweise der Umsetzung eines digitalen Zwillings, wurden überwiegend organisatorische, prozessuale und personalseitige Maßnahmen sowie Potentiale abgeleitet. Das größte Potential lag dabei in den sechs sozio-technischen Betrachtungsfeldern Organisation, Kultur, Qualifikation, Führung, IT und Fertigung und damit überwiegend in den sozio-technischen Dimensionen Personal und Organisation. Die Ergebnisse der Anwendung des I4.0 Implementierungschecks im Werk 2 werden in der Abbildung 58 und der dazugehörigen Tabelle 37 sowie in der Tabelle 38 mit dem abgeleiteten werksindividuellen Maßnahmenplan dargestellt.

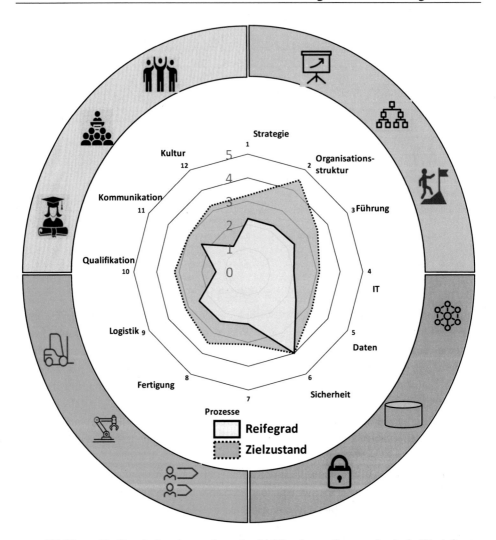

Abbildung 59 - Ergebnisse Anwendung des I4.0 Implementierungschecks in Werk 2

	sozio-technisches Betrachtungsfeld												sozio-technische Dimension		
	1	2	3	4	5	6	7	8	9	10	11	12	Organisation	Technik	Personal
Reifegrad	2,3	2,3	2,3	2,0	2,4	4,0	2,2	2,4	2,5	1,4	2,3	1,3	2,28	2,59	1,66
Zielzustand	3,3	4,5	3,5	3,1	3,2	4,0	3,1	3,5	3,1	3,2	3,0	3,3	3,75	3,34	3,15
Potential	1,0	2,3	1,2	1,1	0,8	0,0	0,9	1,1	0,7	1,8	0,7	2,0	1,47	0,75	1,49

Tabelle 37 - Ergebnisse Anwendung des I4.0 Implementierungschecks in Werk 2

Maßnahmen	Abhängigkeiten	Gewichtete Maßnahme
1: Schaffung von Cross-funktionaler Zusammenarbeit über Bereichsgrenzen hinweg	-	8,4
2. Detaillierung der I4.0 Strategie in Bezug auf den Beitrag der einzelnen Bereiche	5;10;	5,8
3: Einführung eines Auftragsmanagements inklusive digitalen Zwilling und Auftragsfortschritt	6;8;11;	5,8
4: Erstellung von Betriebs- und Notfallkonzepten für die IT	-	5,6
5: Einbezug aller Mitarbeiter in die digitale Transformation durch z.B. Diskussionen	-	5,6
6: Umsetzung eines Fertigungsfeinplanungs- und Steuerungssystems	-	5,4
7: Erfassung der Abweichungen	6;	5,0
8: Papierlose Fertigung durch entsprechende Werkerführungssysteme an den Arbeitsplätzen	6;11;	4,6
9: Einführung einer Leistungsanalyse am Shopfloor inklusive Visualisierung	7;	3,4
10: Einfache Grundlagenqualifizierung der Mitarbeiter im Rahmen von I4.0	-	0,4
11: Einführung eines Informationsmanagements zur Datenverteilung und -visualisierung	-	-2,2

Tabelle 38 - Top-Maßnahmen aus dem I4.0 Implementierungscheck in Werk 2

5.2.3   Fallbeispiel I4.0 Implementierungscheck Werk 3

Im dritten Fallbeispiel wurde der I4.0 Implementierungscheck in einem Werk angewandt, welches außerhalb der EU lag. Das Werk war dabei klein und seine Geschäftsart entsprach dem Assembly-to-Order Prozess. Die durchschnittliche Losgröße der vielen verschiedenen Produktvarianten betrug 14. Die ursprüngliche Zielsetzung des Werkes konnte im Rahmen der Anwendung des I4.0 Implementierungschecks bestätigt werden, aber auch hier wurden noch erforderliche Rahmenbedingungen aus der IST-Zustands-Analyse abgeleitet, welche noch geschaffen werden müssen, wie beispielsweise Sicherheitsmaßnahmen in der IT. Neben den umsetzbaren Digitalisierungsmaßnahmen, wie beispielsweise der Umsetzung eines digitalen Abweichungsmanagementsystems, wurden vor allem auch prozessseitige Maßnahmen sowie Potentiale abgeleitet. Das größte Potential lag dabei in den sechs sozio-technischen Betrachtungsfeldern Sicherheit, Logistik, Fertigung, Prozesse, Kommunikation und IT und damit überwiegend in der sozio-technischen Dimension Technik. Dies lag vor allem daran, dass bereits große Teile der erforderlichen organisatorischen Rahmenbedingungen geschaffen wurden und damit tatsächlich größere Potentiale durch die Umsetzung von sicheren IT- und I4.0-Lösungen in der Fertigung und Logistik erschlossen werden können. Die Ergebnisse der Anwendung des I4.0 Implementierungschecks im Werk 3 werden in der Abbildung 59 und der dazugehörigen Tabelle 39 sowie in der Tabelle 40 mit dem abgeleiteten werksindividuellen Maßnahmenplan dargestellt.

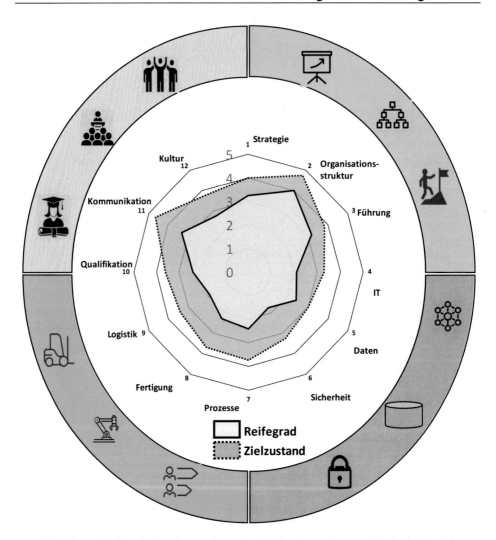

Abbildung 60 - Ergebnisse Anwendung des I4.0 Implementierungschecks in Werk 3

	sozio-technisches Betrachtungsfeld												sozio-technische Dimension		
	1	2	3	4	5	6	7	8	9	10	11	12	Organisation	Technik	Personal
Reifegrad	3,3	4,0	3,2	2,1	2,4	1,8	2,4	2,3	1,9	2,4	3,3	2,8	3,47	2,15	2,83
Zielzustand	4,0	4,8	3,8	3,3	3,0	3,3	3,7	3,7	3,4	3,6	4,7	3,8	4,19	3,39	4,01
Potential	0,8	0,8	0,7	1,2	0,6	1,5	1,3	1,4	1,5	1,2	1,3	1,0	0,72	1,24	1,18

Tabelle 39 - Ergebnisse Anwendung des I4.0 Implementierungschecks in Werk 3

Maßnahmen	Abhän-gigkeiten	Gewichtete Maßnahme
1: Kommunikation der I4.0 Strategie und Visualisierung der KPIs	-	8,2
2: Umsetzung eines Fertigungsfeinplanungs- und Steuerungssystems	-	7
3: Papierlose Fertigung durch entsprechende Werkerführungssysteme an den Arbeitsplätzen	2;8;	4,2
4: Erfassung der Abweichungen von Maschinen sowie Abweichungen vom Planzustand	2;	4,0
5: Erfassung der Informationsflüsse	-	3,2
6: Erstellung von Betriebs- und Notfallkonzepten für die IT	-	2,0
7: Visualisierung und Erfassung der Materialbestände	-	1,8
8: Einführung eines Informationsmanagements zur Datenverteilung und -visualisierung	-	1,0
9: Inventarisierung der Software und Tools	-	0,8
10: Einfache Grundlagenqualifizierung der Mitarbeiter im Rahmen von I4.0	-	0,2

Tabelle 40 - Top-Maßnahmen aus dem I4.0 Implementierungscheck in Werk 3

5.2.4   Fallbeispiel I4.0 Implementierungscheck Werk 4

Im vierten Fallbeispiel wurde der I4.0 Implementierungscheck in einem deutschen Werk angewandt. Das Werk war dabei mittelgroß und seine Geschäftsart entsprach dem Assembly-to-Order Prozess. Die durchschnittliche Losgröße betrug 8. Die ausgearbeitete Strategie des Werkes konnte nach der Anwendung des I4.0 Implementierungschecks als äußerst ambitioniert bewertet werden, und es wurden weitere Maßnahmen identifiziert, um für die Zielsetzungen die erforderlichen Rahmenbedingungen zu schaffen. Neben den umsetzbaren Digitalisierungsmaßnahmen, wie beispielsweise der Maschinenvernetzung, gab es auch vor allem organisatorische und personalseitige Maßnahmen sowie Potentiale. Das größte Potential lag dabei in den sechs sozio-technischen Betrachtungsfeldern Organisation, Fertigung, Qualifikation, IT, Prozesse und Sicherheit und damit überwiegend in der sozio-technischen Dimension Technik. Die Ergebnisse der Anwendung des I4.0 Implementierungschecks im Werk 4 werden in der Abbildung 60 und der dazugehörigen Tabelle 41 sowie in der Tabelle 42 mit dem abgeleiteten werkindividuellen Maßnahmenplan dargestellt.

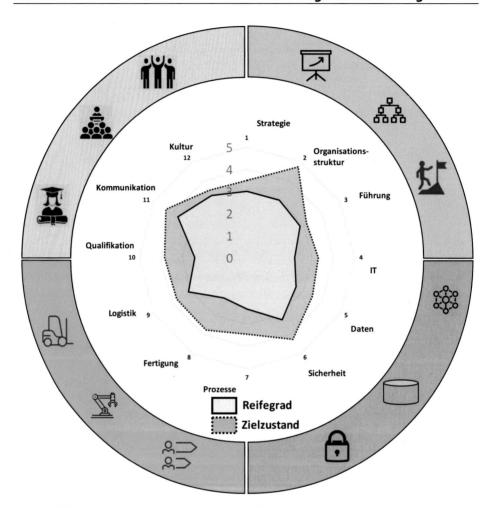

Abbildung 61 - Ergebnisse Anwendung des I4.0 Implementierungschecks in Werk 4

	sozio-technisches Betrachtungsfeld												sozio-technische Dimension		
	1	2	3	4	5	6	7	8	9	10	11	12	Organisation	Technik	Personal
Reifegrad	3,0	3,0	2,8	2,2	2,6	3,3	2,3	2,1	3,1	2,4	3,7	3,3	2,94	2,60	3,11
Zielzustand	3,5	4,8	3,2	3,3	3,5	4,3	3,5	3,8	3,8	3,8	4,3	3,5	3,81	3,67	3,88
Potential	0,5	1,8	0,3	1,1	0,9	1,0	1,1	1,7	0,6	1,4	0,7	0,3	0,86	1,07	0,77

Tabelle 41 - Ergebnisse Anwendung des I4.0 Implementierungschecks in Werk 4

Maßnahmen	Abhän-gigkeiten	Gewichtete Maßnahme
1: Einführung eines Auftragsmanagementsystems inklusive Digitalen Zwillings und Auftragsfortschritt	4;5;9;	5,4
2: Papierlose Fertigung durch entsprechende Werkerführungssysteme an den Arbeitsplätzen	1;5;9;	2,3
3: Erfassung und Optimierung der Informationsflüsse	-	2,1
4: Datenqualität verbessern und Single Source of Truth einführen	5;	1,5
5: Einführung einer Maschinen- und Betriebsdatenerfassung sowie Maschinenvernetzung	8;	1,1
6: Erstellung von Betriebs- und Notfallkonzepten für die IT	-	1,0
7: Einfache Grundlagenqualifizierung der Mitarbeiter im Rahmen von I4.0	-	0,5
8: Schlagkräftige Organisation etablieren für die Umsetzung der Ziele in der IT und bei I4.0	.	0,3
9: Einführung eines Informationsmanagements zur Daten-Verteilung und Visualisierung	-	-0,5

Tabelle 42 - Top-Maßnahmen aus dem I4.0 Implementierungscheck in Werk 4

5.2.5   Fallbeispiel I4.0 Implementierungscheck Werk 5

Im fünften Fallbeispiel wurde der I4.0 Implementierungscheck in einem deutschen Werk angewandt. Das Werk war dabei mittelgroß und seine Geschäftsart entsprach dem Make-to-Stock Prozess. Die durchschnittliche Losgröße betrug 80. Die ausgearbeitete Strategie des Werkes konnte nach der Anwendung des I4.0 Implementierungschecks mit seinen Inhalten, im Gegensatz zum Fokus der aktuellen Roadmap, grundsätzlich bestätigt werden. Die pilotweise Umsetzung neuer Maßnahmen erfolgt dabei in einem sehr raschen Tempo, obwohl noch zusätzliche Maßnahmen die erforderlichen Rahmenbedingungen schaffen müssen, um eine nachhaltig positive Umsetzung sicherstellen zu können. Neben den umsetzbaren Digitalisierungsmaßnahmen, wie beispielsweise der Auftragsverfolgung, wurden insbesondere organisatorische, prozessuale und personalseitige Maßnahmen sowie Potentiale abgeleitet. Das größte Potential lag dabei in den sechs sozio-technischen Betrachtungsfeldern Sicherheit, Organisation, Qualifikation, Prozesse, Fertigung und IT und damit am stärksten in der sozio-technischen Dimension Technik, dicht gefolgt von der Dimension Organisation und Personal. Die Ergebnisse der Anwendung des I4.0 Implementierungschecks im Werk 5 werden in der Abbildung 61 und der dazugehörigen Tabelle 43 sowie in der Tabelle 44 mit dem abgeleiteten werksindividuellen Maßnahmenplan dargestellt.

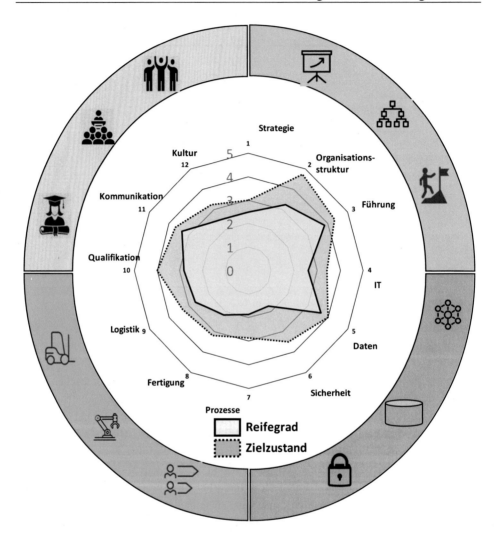

Abbildung 62 - Ergebnisse Anwendung des I4.0 Implementierungschecks in Werk 5

	sozio-technisches Betrachtungsfeld												sozio-technische Dimension		
	1	2	3	4	5	6	7	8	9	10	11	12	Organisation	Technik	Personal
Reifegrad	2,5	3,3	3,8	2,6	3,6	1,8	1,9	2,2	2,7	2,8	3,3	2,5	3,19	2,45	2,88
Zielzustand	3,0	4,8	4,3	3,4	4,0	3,5	2,9	3,2	3,3	4,0	3,7	3,3	4,03	3,38	3,64
Potential	0,5	1,5	0,5	0,8	0,4	1,8	1,0	1,0	0,6	1,2	0,3	0,8	0,83	0,93	0,76

Tabelle 43 - Ergebnisse Anwendung des I4.0 Implementierungschecks in Werk 5

Maßnahmen	Abhän-gigkeiten	Gewichtete Maßnahme
1: Erfassung und Optimierung der Informationsflüsse	-	8,6
2: Umsetzung eines Fertigungsfeinplanungs- und Steuerungssystems	-	7,8
3: Einführung eines Auftragsmanagements inklusive digitalen Zwilling und Auftragsfortschritt	2;8;10;	5,8
4: Papierlose Fertigung durch entsprechende Werkerführungssysteme an den Arbeitsplätzen	2;3;8;10	4,2
5: Erhöhung der Awareness und Sicherstellung der IT-Security (z.B. Virenscanner)	11;	4,0
6: Einführung Abweichungserfassung sowie Leistungsanalyse	2;3;10;	3,8
7: Inventarisierung der vorhandenen Software und Tools	-	3,2
8: Einführung eines Informationsmanagements zur Daten-Verteilung und Visualisierung	-	1,6
9: Schlagkräftige Organisation etablieren für die Umsetzung der Ziele in der IT und bei I4.0	-	1,0
10: Einführung einer übergreifenden Maschinen- und Betriebsdatenerfassung und Vernetzung	8	0,6
11: Einfache Grundlagenqualifizierung der Mitarbeiter im Rahmen von I4.0	-	0,4

Tabelle 44 - Top-Maßnahmen aus dem I4.0 Implementierungscheck in Werk 5

5.2.6   Fallbeispiel I4.0 Implementierungscheck Werk 6

Im sechsten Fallbeispiel wurde der I4.0 Implementierungscheck in einem Werk angewandt, welches sich außerhalb der EU befand. Das Werk war dabei mittelgroß und seine Geschäftsart entsprach dem Make-to-Order Prozess. Die durchschnittliche Losgröße betrug 8. Die bisher durchgeführten Ansätze des Werkes konnten nach der Anwendung des I4.0 Implementierungschecks mit seinen Inhalten bestätigt werden und sie ermöglichten durch die geschaffenen Rahmenbedingungen gute Grundlagen für die digitale Transformation. Neben den umsetzbaren Digitalisierungsmaßnahmen, wie beispielsweise dem Abweichungsmanagement, konnten Maßnahmen sowie Potentiale in allen sozio-technischen Betrachtungsfeldern abgeleitet werden. Das größte Potential lag dabei in den sechs sozio-technischen Betrachtungsfeldern Qualifikation, Strategie, Fertigung, Logistik, IT und Kommunikation und damit am höchsten in der sozio-technischen Dimension Personal. Die Ergebnisse der Anwendung des I4.0 Implementierungschecks im Werk 6 werden in der Abbildung 62 und der dazugehörigen Tabelle 45 sowie in der Tabelle 46 mit dem abgeleiteten werksindividuellen Maßnahmenplan dargestellt.

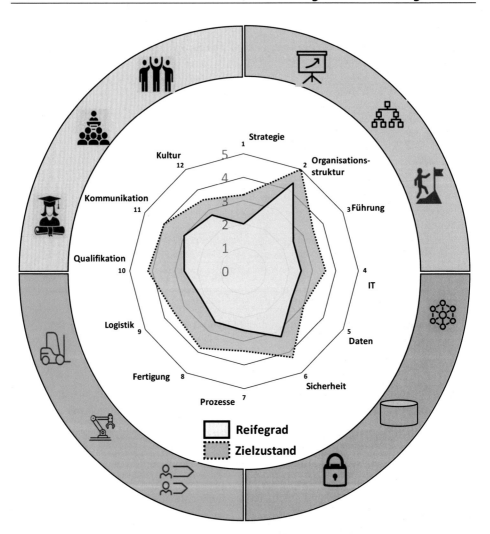

Abbildung 63 - Ergebnisse Anwendung des I4.0 Implementierungschecks in Werk 6

	sozio-technisches Betrachtungsfeld												sozio-technische Dimension		
	1	2	3	4	5	6	7	8	9	10	11	12	Organisation	Technik	Personal
Reifegrad	2,0	4,3	2,5	2,5	2,4	3,3	2,5	2,5	2,2	2,6	3,0	2,8	2,94	2,57	2,78
Zielzustand	3,3	5,0	3,5	3,6	3,0	4,3	3,4	3,8	3,5	4,2	4,0	3,5	3,92	3,59	3,90
Potential	1,3	0,7	1,0	1,1	0,6	1,0	0,9	1,3	1,3	1,6	1,0	0,8	0,97	1,02	1,12

Tabelle 45 - Ergebnisse Anwendung des I4.0 Implementierungschecks in Werk 6

Maßnahmen	Abhän-gigkeiten	Gewichtete Maßnahme
1: Qualifizierung der Nutzer der IT-Tools	-	6,2
2: Austausch mit den direkten Mitarbeitern bezüglich Ideen zu I4.0 und Prozessen	6;	5,8
3. Ausarbeitung und Detaillierung I4.0 Strategie in Bezug auf den Beitrag der einzelnen Bereiche	2;6;	5,0
4: Einführung der Abweichungserfassung sowie Leistungsanalyse	8;11;	4,8
5: Visualisierung und Erfassung der Materialbestände	-	4,7
6: Einfache Grundlagenqualifizierung der Mitarbeiter im Rahmen von I4.0	-	3,5
7: Erfassung und Optimierung der Informationsflüsse	-	3,4
8: Umsetzung eines Fertigungsfeinplanungs- und Steuerungssystems	-	2,9
9: Papierlose Fertigung durch entsprechende Werkerführungssysteme an den Arbeitsplätzen	5;12;	2,0
10: Inventarisierung der vorhandenen Software und Tools	-	1,4
11: Einführung einer übergreifenden Maschinen- und Betriebsdatenerfassung und Vernetzung	-	1,0
12: Einführung eines Informationsmanagements zur Datenverteilung und -visualisierung	-	0,7

Tabelle 46 - Top-Maßnahmen aus dem I4.0 Implementierungscheck in Werk 6

5.2.7 Fallbeispiel I4.0 Implementierungscheck Werk 7

Im siebten Fallbeispiel wurde der I4.0 Implementierungscheck in einem deutschen Werk angewandt. Das Werk war dabei mittelgroß und seine Geschäftsart entsprach dem Make-to-Order Prozess. Die durchschnittliche Losgröße betrug 2. Die hohen Ziele des Werkes werden auch im Zielzustand sichtbar. In vielen sozio-technischen Bereichen hatte das Werk schon einen hohen Reifegrad und schaffte dadurch bereits gute Grundlagen und Rahmenbedingungen für die digitale Transformation. Aber in dem Werk konnten auch Schwachpunkte und Verbesserungspotentiale identifiziert werden. Neben den umsetzbaren Digitalisierungsmaßnahmen, wie beispielsweise der automatischen Bereitstellung von Produktionsdaten bei den Maschinen und Anlagen, konnten Maßnahmen sowie Potentiale in allen untersuchten sozio-technischen Betrachtungsfeldern abgeleitet werden. Das größte Potential lag in den sechs sozio-technischen Betrachtungsfeldern Kultur, Organisation, IT, Qualifikation, Daten und Fertigung und damit vor allem in der sozio-technischen Dimension Organisation. Der auffällig niedrige Reifegrad im sozio-technischen Betrachtungsfeld Kultur konnte auch in den Detailanalysen bestätigt werden, in denen die größte Hürde darin bestand, offene Gespräche mit den Anwendern aus verschiedenen Organisationseinheiten und Werksbereichen führen zu können, unter anderem da Vorbehalte und siloähnliche Strukturen vorhanden waren. Die Ergebnisse der Anwendung des I4.0 Implementierungschecks im Werk 7 werden in der Abbildung 63 und der dazugehörigen Tabelle 47 sowie in der Tabelle 48 mit dem abgeleiteten werksindividuellen Maßnahmenplan dargestellt.

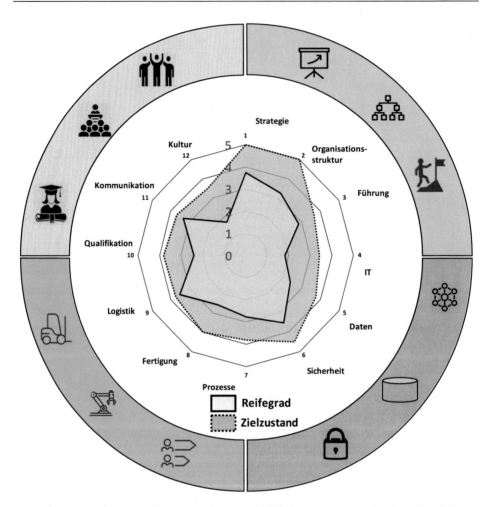

Abbildung 64 - Ergebnisse Anwendung des I4.0 Implementierungschecks in Werk 7

	sozio-technisches Betrachtungsfeld												sozio-technische Dimension		
	1	2	3	4	5	6	7	8	9	10	11	12	Organisation	Technik	Personal
Reifegrad	3,8	3,3	2,8	1,8	2,4	3,5	2,8	2,6	3,5	2,4	3,3	1,8	3,28	2,76	2,49
Zielzustand	5,0	5,0	3,7	3,4	3,8	4,5	3,8	4,0	3,7	3,8	3,7	3,5	4,56	3,87	3,66
Potential	1,3	1,8	0,8	1,6	1,4	1,0	1,0	1,4	0,2	1,4	0,3	1,8	1,28	1,11	1,16

Tabelle 47 - Ergebnisse Anwendung des I4.0 Implementierungschecks in Werk 7

Maßnahmen	Abhän-gigkeiten	Gewichtete Maßnahme
1: Bereichsübergreifender Austausch mit allen Mitarbeitern bzgl. Prozessen und deren Abläufe	-	9,2
2: Einbindung aller Mitarbeiter in den digitalen Transformationsprozess	8;	8,4
3: Klarere organisatorische Trennung bei den Verantwortlichkeiten	-	7,4
4: Papierlose Fertigung durch entsprechende Werkerführungssysteme an den Arbeitsplätzen	11;12;	6,8
5: Erfassung und Optimierung der Informationsflüsse	8;	3,1
6: Erhöhung der Flexibilität durch ein durchgängiges Auftragsmanagement inklusive Digitalem Zwilling	11;12;13;	3,0
7: Einführung einer einheitlichen Abweichungserfassung sowie Leistungs-analyse	10;12;13;	2,6
8: Einfache Grundlagenqualifizierung der Mitarbeiter im Rahmen von I4.0	-	2,2
9: Qualifizierung der Nutzer der IT-Tools	-	1,5
10: Voraussetzungen schaffen & Umsetzung eines Fertigungsplanungs- und Steuerungssystems	12;	0,6
11: Einführung eines Informationsmanagements zur Datenverteilung und -visualisierung	12;	0,4
12: Anforderungsgerechte und durchgängige IT-Architektur und –Infrastruk-tur ableiten	8;9;	-0,2
13: Übergreifende Maschinen- und Betriebsdatenerfassung und Vernetzung	-	-0,6

Tabelle 48 - Top-Maßnahmen aus dem I4.0 Implementierungscheck in Werk 7

5.2.8   Fallbeispiel I4.0 Implementierungscheck Werk 8

Im achten Fallbeispiel wurde der I4.0 Implementierungscheck in einem deutschen Werk angewandt. Das Werk war dabei groß und die untersuchte Geschäftsart entsprach dem Engineer-to-Order Prozess. Die durchschnittliche Losgröße betrug 8. Durch die Anwendung und Durchführung des I4.0 Implementierungschecks mit seinen Inhalten konnte aufgezeigt werden, dass für die gewünschten Zielsetzungen und Technologien noch grundlegende Rahmenbedingungen für die digitale Transformation geschaffen werden müssen. Diese können bereits vor der Digitalisierung hohe Potentiale erschließen. Neben den umsetzbaren Digitalisierungsmaßnahmen, wie beispielsweise der Anbindung der Maschinen an die IT-Umgebung, konnten Maßnahmen und Potentiale in allen sozio-technischen Betrachtungsfeldern abgeleitet werden. Das größte Potential lag dabei in den sechs sozio-technischen Betrachtungsfeldern IT, Qualifikation, Sicherheit, Strategie, Organisation und Daten und damit das höchste Potential in der sozio-technischen Dimension Organisation. Die Ergebnisse der Anwendung des I4.0 Implementierungschecks im Werk 8 werden in der Abbildung 64 und der dazugehörigen Tabelle 49 sowie in der Tabelle 50 mit dem abgeleiteten werksindividuellen Maßnahmenplan dargestellt.

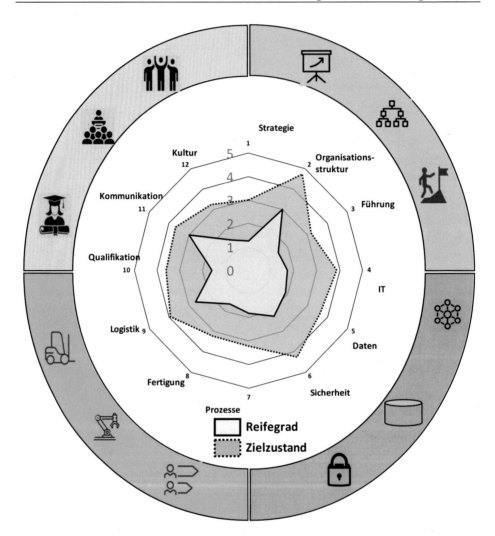

Abbildung 65 - Ergebnisse Anwendung des I4.0 Implementierungschecks in Werk 8

	sozio-technisches Betrachtungsfeld												sozio-technische Dimension		
	1	2	3	4	5	6	7	8	9	10	11	12	Organisation	Technik	Personal
Reifegrad	1,3	3,0	1,5	1,7	1,9	2,3	1,8	1,6	2,7	1,6	3,0	1,5	1,92	2,00	2,03
Zielzustand	3,0	4,8	3,2	3,9	3,6	4,3	3,2	3,2	3,9	3,6	3,7	3,3	3,64	3,69	3,51
Potential	1,8	1,8	1,7	2,2	1,8	2,0	1,4	1,6	1,3	2,0	0,7	1,8	1,72	1,69	1,47

Tabelle 49 - Ergebnisse Anwendung des I4.0 Implementierungschecks in Werk 8

Maßnahmen	Abhän-gigkeiten	Gewichtete Maßnahme
1: I4.0 Strategie ausarbeiten und werks-übergreifend umsetzen	13;	8,1
2: Umsetzung eines Fertigungsfeinplanungs- und Steuerungssystems	6;	6,5
3: Klarere Vorgaben der Führungskräfte in Bezug auf I4.0	13;	5,1
4: Erfassung und Optimierung der Informationsflüsse	13;	5,0
5: Einführung Abweichungserfassung sowie Leistungsanalyse zur Transparenzerhöhung	11;	4,5
6: Datenqualität erhöhen und Single source of truth umsetzen	8;13;	3,3
7: Auftragsmanagement umsetzen inklusive track&trace	11;	3,1
8: Etablierung einer organisatorischen Gruppe für IT in der Fertigung	-	1,8
9: Inventarisierung der vorhandenen Software und Tools	8;	1,1
10: Papierlose Fertigung durch entsprechende Werkerführungssysteme an den Arbeitsplätzen	6;12;	0,2
11: Einführung einer übergreifenden Maschinen- und Betriebsdatenerfassung und Vernetzung	8;	-0,2
12: Einführung eines Informationsmanagements zur Daten-Verteilung und Visualisierung	8;	-0,5
13: Einfache Grundlagenqualifizierung der Mitarbeiter zu I4.0 und IT-Tools	-	-1,2

Tabelle 50 - Top-Maßnahmen aus dem I4.0 Implementierungscheck in Werk 8

5.2.9 Fallbeispiel I4.0 Implementierungscheck Werk 9

Im neunten Fallbeispiel wurde der I4.0 Implementierungscheck in einem Werk angewandt, welches sich außerhalb der EU befand. Das Werk war dabei groß und seine Geschäftsart entsprach überwiegend dem Make-to-Order Prozess. Die durchschnittliche Losgröße betrug 11. Die ausgewählten nächsten Schritte konnten im Rahmen der Anwendung des I4.0-KIT bestätigt werden. Auch wenn teilweise schon Rahmenbedingungen und Grundlagen für die digitale Transformation geschaffen wurden, sind für die abgeleiteten Zielzustände weitere Rahmenbedingungen und grundlegende Schritte erforderlich. Neben den umsetzbaren Digitalisierungsmaßnahmen, wie beispielsweise einer durchgängigen Maschinenvernetzung im Rahmen einer Prozess- und Maschinendatenerfassung, konnten Maßnahmen und Potentiale in allen sozio-technischen Betrachtungsfeldern abgeleitet werden. Das größte Potential lag dabei in den sechs sozio-technischen Betrachtungsfeldern Sicherheit, Fertigung, Qualifikation, Organisation, Prozesse und Strategie und damit die höchsten Potentiale in der sozio-technischen Dimension Technik. Die Ergebnisse der Anwendung des I4.0 Implementierungschecks im Werk 9 werden in der Abbildung 65 und der dazugehörigen Tabelle 51 sowie in der Tabelle 52 mit dem abgeleiteten werksindividuellen Maßnahmenplan dargestellt.

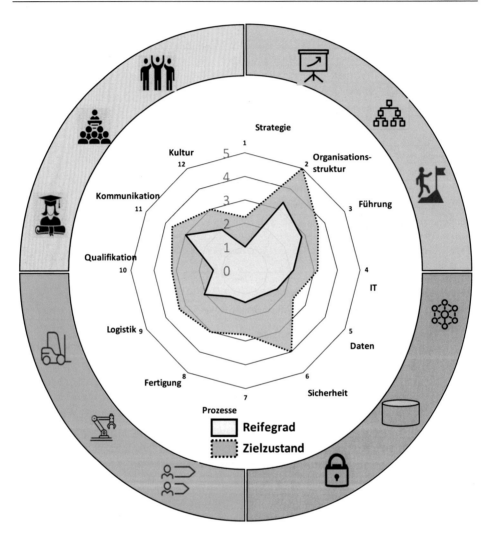

Abbildung 66 - Ergebnisse Anwendung des I4.0 Implementierungschecks in Werk 9

	sozio-technisches Betrachtungsfeld												sozio-technische Dimension		
	1	2	3	4	5	6	7	8	9	10	11	12	Organisation	Technik	Personal
Reifegrad	1,0	3,3	2,8	2,1	1,6	1,3	1,4	1,3	2,1	1,4	3,0	2,0	2,39	1,61	2,13
Zielzustand	2,3	5,0	3,7	3,1	2,4	4,0	2,7	3,0	3,3	3,2	3,7	3,0	3,64	3,10	3,29
Potential	1,3	1,7	0,8	1,0	0,8	2,8	1,4	1,8	1,3	1,8	0,7	1,0	1,25	1,49	1,16

Tabelle 51 - Ergebnisse Anwendung des I4.0 Implementierungschecks in Werk 9

Maßnahmen	Abhän-gigkeiten	Gewichtete Maßnahme
1: Erfassung und Optimierung der Material- und Informationsflüsse	-	9,2
2. Ausarbeitung und Detaillierung der I4.0 Strategie in Bezug auf Beitrag der einzelnen Bereiche	10;	7,7
3: Einführung Abweichungserfassung sowie Leistungsanalyse	4;6;7;	6,2
4: Umsetzung eines Fertigungsfeinplanungs- und Steuerungssystems	-	4,1
5: Auftragsmanagement umsetzen inklusive track&trace	4;6;	2,4
6: Einführung einer übergreifenden Maschinen- und Betriebsdatenerfassung und Vernetzung	7;	0,5
7: Etablierung einer organisatorischen Gruppe für IT und I4.0 in der Fertigung	10;	0,4
8: Ausarbeitung übergreifender Betriebs- und Notfallkonzepte (auch für eigene Tools)	9;	0,4
9: Erfassung der IT-Systeme inklusive ihrer Anwendungsfälle und Beschreibungen	7;	-0,3
10: Einfache Grundlagenqualifizierung der Mitarbeiter zu IT-Tools und I4.0	-	-1,3

Tabelle 52 - Top-Maßnahmen aus dem I4.0 Implementierungscheck in Werk 9

5.2.10   Fallbeispiel I4.0 Implementierungscheck Werk 10

Im zehnten Fallbeispiel wurde der I4.0 Implementierungscheck in einem deutschen Werk angewandt. Das Werk war dabei groß und seine Geschäftsart entsprach überwiegend dem Make-to-Stock Prozess. Die durchschnittliche Losgröße betrug 28. Die bisherige Strategie und die umgesetzten Schritte des Werkes konnten nach der Anwendung des I4.0 Implementierungschecks übergreifend bestätigt werden und sie ermöglichten durch die geschaffenen Rahmenbedingungen gute Grundlagen für die digitale Transformation. Neben den umsetzbaren Digitalisierungsmaßnahmen, wie beispielsweise übergreifenden digitalen Assistenz- und Werkerführungssystemen, konnten auch Maßnahmen sowie Potentiale in anderen sozio-technischen Betrachtungsfeldern abgeleitet werden. Auch waren die abgeleiteten Potentiale im Rahmen des I4.0 Implementierungschecks erreichbare und schnell umsetzbare Zielzustände. Das größte Potential lag dabei in den sechs sozio-technischen Betrachtungsfeldern Führung, Qualifikation, Prozesse, Daten, IT und Fertigung und damit am höchsten in der sozio-technischen Dimension Technik. Die Ergebnisse der Anwendung des I4.0 Implementierungschecks im Werk 10 werden in der Abbildung 66 und der dazugehörigen Tabelle 53 sowie in der Tabelle 54 mit dem abgeleiteten werksindividuellen Maßnahmenplan dargestellt.

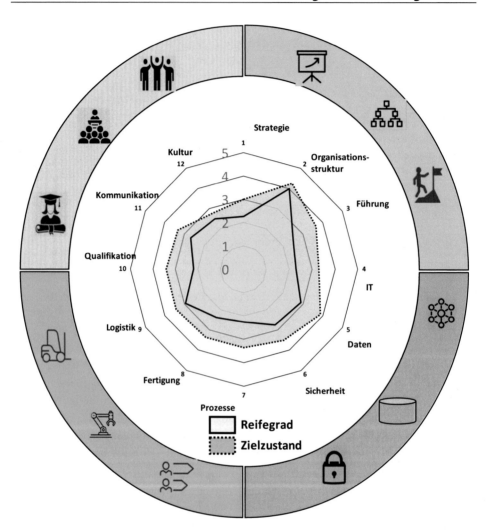

Abbildung 67 - Ergebnisse Anwendung des I4.0 Implementierungschecks in Werk 10

	sozio-technisches Betrachtungsfeld												sozio-technische Dimension		
	1	2	3	4	5	6	7	8	9	10	11	12	Organisation	Technik	Personal
Reifegrad	2,3	4,0	2,5	2,3	2,9	2,8	2,3	2,4	2,9	2,2	2,7	2,5	2,92	2,59	2,46
Zielzustand	3,0	4,3	3,7	3,3	3,9	3,5	3,4	3,4	3,4	3,4	3,3	2,8	3,64	3,47	3,16
Potential	0,8	0,3	1,2	1,0	1,0	0,8	1,1	1,0	0,5	1,2	0,7	0,3	0,72	0,88	0,71

Tabelle 53 - Ergebnisse Anwendung des I4.0 Implementierungschecks in Werk 10

Maßnahmen	Abhängigkeiten	Gewichtete Maßnahme
1: Einführung einheitlicher Abweichungserfassung sowie Leistungsanalyse	11;	5,2
2: Einführung systemübergreifender Wartungs- und Instandhaltungsplanung	5;	4,9
3: Single Source of Truth umsetzen und redundante Daten reduzieren	5;	3,0
4: Papierlose Fertigung durch entsprechende Werkerführungssysteme an den Arbeitsplätzen	8;9;	2,2
5: IT-Durchgängigkeit erhöhen und Verringerung der Schnittstellen	12;	2,1
6: Führungskräfte intensiver für I4.0 und IT schulen, für Zielableitung innerhalb der Abteilungen	-	1,9
7: Erfassung und Optimierung der Informationsflüsse	-	1.5
8: Digitalisierung der Arbeitsanweisungen und Dokumente	-	1,1
9: Einführung eines Informationsmanagements zur Datenverteilung und -visualisierung	-	0.8
10: Remote Zugriff für IT-Systeme ausarbeiten	-	0,5
11: Durchgängige Maschinen- und Betriebsdatenerfassung und Vernetzung	-	0,2
12: Inventarisierung der vorhandenen eigenentwickelten Tools und Software	-	-0,3
13: Einfache Grundlagenqualifizierung der Mitarbeiter zu IT-Tools und I4.0	-	-0,5

Tabelle 54 - Top-Maßnahmen aus dem I4.0 Implementierungscheck in Werk 10

5.2.11 Fallbeispiel I4.0 Implementierungscheck Werk 11

Im elften Fallbeispiel wurde der I4.0 Implementierungscheck in einem deutschen Werk angewandt. Das Werk war dabei groß und seine Geschäftsart entsprach überwiegend dem Make-to-Order Prozess. Die durchschnittliche Losgröße betrug 5. Die bisher durchgeführten Ansätze des Werkes waren hauptsächlich traditionelle Fertigungs- und IT-Themen, und es konnte nach der Anwendung des I4.0 Implementierungschecks aufgezeigt werden, dass für eine erfolgreiche digitale Transformation des Werkes vor allem noch organisatorische und personalseitige Grundlagen geschaffen werden müssen. Neben den umsetzbaren Digitalisierungsmaßnahmen, wie beispielsweise der Erhöhung der IT-Durchgängigkeit, konnten insbesondere Maßnahmen sowie Potentiale in den anderen sozio-technischen Betrachtungsfeldern abgeleitet werden. Das größte Potential lag dabei in den sechs sozio-technischen Betrachtungsfeldern Qualifikation, Strategie, Führung, Kommunikation, Kultur und Daten und damit überwiegend in den sozio-technischen Dimensionen Personal und Organisation. Die Ergebnisse der Anwendung des I4.0 Implementierungschecks im Werk 11 werden in der Abbildung 66 und der dazugehörigen Tabelle 55 sowie in der Tabelle 56 mit dem abgeleiteten werksindividuellen Maßnahmenplan dargestellt.

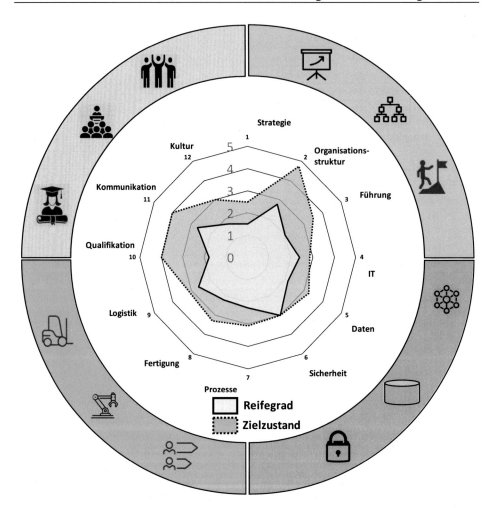

Abbildung 68 - Ergebnisse Anwendung des I4.0 Implementierungschecks in Werk 11

	1	2	3	4	5	6	7	8	9	10	11	12	Organisation	Technik	Personal
Reifegrad	1,5	2,8	2,0	2,4	2,1	3,0	2,3	2,2	2,6	1,8	2,7	1,8	2,08	2,44	2,07
Zielzustand	2,5	4,8	3,5	2,9	3,3	3,0	3,1	3,3	3,1	4,0	4,0	3,0	3,58	3,10	3,67
Potential	1,0	2,0	1,5	0,5	1,1	0,0	0,8	1,1	0,5	2,2	1,3	1,3	1,50	0,66	1,59

Tabelle 55 - Ergebnisse Anwendung des I4.0 Implementierungschecks in Werk 11

Maßnahmen	Abhän-gigkeiten	Gewichtete Maßnahme
1: Einfache Grundlagenqualifizierung der Mitarbeiter in Bezug auf IT-Tools und I4.0	-	6,6
2. Ausarbeitung und Detaillierung einer I4.0 Strategie für den Standort	1;3;	5,9
3: IT Awareness der Führungskräfte erhöhen durch Schulungen und Einführung I4.0 Steuerkreis	-	4,1
4: Kommunikation der Standortziele und Strategie sicherstellen	2;3;	3,3
5: Erfassung und Optimierung der Informationsflüsse	-	3,2
6: Crossfunktionale Einbindung der Mitarbeiter in den digitalen Transformationsprozess	-	2,1
7: Papierlose Fertigung durch entsprechende Werkerführungssysteme an den Arbeitsplätzen	11;	1,8
8: Einführung einer einheitlichen Abweichungserfassung sowie Leistungsanalyse	-	1,7
9: Auftragsmanagement einführen inklusive track & trace und Auftragsfortschritt in Echtzeit	11;	1,1
10: Single Source of Truth umsetzen und redundante Daten in Schatten-IT reduzieren	-	0.8
11: Einführung eines Informationsmanagements zur Datenverteilung und -visualisierung	-	0,5
12: Erfassung und Inventarisierung der IT-Tools und Anwendungen inklusive Beschreibung	-	0,4

Tabelle 56 - Top-Maßnahmen aus dem I4.0 Implementierungscheck in Werk 11

5.2.12 Aggregation und Vergleich der I4.0 Implementierungschecks

In den vorangegangenen Kapiteln 5.2.1 bis 5.2.11 wurden die I4.0 Implementierungschecks in den jeweiligen variantenreichen Werken angewandt und ausgewertet. In diesem Kapitel werden die Ergebnisse zusammengefasst und grundsätzlich miteinander verglichen. Hierfür wurden die Ergebnisse aus den I4.0 Implementierungschecks sowie die Reifegrade, Zielzustände und Potentiale aggregiert, um eine Übersicht über alle betrachteten variantenreichen Werke zu erhalten. Bei der Aggregation wurde der Mittelwert je Betrachtungsfeld von den Werksergebnissen (Reifegrade, Zielzustände und Potentiale) gebildet. Die Aggregation ermöglicht damit eine Aussage hinsichtlich des durchschnittlichen Reifegrades, Zielzustandes und Potentials über die gesamte Werke und zeigt beispielsweise übergeordnete Stärken und Schwächen auf. Die nachfolgende Abbildung 68 und Tabelle 57 zeigen die aggregierten Ergebnisse.

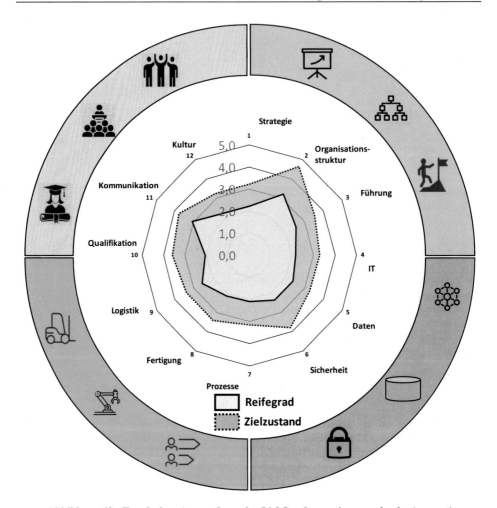

Abbildung 69 - Ergebnisse Anwendung des I4.0 Implementierungschecks (gesamt)

	sozio-technisches Betrachtungsfeld												sozio-technische Dimension		
	1	2	3	4	5	6	7	8	9	10	11	12	Organisation	Technik	Personal
Reifegrad	2,2	3,2	2,5	2,2	2,4	2,7	2,1	2,1	2,5	2,1	3,1	2,2	2,65	2,34	2,45
Zielzustand	3,2	4,7	3,5	3,3	3,3	3,8	3,2	3,4	3,4	3,6	3,8	3,2	3,81	3,39	3,51
Potential	1,0	1,5	1,0	1,1	0,9	1,1	1,1	1,3	0,8	1,5	0,7	1,0	1,16	1,05	1,06

Tabelle 57 - Ergebnisse Anwendung des I4.0 Implementierungschecks (gesamt)

Die aggregierten Ergebnisse liefern ein ähnliches Bild wie die Einzelergebnisse der Werke. In der aggregierten Darstellung wird gezeigt, dass in allen relevanten sozio-technischen Betrachtungsfeldern Potentiale und Aufgaben für die Umsetzung der digitalen Transformation zu I4.0 identifiziert wurden.

Betrachtet man nun die sozio-technischen Dimensionen fällt auf, dass die größten Potentiale in den sozio-technischen Dimensionen Organisation und Personal bestehen und das Potential der sozio-technischen Dimension Technik an letzter Stelle steht. Die höchsten aggregierten Potentiale der Werke liegen in den sechs sozio-technischen Betrachtungsfeldern Organisationsstruktur, Qualifikation, Fertigung, Prozesse, Daten und IT. Es kann dadurch zusammengefasst werden, dass im Zuge der digitalen Transformation neben der Dimension Technik vor allem in anderen Dimensionen für die Werke erst Rahmenbedingungen geschaffen werden müssen. Dadurch wird ersichtlich, dass vor der Einführung von neuen IT- und I4.0-Technologien vor allem organisatorische und personalseitige Maßnahmen erfolgen müssen. Dies bestätigt sich, betrachtet man beispielsweise die Reifegrade des Werkes 3 im Vergleich zu den aggregierten Gesamt-Reifegraden. Das Werk 3 liegt mit seinen Reifegraden in der sozio-technischen Dimension Organisation mit 0,8 Punkten und in der Dimension Personal mit 0,4 Punkten über dem Durchschnitt. Da es in den Dimensionen einen entsprechend hohen Reifegrad hat, sind somit bereits Rahmenbedingungen und Grundvoraussetzungen für die digitale Transformation geschaffen, weshalb sein höchstes Potential in der Dimension Technik liegt. Im Umkehrschluss bedeutet das für Werke, die in den Dimensionen Organisation und Personal einen unterdurchschnittlichen Reifegrad haben, dass sie die größten Potentiale der digitalen Transformation zunächst nicht durch Zielsetzungen in der Dimension Technik erschließen werden. Beispiele hierfür sind das Werk 1 mit 0,9 Punkten unterhalb des aggregierten Reifegrades in der Dimension Organisation oder das Werk 2 mit 0,8 Punkten unterhalb des aggregierten Reifegrades in der Dimension Personal, welche jeweils das niedrigste Potential in der sozio-technischen Dimension Technik haben.

Neben der aggregierten Darstellung und den Vergleichen zu den Einzelwerten der Standorte sind auch weitere Auswertungen der Ergebnisse des I4.0 Implementierungscheck möglich. Vergleicht man nun die einzelnen Reifegrade der elf Fallbeispiele untereinander, so unterscheiden sie sich stark. Berechnet man beispielsweise die Standardabweichung der Reifegrade der Werke in den einzelnen sozio-technischen Betrachtungsfeldern von dem jeweiligen aggregierten Reifegrad, so liegt diese bei mindestens 0,3 bis maximal 0,9 und im Durchschnitt 0,6 Punkten. Noch größer wird der Unterschied, vergleicht man die minimalen Reifegrade mit den maximalen Reifegraden der jeweiligen Werke. So sind hier die geringsten Abweichungen bei dem Reifegrad des sozio-technischen Betrachtungsfeldes IT mit 0,9 Punkten bis hin zu maximal 2,8 Punkten im sozio-technischen Betrachtungsfeld Organisationsstruktur. Der Mittelwert liegt bei 1,9 Punkten. Die Auswertung des I4.0 Implementierungschecks ermöglicht dadurch, dass die starken Unterschiede der Reifegrade und verschiedenen Ausganssituationen innerhalb der variantenreichen Werke konkretisiert und dargestellt werden können. Das Digramm des I4.0 Implementierungschecks in Abbildung 69 und die dazugehörige Tabelle 58 zeigt die starken Unterschiede der Reifegrade zwischen den betrachteten Werken im Rahmen der Fallbeispiele.

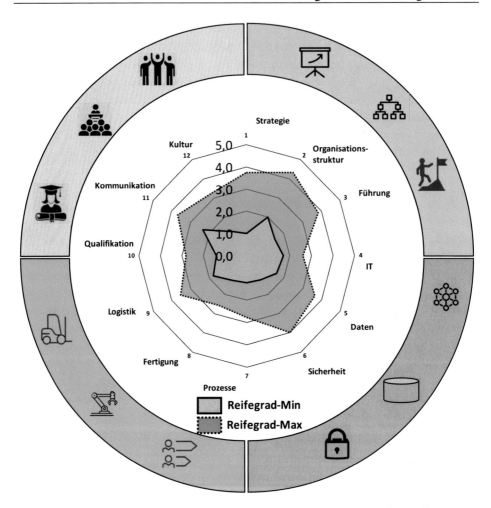

Abbildung 70 - Vergleich der Reifegrade der analysierten variantenreichen Werke

	sozio-technisches Betrachtungsfeld												sozio-technische Dimension		
	1	2	3	4	5	6	7	8	9	10	11	12	Organisation	Technik	Personal
Reifegrad min	1,0	2,0	1,5	1,7	1,6	1,3	1,2	1,3	1,8	1,4	2,3	1,3	1,72	1,61	1,66
Reifegrad Ø	2,2	3,2	2,5	2,2	2,4	2,7	2,1	2,1	2,5	2,1	3,1	2,2	2,65	2,34	2,45
Reifegrad max	3,8	4,3	3,8	2,6	3,6	4,0	2,8	2,6	3,5	2,8	3,7	3,3	3,47	2,76	3,11
Delta max-min	2,8	2,3	2,3	0,9	2,0	2,8	1,5	1,3	1,7	1,4	1,3	2,0	1,8	1,1	1,4

Tabelle 58 - Vergleich der Reifegrade der analysierten variantenreichen Werke

Im Rahmen der Anwendung des I4.0 Implementierungschecks konnte neben der Möglichkeit zur Bestimmung der Reifegrade, Zielzustände und Potentiale in allen relevanten sozio-technischen Betrachtungsfeldern gezeigt werden, dass im Vergleich zwischen den Werken weitere hilfreiche Aussagen getroffen werden können. So könnten in einem anschließenden Benchmark die best-practice Beispiele und Ansätze der jeweiligen Werke bereits die Zielzustände in den restlichen Werken darstellen. Aber nicht nur der Vergleich der Kennzahlen ermöglicht hilfreiche Aussagen. Vergleicht man die abgeleiteten Maßnahmen aus den Zielsetzungen der elf variantenreichen Werke, so fällt auf, dass es eine Schnittmenge gibt. So sind die Maßnahmen im Bereich IT wie Informationsmanagement, Maschinen- und Prozessdatenerfassung, Auftragsmanagement, Feinplanung- und Steuerung und die Abweichungs- und Leistungsanalyse in fast allen Werken zu finden. Aufgrund der Schnittmenge innerhalb der Maßnahmen bietet es sich an, vor einer Lösungseinführung abzugleichen, inwiefern standortübergreifende Maßnahmen und Lösungen abgeleitet werden können, um Synergieeffekte wie beispielsweise monetäre Aufwendungen der einzelnen Werke nutzen zu können. Hierbei wurde bereits in Kapitel 3.3.1 aufgezeigt, dass abgeleitete Standard-Referenzprozesse auch die Umsetzung von Standardlösungen ermöglichen.

Mit den Ergebnissen der I4.0 Implementierungschecks konnte gezeigt werden, dass die Ableitung der Reifegrade, Potentiale, Zielzustände und Maßnahmen in allen relevanten sozio-technischen Betrachtungsfeldern aller variantenreichen Werke möglich war. Um die Anwendbarkeit und Vollständigkeit des I4.0 Implementierungschecks zu validieren, wurden neben den bisherigen Ergebnissen die jeweiligen Werke nach der Durchführung des I4.0 Implementierungschecks befragt. Die letzte Frage des I4.0 Implementierungschecks lautet: „Wurde im Rahmen des durchgeführten I4.0 Implementierungschecks für die erfolgreiche Umsetzung der digitalen Transformation in Werken mit variantenreicher Fertigung aus Ihrer Sicht eine Frage vergessen, oder ein Bereich nicht oder nicht ausreichend berücksichtigt?". Die jeweiligen Antworten der Werke werden in der Tabelle 59 aufgelistet.

Werks-nummer	Frage: „Wurde im Rahmen des durchgeführten I4.0 Implementierungschecks für die erfolgreiche Umsetzung der digitalen Transformation in Werken mit variantenreicher Fertigung aus Ihrer Sicht eine Frage vergessen, oder ein Bereich nicht oder nicht ausreichend berücksichtigt?"
	Antwort:
1	Der Implementierungscheck hat uns sehr geholfen, das Thema digitale Transformation in unserem Werk umfassend zu bewerten und Maßnahmen abzuleiten.
2	Nothing is missing.
3	No, in no way, the implementing check forgot anything we have to consider regarding the digital transformation of our factory.
4	Nein.
5	Der Fragekatalog hat alle für uns relevanten Bereiche in ausreichender Granularität betrachtet.

6	It is complete and so far some points our plant forgot to consider. It is a good method for evaluation the maturity of the plant site and derive concrete measures.
7	Nein, der Implementierungscheck enthält alle für ein Werk relevanten Bereiche, im Gegensatz zu den bisherigen Checks, welche durchgeführt wurden. Einzig der Bereich Geschäftsmodelle wird nicht berücksichtigt, ist jedoch nur aus Anbietersicht und nicht aus Anwendersicht relevant.
8	Nein, wir haben uns im Rahmen des Implementierungschecks alle wichtigen Fragen gestellt, um die Digitalisierung des Werkes für uns bewerten zu können.
9	Nein, alle erforderlichen Bereiche für die digitale Transformation unseres Werkes wurden ausreichend berücksichtigt.
10	Nein, alle für uns relevanten Fragen wurde detailliert genug gestellt, sowie auch weitere, die wir nicht in Betracht gezogen haben.
11	Nein, wir haben nicht das Gefühl das irgendetwas vergessen wurde.

Tabelle 59 - Antworten zur Validierungsfrage im I4.0 Implementierungscheck

Die Antworten aller elf Werke bestätigen die Anwendbarkeit des I4.0-KIT und ihrer Analysephase sowie des I4.0 Implementierungschecks. Auch bestätigen sie den ausreichenden Umfang und die Granularität, um die digitale Transformation in allen relevanten soziotechnischen Betrachtungsfeldern der Werke mit variantenreicher Fertigung analysieren und bewerten zu können sowie konkrete Maßnahmen für die Planung ableiten zu können.

5.2.13 Zusammenfassung der Detailanalysen und Vergleich

Im Rahmen der Analysephase des I4.0-KIT sind die Detailanalysen ein fester Bestandteil, um prozessnah IST- und SOLL-Zustände inklusive Potentiale ableiten zu können. Wie bereits im Kapitel 5.2 beschrieben, wurden deshalb in allen elf Werken Detailanalysen durchgeführt. Dabei lag der Fokus vor allem auf den Informationsflüssen innerhalb des gesamten Wertschöpfungsprozesses, vom Auftragseingang über die Fertigung bis hin zum Versand. Der Vorteil dieses Fokus ist insbesondere die Erfassung von Potentialen in indirekten Tätigkeiten, welche in den Wertströmen am größten sind (vgl. Kapitel 4.4). Durch den breiten und interdisziplinären Fokus konnten vor allem Wechselwirkungen zwischen den sozio-technischen Betrachtungsfeldern sowie allen beteiligten IT-Systemen und Akteuren erfasst und analysiert werden, welche für die Herstellung der variantenreichen Produkte erforderlich sind. Die Detailanalysen wurden jeweils in einem für die Geschäftsart des Werkes passenden Wertstrom in einem Zeitraum von drei bis acht Tagen durchgeführt. Als Analysemethodik wurde aufgrund der vorhandenen Komplexität in zehn von elf Werken die Wertstrommethode mit Fokus auf die Informationsflüsse angewandt. Lediglich ein Informationsfluss wurde aufgrund der geringen Komplexität mit dem Swimlane-Diagramm dargestellt. Die Teilnehmer der Analysen waren dabei vor allem Prozessexperten aus den relevanten Bereichen des Wertstroms, wie beispielsweise Logistik, Planung und Fertigung, aber auch weitere fachliche Experten, wie beispielsweise IT- und SW-Verantwortliche sowie die Anwender und direkten Mitarbeiter innerhalb des Wertstroms.

Ein exemplarischer Ablauf der Detailanalysen kann anhand des Werkes 2 aufgezeigt werden. Das kleine Werk produziert in seinem analysierten Wertstrom in der Geschäftsart MTS mit einer relativ geringen Losgröße von 41. Im Rahmen der Vorbereitungen auf die Detailanalyse wurden die bisherigen Wertstromdiagramme betrachtet und im Rahmen der Führung durch den Wertstrom die einzelnen Informationsflussrelevanten Arbeitsschritte aufgeschrieben. Die erfassten Arbeitsschritte des Wertstroms, welche jeweils in einem eigenen abgegrenzten Arbeitsplatz ausgeführt wurden, lieferten die Grundlage für die Aufzeichnung des Informationsflusses. In einem nächsten Schritt wurden die relevanten Mitarbeiter der Werke befragt, woher sie ihre Informationen bekommen, was sie beispielsweise als nächstes zu tun haben. Hierbei ist hervorzuheben, dass die einfachen Fragen hinsichtlich der Informationsquellen, um beantwortet werden zu können, zu einem größeren Aufwand geführt haben. Beispielsweise mussten Vorgesetzte ihre Mitarbeiter fragen, wie sie ihre Entscheidungen hinsichtlich ihrer Arbeit tatsächlich treffen und woher sie ihre Informationen dafür erhalten. Die Informationsflussanalyse und Fragen wurden entlang des gesamten Wertstroms durchgeführt. Beginnend von der Bestellung des Kunden über den Wareneingang, Qualitätskontrolle, Milkrun, Montage1, Lackieren, Montage2, Funktionstests, Verpackung und Versand wurden die jeweiligen Process-Owner und ausübenden Mitarbeiter befragt. Die vorhandenen Informationsquellen, wie beispielsweise Software, Monitore oder Papier, wurden aufgeführt sowie alle einzelnen Schritte, in denen Informationen verarbeitet, angepasst, generiert oder weitergeleitet werden. Auf einem Brownpaper wurden die jeweiligen Arbeits- und Prozessschritte im unteren Abschnitt angepinnt, sowie die zentralen Systeme, Kunden und Lieferanten im oberen Abschnitt. Im letzten Schritt wurden die analysierten Informationsflüsse und Quellen unter anderem als Pfeile auf das Brownpaper aufgezeichnet und entsprechend ihrer Reihenfolge numeriert. Zum Abschluss wurden alle an der Informationsflussanalyse beteiligten Mitarbeiter und Experten über das Ergebnis des Informationsflusses informiert und konnten letzte Anpassungswünsche adressieren. Auch hier ist darauf hinzuweisen, dass viele der Erkenntnisse während der Informationsflussanalyse Potentiale aufgedeckt haben und darüber hinaus den Mitarbeitern der Ablauf des gesamten Informationsflusses erst nach der Informationsflussanalyse bekannt war. Die Abbildung 70 zeigt dabei exemplarisch die Informationsflussanalyse auf dem Brownpaper. Dabei ist zu erkennen, dass sehr viele manuelle Tätigkeiten zur Erstellung, Verarbeitung und Weiterleitung von Informationen im Wertstrom anfallen (runde kleine weiße Zettel). Zusätzlich wurden viele eigenentwickelte Lösungen wie beispielsweise Excel-Lösungen und weitere Schatten-IT aufgezeigt (runde kleine grüne Zettel). Dabei konnten mehrere Medien- und Systembrüche identifiziert werden, insbesondere bei der Verwendung von Papieren in der Fertigung (viereckige kleine weiße Zettel). Neben diesen Aspekten sind in der Abbildung sowohl die Prozess- und Arbeitsschritte aufgeführt (viereckige kleine grüne Zettel), als auch die beteiligten Abteilungen und Personen (viereckige kleine gelbe Zettel), ohne welche der Informationsfluss nicht gewährleistet ist. Zuletzt sind die IT-Lösungen im Informationsfluss dargestellt inklusive der Informationen und Daten, welche von ihnen verarbeitet, gespeichert und weitergeleitet werden (runde große blaue Zettel).

Für die reine Durchführung der Detailanalyse wurden in diesem Beispiel aufgrund der relativ kleinen Werksgröße und des Wertstroms nur 4 Tage inklusive Abschlusspräsentation sowie Diskussion benötigt.

Abbildung 71 - Exemplarischer Informationsfluss Werk 2 auf Brownpaper

Die Informationsflüsse wurden zusammen mit den Teilnehmern an Stellwänden auf Brownpaper visualisiert. Im Anschluss konnten die Informationsflüsse im Rahmen der Arbeit mit dem Programm Microsoft Visio digitalisiert werden. Um die grundsätzliche Möglichkeit der Darstellung digitalisierter Informationsflüsse aufzuzeigen, werden in der Abbildung 71, der Abbildung 72 und der Abbildung 73 jeweils die digitalisierten Informationsflüsse von drei verschiedenen Geschäftsarten und Werken exemplarisch dargestellt.

Die Notation erlaubt dabei die Visualisierung der Informationsflüsse in Form von Pfeilen und von den beteiligten Akteuren in orange. Darüber hinaus können in blau bestehende Standard-Systeme visualisiert werden, in lila eigenentwickelte IT-Tools und Softwarelösungen und in grün eigenentwickelte digitale Tabellen und Datenbanken wie beispielsweise Microsoft Excel Dokumente. Wie hierbei erkennbar ist, fokussieren die Abbildungen die Informationsflüsse der dazugehörigen Wertströme, welche mit ihren einzelnen Prozessschritten in der unteren Bildhälfte dargestellt sind.

Die digitalisierten Informationsflüsse zeigen, dass viele manuelle Informationsflüsse zwischen den Beteiligten erforderlich sind, damit der Prozess und Materialfluss des Wertstroms gewährleistet werden kann. Auch kann gezeigt werden, dass die Komplexität der Informationsflüsse nicht von der Geschäftsart abhängt. Im Gegenteil können in allen Geschäftsarten der variantenreichen Werke unterschiedlich komplexe Informationsflüsse, vor allem durch indirekte Personalkapazitäten, aufgezeigt werden.

Darüber hinaus ist zu erkennen, dass die manuellen Informationsflüsse stark mit den beteiligten Akteuren verknüpft sind. Im Rahmen dieser Arbeit werden nun die drei Informationsflüsse exemplarisch gezeigt und im Anschluss die Eigenschaften, Unterschiede, Gemeinsamkeiten, Auffälligkeiten und aufgedeckten Potentiale der Detailanalysen dargestellt und verglichen.

Die nachfolgenden Abbildungen stellen exemplarisch die Informationsflüsse dar, insbesondere deren Komplexität, welche anhand der Pfeile, sowie den Excel-Lösungen in grün, den beteiligten Abteilungen in orange und dem Papier in weiß sichtbar wird. Nicht im Detail, sondern nur zur Vollständigkeit, werden die einzelnen den Pfeilen zugeordneten Tätigkeiten gezeigt, welche in den Abbildungen deshalb nicht lesbar sind. Es ermöglicht, die Anonymität hinsichtlich der Informationsflüsse und unternehmensinternen Prozesse zu wahren und gleichzeitig die Komplexität und den Aufbau der Informationsflüsse grundsätzlich darzustellen.

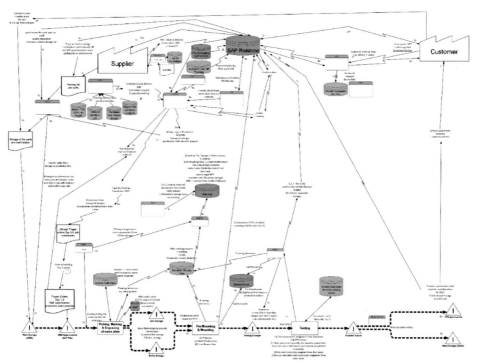

Abbildung 72 - Exemplarischer Informationsfluss der Geschäftsart Assembly-to-Order

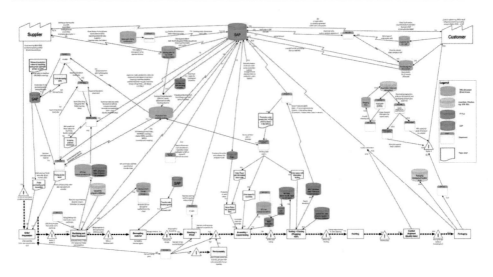

Abbildung 73 - Exemplarischer Informationsfluss der Geschäftsart Make-to-Order

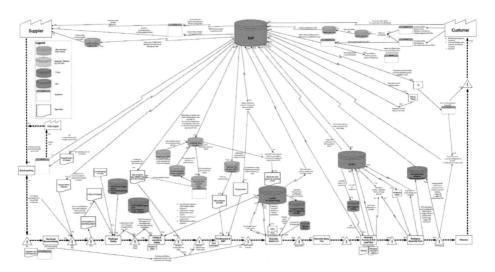

Abbildung 74 - Exemplarischer Informationsfluss der Geschäftsart Make-to-Stock

Nach der Durchführung der Detailanalysen in den elf variantenreichen Werken wurden die folgenden Ergebnisse aus den IST-Informationsflüssen abgeleitet:

- Grundsätzlich deckungsgleiche Relevanz verschiedener Prozessarten in den Werken sowie ähnliche Prozesse wie z.B. Planungs- und Steuerungsprozesse
  - o Schnittmenge und Relevanz bei der Datenerfassung identifiziert
  - o Schnittmenge und Relevanz beim Informationsmanagement identifiziert
  - o Schnittmenge und Relevanz bei der Feinplanung- und Steuerung identifiziert
  - o Schnittmenge und Relevanz bei der Leistungsanalyse identifiziert
  - o Schnittmenge und Relevanz beim Auftragsmanagement identifiziert

- Heterogene IT- und Tool-Landschaft inklusive entsprechend hohem Anteil und hoher Varianz an Insel-Lösungen und Schatten-IT
  - o redundante Datenhaltung identifiziert
  - o personenabhängige Insel-Lösungen und Schatten-IT identifiziert
  - o System- und Medienbrüche identifiziert
  - o Ungenutzte Möglichkeiten vorhandener Standards/IT-Systeme identifiziert
- Weitere Potentiale in den Informationsflüssen und Prozessen vorhanden, insbesondere bei indirekten Tätigkeiten
  - o Hoher Grad manueller Tätigkeiten in den Informationsflüssen, welcher durch Digitalisierungs- und Automatisierungsmaßnahmen reduziert werden kann.
  - o Hoher Grad an involvierten Akteuren und gebundenen Kapazitäten zur Sicherstellung des Informationsflusses, welcher durch entsprechende Digitalisierungs- und Automatisierungsmaßnahmen reduziert werden kann.

In den Detailanalysen konnte der IST-Zustand des Informationsflusses in jedem der elf Werke aufgezeigt und analysiert werden. Neben der Konkretisierung der Potentiale, welche überwiegend aus den Prozessen abgeleitet wurden, konnten auch die Rahmenbedingungen gerade in Bezug auf die IT-Landschaft und die manuellen Tätigkeiten aufgedeckt werden. Zusätzlich konnten bereits ohne eine SOLL-Zustandsableitung Schwachstellen und Potentiale im Detail abgeleitet werden, wie beispielsweise die Überarbeitung und Sicherstellung der Durchgängigkeit des Produktionsplanungsprozesses, die Modernisierung der IT-Landschaft oder die Vermeidung von redundanten Daten und Datenbanken.

Neben den Schwachstellen und Potentialen konnten in fünf Prozessarten in den Werken grundsätzlich ähnliche Prozesse identifiziert werden sowie eine deckungsgleiche Relevanz und hohe Schnittmenge. Aufgrund der deckungsgleichen Relevanz der Prozesse und Anforderungen wurde sich im Rahmen der Ableitung des SOLL-Zustands, auch aufgrund der Synergieeffekte und Standardisierungsmöglichkeiten, auf die Schnittmenge der relevanten Fertigungsprozesse sowie der dazugehörigen IT-Landschaft fokussiert. Die Ableitung werksübergreifender Referenzprozesse und eine anschließende Planung sollte, sofern möglich, werksübergreifend erfolgen (vgl. Kapitel 3.3.1). Die Vorteile davon sind neben reduzierten Kosten vor allem die Standardisierung und Homogenisierung der Rahmenbedingungen und Architektur. Die VDI5600 definiert hierfür standardisierte Fertigungsprozesse, und eine dazugehörige IT-Landschaft von Fertigungsmanagementsystemen. Fertigungsmanagementsysteme (MES) soll die Steuerung, Durchführung und Planung aller Prozesse der Fertigung ermöglichen, wie beispielsweise die Automatisierung der Informationsflüsse innerhalb von Wertströmen.[454]

---

[454] VDI 5600.

Vergleicht man die Informationsflüsse der Detailanalysen und die Maßnahmenlisten mit den Standardprozessen und Aufgaben der VDI5600, fällt auf, dass eine hohe Abdeckung der definierten Standardprozesse mit den Informationsflüssen besteht, vor allem bei den Prozessarten Datenerfassung, Informationsmanagement, Feinplanung- und Steuerung, Leistungsanalyse und Auftragsmanagement.

Im Rahmen dieses Kapitels konnte aufgezeigt werden, dass die Anwendung der Detailanalysen des I4.0-KIT in variantenreichen Werken möglich ist. Auch konnten konkrete Potentiale aus den Informationsflüssen abgeleitet werden, welche konkrete Anforderungen für die anschließende Planung liefern, welche werksübergreifend erfolgen kann und muss.

5.2.14 Zusammenfassung und Fazit der Analysephase

Im Rahmen der vorangegangenen Kapitel konnte die Anwendbarkeit des entwickelten I4.0-KIT sowie I4.0 Implementierungschecks im Rahmen der Analysephase in variantenreichen Werken gezeigt und validiert werden. Es ermöglichte die Ermittlung der Reifegrade, die Bestimmung der Zielzustände sowie die Ableitung und Darstellung der Potentiale und konkreten Maßnahmen in allen relevanten sozio-technischen Betrachtungsfeldern der variantenreichen Werke. Auch werksübergreifend konnten aggregierte Reifegrade, Zielzustände, Potentiale und Maßnahmen abgeleitet werden. Die Anwendung des I4.0 Implementierungschecks ermöglicht zusammengefasst die folgenden Aussagen und Ergebnisse (vgl. Kapitel 5.2.1 bis 5.2.13):

- Rahmenbedingungen für digitale Transformation zu I4.0 teilweise nicht vorhanden:
  - o Handlungsbedarfe in allen sozio-technischen Betrachtungsfeldern, insbesondere Organisation, Qualifikation, Prozesse, IT und Daten
  - o Organisatorische Voraussetzungen zur Umsetzung von I4.0-Ansätzen und I4.0-Technologien wie MES Lösungen teilweise nicht vorhanden
  - o Qualität, Verfügbarkeit, Integrität und Aktualität der Daten in Teilen nicht auf dem erforderlichen Niveau, sowie Redundanzen vorhanden
  - o Erforderliche Vernetzung des Maschinenparks für die Umsetzung von I4.0 teilweise nicht vorhanden
  - o Informationsflüsse oftmals nicht im Detail bekannt, abgebildet und dadurch auch keine standardisierten Referenzprozesse als Basis für IT-Standards umgesetzt
  - o Heterogene IT-Landschaft (Insellösungen, Schatten-IT)
- Heterogene Reifegrade und Potentiale in allen Betrachtungsfeldern
  - o Unterschiedliche Ausprägungen bezüglich der Reifegrade je sozio-technischem Betrachtungsfeld und Werk
  - o Potentiale in unterschiedlichen Betrachtungsfeldern je Werk vorhanden
  - o Manuelle Informationsflüssen, System- und Medienbrüchen vorhanden
- Schnittmenge bei den Maßnahmen, Herausforderungen und SOLL-Prozessen
  - o Deckungsgleiche Prozesse sowie Prioritäten und Relevanzen der Prozessarten
  - o Ableitung von werksübergreifenden Referenzprozessen und Standard-Lösungen wie z.B. entsprechende IT-Systeme möglich

Aufgrund der großen Schnittmenge bei den Maßnahmen (vgl. Kapitel 5.2.1 bis 5.2.11), Herausforderungen und Informationsflüssen (vgl. Kapitel 5.2.13) wird die Anwendung der Planungsphase vor allem im Hinblick auf die IT-Landschaft werksübergreifend erfolgen. Die werksübergreifende Planung hat erhebliche Vorteile, da beispielsweise die Homogenisierung der Rahmenbedingungen und IT-Landschaften dadurch ermöglicht wird.

Die übergreifend priorisierten und relevanten Maßnahmen und Prozessarten für die Planungsphase sind die:

- Maschinen- und Prozessdatenerfassung
- Informationsmanagement
- Auftragsmanagement
- Leistungsanalyse inklusive Abweichungserfassung
- Fertigungsfeinplanung und -steuerung

5.3 Anwendung und Validierung Planungsphase

Im Rahmen der Analysephase wurden Potentiale in den sozio-technischen Dimensionen identifiziert. Dabei konnten auch Maßnahmen für die Dimensionen Organisation und Personal definiert werden, welche als Grundvoraussetzungen und Rahmenbedingungen für die Umsetzung von technologischen und informationstechnischen Lösungsvarianten erforderlich sind. So sind beispielsweise die Erarbeitung einer I4.0 Grundlagenschulung oder auch der Kapazitätsaufbau und die Kommunikation mit den Mitarbeitern eine wichtige Aufgabe. Betrachtet man nun die prozessualen und technischen Anforderungen sowie die abgeleiteten Maßnahmen der sozio-technischen Dimension Technik in den Werken, sind diese in großen Teilen deckungsgleich (vgl. Kapitel 5.2.14). Die deckungsgleichen Anforderungen machen eine bereichs- und werksübergreifende Planung nicht nur möglich, sondern auch erforderlich (vgl. Kapitel 3.1.1). So können Standardreferenzprozesse und die erforderlichen Rahmenbedingungen werksübergreifend abgeleitet werden, was zu einer Homogenisierung der Prozesse, Rahmenbedingungen sowie Lösungen, wie beispielsweise standardisierter Software in den Werken, führt. Letztendlich können standardisierte Lösungen nicht nur die Anforderungen abdecken, sondern in einem anschließenden Rollout aufgrund der Homogenisierung einfacher bereichs- und werksübergreifend mit gegebenenfalls minimalen Anpassungen eingeführt werden. Ferner haben die übergreifend priorisierten und relevanten Maßnahmen sowie Prozessarten und Anforderungen der Werke eine hohe Schnittmenge mit den definierten Prozessarten und Modulen eines MES nach der VDI 5600. Aufgrund der Schnittmenge der abgeleiteten technischen und informationstechnischen Maßnahmen mit den VDI Prozessbeschreibungen eines MES ist zu vermuten, dass als Lösungsvariante die Einführung eines MES große Teile der technischen Anforderungen der Werke löst. In der IT-Landschaft und IT-Architektur befindet sich das MES zwischen der Unternehmensebene und Prozessebene (vgl. Kapitel 4.5.1.2).

Um dies zu bestätigen, wurden in jedem der elf Werke im Rahmen eines jeweils eintägigen Workshops im Zeitraum von Januar bis März 2019 die Prozesse eines MES nach der VDI 5600 erläutert und im Anschluss mit den abgeleiteten Maßnahmen aus dem I4.0 Implementierungscheck und den Anforderungen der Werke abgeglichen. Im Anschluss wurden die Module von den I4.0 Verantwortlichen, Prozessexperten und IT-Experten der jeweiligen Standorte nach ihrer Relevanz für das jeweilige Werk priorisiert.

Der Fokus der Priorisierung und Ermittlung der Relevanz lag dabei auf den zugehörigen Ebenen der IT-Landschaft eines MES zwischen der Unternehmensebene und der Feldebene und damit auf den erforderlichen Tätigkeiten und Prozessen der Werke, welche in einem kleinen Zeithorizont erfolgen (mindestens täglich bis hin zu sekündlich). Der Ablauf der eintägigen Workshops wird anhand eines exemplarischen Beispiels eines der Werke aufgezeigt. Nachfolgend werden dafür die Agenda sowie die konkreten Inhalte exemplarisch aufgezeigt:

1. **Vorstellung der teilnehmenden Personen**

In diesem Teil war es wichtig, dass sich alle am Workshop teilnehmenden Personen vorstellen, um sich kennenzulernen und die Distanz zueinander zu verringern. Die Teilnehmer waren dabei in den Werken jeweils die I4.0 Koordinatoren, Process-Owner und IT-Experten.

2. **Ziel und Vorgehensweise des I4.0-KIT**

In dem zweiten Teil wurde die Vorgehensweise des I4.0-KIT, insbesondere der Analysephase und Planungsphase sowie deren bisherige Ergebnisse gezeigt. Dadurch wurde ein einheitliches Verständnis zur Vorgehensweise sichergestellt.

3. **Zielsetzung und Inhalte des Workshops**

Im dritten Teil wurden die Zielsetzungen und Inhalte des Workshops erläutert, wie die prozessuale Prüfung vorab, ob die Einführung eines MES für das Werk zielführend sein könnte.

4. **Leitfragen zur Einschätzung der Relevanz der MES-Funktionsgruppen nach VDI5600**

Die Leitfragen im vierten Teil zeigten den Werken, welche Fragen im Rahmen des Workshops bearbeitet und beantwortet werden sollen. Diese waren beispielsweise:

- Ist die jeweilige VDI5600 Funktionsgruppe für das Werk relevant?
- Welche Priorität hat die Funktionsgruppe für das Werk?
- Gibt es aktuell schon standardisierte Prozesse, um die Funktionsgruppe zu bearbeiten?
- Gibt es aktuell schon Lösungen, um die Funktionsgruppe abzudecken?
  - o Welche Teile der Funktionsgruppe deckt die Lösung ab?
  - o Gibt es Probleme bei der Implementierung, Support der Lösung?

5. Detaillierte Erläuterung der MES-Funktionsgruppen nach VDI5600

Im fünften Teil wurden die einzelnen MES-Funktionsgruppen nach VDI5600 im Detail erläutert. Hierfür wurden die Prozesse und Funktionen nach VDI5600 visuell dargestellt, wie exemplarisch für das Auftragsmanagement nach VDI5600 in Abbildung 74 gezeigt wird.

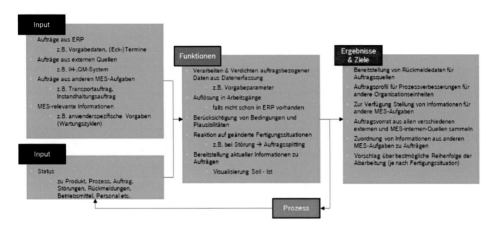

Abbildung 75 - Darstellung der Funktionen und Inhalte des Auftragsmanagements nach VDI5600[455]

6. Festlegung der Prioritäten der MES-Funktionsgruppen basierend auf den Anforderungen

Im sechsten Teil des Workshops wurden anhand der erläuterten Funktionen und Prozesse nach VDI5600 die Leitfragen bearbeitet und beantwortet. Im letzten Schritt wurden die Prioritäten hinsichtlich Zeit und Nutzen von den Teilnehmern des Werkes bewertet. Dabei gilt es zu betonen, dass die Prioritäten hinsichtlich der Funktionsbeschreibungen nach VDI5600 bewertet wurden und damit auch die Wichtigkeit der Funktion zwischen der Unternehmens- und Prozessebene in der IT-Landschaft.

7. Zusammenfassung und nächste Schritte

Im letzten Teil des Workshops wurden die Ergebnisse zusammengefasst und mit den jeweiligen Führungskräften durchgesprochen.

Das Ergebnis der Priorisierungen der elf Werke aus den Workshops wird in der Tabelle 60 dargestellt, wobei das „X" der festgelegten Priorität des dazugehörigen Werkes entspricht.

---

[455] Überarbeitete Darstellung auf der Basis von Sachdeva 2019, S. 15.

VDI 5600 Prozessbeschreibung	Prio A	Prio B	Prio C
Datenerfassung	XXXXXXXXXX		
Informationsmanagement	XXXXXXXXX	XX	
Leistungsanalyse	XXXXXXX	XXXX	
Auftragsmanagement	XXXXXX	XX	XXX
Feinplanung- und -steuerung	XXXXX	XXXXX	X
Qualitätsmanagement	XXXX	XXXXXX	X
Materialmanagement	XXX	XXXXXX	XX
Personalmanagement	X	XXXX	XXXXXX
Betriebsmittelmanagement		XXXXXX	XXXXX
Energiemanagement	X		XXXXXXXXXX

Tabelle 60 - Abgleich der Prozessbeschreibung eines MES nach der VDI 5600 inklusive Priorisierung

Aus der Tabelle wird ersichtlich, dass die Datenerfassung, das Informationsmanagement, die Leistungsanalyse, das Auftragsmanagement und die Feinplanung und -steuerung die höchste Abdeckung und Priorität für die elf Werke haben (einfache Mehrheit Prio A). Im Rahmen eines Abgleichs der Prozessarten eines MES nach der VDI 5600 mit den Anforderungen und Maßnahmen aus den I4.0 Implementierungschecks der betrachteten variantenreichen Werke konnten die im Kapitel 5.2.14 fünf zusammengefassten und priorisierten, werksübergreifend relevanten Maßnahmen bestätigt werden. Im Rahmen der Arbeit wird deshalb anhand eines werksübergreifenden Anwendungsbeispiels der Planungsphase sowohl die Anforderungsableitung, als auch die konkrete Umsetzungsplanung am Beispiel eines werksübergreifenden MES aufgezeigt und dargestellt. Das Vorgehen inklusive Zeitstrahl wird in der Abbildung 75 gezeigt.

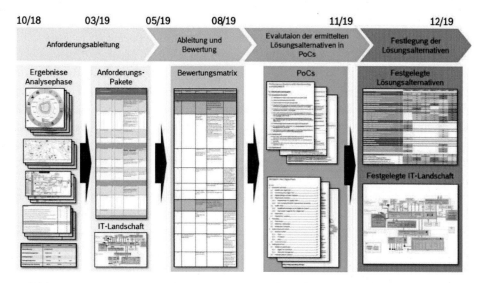

Abbildung 76 - Darstellung Anwendungsbeispiel Planungsphase am Beispiel eines MES

Die Anwendung der Planungsphase wurde im Rahmen der Arbeit wie in der Abbildung 75 dargestellt durchgeführt. Zuerst wurden anhand der Ergebnisse aus der Analysephase (I4.0 Implementierungschecks, IST- und SOLL-Prozesse und Maßnahmenlisten) die funktionalen und nicht-funktionalen Anforderungspakete abgeleitet. Aufbauend auf den Anforderungspaketen wurde im Anschluss die IT-Landschaft abgeleitet. Die Ableitung der IT-Landschaft basierend auf den Anforderungspaketen wird in der Abbildung 76 exemplarisch gezeigt. Dabei konnten insgesamt über 200 Anforderungen abgeleitet und übergeordneten Anforderungspaketen zugeordnet werden.

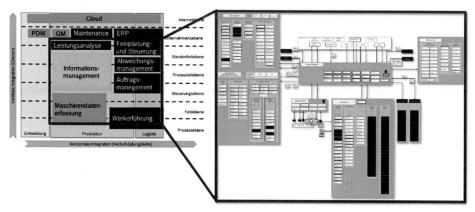

Abbildung 77 - Ableitung der IT-Landschaft basierend auf den Anforderungspaketen

Es ist dabei zu erkennen, dass ohne eine Gruppierung der Anforderungen in Anforderungspakete die Übersichtlichkeit nicht gewährleistet ist (siehe rechte Hälfte der Abbildung 76).

Im nächsten Schritt wurde basierend auf den Anforderungspaketen und der IT-Landschaft die Bewertungsmatrix für die fünf relevanten Prozessarten abgeleitet und nach einer Marktanalyse über 30 Lösungsalternativen identifiziert. Nach einem anschließenden Austausch mit den Herstellern wurden die verbliebenen 8 Lösungsalternativen für die jeweiligen Anforderungspakete bewertet. Im Anschluss konnten 14 Use-Cases abgeleitet werden, wobei bei drei der Use-Cases im Rahmen von PoC's die favorisierten Lösungsalternativen getestet werden konnten. Im letzten Schritt konnten die im Rahmen der PoC's evaluierten Lösungsalternativen abschließend bewertet werden, wodurch die IT-Landschaft inklusive der Lösungsalternativen festgelegt werden konnte. Hierbei wurde ebenfalls gezeigt, dass sich die Erfüllungsgrade der Anforderungen (vgl. Kapitel 4.5.2.1), welche basierend auf den Gesprächen mit den Lösungsanbietern initial bewertet wurden, nach den PoC's deutlich verschlechterten. Die Notwendigkeit der Durchführung von PoC's konnte dadurch bestätigt werden und wird daher ausdrücklich empfohlen.

Nachdem die Lösungsvarianten festgelegt wurden, konnten die Kosten und Nutzenbewertungen der abgeleiteten 14 Use-Cases konkretisiert werden. Die 14 Use-Cases wurden zur Potential- und Wirtschaftlichkeitsberechnung an alle Werke verschickt. Dadurch wurden die Potentiale einerseits Top-Down abgeleitet und zusätzlich über die Rückmeldungen Bottom-Up bestätigt sowie verfeinert. Basierend auf den rückgemeldeten Potentialen und Aufwandeinschätzungen konnte eine individuelle Roadmap abgeleitet werden, welche die Use-Cases für den anschließenden Rollout in einer optimalen Sequenz berücksichtigt. Dabei hat sich gezeigt, dass die Sequenzoptimierung der Roadmap basierend auf den Bottom-Up Anforderungen und Meldungen der Werke den ROI verbessern konnte.

5.4 Anwendung und Validierung Umsetzungsphase

Im Rahmen dieses Kapitels wird die Anwendung der Umsetzungsphase beschrieben und validiert. Das Kapitel 5.4.1 geht dabei auf die Anwendung der Umsetzungsform Hackathon in einem Werk exemplarisch ein, das Kapitel 5.4.2 auf die Umsetzung des Sieben-Schritte-Vorgehens und zeigt die Vorteile davon aus der Praxis auf (vgl. Kapitel 4.6.1 und 4.6.2).

5.4.1 Anwendung der agilen Umsetzungsform Hackathon

Im Kapitel 4.6 wurde gezeigt, dass agile Umsetzungsformen und Methoden noch nicht umfassend genug in der Praxis in Werken mit variantenreicher Fertigung erprobt wurden. Im Rahmen dieses Kapitels wird deshalb die agile Umsetzungsform Hackathon durch ein Anwendungsbeispiel der elf variantenreichen Werke dargestellt. Durch Hackathons lässt sich die Umsetzungsgeschwindigkeit und Ergebnisqualität bei der Umsetzung von I4.0 Lösungen in den Werken erhöhen.

Die Teams der Hackathons sollten dafür interdisziplinär zusammengesetzt sein, wie beispielsweise aus Produktionsmitarbeitern, Logistikern und Fertigungs- und IT-Experten. Das grundsätzliche Vorgehen eines Hackathons in der Fertigung ist nach Beck und Lüer:[456]

1. Zusammenbringen von IT- und Produktionssystem-Spezialisten
2. Ableiten der Themen aus dem Produktionssystem
3. Vorbereitung und Beschaffung von Hard- und Software
4. Konzentrierte Verbesserungsarbeit am Wertstrom
5. Ergebnispräsentation der umgesetzten Themen

Anwendungsbeispiel eines Hackathons in einem Werk mit variantenreicher Fertigung

Die Anwendung eines Hackathons wurde in drei Werken eines Industrieunternehmens mit variantenreicher Fertigung angewandt. Im Rahmen der Arbeit wird exemplarisch auf die Anwendung der agilen Umsetzungsform eines Hackathons in einem der bisherigen Werke eingegangen. Hierfür wurde ein Hackathon vorbereitet und im April 2018 innerhalb einer Woche in dem ausgewählten Werk mit variantenreicher Fertigung umgesetzt. Der Use-Case war dabei die Digitalisierung und Vernetzung der Prüfstände innerhalb eines Wertstroms.

1.   Zusammenbringen von IT- und Produktionssystem-Spezialisten
Innerhalb von einer Woche arbeiteten zehn Personen, darunter Hardware-, Software-, IT- und Prozess-Experten, Produktionssystem-, Wertstrom- und Maschinenverantwortliche, Fertigungsmitarbeiter und Logistiker konzentriert an der Umsetzung identifizierter Anforderungspakete im abgeleiteten Use-Case für die Digitalisierung und Vernetzung eines Prüfstands.

2.   Ableiten der Themen aus dem Produktionssystem
Aus dem Use-Case und den Anforderungspaketen war die Aufgabenstellung der Digitalisierung und Vernetzung der Prüfstände bekannt. In einem nächsten Schritt ging es um ein tiefgreifenderes Verständnis für die Vorbereitung und Umsetzung des Hackathons im Werk. Hierfür wurden der IST-Zustand und SOLL-Zustand intensiv geprüft und die jeweiligen Anforderungspakete hinsichtlich ihrer technischen Aspekte und Bedarfe konkretisiert. So konnte beispielsweise abgeleitet werden, dass der Einsatz eines IoT-Gateways den erforderlichen Retrofit der Prüfstände ermöglicht, um die Vernetzung inklusive der Übertragung der Daten zu ermöglichen. Der Vergleich zwischen IST-Zustand und SOLL-Zustand der Informationsflüsse war hierfür eine notwendige Grundlage und wird in der Abbildung 77 exemplarisch dargestellt.

---

[456] Vetter und Beck 2019, S. 132 f.; Beck und Lüer 2018, S. 32.

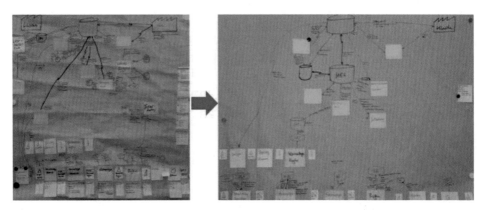

Abbildung 78 - Exemplarischer Vergleich IST- und SOLL-Zustand im Rahmen des Hackathons

Der exemplarische Vergleich des IST- und SOLL-Zustands zeigte beispielsweise, dass die Einführung von MES-Funktionsgruppen nach der VDI 5600, wie beispielsweise die Maschinendatenerfassung, eine zentrale Rolle im zukünftigen Informationsfluss inklusive der erforderlichen Schnittstellen und Daten spielen wird.

3.   Vorbereitung und Beschaffung von Hard- und Software

Resultierend aus dem Vergleich des IST- und SOLL-Zustands wurden die Anforderungen tiefer konkretisiert und entsprechend den abgrenzbaren Anforderungspaketen zugeordnet. Die festgelegten drei Anforderungspakete waren dabei die Wartungsunterstützung des Prüfstands, die Visualisierung des Prüfstatus und die Erfassung der Maschinenproduktivität inklusive der Störungen der Prüfmaschinen. Eine exemplarische Darstellung der abgeleiteten Anforderungen wird in der Abbildung 78 gezeigt.

Abbildung 79 - Exemplarische Übersicht der abgeleiteten Anforderungen

Anschließend galt es die erforderliche Software und Hardware in einem Abgleich mit den Anforderungspaketen zu identifizieren und zu beschaffen (vgl. Kapitel 4.5.2.1 bzw. Kapitel 4.6.2), wie beispielsweise ein IoT-Gateway[457], welches den Retrofit von Bestandsanlagen ermöglicht und damit die Grundlage für die Maschinendatenerfassung, -verarbeitung und -weiterleitung liefert. Abschließend wurden im Rahmen der Vorbereitung des Hackathons die erforderlichen Teilnehmer zu dem einwöchigen Hackathon eingeladen.

4.   Konzentrierte Verbesserungsarbeit am Wertstrom

Die drei Anforderungspakete wurden entsprechenden Kleingruppen mit je 3-4 Personen zugeordnet und anschließend bearbeitet. Das Ziel der ersten Kleingruppe war die Erfassung der Filterzustände und der Füllstandsensoren sowie die Übermittlung an eine Softwarelösung, welche die Daten überwacht und damit die Prüfstandsverfügbarkeit aufgrund schneller Reaktionszeiten erhöhen soll. Hierfür wurde ein IoT-Gateway mit entsprechender Sensorik angebunden, um die Filterzustände zu erfassen und anschließend die Daten via Schnittstelle zu einer Softwarelösung zu senden. Die Filterdaten sollen dadurch überwacht und analysiert werden, um bei Über- oder Unterschreiten von festgelegten Grenzwerten automatische Mitteilungen an die Wartungs- und Instandhaltung zu senden. Die Vernetzung beugt damit vor, dass die Maschine aufgrund von zugesetzten Filtern zum Stillstand kommt und damit die verfügbare Produktionszeit verringert wird, welches sich negativ auf die Maschinenproduktivität auswirkt (vgl. Kapitel 4.7). Das Ziel der zweiten Kleingruppe war die Visualisierung der verbleibenden Restzeit der laufenden Prüfzyklen der Maschinen sowie die Übergabe der Prüfergebnisse an ein MES. Hiermit soll den Mitarbeitern ermöglicht werden, parallel andere Tätigkeiten auszuüben, ohne die Gefahr einzugehen, dass die Prüfung abgeschlossen ist und die Maschine im anschließenden Zeitraum nicht genutzt wird, womit ungeplante Stillstandszeiten die Maschinenproduktivität verringern. Realisiert wurde die Visualisierung über die Anbindung des IoT-Gateways, welche die Prüfzustände von den Maschinen abgreift und übermittelt. Mit einer Low-Code Software konnte als Software-Connector die Prüfstandsdatenbank und -software mit dem MES verknüpft werden. Das Ziel der letzten Kleingruppe war das Aufsetzen und Konfigurieren einer Maschinendatenerfassung sowie die automatisierte Rückmeldung von Aufträgen. Hierfür wurden die Prüfstände in dem MES konfiguriert und erforderliche Meldungen aus der Anlage definiert. Dadurch konnten unter anderem die Abweichungen sowie Zeiten und Maschinenzustände der Prüfstände dokumentiert und visualisiert werden, was die Erfassung und Berechnung der Maschinenproduktivität ermöglicht.

Alle Kleingruppen konnten innerhalb von einer Woche die Anforderungspakete entsprechend den Zielsetzungen umsetzen und anwenden. In der Abbildung 79 werden vergleichbare Prüfstände dargestellt, welche auch im Rahmen der Hackathons vernetzt und digitalisiert wurden.

---

[457] Vgl. auch Ferreira et al. 2019, S. 153; Guerreiro et al. 2018, S. 163.

Abbildung 80 - Exemplarische Darstellung vernetzter und digitalisierter Prüfstände
eines Werkes

5. Ergebnispräsentation der umgesetzten Themen

Die Lösungsvarianten für die Anforderungspakete konnten im Rahmen des Hackathons
erarbeitet und anschließend umgesetzt werden. Die beteiligten Mitarbeiter in den Werken
waren überrascht, wie viele Vorhaben in einer kurzen Zeitspanne im Rahmen des durchgeführten Hackathons im Werk umgesetzt werden konnten. Die Abbildung 80 zeigt einen
Auszug der Ergebnispräsentation inklusive der umgesetzten Anforderungspakete des
Hackathons.

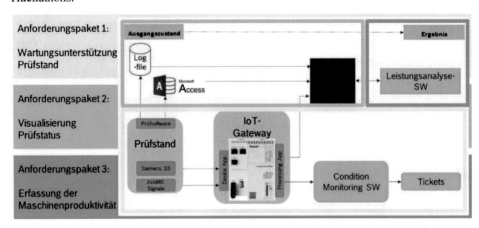

Abbildung 81 - Ergebnisse des Hackathons in einem variantenreichen Werk

Zusammenfassend wurde im ersten Anforderungspaket durch den Einbau eines IoT-Gateways und entsprechender Software die Erfassung der Filterzustände und der Füllzustandssensoren realisiert, welche bei der Erreichung einer festgelegten Störgrenze die verantwortlichen Mitarbeiter informiert. Im zweiten Anforderungspaket wurde die Visualisierung des Prüfstatus und der Restprüfdauer durch die Maschinenzustandsübermittlung umgesetzt. Im dritten Anforderungspaket wurde die Erfassung der Anlagenproduktivität durch die Anbindung und Umsetzung eines MES an den Prüfstand realisiert.

Durch die erfolgreiche Umsetzung der Lösungsalternativen im Rahmen des Hackathons konnte die Anwendbarkeit der agilen Umsetzungsform eines Hackathons in einem variantenreichen Werk bestätigt werden. Vorteile von Hackathons sind dabei:[458]

- Begeisterung der Mitarbeiter durch Einbezug in die digitale Transformation
- Gute Fehlerkultur wird durch schnelle und kurze Umsetzungszyklen ermöglicht
- Umsetzung der Lösungsalternativen innerhalb von einer Woche
- Direkte Vorher-Nachher-Vergleiche der umgesetzten Lösungsalternativen möglich
- Interdisziplinäres Know-How wird bei allen Teilnehmern aufgebaut
- Zusammenarbeit über Bereichsgrenzen hinweg
- Veränderungsaffine und kreative Mitarbeiter werden gefördert

Anhand der Ausführungen konnte im Rahmen der Arbeit die Anwendbarkeit von Hackathons bei kleineren Umsetzungsvorhaben in Werken von Industrieunternehmen mit variantenreicher Fertigung aufgezeigt werden, welche die definierten Bedingungen aus Kapitel 4.6.1 erfüllen (Zielsetzungen ungefähr klar, planbares Ende, geringer Umsetzungsaufwand).

5.4.2 Anwendung der Umsetzung und Steuerung

Im Rahmen der Anwendung der Umsetzungsphase des I4.0-KIT wurde unter anderem das Sieben-Schritte-Vorgehen sowie das Steuerungs- und Kollaborationsmodell werksübergreifend angewandt (vgl. Kapitel 4.6.2). Exemplarisch wird in diesem Kapitel auf die Umsetzung des Sieben-Schritte-Vorgehens eingegangen. Das sieben Schritte-Vorgehen wird hierfür in der Abbildung 81 erneut aufgezeigt und im Anschluss die Anwendung beschrieben.

---

[458] Vgl. auch Vetter und Beck 2019; Beck und Lüer 2018

1	**Ableitung der Anforderungen**	▪ Meldung und Konkretisierung prozessualer Anforderungen ▪ Clustering und Priorisierung der gesammelten Anforderungen
2	**Erarbeitung der Referenzprozesse**	▪ Identifikation bestehender Prozesse und Prozessvergleich ▪ Erarbeitung der Referenzprozesse basierend auf den Anforderungen
3	**Festlegung der Referenzprozesse**	▪ Customizing ausarbeiten und Anwendbarkeit der Referenzprozesse prüfen ▪ Fachliche Festlegung der übergreifenden Referenzprozesse
4	**Identifikation der Lösungsansätze**	▪ Ableitung technischer Bedarfe und Spezifikationen aus Referenzprozessen und Anforderungen ▪ Recherche und Identifikation passender Lösungen und Lieferanten
5	**Abstimmung der Referenzprozesse mit Lieferanten**	▪ Detaillierter Abgleich technischer Bedarfe und Spezifikationen mit den Lieferanten ▪ Vergleich der Lösungsalternativen inkl. Abschätzung der Kosten und des Zeitplans
6	**Beschluss in Entscheidungsgremium**	▪ Erarbeitung Beschlussvorlage für das Entscheidungsgremium ▪ Einigung auf Standardreferenzprozess und -lösung, Prioritäten, Budget und Roadmap
7	**Rollout- und Change-Management**	▪ Auswahl passender Rollout- und Change-Management Ansätze ▪ Umsetzung Rolloutplanung, Rollout und Change-Management

Abbildung 82 - Anwendung des Sieben-Schritte-Vorgehens

1. Ableitung der Anforderungen

Im Rahmen des ersten Schrittes konnten 14 übergeordnete Use-Cases abgeleitet werden und die Anforderungen weiter konkretisiert werden (vgl. Kapitel 5.2.14 und 5.3). Für den Use-Case Abweichungsmanagement wurden 42 Anforderungen beschrieben, wobei diese in die folgenden sechs Anforderungspakete zusammengefasst wurden: Erfassung von Abweichungen, Verarbeitung der Abweichungen, Schichtbuch, Visualisierung und Anzeige, Berechtigungen, Sonstiges (wie z.B. erforderliche Schnittstellen oder Integration bestehender Systeme).

2. Erarbeitung der Referenzprozesse

Im zweiten Schritt wurde im Rahmen einer Abfrage ermittelt, ob es bereits bestehende Prozesse für das Abweichungsmanagement in den Werken gibt. Dabei konnte ein Prozess identifiziert werden, welcher mehrere Anforderungen adressiert. Bei einer Abfrage hinsichtlich der Relevanz des Abweichungsmanagements haben alle Werke eine hohe Relevanz zurückgemeldet. Damit konnten sowohl bestehende Prozesse identifiziert als auch die Relevanz übergreifend bestätigt werden.

3. Festlegung der Referenzprozesse

Wie bereits im vorherigen Schritt gezeigt werden konnte, hat der Prozess Abweichungsmanagement eine werksübergreifende Relevanz, weshalb auch eine werksübergreifende Ableitung eines Referenzprozesses zielführend und erforderlich war (vgl. Kapitel 3.3.1).

In Abstimmung mit den Werken konnte basierend auf den bisherigen Prozessen ein Referenzprozess für das Abweichungsmanagement abgeleitet werden, welcher von den jeweiligen Werken auch individuell anpassbar ist. Das Customizing ist beispielsweise durch das Festlegen individueller Zeitspannen möglich, nach welchen eine Abweichung gemeldet oder auch erfasst wird. Denn die Begründung sehr kurzer Abweichungen kann produktspezifisch sehr zeitintensiv sein, wie z.B. bei einem Fertigungstakt von 1 Minute. Der abgeleitete übergeordnete Referenzprozess für das Abweichungsmanagement wird in der Abbildung 82 exemplarisch gezeigt.

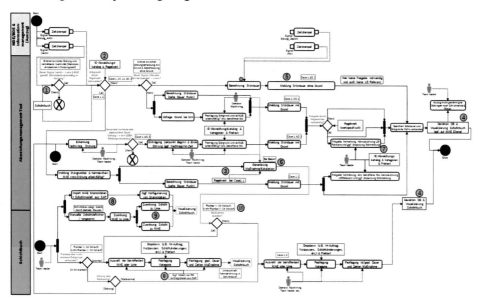

Abbildung 83 - Exemplarischer Referenzprozess für das Abweichungsmanagement

4. Identifikation der Lösungsansätze

Im Rahmen einer werksübergreifenden Abfrage konnten insgesamt 13 Abweichungsmanagementtools identifiziert werden welche überwiegend das Störungsmanagement fokussieren. Diese wurden Anhand ihres Fokus, den Abweichungskategorien, der Verfügbarkeit und Support, den Kosten, den Voraussetzungen für die Einführung und den Lösungsbeschreibungen analysiert und verglichen. Dabei wurde festgestellt, dass alle Lösungen nur Teile der Anforderungen und Anforderungspakete abdecken und diese aufgrund des Supportmodells und individueller Rahmenbedingungen und Schnittstellen nicht ohne Weiteres für einen übergreifenden Rollout und die erforderliche Weiterentwicklung geeignet sind. Neben den intern identifizierten Abweichungsmanagementtools konnten auch zwei weitere externe Lösungen identifiziert werden, welche laut Beschreibung und Dokumentation einen Teil der Anforderungen abdecken. Zuerst wurden analog dem Vorgehen aus Kapitel 4.5.2.1 die Lösungen tiefergehend verglichen, welche eine höhere Abdeckung der Anforderungen aufgezeigt haben. Für eine tiefergehende Abstimmung konnten basierend auf dem Vergleich 5 Lösungen festgelegt werden.

5. Abstimmung der Referenzprozesse mit Lieferanten

Mit den Lieferanten wurden in mehreren Workshops die Referenzprozesse sowie die entsprechenden Anforderungen erläutert.

Im Anschluss stellten die Lieferanten vor, wie sie mit ihren Lösungsalternativen diesen Referenzprozess und die Anforderungen abdecken würden. Zusätzlich wurden bei Unklarheiten Testlizenzen installiert, um die Lösungsalternative in PoC's testen zu können. Die Tabelle 60 zeigt dabei die exemplarische Bewertung der Lösungsalternativen.

| | | | | | | Lösungsalternative A | | | | |
Nr	Prio	Typ	IT	Anforderungspaket	Beschreibung	$gE_{x,n}$	Begründung	Nachteile	Vorteile	Kommentar nach PoC
1	5	F	ja	Erfassung	Erfassung von Maschinendaten	1,35	siehe Einzel-Anforderungen			
1.1	5		ja	Verfügbare Schnittstellen	Anbindung von Maschinen A: Proprietäre Steuerungsprotokolle B: Über IoT Gateway (Blinkende Lampensignale) C: Signale über OPC-UA abgreifen D: Prüfstandsoftware	2	Schnittstellen großteils vorhanden, mit Ausnahme einzelner Steuerungs-protokolle	Teilweise aufwändige Anbindung	Anbindung an Schnittstellen ermöglicht	Mit entsprechendem Aufwand und Kosten realisierbar (teuerste Lösung im Vergleich)
1.2	5		ja	Maschinensignale erfassen	Abgreifen von Signalen zweier Maschinen (Signalarten: spezifische Störsignale und Status inaktiv)	2	Erfassung nach Programmierung möglich	Initialer Aufwand je Maschine	Onlinestatus wird dargestellt.	Störung wird als Taktzeitverlängerung gemeldet.
					...					
2	4	F	ja	Verarbeitung	Zuordnung von Störungsgründen	1	siehe Einzel-Anforderungen			
					...					
3	4	F	z.T.	Schichtbuch	Einbindung des Plan-Zustands	1	siehe Einzel-Anforderungen			
					...					
4	3	F & NF	ja	Visualisierung und Anzeige	Visualisierung der Abweichungen	1,5	siehe Einzel-Anforderungen			
					...					
5	2	F	z.T.	Berechtigungen	Berechtigungen zur Freigabe größerer Störungen	1	siehe Einzel-Anforderungen			
					...					
6	1	F & NF	z.T.	Sonstiges	Verschiedenes wie z.B. offene Schnittstellen für weitere Systeme	2	siehe Einzel-Anforderungen			
					...					

Tabelle 61 - Exemplarische Bewertung der Lösungsalternativen

6. Beschluss in Entscheidungsgremium

Für das zuständige Entscheidungsgremium konnten die jeweiligen Anforderungspakete als Entscheidungsvorlage vorbereitet werden, um den Rollout inklusive Budgets und Zeitplan zu beschließen. Dabei ist darauf hinzuweisen, dass die technischen Funktionen sowie die abgeleiteten prozessualen Anforderungen, um auch bei fachfremden Entscheidern einen Beschluss herbeiführen zu können, klar verständlich aufbereitet werden müssen.

7. Rollout- und Change-Management

Für den Rollout waren insbesondere die Einführungssequenz und der Support kritisch. Dies lag zum einen daran, dass Werke, welche bereits vorhandene Lösungen hatten, schnellstmöglich in eine Standardlösung überführt werden mussten, um weitere Doppelarbeiten zu vermeiden. Zum anderen mussten Werke, welche die erforderlichen Kapazitäten für die Einführung nicht hatten, durch einen entsprechenden Support unterstützt werden. Im Anschluss wurde der Rollout laufend überprüft, worauf im Kapitel 5.5.3 detaillierter eingegangen wird.

Zusammenfassend wird im Rahmen der Anwendung betont, dass in der Praxis aus unternehmerischen Gründen teilweise ein paralleler Ablauf der sieben Schritte anstelle eines sequenziellen Ablaufs stattgefunden hat. Dies erfordert umfangreiche Abstimmungsaufwände und gegebenenfalls nachträgliche Korrekturen, weshalb ein sequenzieller Ablauf empfohlen wird.

5.5 Anwendung und Validierung Kontroll- und Lernphase

Wie bereits in Kapitel 2.3.2 gezeigt werden konnte, eignet sich zur Quantifizierung der Potentiale durch umgesetzte I4.0 Technologien und Ansätze in Arbeitssystemen und Fertigungsbereichen vor allem die Produktivitätsermittlung. Aus diesen Gründen nimmt die Produktivitätsermittlung der Ae und Mp im Rahmen der vierten konsekutiven Phase des entwickelten I4.0-KIT, der Kontroll- und Lernphase, eine bedeutende Rolle ein (vgl. Kapitel 4.7). Im Rahmen der folgenden Kapitel 5.5.1, 5.5.2 und 5.5.3 soll dabei die Anwendbarkeit der Kontroll- und Lernphase des entwickelten I4.0-KIT anhand von drei Fallbeispielen validiert werden. Hierbei wird in den ersten beiden Kapiteln die Ae und Mp anhand zweier konkreter Beispiele in variantenreichen Werken ermittelt. Das Kapitel 5.5.1 fokussiert dabei die Arbeitseffizienzssteigerung nach der Umsetzung von I4.0 Ansätzen im Rahmen eines Hackathons in einem der elf variantenreichen Werke (vgl. Kapitel 5.4.1). Das Kapitel 5.5.2 fokussiert die Maschinenproduktivitätsermittlung und Steigerung im Rahmen der Umsetzung eines I4.0 Abweichungsmanagements in einem der elf variantenreichen Werke (vgl. Kapitel 5.4.2). Auf die Kontrolle und Rückschlüsse des I4.0-KIT wird im Kapitel 5.5.3 weiter eingegangen, indem anhand eines werksübergreifenden Beispiels das Rollout-Tracking der abgeleiteten 14 Use-Cases dargestellt wird (vgl. Kapitel 4.7.2 und 5.3).

5.5.1   Fallbeispiel Arbeitseffizienz

Im Rahmen der Anwendung des I4.0-KIT wurde im Kapitel 5.4 die Umsetzung von I4.0 Technologien und Ansätzen im Rahmen eines Hackathons in einem der elf variantenreichen Werke beschrieben. Um die dadurch ausgeschöpften Potentiale des vernetzten und digitalisierten Arbeitssystems erfassen zu können, wird die Steigerung der Arbeitseffizienz berechnet. In Kapitel 4.7.1.1 wurde dargestellt, dass verschiedenste Einflussfaktoren und Hebel die Produktivität beeinflussen können. Um andere Einflussfaktoren ausschließen zu können, wurden für das Fallbeispiel nur drei Monate betrachtet: Der Monat vor, bis zum Monat nach der Durchführung des Hackathons. Der untersuchte Bereich zur Ermittlung der Arbeitseffizienz wies in den drei Monaten keine neuen oder geänderten Einflussfaktoren auf die Arbeitseffizienz auf mit Ausnahme der durchgeführten Maßnahmen des Hackathons. So ist beispielsweise der Auftragseingang und die damit verbundene Auslastung in dem Bereich nahezu konstant geblieben (z.B. Veränderung der Auslastung im Monatsvergleich lag bei nur 0,1%). Auch wurden keine Änderungen am Arbeitssystem durchgeführt außer denen im Rahmen des Hackathons (vgl. Kapitel 5.4.1). In dem Arbeitssystem konnte auch während des Hackathons ohne Einschränkungen weiter produziert werden. Dies konnte unter anderem mit Testsystemen und durch die Erweiterung der Funktionen sichergestellt werden, ohne bestehende Funktionen der Prüfstände zu benötigen. Mit der Eingrenzung der betrachteten Monate und dem Nachweis der nicht oder nur geringfügigen geänderten Einflussfaktoren, kann eine ausreichende Belastbarkeit der Ae sichergestellt werden. Konkret wurden im betroffenen Werksbereich für den Monat März (Monat vor der Durchführung des Hackathons), April (Monat der Durchführung des Hackathons) und Mai (Monat nach der Durchführung des Hackathons) die SAe berechnet. Die Bezugsbasis war dabei in allen Monaten die durchschnittliche Ae des Vorjahres (2017). Die angewandte Formel sowie die Ergebnisse werden nachfolgend dargestellt.

$$\textit{Steigerung der Arbeitseffizienz } (SAe_n) = \left[\frac{Ae_n}{Ae_{Vorjahr}} - 1 \right] * 100\%$$

Formel 21 - Steigerung der Arbeitseffizienz (SAe)

mit: Ae_n =   Durchschnittliche Arbeitseffizienz im betrachteten Zeitraum n

$Ae_{Vorjahr}$ =   Durchschnittliche Arbeitseffizienz des Vorjahres

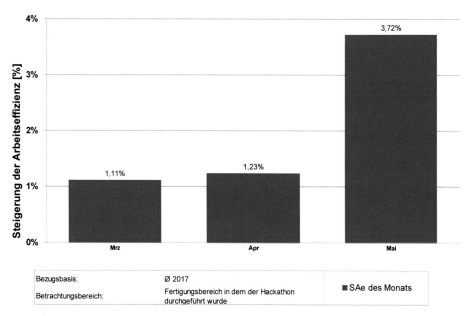

Abbildung 84 - Berechnete SAe vor, während und nach der Umsetzung eines Hackathon

In der Abbildung 83 ist deutlich zu erkennen, dass $SAe_{März2018}$ und $SAe_{April2018}$ (Durchführung Hackathon in letzter Aprilwoche 2018) nahezu konstant geblieben ist (Abweichung kleiner 0,2%). Nach der Durchführung des Hackathons und der damit verbundenen Digitalisierung und Vernetzung des Arbeitssystems ist die $SAe_{Mai2018}$ um 2,5% gestiegen, was damit zu einer Erhöhung der gewichteten Gutstücke im Mai im Verhältnis zu den eingesetzten Gutstücken geführt hat. Die Steigerung der SAe, die Vorteile sowie Potentiale der eingesetzten I4.0 Technologien und Ansätze des Hackathons konnten damit quantifiziert werden. Ob neben den Verbesserungen des Arbeitssystems wie beispielsweise durch die Digitalisierung und Vernetzung von Prüfständen weitere Gründe zur Erhöhung der SAe geführt haben können, ist nicht gänzlich quantifizierbar und auszuschließen. Beispielsweise könnte nach der Einbindung der Mitarbeiter in den Hackathon und der Durchführung auch die Motivation der Mitarbeiter sich verändert haben, was zu einer gesteigerten Leistung geführt haben kann, welche aber nicht quantitativ berechnet werden kann. Grundsätzlich kann gezeigt werden, dass sich der Zeitaufwand für die Durchführung des Hackathon (10 Personen * 5 Arbeitstage = 50 Arbeitstage) durch eine SAe Steigerung von 2,5% im Arbeitssystem bereits in unter einem Jahr aufwiegt (2 Prüfstände * 3 Schichten * 334 Tage > 50 Arbeitstage).

Damit konnte bestätigt werden, dass durch die Anwendung der SAe die Produktivitätssteigerung eines Arbeitssystems durch die Umsetzung von I4.0 Technologien und Ansätzen im Rahmen eines Hackathons in Werken eines Industrieunternehmens mit variantenreicher Fertigung quantifiziert werden kann.

5.5.2   Fallbeispiel Maschinenproduktivität

Im Rahmen des zweiten Fallbeispiels soll die SMp nach der Umsetzung eines Abwei-chungsmanagement-Tools Ende 2017 in einem der variantenreichen Werke berechnet werden, welches Teile des erarbeiteten Referenzprozesses abdeckt (vgl. Kapitel 5.4.2). Hierfür wurden in fünf vergleichbaren Fertigungslinien in den Jahren 2017 und 2018 die Maschinenproduktivität (Mp) und anschließend die SMp für die Quartale des Jahres 2018 nach der Einführung des Abweichungsmanagement-Tools berechnet, sowie auch die Ab-weichungsgründe in aggregierter Form erfasst. Exemplarisch wird auf die berechnete SMp$_{2018}$ in einer der Linien eingegangen.

$$Steigerung\ der\ Maschinenproduktivit\ddot{a}t\ (SMp_n) = \left[\frac{Mp_n}{Mp_{Vorjahr}} - 1\right] * 100\%$$

Formel 22 - Steigerung der Maschinenproduktivität (SMp)

mit: Mp$_n$ =   Durchschnittliche Maschinenproduktivität im betrachteten Zeitraum n
            Mp$_{Vorjahr}$ =   Durchschnittliche Maschinenproduktivität des Vorjahres

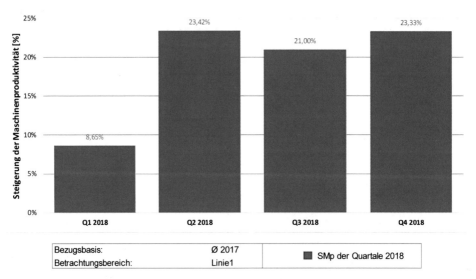

**Abbildung 85 - Berechnete SMp der Quartale 2018 nach der
Abweichungsmanagementeinführung**

In der Abbildung 84 wird ersichtlich, dass die Mp im Jahr 2018 nach der Einführung eines Abweichungsmanagement-Tools um bis zu 23% in den jeweiligen Quartalen gestiegen ist. Auch bestätigt sich, dass die Mp die Nachverfolgung der Produktivitätssteigerungen ermöglicht. Aufgrund des größeren Betrachtungszeitraumes (ein ganzes Jahr) ist die Iden-tifikation der Veränderungen aller Einflussfaktoren auf die Produktivität, im Vergleich zur Betrachtung von nur einem Monat, schwerer abschätzbar. Grundsätzlich hat sich die Aus-lastung um durchschnittlich 7,6% zum Vorjahr erhöht, was bei der Interpretation der Er-gebnisse berücksichtigt werden muss.

Weitere Gründe für die SMp Steigerungen sind die geschaffene Transparenz zur Identifikation von Abweichungen und die anschließende damit verbundene kontinuierliche Verbesserungsarbeit zur Reduktion der Abweichungen.

In der Abbildung 85 sind die Abweichungen und Mp dargestellt.

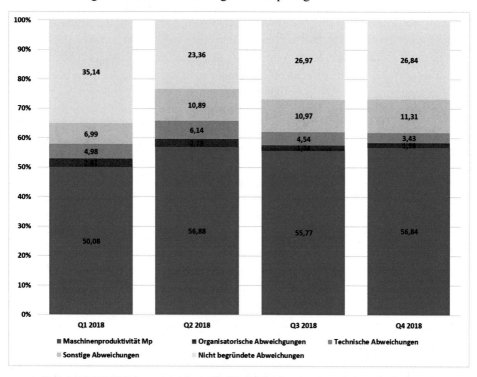

Abbildung 86 - Exemplarische aggregierte Abweichungen in den Quartalen 2018

Das Diagramm zeigt, dass sich der Anteil nicht begründeter Abweichungen durch die Einführung des Abweichungsmanagements-Tools von 35% in Q1 auf 27% in Q4 im Jahresverlauf reduziert hat. Auch wurden insgesamt mehr Abweichungen erfasst, von 15% in Q1 auf 16% in Q4. Der gesamte Anteil der Abweichungen hat sich von 50% im Q1 auf 43% im Q4 reduziert, was ebenfalls ein Grund für die gestiegene SMp ist. Auch wird ersichtlich, dass durch die Umsetzung eines Abweichungsmanagement-Tools sowie des dazugehörigen Referenzprozesses ein PLAN-IST-Abgleich grundsätzlich möglich ist, welcher die Ableitung von Rückschlüssen in der vierten Phase des I4.0-KIT ermöglicht als Basis für eine kontinuierliche Verbesserungsarbeit in den Werken von Industrieunternehmen mit variantenreicher Fertigung.

Im Rahmen dieses Kapitels konnte gezeigt werden, dass die erarbeitete Kennzahl SMp des I4.0-KIT die Quantifizierung der Maschinenproduktivität nach der Einführung von I4.0 Lösungen und Ansätzen ermöglicht. In diesem Fall wurde die Maschinenproduktivität für ein Abweichungsmanagement-Tool erfasst, welches im Sekundentakt auf der Prozess-ebene Abweichungen einer Linie erfasst, analysiert und speichert. Darüber hinaus konnte gezeigt werden, dass die gestiegene Transparenz hinsichtlich der Abweichungen vor allem für die Verbesserungsarbeit innerhalb einer Linie eines Werkes mit variantenreicher Fertigung genutzt werden kann. Hierbei sind große Steigerungen der Produktivität durch den Einsatz des Abweichungsmanagement-Tools und der darauf aufbauenden Verbesserungs-arbeit im Rahmen von PLAN-IST-Abgleichen möglich.

5.5.3   Fallbeispiel Rollout-Tracking

In diesem Kapitel wird auf das Rollout-Tracking im Rahmen der vierten Phase des I4.0-KIT eingegangen. Hierfür wurden regelmäßig einzelne Werke des betrachteten Industrie-unternehmens mit variantenreicher Fertigung abgefragt, inwiefern die Use-Cases aktuell eine Relevanz für sie haben und ob sie eine der entwickelten Standardlösungen in naher Zukunft ausrollen wollen oder ausgerollt haben, oder ob sie bereits eine eigene Lösung im Einsatz haben. In der Microsoft Lösung PowerBI wurde im Anschluss das Rollout-Tra-cking entwickelt, welches innerhalb einer Matrix die Umsetzungsstände der einzelnen Use-Cases und Lösungsalternativen je Werk sowie die bereits vernetzten Maschinen vi-sualisiert. Die entwickelte Matrix und Rollout-Tracking Lösung wird in der Abbildung 86 und in der Abbildung 87 exemplarisch gezeigt.

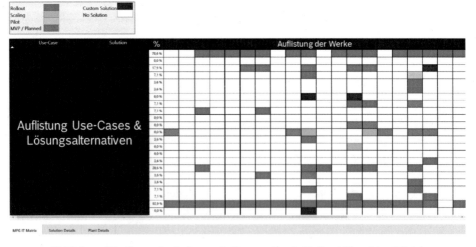

Abbildung 87 - Exemplarische werksübergreifende Rollout-Tracking Matrix

Wie man in der Rollout-Tracking Matrix erkennt, kann der Stand des Rollouts werksübergreifend verfolgt werden. Dabei wird zwischen sechs Zuständen unterschieden. Ist keine
Lösung für den Use-Case vorhanden und aktuell auch keine Einführung geplant wird die
jeweilige Zelle weiß eingefärbt. Ist der Use-Case relevant, aber schon eine werksindividuelle Lösung im Einsatz, so färbt sich die Zelle rot. Ist die Umsetzung einer werksübergreifenden Standardlösung geplant, kann sie beispielsweise in Form eines Minimum Vi-
able Product (MVP) getestet werden. MVP bedeutet im Deutschen „minimal überlebens-
fähiges Produkt" und bezeichnet den Test von ausschließlich einzelnen, dafür aber erfolgskritischen Funktionen einer Lösungsalternative in einzelnen Prozessschritten. Ein umfangreicher Test aller Funktionen erfolgt dann erst im Rahmen eines Pilotes. Ist ein Pilot
aktuell in der Umsetzung, so färbt sich die Zelle gelb. Wird aktuell der Rollout vorbereitet
wie beispielsweise durch die Erarbeitung und den Aufbau von entsprechenden Support-
und Betriebskonzepten (hier Scaling genannt), so färbt sich die Zelle hellgrün. Läuft im
jeweiligen Werk bereits ein Rollout oder ist schon abgeschlossen, so färbt sich die Zelle
dunkelgrün. Die werksübergreifende Rollout-Tracking Matrix ermöglicht damit die Kontrolle und Verfolgung des Rollouts und der Umsetzung. Nicht nur die Anwender, sondern
auch das Management können dadurch jederzeit eine Übersicht bekommen, inwiefern die
Lösungen und Use-Cases für die jeweiligen Werke aktuell relevant sind und wie weit der
Rollout fortgeschritten ist. Die Prozentzahl gibt dabei den Status der Durchdringung des
werksübergreifenden Rollouts wieder.

In einer tiefergehenden Übersicht der entwickelten PowerBI-Lösung kann das Rollout-
Tracking auf Standortebene im Detail verfolgt werden. Die Übersicht des werksspezifi-
schen Rollout-Trackings wird in der Abbildung 87 exemplarisch gezeigt.

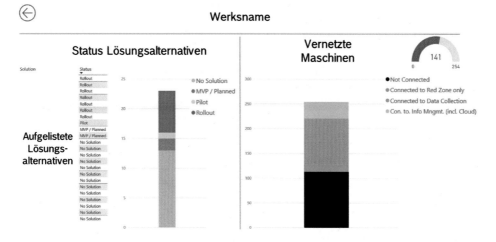

Abbildung 88 - Exemplarisches werksspezifisches Rollout-Tracking

Das detaillierte und werksspezifische Rollout-Tracking ermöglicht auf Standortebene eine Verfolgung des Rollouts. Auf der linken Seite sind die Lösungsalternativen aufgelistet und mit einer analogen Farblogik wird der Status des Rollouts der einzelnen Lösungsalternativen dargestellt. Auf der rechten Seite der Darstellung ist in rot eine Ziellinie zu erkennen, wie beispielsweise die Anzahl vernetzter Maschinen. Dabei kann in einer detaillierten Farblogik dargestellt werden, ob die Maschinen bereits mit Lösungsalternativen vernetzt sind und welche dies sind. Das werksspezifische Rollout-Tracking ermöglicht sowohl den Anwendern im Werk als auch dem Management auf einen Blick eine detaillierte Übersicht und dadurch die Verfolgung des Rollouts auf Werksebene.

Es konnte im Rahmen des Fallbeispiels gezeigt werden, dass das entwickelte I4.0-KIT mit seinen einzelnen Methoden und Ansätzen auch die Umsetzungsverfolgung, wie beispielsweise auch Kontrolle der Rollouts, ermöglicht. Der Status wird individuell und detailliert dargestellt, und je nach Ausprägung kann das Management entsprechende Gegenmaßnahmen ergreifen. Exemplarisch sind hierfür werksindividuelle Lösungen, welche erst hierdurch visualisiert werden und beispielsweise langfristig aufgrund der Komplexität, Heterogenität und den Kosten abgeschafft werden sollen.

5.6 Fazit und Bewertung des I4.0-KIT

In dem Kapitel erfolgt eine kritische Analyse, Bewertung und Diskussion des I4.0-KIT unter Einbezug der Erkenntnisse aus der Anwendung anhand der drei wissenschaftlichen Gütekriterien Objektivität, Reliabilität (Zuverlässigkeit) und Validität (Gültigkeit). Bevor die Prüfung der Gütekriterien erfolgt wird zunächst aus der Anwendung des I4.0-KIT in den Werken eines Industrieunternehmens mit variantenreicher Fertigung ein abschließendes Fazit gezogen.

Fazit aus der Anwendung des I4.0-KIT

Die Anwendung des I4.0-KIT konnte in allen vier abdeckbaren Geschäftsarten (ETO, MTO, ATO, MTS) eines Industrieunternehmens mit variantenreicher Fertigung erfolgen. Dabei wurde zum einen die Anwendbarkeit des I4.0-KIT in elf unterschiedlich großen Werken eines Industrieunternehmens mit variantenreicher Fertigung gezeigt (von unter 100 bis über 1000 direkten Mitarbeitern). Zum anderen konnte die weltweite Anwendbarkeit aufgezeigt werden, indem das I4.0-KIT innerhalb Deutschlands, innerhalb der EU, aber auch außerhalb der EU zu Einsatz kam (vgl. Kapitel 5.1).

Zuerst wurde die Analysephase des entwickelten I4.0-KIT in allen elf variantenreichen Werken angewandt (vgl. Kapitel 5.2). In durchschnittlich neun Tagen je Werk konnte die Anwendung vorbereitet und der I4.0 Implementierungscheck sowie Detailanalysen durchgeführt werden. Dadurch konnten ein ganzheitlicher und integraler IST- und SOLL-Zustand inklusive zugehöriger Prozesse sowie individuelle Maßnahmen je Werk abgeleitet werden.

Es konnten werksübergreifend in allen sozio-technischen Betrachtungsfeldern Maßnahmen und Potentiale für die Planung und Umsetzung der digitalen Transformation abgeleitet werden. Die höchsten Potentiale zeigten sich werksübergreifend in den Betrachtungsfeldern Organisationsstruktur, Qualifikation, Fertigung, Prozesse, Daten und IT. Auch
zeigte sich, dass für die Umsetzung der digitalen Transformation insbesondere auch die
sozio-technische Dimension Organisation und Personal eine hohe Bedeutung zur Schaffung der erforderlichen Rahmenbedingungen hat. Neben der individuellen Maßnahmen-
und Potentialableitung ermöglicht die Analysephase des I4.0-KIT auch einen werksübergreifenden Benchmark hinsichtlich der entwickelten Kennzahlen des I4.0 Implementierungschecks, wie beispielsweise des Reifegrades. Vor allem hier konnten die Stärken und
Schwächen der einzelnen Werke abgeleitet werden und damit als Basis für werksübergreifende Know-How-Transfers sowie auch als Grundlage für eine werksübergreifende Planung genutzt werden. Mit der Anwendung des I4.0 Implementierungschecks und der Analysephase des I4.0-KIT konnte gezeigt werden, dass die Ableitung der Reifegrade, Zielzustände, Potentiale und Maßnahmen in allen relevanten sozio-technischen Betrachtungsfeldern der Werke mit variantenreicher Fertigung möglich war. Darüber hinaus konnte im
Rahmen einer Befragung der beteiligten Mitarbeiter bestätigt werden, dass durch die Anwendung des I4.0-KIT, insbesondere des I4.0 Implementierungschecks, die Basis für eine
erfolgreiche Umsetzung der digitalen Transformation zu I4.0 in den Werken geschaffen
werden kann. Zusätzlich konnten die Detailanalysen insbesondere der Informationsflüsse
in den Wertströmen aller Werke die Potentiale, IST- und SOLL-Zustände ausreichend
konkretisieren, und übergreifende Referenzprozesse identifiziert werden. So konnte neben
quantifizierbaren Potentialen und Rahmenbedingungen auch eine werksübergreifende und
deckungsgleiche Relevanz verschiedener Prozessarten identifiziert werden, was anschließend eine werksübergreifende Planung und damit im Gegensatz zur bisherigen Vorgehensweise die Standardisierung und Homogenisierung der Rahmenbedingungen, Prozesse
und Lösungen, wie beispielsweise auch die IT-Landschaft, werksübergreifend ermöglichte (vgl. Kapitel 3.3.1).

Die Anwendung der Planungsphase des I4.0-KIT ermöglichte eine werksübergreifende
Planung der digitalen Transformation zu I4.0 (vgl. Kapitel 5.3). Aufgrund durchgeführter
Workshops konnten die werksübergreifend relevanten Prozessarten bestätigt werden. Basierend auf den werksindividuellen Anforderungspaketen wurde im Anschluss die Ableitung einer Daten- und IT-Landschaft durch die Anwendung der Planungsphase des I4.0-
KIT ermöglicht. Anhand von PoC's konnten Lösungsanbieter und -alternativen durch den
Einsatz der Bewertungsmatrix ausgewählt werden und basierend auf den Anforderungspaketen und der Daten- und IT-Landschaft werksübergreifend 14 Use-Cases abgeleitet
werden. Die durchgeführten Potential- und Wirtschaftlichkeitsberechnungen erlaubten abschließend die Definition einer optimalen werksübergreifenden Roadmap, welche durch
eine Sequenzoptimierung des Rollouts auch den ROI verbesserte.

Die Anwendung der Umsetzungsphase des entwickelten I4.0-KIT (vgl. Kapitel 5.4) bestätigte zum einen die Umsetzbarkeit der agilen Umsetzungsform Hackathon in Werken mit variantenreicher Fertigung. Innerhalb von einer Woche konnten hierbei zehn ausgewählte Mitarbeiter und Experten drei Anforderungspakete zur Digitalisierung und Vernetzung der Prüfstände erfolgreich umsetzen. Zum anderen war es möglich die Anwendung des Sieben-Schritte-Vorgehens der Umsetzungsphase des I4.0-KIT zu erproben. Hierbei bestätigte sich vor allem die Erarbeitung und Festlegung eines werksübergreifend gültigen Referenzprozesses für das Abweichungsmanagement, für welchen anschließend geeignete Lösungsalternativen identifiziert und getestet werden konnten.

Zuletzt wurde die Anwendbarkeit der Kontroll- und Lernphase des entwickelten I4.0-KIT bestätigt (vgl. Kapitel 5.5). Dabei konnte die Anwendbarkeit der entwickelten Kennzahlen aufgezeigt und zugleich die Steigerungen der Arbeitseffizienz und Maschinenproduktivität nach der Umsetzung von I4.0-Technologien und Ansätzen quantifiziert werden. Auch war es möglich im Rahmen der Anwendung des Abweichungsmanagements die Abweichungsgründe zu quantifizieren und darzustellen, was den Anwender in die Lage versetzt sowohl die Kontrolle als auch die Ableitung konkreter Rückschlüsse durchzuführen. Zuletzt wurde basierend auf einer werksübergreifenden Rollout-Tracking Matrix die Möglichkeit zur Verfolgung und Kontrolle eines Rollouts bestätigt.

Diskussion der Objektivität des I4.0-KIT
Die Objektivität zeigt auf, inwiefern die Ergebnisse reproduzierbar sind, welche durch die Anwendung des I4.0-KIT erarbeitet werden, also von den jeweiligen Anwendern des I4.0-KIT unabhängig sind. In der Analysephase des I4.0-KIT ist insbesondere durch den I4.0 Implementierungscheck und seine bereits ausformulierten Ausprägungen eine Objektivität gewährleistet, da er eine eindeutige Einschätzung des Reifegrads, Zielzustands und damit auch der Potentiale ermöglicht. Auch die Detailanalysen haben eine ausreichende Objektivität, da sie den Anspruch haben, alle Bestandteile eines Informationsflusses zu beschreiben, welcher unabhängig vom Anwender des I4.0-KIT ist. Anders sieht es bei den Gewichtungen der einzelnen Bewertungskriterien aus, da hier Führungskräfte unterschiedlicher Meinung sein können. Sind die Gewichtungskriterien jedoch festgelegt, so sind die Ergebnisse der Analysephase reproduzierbar. Die Planungsphase ermöglicht durch klar beschriebene Methoden eine ausreichende Objektivität, da die Anforderungspakete auf den objektiven Ergebnissen der Analysephase basieren und die Methoden diese nur verarbeiten und beispielsweise in eine IT-Landschaft oder Wirtschaftlichkeit übersetzen. Im Rahmen der Umsetzungsphase ist die Umsetzung durch das Change- und Rolloutmanagement personenabhängig.

Personen eines anderen Industrieunternehmens können aufgrund der individuellen Rahmenbedingungen und Zielsetzungen der Unternehmen zu unterschiedlichen Steuerungs- und Kollaborationsmodellen kommen.

Dieselben Personen und Industrieunternehmen bei gleichen Wissensständen und Zielsetzungen würden anhand der klar beschriebenen Umsetzung und Steuerung im Rahmen der Anwendung der Umsetzungsphase des I4.0-KIT auf dieselben Ergebnisse kommen. Die Kontroll- und Lernphase des I4.0-KIT ermöglicht durch seine klar beschriebenen Kennzahlen und Formeln, insbesondere bei der Kontrolle und Produktivitätsermittlung, eine Objektivität. Hiermit kann zusammengefasst werden, dass durch die Formeln und ermittelten Kennzahlen des I4.0-KIT die Objektivität grundsätzlich gewährleistet ist. Lediglich die verschiedenen Rahmenbedingungen, Wissensstände und Zielsetzung können die Objektivität beeinflussen. Dies entspricht jedoch der Zielsetzung des I4.0-KIT, eine werksindividuelle Analyse, Planung, Umsetzung und Kontrolle der digitalen Transformation zu ermöglichen.

Diskussion der Reliabilität des I4.0-KIT
Die Reliabilität beschreibt die Zuverlässigkeit und damit die Genauigkeit und Wiederholbarkeit einer Messung, welche unter gleichen Voraussetzungen durchgeführt zu denselben Ergebnissen führt.[459] Betrachtet man das entwickelte I4.0-KIT so ist festzustellen, dass insbesondere in der Analysephase sowie auch in der Kontroll- und Lernphase eine Messung erfolgt. Die Messung des Reifegrades ermöglicht durch die klar beschriebenen Ausprägungen eine genaue Messung. So können IST-Zustände weder höheren noch niedrigeren Ausprägungen zugeordnet werden. Ausschließlich bei einem heterogenen IST-Zustand, wie beispielsweise zwei grundlegend verschiedenen Wertströmen, können diese für sich betrachtet unterschiedliche Ausprägungen haben (z.B. „Informationsfluss nicht bekannt und nicht gespeichert" Ausprägung 0 und „Informationsfluss bekannt, gespeichert und laufend analysiert" Ausprägung 3). Da der I4.0 Implementierungscheck das gesamte Werk betrachtet, wären übergreifend nicht die Bedingungen für die Ausprägung 3 erfüllt, weshalb die Bewertung werksübergreifend reliabel ist. Durch den hohen Detaillierungsgrad der Ausprägungen ist die Reliabilitätsforderung erfüllt. Auch die Kontroll- und Lernphase führt zu reliablen Messungen der Produktivität. So sind alle Bestandteile der Formeln keinen Messungenauigkeiten oder Schwankungen unterlegen. Die Anwesenheitszeiten können aufgrund von Stechuhren in den Werken sekundengenau erfasst werden, sowie die Gutstücke entsprechend mengengenau abgebildet werden. Die Ergebnisse der Messungen des I4.0-KIT sind daher hinreichend reliabel.

Diskussion der Validität des I4.0-KIT
Die Validität untersucht die anwendungsbezogene Erfüllung der Zielsetzung des entwickelten I4.0-KIT. Im Kapitel 4.8 wurden dabei die Inhalte des I4.0-KIT bereits vor der Anwendung verifiziert und bewertet (vgl. Tabelle 62). Die anschließende Validierung im Kapitel 5 untersuchte die Erfüllung der ursprünglichen Zielsetzung von dem entwickelten I4.0-KIT. Im Gegensatz zur Verifizierung fokussiert sich die Validierung auf die Bestätigung der Erfüllung der Zielsetzung durch die Anwendung in der Praxis.

---

[459] Appelfeller und Feldmann 2018, S. 210.

Voraussetzungen für eine hohe Validität sind zum einen eine ausreichende Objektivität sowie eine hinreichende Reliabilität.[460] Um das entwickelte I4.0-KIT inklusive des Vorgehens- und Reifegradmodells zu validieren, bot sich dabei die Anwendung in den Werken von Industrieunternehmen mit variantenreicher Fertigung an.[461]

Transformationskonzept	Bewertungskriterien:									
	Betrachtungsfelder				Reifegradermittlung					
	Strategie, Organisationsstruktur & Führung	Prozesse, Fertigung & Logistik	IT, Daten & Sicherheit	Qualifikation, Kommunikation & Kultur	Ermittlung des IST-Zustands	Ermittlung des SOLL-Zustands	Ableitung von Maßnahmen	Planung der Implementierung	Umsetzung	Kontrolle und Rückschlüsse
I4.0-KIT	☐	☐	☐	☐	☐	☐	☐	☐	☐	☐

Tabelle 62 - Bewertung und Verifizierung des I4.0-KIT

Im Rahmen des Kapitels 5 wurden alle Phasen des entwickelten I4.0-KIT angewandt, was eine anschließende Validierung ermöglicht. In allen Phasen konnte die Anwendbarkeit des Modells erfolgreich erprobt werden. Die ursprüngliche Zielsetzung war dabei die schrittweise, konsekutive, ganzheitliche und integrale digitale Transformation zu I4.0 zu ermöglichen. Der Anwendungsbereich und Fokus lagen dabei auf Werken von Industrieunternehmen mit variantenreicher Fertigung. Die Zielsetzung der Anwendbarkeit in dem definierten Anwendungsbereich konnte durch die breite und weltweite Anwendung des I4.0-KIT in verschiedenen Werksgrößen und insbesondere auch allen möglichen Geschäftsarten einer variantenreichen Fertigung bestätigt werden. Die Zielsetzung eines schrittweisen und konsekutiven Vorgehens konnte ebenfalls aufgezeigt werden, indem zuerst durch die Analysephase der IST- und SOLL-Zustand sowie die individuellen Maßnahmen je Werk abgeleitet werden konnten und darauf aufbauend die Planung erfolgen konnte.

---

[460] Appelfeller und Feldmann 2018, S. 211
[461] Vgl. auch Hoffmann et al. 2016a

Beispielhaft konnte im Rahmen der Anwendung der Umsetzungsphase die Umsetzung geplanter Use-Cases und Anforderungspakete aufgezeigt werden, dessen Potentiale in der Kontroll- und Lernphase durch die Produktivitätsermittlung anschließend quantifiziert werden konnte. Die Zielsetzung eines ganzheitlichen und integralen Vorgehensmodells für die digitale Transformation zu I4.0 konte ebenfalls bestätigt werden. Insbesondere, da in allen für ein Werk relevanten sozio-technischen Bereichen Maßnahmen identifiziert und abgeleitet werden konnten und beispielsweise im Anschluss auch die Umsetzung geplant werden konnte. Darüber hinaus konnte durch eine Befragung der Anwender bestätigt werden, dass alle für Werke von Industrieunternehmen mit variantenreicher Fertigung relevanten Bereiche ausreichend berücksichtigt wurden (vgl. auch Kapitel 5.2.12).

Auf Basis der wissenschaftlichen Gütekriterien konnte das entwickelte I4.0-KIT in diesem Kapitel bewertet und die Erfüllung der Zielsetzung des I4.0-KIT validiert werden (konsekutive und integrale digitale Transformation zu I4.0 für Werken von Industrieunternehmen mit variantenreicher Fertigung).

6 Zusammenfassung und Ausblick

Durch die voranschreitende Digitalisierung und Vernetzung sowie die Bemühungen im Rahmen von Industrie 4.0 (I4.0) ändern sich neben essenziellen Einflussfaktoren, wie beispielsweise der zunehmenden Volatilität der Märkte oder den steigenden Kundenanforderungen, die Rahmenbedingungen und das Umfeld für Industrieunternehmen grundlegend. Mit dem Ziel die Wettbewerbsfähigkeit sicherzustellen, soll sich der Industriestandort Deutschland sowohl als Anbieter sowie auch Anwender von I4.0 Technologien und Ansätzen international etablieren. Obwohl grundlegend Einigkeit besteht, dass die digitale Transformation zu I4.0 alle sozio-technischen Dimensionen und Bereiche eines Industrieunternehmens verändert, so sind der Nutzen sowie die Auswirkungen aktuell nicht abschätzbar. Insbesondere unbekannte Risiken und Herausforderungen verstärken dieses Problem, da beispielsweise unzureichende Datenqualitäten oder gewachsene IT-Strukturen in ihrer Komplexität und ihren Konsequenzen den relevanten Entscheidern gar nicht bekannt sind und so die Risiken von Fehlentscheidungen erhöht sind. Auch gibt es für die verschiedenen Branchen, wie beispielsweise für produzierende Industrieunternehmen mit variantenreicher Fertigung, noch keine Ansätze, Leitfäden oder Vorgehensmodelle, welche die digitale Transformation zu I4.0 anwendungs- und nutzenorientiert ermöglicht. So sind die Industrieunternehmen damit überfordert, die für sie individuell optimalen Maßnahmen und Lösungsansätze zu planen und auszuwählen unter gleichzeitiger Berücksichtigung wirtschaftlicher Aspekte. Zwar wird die Abschätzung der Chancen und Auswirkungen in der Zukunft eine Kernaufgabe für die Unternehmen, gleichzeitig verwässert die inflationäre Verwendung der Begriffe wie bei „I4.0" diese konkrete und greifbare Abschätzung. Ferner kommt hinzu, dass die bisherigen Ansätze weder das gesamte soziotechnische System ganzheitlich abdecken, noch ein schrittweises Vorgehen ermöglichen. Letzteres ist jedoch erforderlich, um die Ausgangssituation zu analysieren, erreichbare Zielsetzungen und Maßnahmen zu definieren, die digitale Transformation im Detail zu planen, die Umsetzung zu begleiten und letztendlich eine Kontrolle und Rückschlüsse hinsichtlich der Umsetzung zu ermöglichen, wie beispielsweise die Quantifizierung der Potentiale und Messung der Zielerreichung oder die konkrete Potential- und Wirtschaftlichkeitsbewertung für die Unternehmen. Die fehlenden Ansätze und Anleitungen für diese Analyse, Planung, Umsetzung und Kontrolle der digitalen Transformation zu I4.0 lassen den Unternehmen keine Wahl, als meist in Piloten ihre eigenen Wege und Zielsetzungen abzuleiten, mit der Gefahr, Fehlentscheidungen zu treffen und an Geschwindigkeit zu verlieren. Die Konsequenz einer pilotweisen Vorgehensweise ist letztendlich meist eine fehlende sozio-technische Bewertung, eine Digitalisierung individueller und optimierbarer Prozesse oder auch verschiedene Pilotlösungen für dieselben Probleme, welche in einer heterogenen IT-Landschaft münden. Hierdurch steigen die Komplexität und der Harmonisierungsaufwand in den Industrieunternehmen stetig an, wohingegen die Übertragbarkeit und Rolloutfähigkeit bestehender Lösungen auch langfristig erschwert wird.

© Der/die Autor(en), exklusiv lizenziert durch
Springer-Verlag GmbH, DE, ein Teil von Springer Nature 2021
M. Dommermuth, *Entwicklung und Anwendung eines konsekutiven integralen Transformationskonzeptes für Werke von Industrieunternehmen mit variantenreicher Fertigung*, ifaa-Edition, https://doi.org/10.1007/978-3-662-62823-2_6

Meist ist durch den Fokus auf den Einsatz von I4.0 und seinen Technologien ein fehlender Abgleich der tatsächlichen Prozessanforderungen verbunden, obwohl nur standardisierte Rahmenbedingungen und übergreifende Referenzprozesse eine Lösungsharmonisierung ermöglichen. Aktuell und in Zukunft ist daher die nutzenorientierte Auswahl der Lösungsalternativen sowie die Beherrschung der Anforderungen eine große Herausforderung aber auch enorme Chance, um sich wettbewerbsdifferenzierend am Markt positionieren zu können. Dies ist gerade für einen Technologieführer und I4.0 Anbieter wie Deutschland nicht zu unterschätzen, bei welchem aktuell im internationalen Vergleich die Umsetzung von I4.0 zu langsam voranschreitet. Gründe dafür sind z.B. fehlende Investitionsmittel, vor allem in Hardware-zentrierten und kleineren Unternehmen.

Um nicht analog zum Computer-Integrated-Manufacturing (CIM) dieselben Fehler der Vergangenheit zu wiederholen, ist es erforderlich, bei der Anwendung von einer blauäugigen und bedingungslosen Vernetzung abzurücken und auch hier den Fokus auf die erforderlichen Rahmenbedingungen, das gesamte sozio-technische System und den Markt sowie Kunden zu legen. Da sich I4.0 auf die gesamte Organisationsstruktur und Kultur eines Produktionssystems auswirkt, muss eine ganzheitliche und integrale Betrachtung bei der Anwendung erfolgen. Dazu gehört neben der möglichen Neuaufteilung des Verhältnisses von Kunde, Lieferant und Produzent auch insbesondere der Fokus auf weitere Veränderungen, wie eine sich verschiebende Wertschöpfung in den Softwarebereich. Neben der reinen Anwendung von I4.0 Technologien müssen daher auch die damit verbundenen Veränderungen der Arbeits- und Aufbauorganisation, wie z.B. auch die erforderliche Kultur, ausreichend berücksichtigt werden. Dabei ist im Rahmen dieser Arbeit nicht nur aufgezeigt worden, warum eine Vielzahl bisheriger I4.0 Modelle nicht funktionieren, sondern wurden auch in einer detaillierten Bewertung ihre Stärken und zumeist größeren Lücken und Schwächen aufgedeckt. So fehlen neben dem konsekutiven und integralen Aufbau auch die Möglichkeit, erreichbare Zielsetzungen ableiten zu können und mit anwendbaren Ansätzen und Methoden die konkrete nutzenorientierte Planung zu ermöglichen, um den individuell optimalen Weg für ein Unternehmen detailliert ableiten zu können.

Im Rahmen dieser Arbeit wurde deshalb ein konsekutives und integrales Transformationskonzept entwickelt (I4.0-KIT) mit dem Fokus auf die Anwendung in Werken von Industrieunternehmen mit variantenreicher Fertigung. Es ist bisher das einzige Vorgehensmodell, welches sowohl alle erforderlichen Schritte, als auch sozio-technische Betrachtungsfelder berücksichtigt und dadurch eine erfolgreiche digitale Transformation zu I4.0 ermöglicht (vgl. Tabelle 63).

Transformationskonzept	Bewertungskriterien:									
	Betrachtungsfelder				Reifegradermittlung					
	Strategie, Organisationsstruktur & Führung	Prozesse, Fertigung & Logistik	IT, Daten & Sicherheit	Qualifikation, Kommunikation & Kultur	Ermittlung des IST-Zustands	Ermittlung des SOLL-Zustands	Ableitung von Maßnahmen	Planung der Implementierung	Umsetzung	Kontrolle und Rückschlüsse
I4.0-KIT	□	□	□	□	□	□	□	□	□	□

Tabelle 63 - Bewertung des I4.0-KIT

Der konsekutive Aufbau untergliedert sich dabei in vier Phasen, die Analysephase, die Planungsphase, die Umsetzungsphase und die Kontroll- und Lernphase, für welche Methoden und Ansätze beschrieben und entwickelt wurden, wie beispielsweise die Ableitung einer individuellen IT- Landschaft oder die Quantifizierung der Potentiale von I4.0. Es zeigt damit nicht nur auf, „was" zu tun ist, sondern auch, „wann", „warum" und „wie" es zu tun ist, indem das Vorgehensmodell für jede Phase der digitalen Transformation anwendbare Methoden, Ansätze und Anleitungen beschreibt und diese miteinander verknüpft (vgl. Abbildung 88).

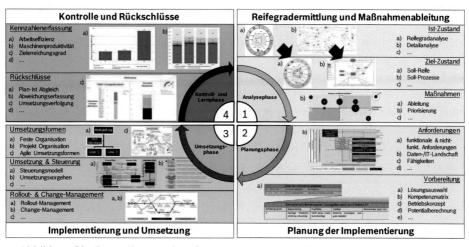

Abbildung 89 - Darstellung und Aufbau des entwickelten I4.0-KITs, eigene Darstellung

Das Modell ist dabei sowohl für das Management (Top-Down) als auch für die betroffenen Mitarbeiter und Experten in den Werken (Bottom-Up) anwendbar. Zusätzlich ermöglicht es durch den Prozess- sowie auch Branchenfokus eine konkrete Maßnahmenableitung. In der Analysephase wird durch einen mehrsprachigen I4.0 Implementierungscheck der jeweilige IST-Zustand ganzheitlich analysiert und es werden, nach der Ermittlung eines erreichbaren SOLL-Zustands, anschließend konkrete Maßnahmen abgeleitet und nutzenorientiert priorisiert. Die Analysephase ermöglicht damit auch die objektive Bewertung sowie Beurteilung der strategischen Relevanz, der Umsetzungsgeschwindigkeit, des Risikos und des Nutzen-zu-Aufwand-Verhältnisses. Auch ermöglicht die Auswertung der entwickelten Kennzahlen die Potentialableitung sowie einen unternehmensinternen Benchmark und die weiterführenden Detailanalysen die Konkretisierung der größten Optimierungspotentiale, welche vor allem in indirekten Prozessen und Informationsflüssen zu finden sind. Die Planungsphase zeichnet sich durch die überwiegend eigenentwickelten, konsekutiv aufeinander aufbauenden Methoden aus, unter besonderer Berücksichtigung der Prozesse und des Nutzens. So können hiermit funktionale und nicht-funktionale Anforderungen ermittelt werden, welche die Basis für die Ableitung der IT-Landschaft inklusive der erforderlichen Lösungsalternativen und Kompetenzen bildet. Die anschließende Potential- und Wirtschaftlichkeitsberechnung anhand von Use-Cases ermöglicht die Festlegung einer individuellen und optimalen Roadmap.Insbesondere bei der Lösungsauswahl wird der Abgleich der Anforderungen und Prozesse bereits vorab sichergestellt, damit fehlerhafte Entscheidungen über mögliche Produkte, Technologien und Ansätze vermieden werden können. Die anschließende Umsetzungsphase ermöglicht die Auswahl der passenden Umsetzungsform und beschreibt ihre Vor- und Nachteile. Weiter ermöglichen eigenentwickelte Methoden, wie beispielsweise das Steuerungs- und Kollaborationsmodell, eine prozessfokussierte Steuerung und Zusammenarbeit, damit die Zielsetzungen der Unternehmensprozesse durch die IT- sowie I4.0-Technologien erreicht werden können. Ferner werden in dem entwickelten Sieben-Schritte-Vorgehen alle relevanten und erfolgskritischen Schritte während der Umsetzung als Blaupause und Anleitung aufgezeigt. Zuletzt ermöglicht die Kontroll- und Lernphase eine objektive Potentialmessung, eine laufende Überwachung durch etablierte und eigens entwickelte Kennzahlen des I4.0-KIT und das darin enthaltene Rollout-Tracking, mit seinem Software-Clearing, auch eine IT-Harmonisierung. Denn auch wenn im Kontext von I4.0 oft von einem Aufbrechen und Auflösen der monolithischen IT-Lösungen gesprochen wird, welche in der Regel einen hohen Standardisierungsgrad aufweisen, darf dies weder in unstandardisierten, komplexitätserhöhenden und unwirtschaftlichen IT-Lösungen münden, noch die erforderliche Prozessstandardisierung und -optimierung missachten.

Die Praxistauglichkeit sowie die Objektivität, Reliabilität und Validität des I4.0-KIT konnten im Anschluss durch die weltweite breite Anwendung in elf unterschiedlich großen Werken eines Industrieunternehmens mit variantenreicher Fertigung aufgezeigt werden.

Die variantenreiche Fertigung zeichnete sich dabei durch komplexe Strukturen, einen schwankenden Nachfrageverlauf, eine kundenorientierte und auftragsbezogene Fertigung, durch verschiedene Ablaufarten und Organisationstypen sowie eine hohe Produktionstiefe aus. Darüber hinaus deckten die Werke alle relevanten Geschäftsarten ab und erstreckten sich dabei von Engineer-to-Order (ETO) über Manufacture-to-Order (MTO), Assembly-to-Order (ATO) bis hin zu Manufacture-to-Stock (MTS). Diese breite Verteilung der elf Werke mit variantenreicher Fertigung ermöglichte den Nachweis über eine breite Anwendbarkeit des I4.0-KIT. Neben der Anwendbarkeit konnten weitere Erkenntnisse abgeleitet werden. Beispielsweise zeigte sich, dass die Durchführung von POCs erfolgskritisch für eine optimale Lösungsauswahl waren, da IT- und I4.0-Lösungen ohne einen POC oftmals fehlerhaft bewertet wurden. Dies lag insbesondere an einer unzureichenden Kenntnis des internen und externen Software- und Architekturaufbau, welcher aus herkömmlichen Dokumentationen und Produktdatenblättern in der Regel nicht hervorgeht. Auch konnte gezeigt werden, wann neue agile Umsetzungsformen wie „Hackathons" einen Mehrwert bringen und wie hoch dieser ist. Im Rahmen der Anwendung zeigte sich auch, dass der Prozessfokus, vor allem bei den Anforderungen und der Lösungsauswahl, erfolgskritisch ist. Dies bestätigt die bedeutende Rolle des Industrial Engineerings (IE), welches durch sein Methodenwissen und die Umsetzungskompetenz einen entscheidenden Beitrag zur erfolgreichen digitalen Transformation zu I4.0 in Industrieunternehmen liefern kann und muss. Ohne ein solches Prozesswissen sowie robuste, schlanke und standardisierte Prozesse als grundlegende Basis ist es nicht möglich, eine nutzenorientierte digitale Transformation zu I4.0 unternehmensindividuell zu bewerten und erfolgreich umzusetzen. Auch kann nur über eine übergreifende Prozessstandardisierung und ihrer laufenden Optimierung einerseits Doppelarbeit und andererseits die Basis für die IT-Harmonisierung und damit wirtschaftlichen digitalen Transformation zu I4.0, geliefert werden.

Die Rationalisierungslücke[462], welche durch den Abbau von IE-Strukturen in den Unternehmen entsteht, bekommt bei der digitalen Transformation zu I4.0 eine erneut hohe Bedeutung und damit auch eine Erfolgskritikalität. Im Umkehrschluss bedeutet dies für Industrieunternehmen, welche IE-Strukturen aufrechterhalten haben, dass sie gegenüber anderen Industrieunternehmen für die erfolgreiche Umsetzung der digitalen Transformation zu I4.0 Vorteile haben. So können mit dem Einsatz von I4.0-Technologien auch IE-Methoden, wie beispielsweise PLAN-IST-Abgleich durch automatisiert erfasste Daten deutlich an Transparenz gewinnen. Aktuelle und granulare Daten ermöglichen im Anschluss eine erfolgreiche und optimale Verbesserungsarbeit.

Neben den klassischen Methoden des IE nimmt aufgrund der steigenden IT-Durchdringung die Anwendung von neu entstandenen Methoden, wie beispielsweise Hackathons, oder auch weiterentwickelten Methoden, wie beispielsweise Informationsflussanalysen, eine wichtige Rolle ein.

---

[462] Stowasser 2010, S. 10

Auch liefern die im Rahmen der Arbeit entwickelten Methoden, wie beispielsweise das Sieben-Schritte-Vorgehen, das Steuerungs- und Kollaborationsmodell, oder die Ableitung der Anforderungen sowie dazugehörigen IT-Landschaft insbesondere für die Planung und Umsetzung in der Praxis benötigten Ansätze. Die Auswahl der optimalen Methode für den individuellen Anwendungsfall bleibt dabei nach wie vor entscheidend. Das entwickelte I4.0-KIT liefert hierfür die entsprechende Anleitung und Hilfestellung.

Zuletzt ist neben den Voraussetzungen während der Umsetzung, eine bereichsübergreifende Zusammenarbeit dringend erforderlich. So können insbesondere unbekannte Hürden und Risiken frühzeitig identifiziert und konstruktiv bearbeitet werden. Denn eine durchgängige Vernetzung der Fabrik der Zukunft bringt auch erhebliche Risiken mit sich. So müssen beispielsweise eine Kultur und insbesondere Fehlerkultur im Unternehmen geschaffen werden, welche auf Ehrlichkeit, Offenheit und Vertrauen basiert. Beispielsweise müssen zur Sicherstellung der IT-Sicherheit und zum reibungslosen Betrieb im Unternehmen alle IT-Lösungen bekannt sein, was auch das Aufdecken der vorhandenen Schatten-IT erforderlich macht, also eigenprogrammierte Lösungen sowie auch einfache Datenbanken. Durch eine prozessorientierte Organisation könnte beispielsweise das Aufbrechen funktionaler Silos erleichtert werden. Auch Qualifizierungen und das frühzeitige Einbinden aller betroffenen Mitarbeiter sowie der Betriebsräte können die Umsetzung der digitalen Transformation zu I4.0 erleichtern.

Das entwickelte I4.0-KIT setzt den Fokus auf Werke von Industrieunternehmen mit variantenreicher Fertigung und ermöglicht die Ableitung individueller und konkreter Maßnahmen und Ansätze. Obwohl der branchenspezifische Fokus ein Schlüssel für die Anwendbarkeit in der Praxis war, ermöglicht der durchaus breit gefächerte Fokus eine Anwendung in einem breiten Spektrum verschiedener Unternehmen, wie beispielsweise auch durch die Abdeckung der verschiedenen Geschäftsarten. Das I4.0-KIT ist neben größeren Konzernstrukturen auch insbesondere für KMUs interessant, da sich diese in der Regel in den Definitionsbereich eines variantenreichen Industrieunternehmens einordnen lassen. Darüber hinaus könnten das entwickelte I4.0-KIT mit seinen Methoden, Ansätzen und Anleitungen nach einer individuellen Prüfung und etwaigen Anpassungen auch branchenübergreifend anwendbar sein. Beispielsweise hat das erarbeitete Steuerungs- und Kollaborationsmodell inklusive dem Prozessfokus eine Allgemeingültigkeit und ist unabhängig von den gefertigten Produkten, wohingegen der spezifische Fragenkatalog insbesondere auf Werke von Industrieunternehmen mit einer variantenreichen Fertigung angepasst wurde. Aber auch weitere entwickelte Methoden und Ansätze, wie auch das Vorgehen der Planungsphase zur Ableitung der Anforderungen sowie dazugehörigen IT-Landschaft, ist grundsätzlich übertragbar. Das entwickelte I4.0-KIT ermöglicht damit nicht ausschließlich die konsekutive, integrale und nutzenorientierte digitale Transformation der Werke von Industrieunternehmen mit variantenreicher Fertigung.

7 Literaturverzeichnis

Abolhassan, Ferri. (Hg.) (2017): Security Einfach Machen. IT-Sicherheit als Sprungbrett für die Digitalisierung. Wiesbaden: Springer Fachmedien Wiesbaden; Imprint: Springer Gabler.

acatech (Hg.) (2016): Kompetenzen für Industrie 4.0. Qualifizierungsbedarfe und Lösungsansätze. acatech – Deutsche Akademie der Technikwissenschaften e. V. München (acatech POSITION).

Affenzeller, Peter; Hartlieb, Erich; Willmann, Roland (2018): Industrie 4.0 – Evaluierung der Relevanz für Unternehmen mit physischen Angeboten. In: Peter Granig, Erich Hartlieb und Bernhard Heiden (Hg.): Mit Innovationsmanagement zu Industrie 4.0. Wiesbaden: Springer Fachmedien Wiesbaden, S. 83–96.

Ahrens, Daniela; Spöttl, Georg (2018): Industrie 4.0 und Herausforderungen für die Qualifizierung von Fachkräften. In: Hartmut Hirsch-Kreinsen, Peter Ittermann und Jonathan Niehaus (Hg.): Digitalisierung industrieller Arbeit. Die Vision Industrie 4.0 und ihre sozialen Herausforderungen. 2nd ed. Baden-Baden: Nomos Verlagsgesellschaft, S. 175–194.

Aiken, Peter; Harbour, Todd (2017): Data strategy and the enterprise data executive. Ensuring that business and IT are in synch in the post-big data era. Unter Mitarbeit von Micheline Casey. Basking Ridge, NJ: Technics Publications. Online verfügbar unter http://proquest.tech.safaribooksonline.de/9781634622196.

Akdil, Kartal Yagiz; Ustundag, Alp; Cevikcan, Emre (2018): Maturity and Readiness Model for Industry 4.0 Strategy. In: Alp Ustundag und Emre Cevikcan (Hg.): Industry 4.0: Managing The Digital Transformation. Cham: Springer International Publishing (Springer Series in Advanced Manufacturing), S. 61–94.

Altendorfer-Kaiser, Susanne (2014): Strukturmodelle des Informationsmanagement als Grundlage für die Informationslogistik. In: Helmut E. Zsifkovits und Susanne Altendorfer-Kaiser (Hg.): Logistische Modellierung. 2. Wissenschaftlicher Industrielogistik-Dialog in Leoben (WilD). 1. Aufl. Mering: Rainer Hampp Verlag, S. 111–122.

Andelfinger, Volker P.; Hänisch, Till (2015): Grundlagen: Das Internet der Dinge. In: Volker P. Andelfinger und Till Hänisch (Hg.): Internet der Dinge. Wiesbaden: Springer Fachmedien Wiesbaden, S. 9–75.

Anderl, R. (2015): Leitfaden Industrie 4.0. Orientierungshilfe zur Einführung in den Mittelstand. Frankfurt am Main: VDMA-Verlag.

Apel, Harald (Hg.) (2018): Instandhaltungs- und Servicemanagement. Systeme mit Industrie 4.0. München: Hanser, Carl.

Appelfeller, Wieland; Feldmann, Carsten (2018): Die digitale Transformation des Unternehmens. Systematischer Leitfaden mit zehn Elementen zur Strukturierung und Reifegradmessung. Berlin: Springer Gabler.

Armengaud, Eric; Sams, Christoph; Falck, Georg von; List, Georg; Kreiner, Christian; Riel, Andreas (2017): Industry 4.0 as Digitalization over the Entire Product Lifecycle: Opportunities in the Automotive Domain. In: Jakub Stolfa, Svatopluk Stolfa, Rory V. O'Connor und Richard Messnarz (Hg.): Systems, Software and Services Process Improvement. 24th European Conference, EuroSPI 2017, Ostrava, Czech Republic, September 6–8, 2017, Proceedings, Bd. 748. Cham: Springer International Publishing (Communications in Computer and Information Science), S. 334–351.

Aßmann, Stefan; Resenhoeft, Thilo (2017): Einsatz von Industrie 4.0 bei Bosch. In: Christian Manzei, Linus Schleupner und Ronald Heinze (Hg.): Industrie 4.0 im internationalen Kontext. Kernkonzepte, Ergebnisse, Trends. Berlin: VDE Verlag (Beuth Innovation), S. 185–192.

Azmoodeh, Amin; Dehghantanha, Ali; Choo, Kim-Kwang Raymond (2019): Big Data and Internet of Things Security and Forensics: Challenges and Opportunities. In: Ali Dehghantanha und Kim-Kwang Raymond Choo (Hg.): Handbook of Big Data and IoT Security, Bd. 29. Cham: Springer International Publishing, S. 1–4.

Bäppler, Ellen (2009): Nutzung des Wissensmanagements im Strategischen Management. Wiesbaden: Gabler.

Barthelmäs, Nina; Flad, Daniel; Haußmann, Tobias; Kupke, Till; Schneider, Sven; Selbach, Katja (2017): Industrie 4.0 – eine industrielle Revolution? In: Volker P. Andelfinger und Till Hänisch (Hg.): Industrie 4.0. Wie cyber-physische Systeme die Arbeitswelt verändern. Wiesbaden: Springer Gabler, S. 33–56.

Barthelmeß, Ulrike; Furbach, Ulrich (2019): Künstliche Intelligenz. In: Ulrike Barthelmeß und Ulrich Furbach (Hg.): Künstliche Intelligenz aus ungewohnten Perspektiven, Bd. 35. Wiesbaden: Springer Fachmedien Wiesbaden, S. 7–24.

Barton, Thomas; Müller, Christian; Seel, Christian (2018): Digitalisierung in Unternehmen. Von den theoretischen Ansätzen zur praktischen Umsetzung / Hrsg. Thomas Barton, Christian Müller und Christian Seel. Wiesbaden, Germany: Springer Vieweg (Angewandte Wirtschaftsinformatik, 2522-0500).

Bauer, Wilhelm; Schlund, Sebastian; Marrenbach, Dirk; Ganschar, Oliver (2014): Industrie 4.0 – Volkswirtschaftliches Potenzial für Deutschland. Studie. Hg. v. Bundesverband Informationswirtschaft, Telekommunikation und neue Medien e. V. Fraunhofer-Institut für Arbeitswirtschaft und Organisation. Berlin.

Bauernhansl, Thomas; Hompel, Michael ten; Vogel-Heuser, Birgit (Hg.) (2017): Handbuch Industrie 4.0 Bd. 4. 2. Auflage. Berlin, [Ann Arbor, Michigan]: Springer Vieweg; ProQuest (Springer Reference Technik).

Bauernhansl, Thomas; Krüger, Jörg; Gunther, Reinhart; Schuh, Günther (2016): WGP-Standpunkt Industrie 4.0. Hg. v. Wissenschaftliche Gesellschaft für Produktionstechnik. Darmstadt. Online verfügbar unter http://www.ipa.fraunhofer.de/fileadmin/user_upload/Presse_und_Medien/Pressinformationen/2016/Juni/WGP_Standpunkt_Industrie_4.0.pdf, zuletzt geprüft am 26.10.2016.

BCG - The Boston Consulting Group (Hg.) (2015): Industry 4.0. The Future of Productivity and Growth in Manufacturing Industries. Unter Mitarbeit von Michael Rüßmann, Markus Lorenz, Philipp Gerbert, Manuela Waldner, Jan Justus, Pascal Engel und Michael Harnisch. Online verfügbar unter https://image-src.bcg.com/Images/Industry_40_Future_of_Productivity_April_2015_tcm9-61694.pdf, zuletzt geprüft am 04.07.2020.

BCG - The Boston Consulting Group (2016): Deutschland liegt beim Wettrennen um Industrie 4.0 (noch) vor den USA. Unter Mitarbeit von Marike Bartels. Düsseldorf. Online verfügbar unter http://www.bcg.de/documents/file207604.pdf, zuletzt geprüft am 02.03.2017.

Beck, Andreas; Lüer, Holger (2018): Hackathons zur beschleunigten und effizienten Umsetzung von I4.0 Lösungen in der Produktion. In: Arbeitsgruppe "Industrie 4.0 - Mitarbeiter einbinden" (Hg.): Industrie 4.0 - Mitarbeiter einbinden. Fallbeispiele aus der betrieblichen Praxis. Unter Mitarbeit von Holger Möhwald. Niederdorf, S. 32–33.

Beck, Kent; Beedle, Mike; van Bennekum, Arie; Cockburn, Alistair; Cunningham, Ward; Fowler, Martin et al. (2001): Manifest für Agile Softwareentwicklung. Online verfügbar unter https://agilemanifesto.org/iso/de/manifesto.html, zuletzt geprüft am 11.12.2019.

Beck, Thomas (1996): Die Projektorganisation und ihre Gestaltung. Zugl.: Tübingen, Univ., Diss., 1995. Berlin: Duncker & Humblot (Betriebswirtschaftliche Forschungsergebnisse, 105).

Becker, Jörg; Knackstedt, Ralf; Pöppelbuß, Jens (2009): Developing Maturity Models for IT Management. In: *Bus. Inf. Syst. Eng.* 1 (3), S. 213–222.

Becker, Klaus-Detlev (2015): Arbeit in der Industrie 4.0 – Erwartungen des Instituts für angewandte Arbeitswissenschaft e.V. In: Alfons Botthof und Ernst Andreas Hartmann (Hg.): Zukunft der Arbeit in Industrie 4.0. Berlin, Heidelberg: Springer Berlin Heidelberg, S. 23–29.

Becker, Wolfgang; Stradtmann, Meike; Botzkowski, Tim; Böttler, Laura; Voigt, Kai-Ingo; Müller, Julian M.; Veile, Johannes W. (2019): Ökonomische Risiken von Industrie 4.0. In: Wolfgang Becker, Brigitte Eierle, Alexander Fliaster, Björn Ivens, Alexander Leischnig, Alexander Pflaum und Eric Sucky (Hg.): Geschäftsmodelle in der digitalen Welt. Wiesbaden: Springer Fachmedien Wiesbaden, S. 493–515.

Begburs, Isilay (2018): Gestaltung eines Lösungsansatzes für den globalen industrialisierten Rollout von bestehender Software bei der Robert Bosch GmbH. Masterthesis.

Hochschule Pforzheim. Fakultät Wirtschaft & Recht. Institut für Smart Systems und Services.

Behrens, Bernd-Arno; Groche, Peter; Krüger, Jörg; Wulfsberg, Jens P. (2018): WGP-Standpunkt. Industriearbeitsplatz 2025. Hg. v. WGP Wissenschaftliche Gesellschaft für Produktionstechnik e.V. Online verfügbar unter https://wgp.de/wp-content/uploads/FINAL_WGP_Standpunkt_2025.pdf, zuletzt geprüft am 10.09.2018.

Beims, Martin; Ziegenbein, Michael (2015): IT-Service-Management in der Praxis mit ITIL. Der Einsatz von ITIL Edition 2011, ISO/IEC 20000:2011, COBIT 5 und PRINCE2. 4., überarbeitete und erweiterte Auflage. München: Hanser.

Bergmann, Rainer; Garrecht, Martin (2016): Organisation und Projektmanagement. 2. Aufl. 2016. Berlin, Heidelberg: Springer Gabler (BA KOMPAKT).

Bertsche, Oliver; Como-Zipfel, Frank (2017): Sozialpädagogische Perspektiven auf die Digitalisierung. In: *Soz Passagen* 8 (2), S. 235–254.

Biedermann, Hubert (Hg.) (2016): Industrial Engineering und Management. Beiträge des Techno-Ökonomie-Forums der TU Austria. Unter Mitarbeit von Wilfried Eichlseder. Wiesbaden: Springer Gabler (Research).

Biesel, Hartmut H. (2018): Vertrieb 4.0. Vertrieb und Marketing in einer digitalen Welt. 2., überarbeitete Auflage. Norderstedt: BoD - Books on Demand.

Bildstein, Andreas; Seidelmann, Joachim (2014): Industrie 4.0-Readiness: Migration zur Industrie 4.0-Fertigung. In: Thomas Bauernhansl, Michael ten Hompel und Birgit Vogel-Heuser (Hg.): Industrie 4.0 in Produktion, Automatisierung und Logistik. Wiesbaden: Springer Fachmedien Wiesbaden, S. 581–597.

Bildstein, Andreas; Seidelmann, Joachim (2016): Migration zur Industrie- 4.0-Fertigung. In: Birgit Vogel-Heuser, Thomas Bauernhansl und Michael ten Hompel (Hg.): Handbuch Industrie 4.0. Berlin, Heidelberg: Springer Berlin Heidelberg, S. 1–16.

Binner, Hartmut F. (2014): Industrie 4.0 bestimmt die Arbeitswelt der Zukunft. In: *Elektrotech. Inftech.* 131 (7), S. 230–236.

BITKOM (2015): Umsetzungsstrategie Industrie 4.0. Ergebnisbericht der Plattform Industrie 4.0. Hg. v. Bundesverband Informationswirtschaft, Telekommunikation und neue Medien e. V., Verband Deutscher Maschinen- und Anlagenbau e.V. und Zentralverband Elektrotechnik- und Elektroindustrie e.V. Online verfügbar unter https://www.its-owl.de/fileadmin/PDF/Industrie_4.0/2015-04-10_Umsetzungsstrategie_Industrie_4.0_Plattform_Industrie_4.0.pdf, zuletzt geprüft am 09.09.2019.

BMBF (Hg.) (2013): Zukunftsbild "Industrie 4.0". Hightech-Strategie. Stand Oktober 2013. Bundesministerium für Bildung und Forschung. Bonn (Hightech-Strategie).

Bode, Jeanette (2008): Performance Measurement und Management. Hamburg: Diplomica Verlag (Recht, Wirtschaft, Steuern).

Bogus, Kim; Stock, Patricia (2018): REFA-Checkliste Industrie 4.0. Ganzheitliche Gestaltung in Vorbereitung der Industrie 4.0. Hg. v. REFA-Institut e.V. Dortmund.

Bokranz, Rainer; Landau, Kurt (2012): Handbuch Industrial Engineering. Produktivitätsmanagement mit MTM. 2., überarb. und erw. Aufl. Stuttgart: Schäffer-Poeschel.

Book, Matthias; Gruhn, Volker; Striemer, Rüdiger (2017): Erfolgreiche agile Projekte. Pragmatische Kooperation und faires Contracting. Berlin: Springer Vieweg (Xpert.press).

Borgmeier, Arndt; Grohmann, Alexander; Gross, Stefan F. (2017): Smart Services und Internet der Dinge: Geschäftsmodelle, Umsetzung und Best Practices. Industrie 4.0, Internet of Things (IoT), Machine-to-Machine, Big Data, Augmented Reality Technologie. München: Carl Hanser Verlag GmbH & Co. KG.

Boston Consulting Group (2018): Digital Acceleration Index. Unter Mitarbeit von Michael Grebe, Patrick Rouvillois und Ching Fong Ong. Hg. v. Boston Consulting Group. Online verfügbar unter https://www.bcg.com/de-de/capabilities/technology-digital/digital-acceleration-index.aspx, zuletzt geprüft am 05.03.2018.

Botthof, Alfons; Hartmann, Ernst Andreas (2015): Zukunft der Arbeit in Industrie 4.0. Berlin Heidelberg: Springer Berlin Heidelberg.

Brauckmann, Otto (2019): Digitale Revolution in der industriellen Fertigung – Denkansätze. Berlin, Heidelberg: Springer Berlin Heidelberg.

Braun, Tobias (2017): Chancen und Risiken von Industrie 4.0 fur kleine und mittlere Unternehmen. Eine Untersuchung am Beispiel der mittelstandischen Automobilzulieferer. Hamburg: DIPLOMICA Verlag GMBH.

Brettel, Malte; Fischer, Felix Gabriel; Bendig, David; Weber, Anja Ruth; Wolff, Bartholomäus (2016a): Enablers for self-optimizing production systems in the context of Industrie 4.0. In: *Procedia CIRP* 41, S. 93–98.

Brettel, Malte; Klein, Manuel; Friederichsen, Niklas (2016b): The relevance of manufacturing flexibility in the context of Industrie 4.0. In: *Procedia CIRP* 41, 105-110.

Broy, Manfred (Hg.) (2010): Cyber-Physical Systems. Innovation durch softwareintensive eingebettete Systeme. Symposium Cyber-Physical Systems Innovation durch software-intensive eingebettete Systeme; acatech Symposium Cyber-Physical Systems. Berlin: Springer (acatech DISKUTIERT).

Broy, Manfred; Kuhrmann, Marco (2013): Projektorganisation und Management im Software Engineering. Berlin, Heidelberg: Springer Vieweg (Xpert.press).

Bruin, Tonia de; Freeze, Ron; Kulkarni, Uday; Rosemann, Michael (2005): Understanding the Main Phases of Developing a Maturity Assessment Model. 16th Australasian Conference on Information Systems. 29 Nov – 2 Dec 2005, Sydney. In: *ACIS 2005 Proceedings. Sydney.* (109), S. 1–10.

BSI (Hg.) (2016): Industrial Control System Security. Top 10 Bedrohungen und Gegenmaßnahmen 2016. Bundesamt für Sicherheit in der Informationstechnik. Online verfügbar unter https://www.allianz-fuer-cybersicherheit.de/ACS/DE/_/downloads/BSI-CS_005.pdf?__blob=publicationFile&v=5#download=1, zuletzt geprüft am 01.12.2018.

Bundesministerium des Innern; Bundesministerium für Wirtschaft und Energie; Bundesministerium für Verkehr und digitale Infrastruktur (Hg.) (2017): Legislaturbericht Digitale Agenda 2014–2017. Frankfurt am Main (BMI17004).

Bünte, Claudia (2018): Künstliche Intelligenz – die Zukunft des Marketing. Wiesbaden: Springer Fachmedien Wiesbaden.

Burger, Ansgar; Lang, Andreas; Müller, Yannis (2017): Mögliche Veränderungen von System-Architekturen im Bereich der Produktion. In: Volker P. Andelfinger und Till Hänisch (Hg.): Industrie 4.0. Wie cyber-physische Systeme die Arbeitswelt verändern. Wiesbaden: Springer Gabler, S. 57–68.

Bürger, Thomas; Tragl, Karl (2017): SPS-Automatisierung mit den Technologien der IT-Welt verbinden. In: Birgit Vogel-Heuser, Thomas Bauernhansl und Michael ten Hompel (Hg.): Handbuch Industrie 4.0. 2., erweiterte und bearbeitete Auflage. Berlin, Germany: Springer Vieweg (Springer Reference Technik), S. 207–217.

Buxmann, Peter; Schmidt, Holger (2019): Künstliche Intelligenz. Berlin, Heidelberg: Springer Berlin Heidelberg.

Carolis, Anna de; Macchi, Marco; Negri, Elisa; Terzi, Sergio (2017): A Maturity Model for Assessing the Digital Readiness of Manufacturing Companies. In: Hermann Lödding, Ralph Riedel, Klaus-Dieter Thoben, Gregor von Cieminski und Dimitris Kiritsis (Hg.): Advances in Production Management Systems. The Path to Intelligent, Collaborative and Sustainable Manufacturing. IFIP WG 5.7 International Conference, APMS 2017, Hamburg, Germany, September 3-7, 2017, Proceedings, Part II, Bd. 513. Cham: Springer International Publishing (IFIP Advances in Information and Communication Technology), S. 13–20.

Cernavin, Oleg; Schröter, Welf; Stowasser, Sascha (2018): Prävention 4.0. Analysen und Handlungsempfehlungen für eine produktive und gesunde Arbeit 4.0 / Oleg Cernavin, Welf Schröter, Sascha Stowasser, Hrsg. Wiesbaden, Germany: Springer.

Czichos, Horst (2019): Cyber-physische Systeme. In: Horst Czichos (Hg.): Mechatronik. Wiesbaden: Springer Fachmedien Wiesbaden, S. 333–344.

Dais, Siegfried (2017): Industrie 4.0 – Anstoß, Vision, Vorgehen. In: Birgit Vogel-Heuser, Thomas Bauernhansl und Michael ten Hompel (Hg.): Handbuch Industrie 4.0 Bd.4. Berlin, Heidelberg: Springer Berlin Heidelberg, S. 261–277.

Daum, Andreas; Greife, Wolfgang; Przywara, Rainer (2010): BWL für Ingenieure. Was man unbedingt als Ingenieur über Betriebswirtschaft wissen sollte. Wiesbaden: Vieweg + Teubner (Studium).

Dauner, Gerhard (2015): Industrie 4.0 – eine neue Herausforderung. In: *CONTROLLER MAGAZIN* 2, S. 26–31.

Deuse, Jochen; Weisner, Kirsten; Hengstebeck, André; Busch, Felix (2015): Gestaltung von Produktionssystemen im Kontext von Industrie 4.0. In: Alfons Botthof und Ernst Andreas Hartmann (Hg.): Zukunft der Arbeit in Industrie 4.0. Berlin, Heidelberg: Springer Berlin Heidelberg, S. 99–109.

Dickel, Petra (2009): Marktbezogenes Lernen in Akademischen Spin-offs. Gewinnung und Integration von Marktinformationen in der frühen Phase technologiebasierter Ausgründungen. Wiesbaden: Gabler Verlag / GWV Fachverlage GmbH, Wiesbaden (Gabler Edition Wissenschaft, Bd. 62).

DIN e.V. (Hg.) (2018): Deutsche Normungsroadmap Industrie 4.0. Version 3. DIN e. V. und DKE Deutsche Kommission Elektrotechnik. Berlin.

Doleski, Oliver D.; Janner, Till (2013): Projektmanagement bei der Ausbringung intelligenter Zähler. In: Christian Aichele und Oliver D. Doleski (Hg.): Smart Meter Rollout. Wiesbaden: Springer Fachmedien Wiesbaden, S. 105–129.

Dombrowski, Uwe; Karl, Alexander; Richter, Thomas (2018): Mensch, Organisation, Technik im KMU 4.0. In: Dominik T. Matt (Hg.): KMU 4.0 - Digitale Transformation in kleinen und mittelständischen Unternehmen. Berlin: GITO Verlag, S. 40–69.

Dombrowski, Uwe; Richter, Thomas; Ebentreich, David (2015): Ganzheitliche Produktionssysteme und Industrie 4.0. Ein Ansatz zur standardisierten Arbeit im flexiblen Produktionsumfeld. In: *Industrie 4.0 Management* 3 (31), S. 53–56.

Dombrowski, Uwe; Riechel, Christoph; Evers, Maren (2014): Industrie 4.0 – Die Rolle des Menschen in der vierten industriellen Revolution. In: Wolfgang Kersten, Hans Koller und Hermann Lödding (Hg.): Industrie 4.0. Wie intelligente Vernetzung und kognitive Systeme unsere Arbeit verändern. Berlin: Gito mbH Verlag (Schriftenreihe der Hochschulgruppe für Arbeits- und Betriebsorganisation e.V. (HAB)), S. 129–153.

Dombrowski, Uwe; Wagner, Tobias (2014): Arbeitsbedingungen im Wandel der Industrie 4.0. Mitarbeiterpartizipation als Erfolgsfaktor zur Akzeptanzbildung und Kompetenzentwicklung. In: *ZWF - Zeitschrift für wirtschaftlichen Fabrikbetrieb* 109 (5), S. 351–355.

Dommermuth, Maximilian (2016): Wirtschaftliche Arbeitseffizienzermittlung in indirekten Unternehmensbereichen. Differenzierte Analyse, Bewertung und Entwicklung von anwendbaren Methoden. Masterthesis. Karlsruher Institut für Technologie, Karlsruhe. IFAB.

Dommermuth, Maximilian (2019): Implementierung von Industrie 4.0 in variantenreichen Fertigungsstandorten. Anwendbares ganzheitliches Konzept zur Analyse, Bewertung, Planung und Umsetzung der digitalen Transformation. In: GfA (Hg.): Arbeit interdisziplinär analysieren - bewerten - gestalten. Dokumentation des 65. Arbeitswissenschaftlichen Kongresses vom 27.02. bis 01.03.2019, D.1.2. Dortmund: GfA-Press, S. 1–7.

Doppler, Klaus; Lauterburg, Christoph (2019): Change Management. Den Unternehmenswandel gestalten. 14., aktualisierte Auflage. Frankfurt am Main: Campus.

Dorner, Martin (2014): Das Produktivitätsmanagement des Industrial Engineering unter besonderer Betrachtung der Arbeitsproduktivität und der indirekten Bereiche. Dissertation. Karlsruher Institut für Technologie, Karlsruhe.

Dorner, Martin; Stowasser, Sascha (2012): Das Produktivitätsmanagement des Industrial Engineering. In: *Z. Arb. Wiss.* 66 (2-3), S. 212–225.

Dorschel, Joachim (2015): Praxishandbuch Big Data. Wirtschaft – Recht – Technik. Wiesbaden: Springer Fachmedien Wiesbaden.

Dr. Wieselhuber & Partner GmbH (Hg.) (2015): Geschäftsmodell-Innovation durch Industrie 4.0. Chancen und Risiken für den Maschinen- und Anlagenbau. Studie. Unter Mitarbeit von Thomas Bauernhansl, Volkhard Emmrich, Mathias Döbele, Dominik Paulus-Rohmer, Anja Schatz und Markus Weskamp. Fraunhofer-Institut für Produktionstechnik und Automatisierung IPA. München. Online verfügbar unter https://www.wieselhuber.de/migrate/attachments/Geschaeftsmodell_Industrie40-Studie_Wieselhuber.pdf, zuletzt geprüft am 28.10.2016.

Drath, Rainer; Horch, Alexander (2014): Industrie 4.0. Hit or Hype? [Industry Forum]. In: *EEE Ind. Electron. Mag.* 8 (2), S. 56–58.

Drossel, Welf-Guntram; Ihlenfeldt, Steffen; Langer, Tino; Dumitrescu, Roman (2018): Cyber-Physische Systeme. In: Reimund Neugebauer (Hg.): Digitalisierung, Bd. 105. Berlin, Heidelberg: Springer Berlin Heidelberg, S. 197–222.

Duméril, Jean-Christophe (2019): Agility Suitability Check. In: Christoph Negri (Hg.): Führen in der Arbeitswelt 4.0. Berlin, Heidelberg: Springer Berlin Heidelberg, S. 51–61.

Dürrschmidt, Stephan (2001): Planung und Betrieb wandlungsfähiger Logistiksysteme in der variantenreichen Serienproduktion. München, Technische Universität, Dissertation, 2001. München: Utz (Forschungsberichte / IWB, 152).

Eckert, Claudia (2015): Industrie 4.0? Mit Sicherheit! In: *Datenschutz Datensicherheit (DuD)* 39 (10), S. 641.

Eierdanz, Frank; Herzog-Buchholz, Esther; Sieling, Ellen; Schick, Klaus (2019): Demografiefestigkeit 4.0 – Chancen des digitalen Wandels zur Förderung von Beschäftigungsfähigkeit und Arbeitgeberattraktivität nutzen. In: Christian K. Bosse und Klaus J. Zink (Hg.): Arbeit 4.0 im Mittelstand. Berlin, Heidelberg: Springer Berlin Heidelberg, S. 55–70.

Ematinger, Reinhard (2018): Von der Industrie 4.0 zum Geschäftsmodell 4.0. Chancen der digitalen Transformation / Reinhard Ematinger. Wiesbaden: Springer Gabler (essentials).

Endres, Herbert; Weber, Kathrin; Helm, Roland (2015): Resilienz-Management in Zeiten von Industrie 4.0. In: *IM+io: Das Magazin für Innovation, Organisation und Management* 30 (3), S. 28–31.

Engleder, Stefan; Dimmler, Gerhard (2015): Eine große Chance und die Antwort auf die smarte Fabrik. Industrie 4.0 aus Sicht eines Spritzgießmaschinenbauers. In: *Kunststoffe* (9), S. 102–105.

Erlach, Klaus (2010): Wertstromdesign. Der Weg zur schlanken Fabrik. 2., bearbeitete und erweiterte Aufl. Heidelberg: Springer.

Europäische Kommission (2008): NACE Rev. 2. Statistische Systematik der Wirtschaftszweige in der Europäischen Gemeinschaft. Luxemburg: Amt für Amtl. Veröff. der Europ. Gemeinschaften (Eurostat Reihe Thema). Online verfügbar unter https://ec.europa.eu/eurostat/documents/3859598/5902453/KS-RA-07-015-DE.PDF/680c5819-8a93-4c18-bea6-2e802379df86, zuletzt geprüft am 10.12.2019.

Fassott, Georg (1995): Dienstleistungspolitik industrieller Unternehmen. Sekundärdienstleistungen als Marketinginstrument bei Gebrauchsgütern. Gabler Edition Wissenschaft. Wiesbaden: Deutscher Universitätsverlag (Focus Dienstleistungsmarketing).

Feld, Thomas; Hoffmann, Michael; Schmidt, Ralf (2012): Industrie 4.0. Vom intelligenten Produkt zur intelligenten Produktion. In: *Information Management und Consulting* 3, S. 38–42.

Felfernig, Alexander; Stettinger, Martin; Wundara, Manfred; Stanik, Christoph (2019): Künstliche Intelligenz in der Öffentlichen Verwaltung. In: Jürgen Stember, Wolfgang Eixelsberger, Andreas Spichiger, Alessia Neuroni, Franz-Reinhard Habbel und Manfred Wundara (Hg.): Handbuch E-Government, Bd. 12. Wiesbaden: Springer Fachmedien Wiesbaden, S. 491–504.

Ferreira, Luis; Lopes, Nuno; Silva, Joaquim (Hg.) (2019): Technological developments in industry 4.0 for business applications. Hershey, PA: IGI Global Business Science Reference (Premier reference source).

FIR an der RWTH Aachen (2018): Quick Check Industrie 4.0 Reifegrad. Unter Mitarbeit von Jan Hicking. Hg. v. FIR an der RWTH Aachen. Online verfügbar unter https://www.digital-in-nrw.de/de/unsere-angebote/konzipieren, zuletzt aktualisiert am 24.07.2018, zuletzt geprüft am 24.07.2018.

Flanagan, Oona (2019): A Practical Guide to SAP S/4HANA Financial Accounting. Gleichen: Espresso Tutorials GmbH.

Fleisch, Elgar; Christ, Oliver; Dierkes, Markus (2005): Die betriebswirtschaftliche Vision des Internets der Dinge. In: Elgar Fleisch und Friedemann Mattern (Hg.): Das Internet der Dinge. Ubiquitous Computing und RFID in der Praxis: Visionen, Technologien, Anwendungen, Handlungsanleitungen ; mit 21 Tabellen/ edited by Elgar Fleisch, Friedemann Mattern. Berlin, Heidelberg: Springer-Verlag Berlin Heidelberg, 3-37.

Fleischmann, Albert; Oppl, Stefan; Schmidt, Werner; Stary, Christian (2018): Ganzheitliche Digitalisierung von Prozessen. Perspektivenwechsel - Design Thinking - wertegeleitete Interaktion. Wiesbaden, Germany: Springer Vieweg.

Focke, Markus; Steinbeck, Jörn (2018): Steigerung der Anlagenproduktivität durch OEE-Management. Definitionen, Vorgehen und Methoden – von manuell bis Industrie 4.0. 1. Auflage 2018. Wiesbaden: Springer Fachmedien Wiesbaden GmbH; Springer Gabler (essentials).

Forstner, Lisa; Dümmler, Mathias (2014): Integrierte Wertschöpfungsnetzwerke – Chancen und Potenziale durch Industrie 4.0. In: *Elektrotech. Inftech.* 131 (7), S. 199–201.

Foth, Egmont (2016): Erfolgsfaktoren für eine digitale Zukunft. IT-Management in Zeiten der Digitalisierung und Industrie 4.0. Berlin: Springer Vieweg (Xpert.press).

Fourastié, Jean (1949): Le grand espoir du XXe siècle. Progrès technique, progrès économique, progrès social. Paris: Presses Univ. de France.

Gadatsch, Andreas (2008): Grundkurs IT-Projektcontrolling. Grundlagen, Methoden und Werkzeuge für Studierende und Praktiker. Wiesbaden: Vieweg+Teubner / GWV Fachverlage GmbH Wiesbaden.

Gadatsch, Andreas (2017): Grundkurs Geschäftsprozess-Management. Analyse, Modellierung, Optimierung und Controlling von Prozessen. Wiesbaden: Springer Vieweg.

Ganesh, K.; Mohapatra, Sanjay; Anbuudayasankar, S. P.; Sivakumar, P. (Hg.) (2014): Enterprise Resource Planning. Cham: Springer International Publishing (Management for Professionals).

Ganzarain, Jaione; Errasti, Nekane (2016): Three stage maturity model in SME's toward industry 4.0. In: *JIEM* 9 (5), S. 1119.

Gaum, Bernhard (2017): Stufenweise Einführung von Industrie 4.0 in der Produktionslogistik. Online verfügbar unter https://books.google.de/books?id=JmmPDwAAQBAJ, zuletzt geprüft am 28.04.2020.

Geissbauer, Reinhard; Vedso, Jesper; Schrauf, Stefan (2016): Industry 4.0: Building the digital enterprise. Hg. v. PwC - PricewaterhouseCoopers. Online verfügbar unter https://www.pwc.com/gx/en/industries/industries-4.0/landing-page/industry-4.0-building-your-digital-enterprise-april-2016.pdf, zuletzt geprüft am 04.07.2020.

Geitner, Uwe W. (Hg.) (1991): CIM-Handbuch. Wirtschaftlichkeit durch Integration. Wiesbaden: Vieweg+Teubner Verlag.

Giersberg, Georg (2018): Die Umsetzung von Industrie 4.0 fängt gerade erst an. Die digitalisierte Fabrik braucht nicht weniger, aber anders qualifizierte Mitarbeiter. DER BETRIEBSWIRT. In: *FAZ*, 10.09.2018, S. 16.

Gill, Helen (2008): A Continuing Vision: Cyber-Physical Systems. Fourth Annual Carnegie Mellon Conference on the Electricity Industry. Hg. v. National Science Foundation. Pittsburgh, PA.

Gladen, Werner (2002): Performance Measurement als Methode der Unternehmenssteuerung. In: Hans-Peter Fröschle (Hg.): Performance Measurement. Heidelberg: dpunkt-Verlag (Praxis der Wirtschaftsinformatik, 227), S. 5–16.

Gladen, Werner (2014): Performance Measurement. Controlling mit Kennzahlen. 6., überarb. Aufl. Wiesbaden: Springer Gabler.

Gläß, Rainer (2018): Künstliche Intelligenz im Handel 1 – Überblick. Wiesbaden: Springer Fachmedien Wiesbaden.

Gleich, Ronald (2016): Unternehmenssteuerung im Zeitalter von Industrie 4. Unter Mitarbeit von Heimo Losbichler und Rainer M. Zierhofer. München: Haufe Lexware (Haufe Fachbuch).

Gleich, Ronald; Kramer, Andreas; Esch, Martin (2018): In-Memory-Datenbanken. Anwendungsmöglichkeiten und Migrationspfade am Beispiel von SAP HANA®. München: Haufe Lexware Verlag (Haufe Fachbuch).

Gökalp, Ebru; Şener, Umut; Eren, P. Erhan (2017): Development of an Assessment Model for Industry 4.0: Industry 4.0-MM. In: Antonia Mas, Antoni Mesquida, Rory V. O'Connor, Terry Rout und Alec Dorling (Hg.): Software Process Improvement and Capability Determination, Bd. 770. Cham: Springer International Publishing (Communications in Computer and Information Science), S. 128–142.

Gölzer, Philipp (2017): Big Data in Industrie 4.0. Eine strukturierte Aufarbeitung von Anforderungen, Anwendungsfällen und deren Umsetzung. Dissertation. Friedrich-Alexander-Universität, Erlangen-Nürnberg.

Gorecki, Pawel; Pautsch, Peter (2018): Praxisbuch Lean Management. Der Weg zur operativen Excellence. 3., überarbeitete Auflage. München: Hanser.

Groß (2019): Digitalisierung in Industrie, Handel und Logistik. Wiesbaden: Springer Fachmedien Wiesbaden.

Grottke, Markus; Obermaier, Robert (2016): Unternehmerische Herausforderungen bei Industrie 4.0-Projekten – Einsichten aus zwei Prozessstudien. In: Robert Obermaier (Hg.): Industrie 4.0 als unternehmerische Gestaltungsaufgabe. Wiesbaden: Springer Fachmedien Wiesbaden, S. 309–322.

Guerreiro, Bruno V.; Lins, Romulo G.; Sun, Jianing; Schmitt, Robert (2018): Definition of Smart Retrofitting: First Steps for a Company to Deploy Aspects of Industry 4.0. In:

Adam Hamrol, Olaf Ciszak, Stanisław Legutko und Mieczysław Jurczyk (Hg.): Advances in Manufacturing. Cham: Springer International Publishing (Lecture Notes in Mechanical Engineering), S. 161–170.

Gunal, Murat M.; Karatas, Mumtaz (2019): Industry 4.0, Digitisation in Manufacturing, and Simulation: A Review of the Literature. In: Murat M. Gunal (Hg.): Simulation for Industry 4.0, Bd. 14. Cham: Springer International Publishing (Springer Series in Advanced Manufacturing), S. 19–37.

Gust von Loh, Sonja (2009): Evidenzbasiertes Wissensmanagement. Wiesbaden: Betriebswirtschaftlicher Verlag Gabler.

H&D InternationalGroup (2018): Industrie 4.0 readiness. Hg. v. H&D InternationalGroup. Online verfügbar unter https://www.hud.de/industrie-4-0/, zuletzt geprüft am 05.03.2018.

Haertel, Tobias; Terkowsky, Claudius; Dany, Sigrid (2019): Hochschullehre & Industrie 4.0. Herausforderungen - Lösungen - Perspektiven. Bielefeld: wbv Publikation.

Hanschke, Inge (2013): Strategisches Management der IT-Landschaft. 3. Aufl. München: Carl Hanser Verlag.

Hanschke, Inge (2016): Agile Planung - nur so viel planen wie nötig. In: *Wirtschaftsinformatik & Management* 8, S. 70–78.

Hanschke, Inge (2018): Digitalisierung und Industrie 4.0 - einfach und effektiv. Systematisch & lean die Digitale Transformation meistern. München: Hanser (Hanser eLibrary).

Hansen, Robert C. (2001): Overall equipment effectiveness. A powerful production/maintenance tool for increased profits. 1. ed. New York, NY: Industrial Press.

Hansen, Udo (2016): Viel Theorie, zu wenig Praxis! Warum "Industrie 4.0" bis heute scheitert. In: *QZ - Qualität und Zuverlässigkeit* 61 (1), S. 74.

Härting, Ralf-Christian (Hg.) (2016): Industrie 4.0 und Digitalisierung - Innovative Geschäftsmodelle wagen! 1. Auflage. Norderstedt: Books on Demand.

Hartmann, Ernst (2015): Arbeitsgestaltung für Industrie 4.0: Alte Wahrheiten, neue Herausforderungen. In: Alfons Botthof und Ernst Andreas Hartmann (Hg.): Zukunft der Arbeit in Industrie 4.0, Bd. 19. Berlin, Heidelberg: Springer Berlin Heidelberg, S. 9–20.

Hartung, Stephanie (2018): Theorie und Praxis der Organisationsaufstellung. Grundlagen für systemische Personal- und Organisationsentwicklung. Berlin: Springer Gabler.

Haucap, Justus; Cassel, Susanne; Thomas, Tobias (2017): Chancen der Digitalisierung nutzen. In: *List Forum* 43 (2), S. 189–191.

Hauff, Hanns J. P. (1974): Organisation im Industrieunternehmen. Wiesbaden: Gabler Verlag.

Häusling, André (Hg.) (2018): Agile Organisationen. Transformationen erfolgreich gestalten - Beispiele agiler Pioniere. 1. Auflage. Freiburg, München, Stuttgart: Haufe Gruppe.

Heidel, Roland; Hoffmeister, Michael; Hankel, Martin; Böbrich, Udo (2017): Industrie4.0 Basiswissen RAMI4.0. Referenzarchitekturmodell und Industrie4.0-Komponente. 1. Auflage. Berlin: Beuth Verlag GmbH; VDE Verlag GmbH.

Heintel, Peter; Krainz, Ewald E. (2015): Projektmanagement. Hierarchiekrise, Systemabwehr, Komplexitätsbewältigung. Wiesbaden: Gabler Verlag.

Heise, Dipl.-Ing. Wolfgang (2011): Business monitoring. Erlensee: Lulu Com.

Henke, Michael; Hegmanns, Tobias (2017): Geschäftsmodelle für die Logistik 4.0: Herausforderungen und Handlungsfelder einer grundlegenden Transformation. In: Birgit Vogel-Heuser, Thomas Bauernhansl und Michael ten Hompel (Hg.): Handbuch Industrie 4.0 Bd.3. Logistik. 2. Aufl. 2017. Berlin, Heidelberg, s.l.: Springer Berlin Heidelberg (Springer Reference Technik), S. 335–345.

Herda, Niels; Ruf, Stefan; Stocker, Joachim (2015): Mit Industrie 4.0 wird es zu ganz anderen Risiken kommen. In: *Wirtschaftsinformatik & Management* Vol. 7 (4), S. 56–60.

Hering, Kurt (1907): Das 200-jährige Jubiläum der Dampfmaschine. 1706 - 1906 ; eine historisch-technisch-wirtschaftliche Betrachtrachung. Leipzig: B.G. Teubner (Abhandlungen zur Geschichte der mathematischen Wissenschaften mit Einschluss ihrer Anwendungen).

Hertel, Michael (2015): Risiken der Industrie 4.0 – Eine Strukturierung von Bedrohungsszenarien der Smart Factory. In: *HMD* 52 (5), S. 724–738.

Hertwig, Paul (2018): Damit die digitale Agenda nicht an den IT-Grundlagen scheitert. In: *Control Manag Rev* 62 (3), S. 8–15.

Hevner, Alan; March, Salvatore; Park, Jinsoo (2004): Design Science in Informationssystems Research. In: *MIS Quarterly* Vol. 28 (No. 1), S. 75–105.

Higgins, Paul; Le Roy, Patrick; Tierney, Liam (1996): Manufacturing planning and control. Beyond MRP II / Paul Higgins, Patrick Le Roy and Liam Tierney. London: Chapman & Hall.

Hippenmeyer, Heinrich; Moosmann, Thomas (2016): Automatische Identifikation für Industrie 4.0. 1. Aufl. 2016. Berlin: Springer Vieweg.

Hochschule für angewandte Wissenschaften Neu-Ulm (2018): reifegradanalyse. Hg. v. Hochschule für angewandte Wissenschaften Neu-Ulm. Online verfügbar unter http://reifegradanalyse.hs-neu-ulm.de/, zuletzt geprüft am 05.03.2018.

Hoffmann, Christian Pieter; Lennerts, Silke; Schmitz, Christian; Stölzle, Wolfgang; Uebernickel, Falk (Hg.) (2016a): Business Innovation: Das St. Galler Modell. Wiesbaden: Springer Fachmedien Wiesbaden.

Hoffmann, Max; Rix, Michael; Büscher, Christian; Sauber, Kay; Meisen, Tobias (2016b): Integration von Industrie 4.0-Lösungen in bestehende Produktionsanlagen. In: *productivITy* 21 (2), S. 16–18.

Horne, Herbert (2016): I know. Qualitätstools. Norderstedt: Books on Demand.

Hornung, Gerrit (2016): Rechtliche Herausforderungen der Industrie 4.0. In: Robert Obermaier (Hg.): Industrie 4.0 als unternehmerische Gestaltungsaufgabe, Bd. 26. Wiesbaden: Springer Fachmedien Wiesbaden, S. 69–81.

Höttges, Timotheus (2015): Vernetzung ist unser Geschäft: Industrie 4.0 als Chance für einen eigenständigen europäischen Weg in die digitale Zukunft. In: Thomas Becker und Carsten Knop (Hg.): Digitales Neuland. Wiesbaden: Springer Fachmedien Wiesbaden, S. 167–179.

Howaldt, Jürgen; Kopp, Ralf; Schultze, Jürgen (2018): Zurück in die Zukunft? Ein kritischer Blick auf die Diskussion zur Industrie 4.0. In: Hartmut Hirsch-Kreinsen, Peter Ittermann und Jonathan Niehaus (Hg.): Digitalisierung industrieller Arbeit. Baden-Baden: Nomos Verlagsgesellschaft mbH & Co. KG, S. 347–364.

Huber, Walter (2018): Industrie 4.0 kompakt - Wie Technologien unsere Wirtschaft und unsere Unternehmen verändern. Transformation und Veränderung des gesamten Unternehmens. Wiesbaden: Springer Vieweg.

Hübner, Marc; Liebrecht, Christoph; Malessa, Norman; Kuhnle, Andreas; Nyhuis, Peter; Lanza, Gisela (2017): Vorgehensmodell zur Einführung von Industrie 4.0. Vorstellung eines Vorgehensmodells zur bedarfsgerechten Einführung von Industrie 4.0-Methoden. In: *wt - Werkstattstechnik online* 107 (4), S. 266–272.

Humbly, Clive (2006): Data is the New Oil! In: *ANA Senior marketer's summit, Kellogg School.* Online verfügbar unter https://ana.blogs.com/maestros/2006/11/data_is_the_new.html, zuletzt geprüft am 01.10.2019.

Hungenberg, Harald; Wulf, Torsten (2015): Grundlagen der Unternehmensführung. Einführung für Bachelorstudierende. 5. aktualisierte Aufl. Berlin: Springer Gabler (Lehrbuch).

Hüning, Felix (2019): Embedded Systems für IoT. Berlin, Heidelberg: Springer Berlin Heidelberg.

ifaa (2015): ifaa-Studie: Industrie 4.0 in der Metall- und Elektroindustrie. Hg. v. ifaa – Institut für angewandte Arbeitswissenschaft e. V. Düsseldorf. Online verfügbar unter https://www.arbeitswissenschaft.net/fileadmin/user_upload/Dokumente/Studie_Industrie_4_0_druck_final.pdf, zuletzt geprüft am 04.07.2018.

ifaa (2017): ifaa-Studie: Produktivitätsmanagement im Wandel - Digitalisierung in der Metall- und Elektroindustrie. Unter Mitarbeit von Marc-André Weber, Tim Jeske und Frank Lennings. Hg. v. ifaa – Institut für angewandte Arbeitswissenschaft e. V. Düsseldorf. Online verfügbar unter https://www.arbeitswissenschaft.net/fileadmin/Downloads/Angebote_und_Produkte/Studien/ifaa-Studie_Produktivitaetsmanagement_2017.pdf, zuletzt geprüft am 04.07.2018.

IHK (2015): Industrie 4.0. Chancen und Perspektiven für Unternehmen der Metropolregion Rhein-Neckar. Unter Mitarbeit von Jens M. Jäer, David Görzig, Dominik Paulus-Rohmer, Heike Schatton, Sina Baku, Markus Weskamp und Dominik Lucke. Hg. v. Industrie- und Handelskammern Rhein-Neckar, Pfalz und Darmstadt Rhein Main Neckar. Fraunhofer-Institut für Produktionstechnik und Automatisierung IPA. Darmstadt.

IHK München und Oberbayern (2018): Selbstcheck. Testen Sie den digitalen Reifegrad Ihres Unternehmens. Unter Mitarbeit von Industrie- und Handelskammer für München und Oberbayern und Your Expert Cluster GmbH. Hg. v. Industrie- und Handelskammer für München und Oberbayern. Online verfügbar unter https://ihk-industrie40.de/, zuletzt geprüft am 05.03.2018.

IMPULS-Stiftung des VDMA (Hg.) (2015): INDUSTRIE 4.0-READINESS. Aachen, Köln.

IMPULS-Stiftung des VDMA (2018): Industrie 4.0-Readiness. Online-Selbst-Check für Unternehmen. Unter Mitarbeit von Institut der deutschen Wirtschaft Köln Consult GmbH und Forschungsinstitut für Rationalisierung. Hg. v. IMPULS-Stiftung des VDMA. Online verfügbar unter https://www.industrie40-readiness.de/, zuletzt geprüft am 05.03.2018.

IPC (Hg.) (2000): Should the OECD Guidelines Apply to Personal Data Online? 22nd International Conference of Data Protection Commissioners. Venedig, Italien. Information and Privacy Commissioner Ontario.

Ittermann, Peter; Niehaus, Jonathan; Hirsch-Kreinsen, Hartmut (2015): Arbeiten in der Industrie 4.0. Trendbestimmungen und arbeitspolitische Handlungsfelder. Study. Hg. v. Hans-Boeckler-Stiftung (308). Online verfügbar unter https://www.econstor.eu/bitstream/10419/148579/1/866710299.pdf, zuletzt geprüft am 03.07.2019.

Jakobs, Joachim (2015): Vernetzte Gesellschaft. Vernetzte Bedrohungen. Wie uns die künstliche Intelligenz herausfordert. 1. Aufl. Berlin: Cividale Verlag (Cividale aktuell).

Jeschke, Sabina; Vossen, René; Leisten, Ingo; Welter, Florian; Fleischer, Stella; Thiele, Thomas (2014): Industrie 4.0 als Treiber der demografischen Chancen. In: Sabina Jeschke, Ingrid Isenhardt, Frank Hees und Klaus Henning (Hg.): Automation, Communication and Cybernetics in Science and Engineering 2013/2014. Cham: Springer International Publishing, S. 75–85.

Jeske, Tim; Lennings, Frank; Stowasser, Sascha (2016): Industrie 4.0 – Umsetzung in der deutschen Metall- und Elektroindustrie. In: Z. Arb. Wiss. 70 (2), S. 115–125.

Jodlbauer, Herbert; Schagerl, Michael (2016a): Reifegradmodell Industrie 4.0. Unternehmen durch Industrie 4.0 stärken. In: *Industrie 4.0 Management* (32), S. 49–52. Online verfügbar unter https://www.mechatronik-cluster.at/fileadmin/user_upload/Cluster/MC/Pressetexte/biz-up_reifegradmodell_i40.pdf, zuletzt geprüft am 16.09.2018.

Jodlbauer, Herbert; Schagerl, Michael (2016b): Reifegradmodell Industrie 4.0 - Ein Vorgehensmodell zur Identifikation von Industrie 4.0 Potentialen. In: Heinrich Christian Mayr und Martin Pinzger (Hg.): Informatik 2016. Tagung vom 26.-30. September 2016 in Klagenfurt. Bonn: Gesellschaft für Informatik (GI-Edition Lecture Notes in Informatics Proceedings), S. 1473–1487.

Johanning, Volker (2014): IT-Strategie: Optimale Ausrichtung der IT an das Business in 7 Schritten. Berlin: Springer Vieweg.

Johannsen, Wolfgang; Goeken, Matthias; Böhm, Markus (2011): Referenzmodelle für IT-Governance. Methodische Unterstützung der Unternehmens-IT mit COBIT, ITIL & Co. 2., aktualisierte und erw. Aufl. Heidelberg: dpunkt-Verlag.

Jung, Hans H.; Kraft, Patricia (Hg.) (2017): Digital vernetzt. Transformation der Wertschöpfung. Szenarien, Optionen und Erfolgsmodelle für smarte Geschäftsmodelle, Produkte und Services. München: Carl Hanser Verlag GmbH & Co. KG.

Jung, Kiwook; Kulvatunyou, Boonserm; Choi, SangSu; Brundage, Michael P. (2017): An Overview of a Smart Manufacturing System Readiness Assessment. In: *IFIP advances in information and communication technology* 488, S. 705–712.

Kagermann, Henning (2017): Chancen von Industrie 4.0 nutzen. In: Birgit Vogel-Heuser, Thomas Bauernhansl und Michael ten Hompel (Hg.): Handbuch Industrie 4.0 Bd.4. Berlin, Heidelberg: Springer Berlin Heidelberg, S. 237–248.

Kagermann, Henning; Bauer, Klaus; Diegner, Bernhard; Diemer, Johannes; Dorst, Wolfgang; Ferber, Stefan et al. (2013): Umsetzungsempfehlungen für das ZukunftsprojektIndustrie 4.0. Abschlussbericht des Arbeitskreises Industrie 4.0. Hg. v. Promotorengruppe Kommunikation der Forschungsunion Wirtschaft – Wissenschaft. acatech – Deutsche Akademie der Technikwissenschaften e. V. Berlin.

Kagermann, Henning; Gausemeier, Jürgen; Wahlster, Wolfgang; Anderl, Reiner; Schuh, Günther (Hg.) (2016): Industrie 4.0 im globalen Kontext. Strategien der Zusammenarbeit mit internationalen Partnern. acatech STUDIE. acatech – Deutsche Akademie der Technikwissenschaften e. V. München.

Kagermann, Henning; Lukas, Wolf-Dieter; Wahlster, Wolfgang (2011): Industrie 4.0: Mit dem Internet der Dinge auf dem Weg zur 4. industriellen Revolution. In: *VDI Nachrichten* 2011, 01.04.2011 (13), S. 2.

Kagermann, Henning; Wahlster, Wolfgang; Helbig, Johannes (Hg.) (2012): Umsetzungsempfehlungen für das Zukunftsprojekt Industrie 4.0. Deutschlands Zukunft als

Produktionsstandort sichern. Abschlussbericht des Arbeitskreises Industrie 4.0. Promotorengruppe Kommunikation der Forschungsunion Wirtschaft – Wissenschaft. Berlin.

Kammermeier, Markus (2010): Adaptierung und Einführung eines Vorgehensmodells für IT-Projekte. Verbindung der Spannungsfelder Technik, Organisation und Mensch. Norderstedt: GRIN Verlag GmbH.

Känel, Siegfried von (2018): Betriebswirtschaftslehre. Eine Einführung. Wiesbaden: Springer Gabler.

Kaplan, Robert S.; Norton, David P. (1996): The balanced scorecard. Translating strategy into action. [Nachdr.]. Boston, Mass.: Harvard Business School Press.

Kasselmann, Sebastian; Gebhardt, Marcel (2017): Kosten- und Erlösstruktur im Wandel durch Industrie 4.0 – Empirische Benchmarks. In: CON 29 (K), S. 83–86.

Kästle, Stefanie; Landhäußer, Werner (2017): Druckluft 4.0 goes green: Herausforderungen, Chancen und innovative Lösungen am Beispiel der Mader GmbH & Co. KG. In: Alexandra Hildebrandt und Werner Landhäußer (Hg.): CSR und Digitalisierung. Berlin, Heidelberg: Springer Berlin Heidelberg (Management-Reihe Corporate Social Responsibility), S. 115–125.

Kaufmann, Thomas; Forstner, Lisa (2017): Die horizontale Integration der Wertschöpfungskette in der Halbleiterindustrie – Chancen und Herausforderungen. In: Birgit Vogel-Heuser, Thomas Bauernhansl und Michael ten Hompel (Hg.): Handbuch Industrie 4.0 Bd.4. Berlin, Heidelberg: Springer Berlin Heidelberg, S. 127–135.

Kaufmann, Timothy (2015): Geschäftsmodelle in Industrie 4.0 und dem Internet der Dinge. Der Weg vom Anspruch in die Wirklichkeit. Wiesbaden: Springer Vieweg (essentials).

Keller, Wolfgang (2017): IT-Unternehmensarchitektur. Von der Geschäftsstrategie zur optimalen IT-Unterstützung. 3rd ed. Heidelberg: dpunkt.verlag.

Kersten, Wolfgang; Koller, Hans; Lödding, Hermann (Hg.) (2014): Industrie 4.0. Wie intelligente Vernetzung und kognitive Systeme unsere Arbeit verändern. Tagung der Hochschulgruppe für Arbeits- und Betriebsorganisation e.V. (HAB). Berlin: Gito mbH Verlag (Schriftenreihe der Hochschulgruppe für Arbeits- und Betriebsorganisation e.V. (HAB)).

Kersten, Wolfgang; Schröder, Meike; Indorf, Marius (2017): Potenziale der Digitalisierung für das Supply Chain Risikomanagement: Eine empirische Analyse. In: Mischa Seiter, Lars Grünert und Sebastian Berlin (Hg.): Betriebswirtschaftliche Aspekte von Industrie 4.0, Bd. 109. Wiesbaden: Springer Fachmedien Wiesbaden, S. 47–74.

Kese, David; Terstegen, Sebastian (2017): Benchmark Reifegradmodelle. Wie reif ist ein Unternehmen für die Industrie 4.0? In: IEE Industrie Engineering Effizienz (10), S. 30–34. Online verfügbar unter https://www.iee-online.de/wp-content/uploads/sites/9/2017/10/IEE_2017_10_web.pdf, zuletzt geprüft am 15.09.2018.

Khan, Ateeq; Turowski, Klaus (2016): A Perspective on Industry 4.0: From Challenges to Opportunities in Production Systems. In: Proceedings of the International Conference on Internet of Things and Big Data. International Conference on Internet of Things and Big Data. Rome, Italy, 2016: SCITEPRESS - Science and and Technology Publications, S. 441–448.

Kiel, Daniel; Arnold, Christian; Voigt; Kai-Ingo (2016): Geschäftsmodelle im Umbruch durch Industrie 4.0. Wie sich etablierte Industrieunternehmen an die Zukunft der industriellen Wertschöpfung anpassen müssen. In: *productivITy* 21 (2), S. 22–24.

Kiem, Christian G. (2016): Qualität 4.0. München: Hanser (Hanser eLibrary).

Kleemann, Florian C.; Glas, Anas H. (2017): Einkauf 4.0. Digitale Transformation der Beschaffung / Florian C. Kleemann, Andreas H. Glas. Wiesbaden: Springer Gabler (essentials).

Klein, Andreas (Hg.) (2012): Controlling in der Produktion. Grundlagen, Instrumente und Kennzahlen. 1. Aufl. Freiburg, Br., München [i.e.] Planegg: Haufe-Gruppe (Haufe Fachbuch, 01490).

Kleindienst, Mario; Ramsauer, Christian (2015): Der Beitrag von Lernfabriken zu Industrie 4.0. Ein Baustein zur vierten industriellen Revolution bei kleinen und mittelständischen Unternehmen. In: *Industrie 4.0 Management* 3 (31), S. 41–44.

Kletti, Jürgen; Schumacher, Jochen (2015): Die perfekte Produktion. Manufacturing Excellence durch Short Interval Technology (SIT). 2., Aufl. 2015. Berlin: Springer Berlin.

Knoll, Matthias (2017): IT-Risikomanagement im Zeitalter der Digitalisierung. In: *HMD* 54 (1), S. 4–20.

KOCH, Andreas (2016): Industrie 4.0: Materialwirtschaft im Gleichgewicht. In: *ELEKTRONIKPRAXIS* Juni, S. 38–39.

Kollmann, Tobias; Schmidt, Holger (2016): Deutschland 4.0. Wie die Digitale Transformation gelingt. Wiesbaden: Springer Gabler.

Krcmar, Helmut (2015): Informationsmanagement. Sixth edition. Berlin, Heidelberg: Springer Gabler.

Kroemer, Nils; Kasparick, Hans-Peter (2014): Industrie 4.0 – Ein Praxisbericht. In: *ZWF - Zeitschrift für wirtschaftlichen Fabrikbetrieb* 109 (1-2), S. 76–79.

Kulkarni, Sanket (2019): Implementing SAP S/4HANA. A framework for planning and executing SAP S/4HANA projects. First edition. California: Apress.

Kusay-Merkle, Ursula (2018): Agiles Projektmanagement im Berufsalltag. Für mittlere und kleine Projekte. Berlin: Springer Gabler.

Landwehrmann, Friedrich (1965): Organisationsstrukturen Industrieller Großbetriebe. Wiesbaden: VS Verlag für Sozialwissenschaften (Dortmunder Schriften zur Sozialforschung, 31).

Lanza, Gisela; Nyhuis, Peter; Ansari, Sarah Majid; Kuprat, Thorben; Liebrecht, Christoph (2016): Befähigungs- und Einführungsstrategien für Industrie 4.0. Vorstellung eines reifegradbasierten Ansatzes zur Implementierung von Industrie 4.0. In: *ZWF - Zeitschrift für wirtschaftlichen Fabrikbetrieb* 111 (1-2), S. 76–79.

Lasi, Heiner; Fettke, Peter; Kemper, Hans-Georg; Feld, Thomas; Hoffmann, Michael (2014): Industrie 4.0. In: *Wirtschaftsinf* 56 (4), S. 261–264.

Lehmbach, Jens-Michael (2007): Vorgehensmodelle im Spannungsfeld traditioneller, agiler und Open-Source-Softwareentwicklung. Analyse, Vergleich, Bewertung. Zugl. Marburg, Univ., Diss., 2006. Stuttgart: ibidem-Verlag.

Leimeister, Jan Marco (2012): Dienstleistungsengineering und -management. Berlin, Heidelberg: Springer Berlin Heidelberg.

Leineweber, Stefan; Wienbruch, Thom; Kuhlenkötter, Bernd (2018): Konzept zur Unterstützung der Digitalen Transformation von Kleinen und Mittelständischen Unternehmen. In: Dominik T. Matt (Hg.): KMU 4.0 - Digitale Transformation in kleinen und mittelständischen Unternehmen. Berlin: GITO Verlag, S. 20–39.

Lennings, Frank (2019): Abläufe verbessern. In: Abläufe verbessern - Betriebserfolg garantieren, Bd. 78. Berlin, Heidelberg: Springer Berlin Heidelberg (ifaa-Edition), S. 5–10.

Leyh, Christian; Schäffer, Thomas (2016): SIMMI 4.0 – Vorschlag eines Reifegradmodells zur Klassifikation der unternehmensweiten Anwendungssystemlandschaft mit Fokus Industrie 4.0. In: *Proceedings zur Multikonferenz Wirtschaftsinformatik in Ilmenau*, S. 981–992.

Leyh, Christian; Wendt, Tina (2018): Enterprise Systems als Basis der Unternehmens-Digitalisierung. In: *HMD* 55 (1), S. 9–24.

Liebrecht, Christoph; Zeranski, Daniel; Lanza, Gisela (2018): Analyse der Wirkzusammenhänge und Entscheidungsunterstützung für den Industrie 4.0-Methodeneinsatz. In: *ZWF - Zeitschrift für wirtschaftlichen Fabrikbetrieb* 113 (1-2), S. 79–82.

Linssen, Oliver; Kuhrmann, Marco (2013): Vorgehensmodelle für das Projektmanagement. In: Reinhard Wagner und Nino Grau (Hg.): Basiswissen Projektmanagement - Grundlagen der Projektarbeit. 1. Aufl. Düsseldorf: Symposion Verlag, S. 153–188.

Lippold, Dirk (2016): Organisationsstrukturen von Stabsfunktionen. Ein Überblick. 1. Auflage. Wiesbaden: Springer Gabler (essentials).

Loebbert, Michael (2015): The Art of Change. Von der Kunst, Veränderungen in Unternehmen und Organisationen zu führen. 2. Aufl. Wiesbaden: Springer Gabler (Edition Rosenberger).

Lomen, Heinz (2017): Die zweite Verteidigungslinie – Cyber-Versicherung – Versicherungsschutz für Risiken aus der Sphäre von Industrie 4.0. In: Volker P. Andelfinger und Till Hänisch (Hg.): Industrie 4.0. Wie cyber-physische Systeme die Arbeitswelt verändern. Wiesbaden: Springer Gabler, S. 111–135.

Ludwig, Thomas; Kotthaus, Christoph; Stein, Martin; Durt, Hartwig; Kurz, Constanze; Wenz, Julian et al. (2016): Arbeiten im Mittelstand 4.0 – KMU im Spannungsfeld des digitalen Wandels. In: *HMD* 53 (1), S. 71–86.

Maier, Astrid; Student, Dietmar (2014): made in germany. Industrie 4.0. In: *manager magazin* (12), S. 92–98.

Manzei, Christian; Schleupner, Linus; Heinze, Ronald (2016): Industrie 4.0 im internationalen Kontext. Kernkonzepte, Ergebnisse, Trends. Berlin: Beuth Verlag GmbH.

Marx, Uwe (2017): Ingenieurberuf im Wandel. Nerds an die Maschinen! Hg. v. F.A.Z. F.A.Z. Online verfügbar unter http://www.faz.net/aktuell/beruf-chance/arbeitswelt/ingenieurberuf-im-wandel-nerds-an-die-maschinen-14892570.html, zuletzt geprüft am 27.02.2017.

MaschinenMarkt (Hg.) (2013): Industrie 4.0 – oder wenn der Roboter Maßschuhe fertigt. Unter Mitarbeit von Reinhold Schäfer. ABB. Online verfügbar unter http://www.maschinenmarkt.vogel.de/industrie-40-oder-wenn-der-roboter-massschuhe-fertigt-a-401063/, zuletzt geprüft am 25.01.2017.

Matt, Dominik T.; Rauch, Erwin (2015): Industrie 4.0 – Arbeitsorganisation in der urbanen Fabrik von morgen. Arbeitsorganisatorische Aspekte zur Steigerung der Attraktivität urbaner Fabriken für Fachkräfte. In: *Industrie 4.0 Management* Vol. 3 (3), S. 31–35.

Matt, Dominik T.; Unterhofer, Marco; Rauch, Erwin; Riedl, Michael; Brozzi, Riccardo (2018): Industrie 4.0 Assessment - Bewertungsmodell zur Identifikation und Priorisierung von Industrie 4.0 Umsetzungsmaßnahmen in KMUs. In: Dominik T. Matt (Hg.): KMU 4.0 - Digitale Transformation in kleinen und mittelständischen Unternehmen. Berlin: GITO Verlag, S. 91–112.

Mattern, Friedemann (2005): Die technische Basis für das Internet der Dinge. In: Elgar Fleisch und Friedemann Mattern (Hg.): Das Internet der Dinge. Ubiquitous Computing und RFID in der Praxis: Visionen, Technologien, Anwendungen, Handlungsanleitungen ; mit 21 Tabellen/ edited by Elgar Fleisch, Friedemann Mattern. Berlin, Heidelberg: Springer-Verlag Berlin Heidelberg, S. 39–66.

Mattern, Friedemann; Flörkemeier, Christian (2010): Vom Internet der Computer zum Internet der Dinge. In: *Informatik Spektrum* 33 (2), S. 107–121.

Matzler, Kurt; Bailom, Franz; Friedrich von den Eichen, Stephan; Anschober, Markus (2016): Digital Disruption. Wie Sie Ihr Unternehmen auf das digitale Zeitalter vorbereiten. München: Verlag Franz Vahlen.

McKinsey Digital (Hg.) (2015): Industry 4.0. How to navigate digitization of the manufacturing sector. Unter Mitarbeit von Harald Bauer, Cornelius Baur, Gianluca Camplone, Katy George, Giancarlo Ghislanzoni, Wolfgang Huhn et al. McKinsey & Company. On-line verfügbar unter www.mckinsey.de/files/mck_industry_40_report.pdf, zuletzt geprüft am 02.11.2016.

Mehlan, Axel (2007): Praxishilfen Controlling. Die besten Controlling-Instrumente mit Excel ; Rentabilität und Liquidität berechnen, Kennzahlen richtig beurteilen, Kosten senken; auf CD-ROM: Kostenrechner, Gewinn- und Verlustanalyse, Kennzahlenrechner wie Umsatzrendite, Cashflow u.v.m. Freiburg Breisgau, Berlin, München i.e. Planegg: Haufe-Mediengruppe (Haufe Betriebspraxis).

Mentzel, Klaus (2008): Basiswissen Unternehmensführung. Methoden, Instrumente, Fallstudien. Herdecke: W3L-Verlag (Wirtschaft lernen).

Mester, Britta Alexandra (2018): Künstliche Intelligenz (KI) in Zeiten des Datenschutzes. In: *Datenschutz Datensich* 42 (9), S. 576.

Metternich, Joachim; Meudt, Tobias; Adolph, Siri (2016): Industrie 4.0: Chancen für den Mittelstand nutzen. In: *Maschinenmarkt (MM)* (KW33/34), S. 80–81.

Metternich, Joachim; Meudt, Tobias; Hartmann, Lukas; Rauen, Hartmut; Mosch, Christian; Prumbohm, Felix (2018): Leitfaden Industrie 4.0 trifft Lean. Wertschöpfung ganzheitlich steigern. Frankfurt am Main: VDMA Verlag GmbH.

Mettler, Tobias (2010): Supply-Management im Krankenhaus. Konstruktion und Evalua-tion eines konfigurierbaren Reifegradmodells zur zielgerichteten Gestaltung. Zugl.: Sankt Gallen, Univ., Diss., 2010. 1. Aufl. Göttingen: Sierke.

Meyer, Helga; Reher, Heinz-Josef (2016): Projektmanagement. Von der Definition über die Projektplanung zum erfolgreichen Abschluss. Wiesbaden: Springer Gabler.

Meyer-Stabley, Bertrand (2014): Agile! The good, the hype and the ugly. Switzerland: Springer.

Michel, Stefanie (2016): Digital zum optimierten Produkt. In: *Maschinenmarkt (MM)* (KW33/34), S. 54–57.

Minkus, André (2011): Informationsversorgung in Dienstleistungsorganisationen. Ziele, Werkzeuge und effiziente Ressourcennutzung. 1., Mit einem Geleitwort von Prof. Dr. Paul Schönsleben. Wiesbaden: Betriebswirtschaftlicher Verlag Gabler (Gabler Research).

Mittal, Sameer; Khan, Muztoba Ahmad; Romero, David; Wuest, Thorsten (2018): A critical review of smart manufacturing & Industry 4.0 maturity models: Implications for small and medium-sized enterprises (SMEs). In: *Journal of Manufacturing Systems* 49, S. 194–214.

Möslein-Tröppner, Bodo (2010): Produktionswirtschaftliche Flexibilität in Supply Chains mit hohen Absatzrisiken. Strategische Konzepte und operative Erfolgspotenziale. Bamberg: Univ. of Bamberg Press (Produktion & Logistik, Bd. 1).

Müller, Barbara (2009): Wissen managen in formal organisierten Sozialsystemen. Der Einfluss von Erwartungsstrukturen auf die Wissensretention aus systemtheoretischer Perspektive. 1. Aufl. Wiesbaden: Gabler (Gabler Research Internationalisierung und Ma-nagement).

Müller, Egon; Tawalbeh, Mandy; Hopf, Hendrik (2018a): Reifegradbestimmung als Vorstufe der Industrie 4.0-Strategieentwicklung. In: Dominik T. Matt (Hg.): KMU 4.0 - Digitale Transformation in kleinen und mittelständischen Unternehmen. Berlin: GITO Verlag, S. 70–90.

Müller, Julian Marius; Kiel, Daniel; Voigt, Kai-Ingo (2018b): What Drives the Implementation of Industry 4.0? The Role of Opportunities and Challenges in the Context of Sustainability. In: *Sustainability* 10 (1), S. 247.

Nahrstedt, Harald (Hg.) (2006): Algorithmen für Ingenieure—realisiert mit Visual Basic. Wiesbaden: Vieweg+Teubner.

Nakajima, Seiichi (1988): Introduction to TPM. Total productive maintenance. Portland, Or.: Productivity Press.

Niegsch, Claus (2016): Industrie 4.0 – Folgen für die deutsche Volkswirtschaft. Hg. v. DZ BANK AG Deutsche Zentral-Genossenschaftsbank. Frankfurt am Main.

North, Klaus (2011): Wissensorientierte Unternehmensführung. Wertschöpfung durch Wissen. 5., aktualisierte und erweiterte Auflage. Wiesbaden: Gabler.

North, Klaus; Reinhardt, Kai (2005): Kompetenzmanagement in der Praxis. Mitarbeiterkompetenzen systematisch identifizieren, nutzen und entwickeln ; mit vielen Fallbeispielen. 1. Aufl. Wiesbaden: Gabler.

Nyhuis, Peter (2008): Beiträge zu einer Theorie der Logistik. Berlin, Heidelberg: Springer-Verlag Berlin Heidelberg.

O'Shea, Miriam (2016): Digitalisierung — unterstützt durch Informationslogistik. In: *Wirtschaftsinformatik & Management* Vol. 8 (05), S. 62–71.

Obermaier, Robert (2016): Industrie 4.0 als unternehmerische Gestaltungsaufgabe: Strategische und operative Handlungsfelder für Industriebetriebe. In: Robert Obermaier (Hg.): Industrie 4.0 als unternehmerische Gestaltungsaufgabe. Wiesbaden: Springer Fachmedien Wiesbaden, S. 3–34.

Obermaier, Robert (2019): Industrie 4.0 und Digitale Transformation als unternehmerische Gestaltungsaufgabe. In: Robert Obermaier (Hg.): Handbuch Industrie 4.0 und Digi-tale Transformation, Bd. 49. Wiesbaden: Springer Fachmedien Wiesbaden, S. 3–46.

Obermaier, Robert; Schweikl, Stefan (2019): Zur Bedeutung von Solows Paradoxon: Empirische Evidenz und ihre Übertragbarkeit auf Digitalisierungsinvestitionen in einer Industrie 4.0. In: Robert Obermaier (Hg.): Handbuch Industrie 4.0 und Digitale Transformation. Wiesbaden: Springer Fachmedien Wiesbaden, S. 529–564.

OECD (2018): Für ein stärkeres, gerechteres und umweltverträglicheres Wachstum in Deutschland. OECD-Reihe. Paris: OECD Publishing.

OECD (2019): Gross domestic product (GDP). Paris: OECD. Online verfügbar unter https://stats.oecd.org/index.aspx?queryid=60702, zuletzt geprüft am 28.11.2019.

Pfeiffer, Sabine; Lee, Horan; Zirnig, Christopher; Suphan, Anne (2016): Industrie 4.0 - Qualifizierung 2025. Hg. v. VDMA. Verband Deutscher Maschinen- und Anlagenbau; Universität Hohenheim / Lehrstuhl für Soziologie. Frankfurt am Main.

Pfitzinger, Bernd; Jestädt, Thomas (2016): IT-Betrieb. Management und Betrieb der IT in Unternehmen. Berlin, Heidelberg: Springer Vieweg (Xpert.press).

Pfüller, Kenneth; Brodersen, Jens (2013): Information und Wissen als Wettbewerbsfaktoren. Oldenbourg: De Gruyter.

Plass, Christoph (2015a): Industrie 4.0 als Chance begreifen. Büren. Online verfügbar unter https://www.yumpu.com/en/document/read/54517830/industrie-40-als-chance-begreifen, zuletzt geprüft am 04.07.2020.

Plass, Christoph (2015b): Schritt für Schritt Produktivität steigern. Unternehmen auf dem Weg zu Industrie 4.0. In: *ZWF - Zeitschrift für wirtschaftlichen Fabrikbetrieb* 110 (7-8), S. 479–481.

Plass, Christoph; Rehmann, FranzJosef; Zimmermann, Andreas; Janssen, Heiko; Wibbing, Philipp (2013): Erfolgsfaktor Einführungskompetenz. In: Christoph Plass, Franz Josef Rehmann, Andreas Zimmermann, Heiko Janssen und Philipp Wibbing (Hg.): Chefsache IT. Berlin, Heidelberg: Springer Berlin Heidelberg, S. 81–183.

Ploss, Reinhard (2014): Industrie 4.0 – Chance für Europas Wirtschaft. In: *Elektrotech. Inftech.* 131 (7), S. 198.

Poggensee, Kay (2015): Investitionsrechnung. Grundlagen - Aufgaben - Lösungen. 3. Aufl. Wiesbaden: Springer Gabler.

Posluschny, Peter (2007): Die wichtigsten Kennzahlen. 1. Auflage. München: Redline Wirtschaft (New Business Line).

Pötter, Thorsten; Folmer, Jens; Vogel-Heuser, Birgit (2014): Enabling Industrie 4.0 – Chancen und Nutzen für die Prozessindustrie. In: Thomas Bauernhansl, Michael ten Hompel und Birgit Vogel-Heuser (Hg.): Industrie 4.0 in Produktion, Automatisierung und Logistik, Bd. 54. Wiesbaden: Springer Fachmedien Wiesbaden, S. 159–171.

Preissing, Dagmar (2019): Frauen in der Arbeitswelt 4.0. Chancen und Risiken fuer die Erwerbstaetigkeit. 1st edition. Boston MA: De Gruyter Oldenbourg.

PwC - PricewaterhouseCoopers (Hg.) (2014): Industrie 4.0. Chancen und Herausforderungen der vierten industriellen Revolution. Studie. Unter Mitarbeit von Volkmar Koch, Simon Kuge, Reinhard Geissbauer und Stefan Schrauf. Online verfügbar unter https://www.strategyand.pwc.com/de/de/studien/industrie-4-0.pdf, zuletzt geprüft am 04.07.2020.

Qin, Jian; Liu, Ying; Grosvenor, Roger (2016): A Categorical Framework of Manufacturing for Industry 4.0 and Beyond. In: *Procedia CIRP* 52, S. 173–178.

Rabus, Gerhard (1980): Typologie zum überbetrieblichen Vergleich von Fertigungssteu-erungsverfahren im Maschinenbau. Berlin, Heidelberg: Springer Berlin Heidelberg.

Rao, P. N. (2004): CAD/CAM. Principles and applications. 2a. ed. New Delhi: Tata McGraw-Hill (Mechanical engineering series).

Rayes, Ammar; Salam, Samer (2017): Internet of Things - from hype to reality. The road to digitization / Ammar Rayes, Salam Samer. Cham, Switzerland: Springer.

Reichel, Jens; Müller, Gerhard; Haeffs, Jean (Hg.) (2018): Betriebliche Instandhaltung. 2. Auflage. Berlin: Springer Vieweg (VDI-Buch).

Reinhart, Gunther (Hg.) (2017): Handbuch Industrie 4.0. Geschäftsmodelle, Prozesse, Technik. München: Carl Hanser Verlag (Hanser eLibrary).

Reinheimer, Stefan (Hg.) (2017): Industrie 4.0. Herausforderungen, Konzepte und Praxisbeispiele. Wiesbaden, Germany: Springer Vieweg.

Reischauer, Georg; Schober, Lukas (2016): Industrie 4.0 durch strategische Organisationsgestaltung managen. In: Robert Obermaier (Hg.): Industrie 4.0 als unternehmerische Gestaltungsaufgabe. Wiesbaden: Springer Fachmedien Wiesbaden, S. 271–289.

Rennung, Frank; Luminosu, Caius Tudor; Draghici, Anca (2016): Service Provision in the Framework of Industry 4.0. In: *Procedia - Social and Behavioral Sciences* 221, 372-377.

Reuter, Christina; Gartzen, Thomas; Prote, Jan-Phillip; Fränken, Bastian (2016): Industrie-4.0-Audit. Hg. v. VDI-Z Integrierte Produktion. Industrie-4.0-Audits, WZL der RWTH Aachen. Online verfügbar unter https://www.vdi-z.de/2016/Ausgabe-06/Forschung-und-Praxis/Industrie-4.0-Audit, zuletzt geprüft am 05.03.2018.

Richter, Alexander; Heinrich, Peter; Stocker, Alexander; Steinhüser, Melanie (2017): Die neue Rolle des Mitarbeiters in der digitalen Fabrik der Zukunft. In: Stefan Reinheimer (Hg.): Industrie 4.0. Herausforderungen, Konzepte und Praxisbeispiele. Wiesbaden, Germany: Springer Vieweg, S. 117–131.

Rische, Marie-Christin; Schlitte, Friso; Vöpel, Henning (2015): Industrie 4.0 - Potenziale am Standort Hamburg. Studie. Hg. v. Hamburgisches WeltWirtschaftsInstitut. Hamburg.

Roblek, Vasja; Meško, Maja; Krapež, Alojz (2016): A Complex View of Industry 4.0. In: *SAGE Open* 6 (2), 215824401665398.

Rockwell Automation (Hg.) (2014): The Connected Enterprise Maturity Model. How ready is your company to connect people, processes, and technologies for bigger profits? Online verfügbar unter https://literature.rockwellautomation.com/idc/groups/literature/documents/wp/cie-wp002_-en-p.pdf, zuletzt geprüft am 16.04.2020.

Röhrig, Burkhard (2016): Industrie 4.0 – Status Quo. In: *productivITy* 21 (2), S. 44–45.

Rösner, Jörg (1998): Service - ein strategischer Erfolgsfaktor von Industrieunternehmen? Hamburg: S + W Steuer- und Wirtschaftsverlag (Duisburger betriebswirtschaftliche Schriften, 16).

Roth, Armin (Hg.) (2016a): Einführung und Umsetzung von Industrie 4.0. Grundlagen, Vorgehensmodell und Use Cases aus der Praxis. Berlin, Heidelberg: Springer Berlin Heidelberg.

Roth, Armin (2016b): Industrie 4.0 – Hype oder Revolution? In: Armin Roth (Hg.): Einführung und Umsetzung von Industrie 4.0. Grundlagen, Vorgehensmodell und Use Cases aus der Praxis. Berlin, Heidelberg: Springer Berlin Heidelberg, S. 1–15.

Rother, Mike; Shook, John (2018): Sehen lernen. Mit Wertstromdesign die Wertschöpfung erhöhen und Verschwendung beseitigen. Deutsche Ausgabe, Version 1.7, Oktober 2018. Mühlheim an der Ruhr: Lean Management Institut (Workbooks für Lean-Management).

Roy, Daniel; Mittag, Peter; Baumeister, Michael (2015): Industrie 4.0 – Einfluss der Digitalisierung auf die fünf Lean-Prinzipien. Schlank vs. Intelligent. In: *productivITy* 20 (2), S. 27–30.

Sachdeva, Veschal (2019): Bewertung und Umsetzung eines standardisierten MES in der Bosch Rexroth AG. Masterthesis. Technische Universität Darmstadt, Darmstadt. Betreute Masterarbeit.

Sandt, Joachim (2004): Management mit Kennzahlen und Kennzahlensystemen. Wiesbaden: Deutscher Universitätsverlag.

Sassenrath, Marcus (2017): New Management. Erfolgsfaktoren für die digitale Transformation. 1. Auflage 2017. Freiburg im Breisgau: Haufe-Lexware (Haufe Fachbuch, 10214).

Sato, Yuri; Fujita, Mai (2009): Capability Matrix: A Framework for Analyzing Capabilities in Value Chains. In: *IDE Discussion Papers* 219, S. 1–29.

Sauter, Michael; Killisch-Horn, Guido von (2010): Produktivitätsmanagement in einer variantenreichen Fertigung. In: *angewandte Arbeitswissenschaft* (204), S. 35–85.

Schallmo, Daniel; Rusnjak, Andreas; Anzengruber, Johanna (2017): Digitale Transformation von Geschäftsmodellen. Grundlagen, Instrumente und Best Practices. Wiesbaden: Springer Gabler (Schwerpunkt: Business Model Innovation).

Scheer, August-Wilhelm (2016): Industrie 4.0: Von der Vision zur Implementierung. In: Robert Obermaier (Hg.): Industrie 4.0 als unternehmerische Gestaltungsaufgabe. Wiesbaden: Springer Fachmedien Wiesbaden, S. 35–52.

Scherber, Stefan; Coldewey, Jens (Hg.) (2015): Agile Führung. Vom agilen Projekt zum agilen Unternehmen. 1. Aufl. Düsseldorf: Symposion (Agiles Management).

Scherer, Jiri (2010): Kreativitätstechniken. In 10 Schritten Ideen finden, bewerten, umSetzen. Offenbach: Gabal Verlag GmbH (Business).

Schleupner, Linus (2016): Sichere Kommunikation im Umfeld von Industrie 4.0. In: Wolfgang A. Halang und Herwig Unger (Hg.): Internet der Dinge. Berlin, Heidelberg: Springer Berlin Heidelberg (Informatik aktuell), S. 1–12.

Schlick, Jochen; Stephan, Peter; Loskyll, Matthias; Lappe, Dennis (2014): Industrie 4.0 in der praktischen Anwendung. In: Thomas Bauernhansl, Michael ten Hompel und Birgit Vogel-Heuser (Hg.): Industrie 4.0 in Produktion, Automatisierung und Logistik. Wiesbaden: Springer Fachmedien Wiesbaden, S. 57–84.

Schmitt, Robert; Pfeifer, Tilo (2015): Qualitätsmanagement. Strategien - Methoden - Techniken. 5., überarbeitete Auflage. München: Hanser.

Schneider, Willy; Hennig, Alexander (2008): Lexikon Kennzahlen für Marketing und Vertrieb. Das Marketing-Cockpit von A - Z (German Edition). Dordrecht: Springer.

Schöller, Andreas (2014): Industrie 4.0 in der Lackiertechnik — Chancen, Risiken und Perspektiven. In: *JOT Journal für Oberflächentechnik* 54 (9), S. 20–21.

Schomburg, Eckart (1980): Entwicklung eines betriebstypologischen Instrumentariums zur systematischen Ermittlung der Anforderungen an EDV-gestützte Produktionsplanungs- und -steuerungssysteme im Maschinenbau. Dissertation. Aachen.

Schuh, Günther; Anderl, Reiner; Gausemeier, Jürgen; Hompel, Michael ten; Wahlster, Wolfgang (2017): Industrie 4.0 Maturity Index. Die digitale Transformation von Unternehmen gestalten. acatech STUDIE. Hg. v. acatech – Deutsche Akademie der Technikwissenschaften e. V. Online verfügbar unter http://www.acatech.de/de/projekte/projekte/industrie-40-maturity-index.html, zuletzt geprüft am 05.03.2018.

Schuh, Günther; Potente, Till; Reuter, Christina; Hauptvogel, Annika (2016): Steigerung der Kollaborationsproduktivität durch cyber-physische Systeme. In: Birgit Vogel-Heuser, Thomas Bauernhansl und Michael ten Hompel (Hg.): Handbuch Industrie 4.0, Bd. 59. Berlin, Heidelberg: Springer Berlin Heidelberg, S. 1–19.

Schuh, Günther; Potente, Till; Wesch-Potente, Cathrin; Weber, Anja Ruth; Prote, Jan-Phillip (2014): Collaboration Mechanisms to increase Productivity in the Context of Industrie 4.0. Hg. v. ScienceDirect. Laboratory for Machine Tools and Production Engineering (WZL) at Aachen University, S. 51–56.

Schüll, Phillip (2016): Produktivitätssteigerung durch digitale Vernetzung. In: *Maschinenmarkt (MM)* (KW27), S. 30–31.

Schumacher, Andreas; Erol, Selim; Sihn, Wilfried (2016): A Maturity Model for Assessing Industry 4.0 Readiness and Maturity of Manufacturing Enterprises. In: *Procedia CIRP* 52, S. 161–166.

Schumacher, Jochen (2018): Wissen ist Trumpf - was der Digitalisierung noch im Wege steht. Ergebnisse der Perfect Production Umfrage in 2017 zur Nutzung von Industrie 4.0-Modellen. In: *productivITy* (23), S. 16–18.

Schwab, Klaus (2016): Die Vierte Industrielle Revolution. Vierte Auflage. München: Pantheon.

Schweitzer, Marcell (Hg.) (1994): Industriebetriebslehre. Das Wirtschaften in Industrieunternehmungen. 2., völlig überarb. und erw. Aufl. München: Vahlen (Vahlens Handbücher der Wirtschafts- und Sozialwissenschaften).

Schwuchow, Karlheinz; Gutmann, Joachim (2019): HR-Trends 2020. Agilität, Arbeit 4.0, Analytics, Talentmanagement. 1. Auflage. Freiburg: Haufe Lexware Verlag.

Scremin, Luca; Armellini, Fabiano; Brun, Alessandro; Solar-Pelletier, Laurence; Beaudry, Catherine (2018): Towards a Framework for Assessing the Maturity of Manufacturing Companies in Industry 4.0 Adoption. In: Madjid Tavana, Richard Brunet-Thornton und Felipe Martinez (Hg.): Analyzing the Impacts of Industry 4.0 in Modern Business Environments. Hershey, PA: IGI Global (Advances in Business Information Systems and Analytics), S. 224–254.

Sendler, Ulrich (2013): Industrie 4.0. Beherrschung der industriellen Komplexität mit SysLM. Berlin, Heidelberg: Springer Berlin Heidelberg (Xpert.press).

Sendler, Ulrich (2016): Industrie 4.0 grenzenlos. Berlin Heidelberg: Springer-Verlag (Xpert.press).

Shafiq, Syed Imran; Sanin, Cesar; Szczerbicki, Edward; Toro, Carlos (2015): Virtual Engineering Object / Virtual Engineering Process: A specialized form of Cyber Physical System for Industrie 4.0. In: *Procedia Computer Science* 60, S. 1146–1155.

Siems, Thomas (2015): Industrie 4.0 in der Automobilindustrie. Hype und Hürde zugleich. In: *Detecon Management Report*, S. 1–5.

Siepmann, David (2016): Industrie 4.0 - Technologische Komponenten. In: Armin Roth (Hg.): Einführung und Umsetzung von Industrie 4.0. Grundlagen, Vorgehensmodell und Use Cases aus der Praxis. Berlin, Heidelberg: Springer Berlin Heidelberg, S. 47–72.

Spath, Dieter (Hg.) (2013): Produktionsarbeit der Zukunft - Industrie 4.0. Studie. Fraunhofer-Institut für Arbeitswirtschaft und Organisation. Stuttgart: Fraunhofer-Verlag.

Spöttl, Georg; Windelband, Lars; Jenewein, Klaus; Friese, Marianne; Seeber, Susan (2019): Industrie 4.0. Risiken und Chancen für die Berufsbildung 2., überarbeitete Auflage. 2nd ed. Bielefeld: W. Bertelsmann Verlag (Berufsbildung, Arbeit und Innovation, v. 52).

Staats, Susann (2009): Metriken zur Messung von Effizienz und Effektivität von Konfigurationsmanagement- und Qualitätsmanagementverfahren. 1. Aufl. Bremen: Europäischer Hochschulverlag (Wismarer Schriften zu Management und Recht, 32).

Stamatis, D. H. (2010): The OEE Primer. Understanding Overall Equipment Effectiveness, Reliability, and Maintainability. Hoboken: Taylor and Francis.

Starke, Gernot; Hruschka, Peter (2016): arc42 in Aktion. Praktische Tipps zur Architekturdokumentation. München: Hanser.

Staud, Josef (1999): Geschäftsprozeßanalyse mit Ereignisgesteuerten Prozeßketten. Grundlagen des Business Reengineering für SAP R/3 und andere Betriebswirtschaftliche Standardsoftware. Berlin, Heidelberg: Springer Berlin Heidelberg.

Steinmann, Horst; Schreyögg, Georg; Koch, Jochen (2013): Management. Grundlagen der Unternehmensführung : Konzepte - Funktionen - Fallstudien. 7., vollständig überarbeitete Auflage. Wiesbaden: Springer Gabler (Lehrbuch).

Steven, Marion (2018): Industrie 4.0. Grundlagen - Teilbereiche - Perspektiven. Hg. v. Marion Steven. Stuttgart: Kohlhammer Verlag.

Steven, Marion; Klünder, Timo; Reder, Laura (2019): Industrie-4.0-Readiness von Supply-Chain-Netzwerken. In: Robert Obermaier (Hg.): Handbuch Industrie 4.0 und Digitale Transformation, Bd. 8. Wiesbaden: Springer Fachmedien Wiesbaden, S. 247–267.

Stowasser, Sascha (2006): Methodische Grundlagen der softwareergonomischen Evaluationsforschung. Aachen: Shaker (Forschungsberichte aus dem Institut für Arbeitswissenschaft und Betriebsorganisation der Universität Karlsruhe, 37).

Stowasser, Sascha (2010): Produktivität und Industrial Engineering. In: *angewandte Arbeitswissenschaft* (204), S. 7–20.

Syska, A. (2006): Produktionsmanagement. Das A - Z wichtiger Methoden und Konzepte für die Produktion von heute. 1. Aufl. Wiesbaden: Gabler.

Syska, Andreas (2018): Industrie 4.0: zwischen Revolution und Illusion. In: Sven Grote und Rüdiger Goyk (Hg.): Führungsinstrumente aus dem Silicon Valley. Berlin, Heidelberg: Springer Berlin Heidelberg, S. 1–16.

Tavana, Madjid; Brunet-Thornton, Richard; Martinez, Felipe (2018): Analyzing the Impacts of Industry 4.0 in Modern Business Environments. Hershey, United States: IGI Global Verlag.

Telekom Deutschland GmbH (2018): Digitalisierungsindex. SELF-CHECK. Unter Mitarbeit von Nicole Schützendiebe und Thorsten Jeschke. Hg. v. Telekom Deutschland GmbH: techconsult GmbH. Online verfügbar unter https://www.digitalisierungsindex.de/, zuletzt geprüft am 05.03.2018.

Terstegen, Sebastian; Hennegriff, Simon; Dander, Holger; Adler, Patrick (2019): Vergleichsstudie über Vorgehensmodelle zur Einführung und Umsetzung von Digitalisierungs- maßnahmen in der produzierenden Industrie. In: GfA (Hg.): Arbeit interdisziplinär analysieren - bewerten - gestalten. Dokumentation des 65. Arbeitswissenschaftlichen Kongresses vom 27.02. bis 01.03.2019, C.3.14. Dortmund: GfA-Press, S. 1–7.

Thieme, Paul (2013): Entwicklung einer neuen Methode zur Prozessleistungsmessung. Stuttgart: Universitätsbibliothek der Universität Stuttgart (Stuttgarter Beiträge zur Produktionsforschung, 14).

Thomas, Oliver (Hg.) (2010): Dienstleistungsmodellierung 2010. Interdisziplinäre Konzepte und Anwendungsszenarien ; Tagung vom 24. März 2010 an der Alpen-Adria-Universität Klagenfurt, Österreich, im Rahmen der Konferenz "Modellierung 2010". Fachtagung Modellierung; Konferenz Modellierung; Tagung Dienstleistungsmodellierung; DLM. Berlin: Physica-Verlag.

Timmerbeil, Frieder (1999): Konzeptionierung, Implementierung und produktiver Einsatz eines Produktivitätskennzahlensystems in einem Cost-Center. Am Beispiel der Siemens AG. Hamburg: Diplomarbeiten Agentur.

Trachsel, Viviane; Gysler, Thomas (2012): Herausforderungen bei der Steuerung dezentraler Organisationen. In: Christoph Lengwiler (Hg.): Management in der Finanzbranche - Finanzmanagement im Unternehmen. 15 Jahre IFZ Zug. Luzern: Verlag IFZ - Hochschule (Schriften aus dem IFZ Institut für Finanzdienstleistungen Zug, Bd. 22), S. 405–425.

Treiblmaier, Horst; Hansen, Hans Robert (2006): Datenqualität und individualisierte Kommunikation. Potenziale und Grenzen des Internets bei der Erhebung und Verwendung kundenbezogener Daten. Wiesbaden: Deutscher Universitätsverlag (Wirtschaftsinformatik).

Trist, E. L.; Bamforth, K. W. (1951): Some Social and Psychological Consequences of the Longwall Method of Coal-Getting. In: *Human Relations* 4 (1), S. 3–38.

Tschohl, Christof (2014): Industrie 4.0 aus rechtlicher Perspektive. In: *Elektrotech. Inftech.* 131 (7), S. 219–222.

Ullrich, André; Vladova, Gergana; Thim, Christof; Gronau, Norbert (2015): Akzeptanz und Wandlungsfähigkeit im Zeichen der Industrie 4.0. In: *HMD* 52 (5), S. 769–789.

Ullrich, André; Vladova, Gergana; Thim, Christof; Gronau, Norbert (2019): Organisationaler Wandel und Mitarbeiterakzeptanz. Vorgehen und Handlungsempfehlungen. In: Robert Obermaier (Hg.): Handbuch Industrie 4.0 und Digitale Transformation, Bd. 28. Wiesbaden: Springer Fachmedien Wiesbaden, S. 565–587.

UNITY AG (2018): Readiness Check Digitalisierung. Hg. v. UNITY AG. Online verfügbar unter https://www.unity.de/de/leistungen/digitale-transformation-industrie-4-0/digital-readiness-check/, zuletzt geprüft am 16.09.2018.

VDI (2018): Künstliche Intelligenz: Keine Angst vor dem Kontrollverlust. VDI-Umfrage: Einsatz von KI in der deutschen Industrie steckt noch in den Kinderschuhen. Hg. v. VDI - Verein Deutscher Ingenieure e.V. VDI - Verein Deutscher Ingenieure e.V. Düsseldorf. Online verfügbar unter https://www.presseportal.de/pm/16368/3924033, zuletzt geprüft am 27.11.2019.

VDI - Verein Deutscher Ingenieure e.V (2013): Thesen und Handlungsfelder. Cyber-Physical Systems: Cyber-Physical Systems: Chancen und Nutzen aus Sicht der Automation. Düsseldorf.

VDI 5600, 2016: VDI 5600 - Fertigungsmanagementsysteme (Manufacturing Execution Systems - MES).

VDMA 66412-1, 2009: VDMA 66412-1 Manufacturing Execution Systems (MES).

Veigt, Marius; Lappe, Dennis; Hribernis, Karl A.; Scholz-Reiter, Bernd (2013): Entwicklung eines Cyber-Physischen Logistiksystems. In: *Industrie Management* (29), S. 15–18.

Vernim, Susanne; Korder, Svenja; Tropschuh, Barbara (2019): Sind unsere Mitarbeiter für einen Einsatz in der digitalen Fabrik richtig qualifiziert? Ermittlung zukünftiger Mitarbeiteranforderungen in der Smart Factory. In: Christian K. Bosse und Klaus J. Zink (Hg.): Arbeit 4.0 im Mittelstand. Berlin, Heidelberg: Springer Berlin Heidelberg, S. 71–90.

Vetter, Georg; Beck, Andreas (2019): Condition Monitoring. In: Jörg Krüger und Alexander Verl (Hg.): RetroNet. Retrofitting von Maschinen und Anlagen für die Vernetzung mit Industrie 4.0 Technologie. Dusseldorf: VDI Verlag (Fortschritt-Berichte VDI. Reihe 2, Fertigungstechnik, Nr. 700), S. 130–134.

Vision Lasertechnik GmbH; bluebiz OHG; UNIORG Gruppe (2018): Industrie 4.0 Reifegrad – Test. Unter Mitarbeit von Vision Lasertechnik GmbH, bluebiz OHG und UNIORG Gruppe. Hg. v. Connected Production. Online verfügbar unter http://www.connected-production.de/industrie-4-0-reifegrad-test/, zuletzt geprüft am 05.03.2018.

Vogel-Heuser, Birgit (2017): Herausforderungen und Anforderungen aus Sicht der IT und der Automatisierungstechnik. In: Birgit Vogel-Heuser, Thomas Bauernhansl und Michael ten Hompel (Hg.): Handbuch Industrie 4.0 Bd.4. Berlin, Heidelberg: Springer Berlin Heidelberg, S. 33–44.

Vogel-Heuser, Birgit; Bauernhansl, Thomas; Hompel, Michael ten (Hg.) (2017): Handbuch Industrie 4.0 Bd. 2. Automatisierung. 2., erweiterte und bearbeitete Auflage. Berlin: Springer Vieweg (VDI Springer Reference).

Vogler-Ludwig, Kurt (2017): Beschäftigungseffekte der Digitalisierung — eine Klarstellung. In: *Wirtschaftsdienst* 97 (12), S. 861–870.

Voigt, Kai-Ingo; Kiel, Daniel; Müller, Julian Marius; Arnold, Christian (2018): Industrie 4.0 aus Perspektive der nachhaltigen industriellen Wertschöpfung. In: Christian Bär, Thomas Grädler und Robert Mayr (Hg.): Digitalisierung im Spannungsfeld von Politik, Wirtschaft, Wissenschaft und Recht, 2. Band: Wissenschaft und Recht. Berlin: Springer Gabler, S. 331–343.

Voigt, Kai-Ingo; Müller, Julian M.; Veile, Johannes W.; Becker, Wolfgang; Stradtmann, Meike (2019): Industrie 4.0 – Risiken für kleine und mittlere Unternehmen. In: Wolfgang Becker, Brigitte Eierle, Alexander Fliaster, Björn Ivens, Alexander Leischnig, Alexander Pflaum und Eric Sucky (Hg.): Geschäftsmodelle in der digitalen Welt. Wiesbaden: Springer Fachmedien Wiesbaden, S. 517–538.

Wagner, Günther (2017): Digital Leadership – die Führungskraft im Zeitalter von Industrie 4.0. In: Volker P. Andelfinger und Till Hänisch (Hg.): Industrie 4.0. Wie cyberphysische Systeme die Arbeitswelt verändern. Wiesbaden: Springer Gabler, S. 165–214.

Wang, Shiyong; Wan, Jiafu; Zhang, Daqiang; Di Li; Zhang, Chunhua (2016): Towards smart factory for industry 4.0: a self-organized multi-agent system with big data based feedback and coordination. In: *Computer Networks* 101, 158-168.

Weber, Enzo (2015): Industrie 4.0 – Wirkungen auf Wirtschaft und Arbeitsmarkt. In: *Wirtschaftsdienst* 95 (11), S. 722–723.

Weber, Jürgen; Schäffer, Utz (2016): Einführung in das Controlling. 15., überarbeitete und aktualisierte Auflage. Stuttgart: Schäffer-Poeschel Verlag (Lehrbuch).

Wegener, Dieter (2014): Industrie 4.0 – Chancen und Herausforderungen für einen Global Player. In: Thomas Bauernhansl, Michael ten Hompel und Birgit Vogel-Heuser (Hg.): Industrie 4.0 in Produktion, Automatisierung und Logistik. Wiesbaden: Springer Fachmedien Wiesbaden, S. 343–358.

Wehle, Hans-Dieter; Dietel, Matthias (2015): Industrie 4.0 – Lösung zur Optimierung von Instandhaltungsprozessen. In: *Informatik Spektrum* 38 (3), S. 211–216.

Weiser, Mark (1991): The Computer for the 21st Century. Specialized elements of hardware and software, connected by wires, radio waves and infrared, will be so ubiquitous that no one will notice their presence. In: *Scientific American.* September (Vol. 265), S. 94–104.

Wende, Jörg; Kiradjiev, Plamen (2014): Eine Implementierung von Losgröße 1 nach Industrie-4.0-Prinzipien. In: *Elektrotech. Inftech.* 131 (7), S. 202–206.

Wenzel, Paul (Hg.) (1997): SAP® R/3®-Anwendungen in der Praxis. Anwendung und Steuerung betriebswirtschaftlich-integrierter Geschäftsprozesse mit ausgewählten R/3®-Modulen. Wiesbaden: Vieweg+Teubner Verlag (Edition Business Computing).

Winter, Robert; Mettler, Tobias (2016): Kontinuierliche Business Innovation: Systematische Weiterentwicklung komplexer Geschäftslösungen durch Reifegradmodell-basiertes Management. In: Christian Pieter Hoffmann, Silke Lennerts, Christian Schmitz, Wolfgang Stölzle und Falk Uebernickel (Hg.): Business Innovation: Das St. Galler Modell. Wiesbaden: Springer Fachmedien Wiesbaden, S. 163–183.

Wischmann, Steffen; Wangler, Leo; Botthof, Alfons (2015): Industrie 4.0. Volks- und betriebswirtschaftliche Faktoren für den Standort Deutschland. Hg. v. Bundesministerium für Wirtschaft und Energie (BMWi). Berlin.

Wißotzki, Matthias (2017): Capability management guide. New York NY: Springer Berlin Heidelberg.

Witt, Bernhard C. (2010): Datenschutz kompakt und verständlich. Eine praxisorientierte Einführung. 2., aktualisierte und erg. Aufl. Wiesbaden: Vieweg + Teubner (Studium).

Witte, Bastian (2018): Rollout- und Migrationsmanagement in acht Schritten. Hg. v. Springer Professional. Online verfügbar unter https://www.springerprofessional.de/projektmanagement/informationsmanagement/rollout--und-migrationsmanagement-in-acht-schritten/16198240, zuletzt geprüft am 28.04.2020.

Wittpahl, Volker (2017): Digitalisierung. Berlin, Heidelberg: Springer Berlin Heidelberg.

Wolf, Henning; Bleek, Wolf-Gideon (2011): Agile Softwareentwicklung. Werte, Konzepte und Methoden. Heidelberg: dpunkt.verlag. Online verfügbar unter http://gbv.eblib.com/patron/FullRecord.aspx?p=952271.

Wollert, Jörg (2018): Industrie 4.0 – warten bis die Revolution vorbei ist? Ängste und Chance rund um Industrie 4.0. In: Jürgen Jasperneite und Volker Lohweg (Hg.): Kommunikation und Bildverarbeitung in der Automation. Berlin, Heidelberg: Springer Berlin Heidelberg (Technologien für die intelligente Automation), S. 177–186.

Wolter, Marc Ingo; Mönnig, Anke; Hummel, Markus; Schneemann, Christian; Weber, Enzo; Zika, Gerd et al. (2015): Industrie 4.0 und die Folgen für Arbeitsmarkt und Wirtschaft. Szenario-Rechnungen im Rahmen der BIBB-IAB-Qualifikations- und Berufsfeldprojektionen. Nürnberg, Nürnberg: IAB (IAB-Forschungsbericht, 8/2015).

Wu, Yanwen (Hg.) (2012): Software engineering and knowledge engineering. Theory and practice. Berlin: Springer (Advances in intelligent and soft computing, 114-115).

Zehbold, Cornelia (2018): Product Lifecycle Management (PLM) im Kontext von Industrie 4.0. In: Lars Fend und Jürgen Hofmann (Hg.): Digitalisierung in Industrie-, Handels- und Dienstleistungsunternehmen. Konzepte - Lösungen - Beispiele. Wiesbaden: Springer Gabler, S. 69–90.

Zenglein, Max; Holzmann, Anna (2018): Made in China 2025: Gekommen um zu bleiben. Ausländische Regierungen und Unternehmen müssen sich flexibel auf die Innovationsoffensive einstellen. In: *ifo Schnelldienst* 71 (14), S. 6–9.

Zenke, Ines; Vollmer, Miriam (2016): Anlagenplanung, Anlagenbau, Anlagenbetrieb für Unternehmen. Berlin, Boston: De Gruyter (De Gruyter Praxishandbuch).

Zhou, Keliang; Liu, Taigang; Zhou, Lifeng (2015 - 2015): Industry 4.0: Towards future industrial opportunities and challenges. In: 2015 12th International Conference on Fuzzy Systems and Knowledge Discovery (FSKD). 2015 12th International Conference on Fuzzy Systems and Knowledge Discovery (FSKD). Zhangjiajie, China, 15.08.2015 - 17.08.2015: IEEE, S. 2147–2152.

Zhu, Pearl (2017): Digital Capability: Building Lego Like Capability Into Business Competency. Raleigh, NC: Lulu Press, Inc.

Zimmermann, Stephan (2018): Der Umgang Mit Schatten-IT in Unternehmen. Eine Methode Zum Management Intransparenter Informationstechnologie. Wiesbaden: Gabler (Schriften Zur Business Analytics und Zum Informationsmanagement Ser).

Zobel, Alexander (2005): Agilität im dynamischen Wettbewerb. Basisfähigkeit zur Bewältigung ökonomischer Turbulenzen. 1. Aufl. Wiesbaden: Deutscher Universitätsverlag (Wirtschaftswissenschaft).

Nr.	Frage	Ausprägung 0	Ausprägung 1	Ausprägung 2	Ausprägung 3	Ausprägung 4	Ausprägung 5
Strategie, Organisationsstruktur & Führung							
1	**Strategie**						
1.1	Schätzen Sie das Thema I4.0 und Digitalisierung für Sie als strategisch relevant ein?	nein					ja
1.2	In welchen (Werks-)Bereichen haben Sie in die Umsetzung von Digitalisierung der Fertigung und I4.0 investiert?	Bisher keine Investitionen getätigt	Investitionen sind geplant	Bereits in einzelne Lösungen oder Pilote investiert	Bereits in einzelne Bereiche investiert	Bereits in mehreren Bereichen investiert	In gesamtem Werk investiert
1.3	Wie würden Sie den Umsetzungsstand Ihrer Werks-I4.0-Strategie beurteilen?	Keine Strategie vorhanden	Strategie in Ausarbeitung	Strategie vorhanden	Strategie in Umsetzung	Strategie in Umsetzung inkl. konkretem Beitrag pro Bereich	Strategie voll umgesetzt inkl. konkretem Beitrag pro Bereich
1.4	Haben Sie die vorhandenen / möglichen Risiken einer fehlenden I4.0- und Digitalisierungs-Strategie erfasst und bewertet?	Risiken nicht erfasst	Risikoerfassung in Planung	Risiken erfasst und initial analysiert	Laufende Risikoanalyse	Laufende Risikoanalyse & partielle Risikoreduzierung	Laufende Risikoanalyse & laufende Risikobeseitigung
1.5	Nutzen Sie Kennzahlen, um den Umsetzungsstand Ihrer I4.0-Strategie zu messen? (z.B. Digitalisierungsgrad)	Keine Messung vorhanden	KPIs in Planung	KPIs vorhanden	KPIs werden erfasst	KPIs werden erfasst und ausgewertet	KPIs werden erfasst und ausgewertet sowie Maßnahmen aufgrund ausgewerteter KPIs getroffen
2	**Organisationsstruktur**						
2.1	Ist die Funktion eines Digitalisierungs-/I4.0-Verantwortlichen für das Werk installiert?	nein					ja
2.2	Ist eine organisatorische Einheit für die IT des Werkes vorhanden und in welcher Form? (Zentrale Abteilung an Werksleitung, Verteilt in Bereichen, Dezentral, ...)	Keinen Verantwortlichen	Organisation / Verantwortliche im Aufbau	In einzelnen Bereichen separat vorhanden	Bereichsübergreifend ein Verantwortlicher	Bereichsübergreifend mehrere Verantwortliche verschiedener Themen	Bereichsübergreifend eine schlagkräftige Gruppe im Werk etabliert

2.3	Inwieweit gibt es zur Umsetzung von I4.0 und Digitalisierung eine schlagkräftige Organisation? (z.B. Projekt-Gruppe, Abteilung, ...)	Keinen Verantwortlichen	Organisation / Verantwortliche im Aufbau	In einzelnen Bereichen separat vorhanden	Bereichsübergreifend ein Verantwortlicher	Bereichsübergreifend mehrere Verantwortliche verschiedener Themen	Bereichsübergreifende eine schlagkräftige Gruppe im Werk etabliert
2.4	Inwieweit ist das Industrial Engineering mit seinem Methodenwissen in der Organisation verankert? (z.B. Projekt-Gruppe, Abteilung, ...)	Keinen Verantwortlichen	Organisation / Verantwortliche im Aufbau	In einzelnen Bereichen separat vorhanden	Bereichsübergreifend ein Verantwortlicher	Bereichsübergreifend mehrere Verantwortliche verschiedener Themen	Bereichsübergreifende eine schlagkräftige Gruppe im Werk etabliert
2.5	Wie ist die Zusammenarbeit der Bereiche (z.B. Logistik, Fertigung, Qualität, Entwicklung) im Werk, auch im Hinblick auf I4.0?	Keine Zusammenarbeit	Zusammenarbeit vorgesehen	Zusammenarbeit in Ausarbeitung (z.B. Steuerungs- und Kollaborationsmodell)	Zusammenarbeit über einzelne Bereiche	Zusammenarbeit über mehrere Bereiche	Zusammenarbeit im gesamten Werk durch umgesetztes Steuerungs- und Kollaborationsmodell
2.6	Wieviel Mitarbeiter hat das Werk aktuell? (Direkte, Indirekte je Bereiche etc.)	*Hinweis: Informative Frage zur Vergleichbarkeit der Standorte – keine Ausprägung, sondern lediglich Kommentierung vorgesehen*					
2.8	In welcher Form und mit welchen Arbeitsmitteln erfolgt die Belegungs-, Schicht- und Personalplanung im Werk?	Keine explizite Planung (z.B. Steuerung nur über Urlaubsplanung)	Mündliche Absprachen zur Anwesenheitssteuerung	mündliche Absprachen und bereichsspezifische Plantafeln/Tabellen (Excel/Access)	Bereichsspezifische systemgestützte automatische Planung	Bereichsübergreifend systemgestützte automatische Planung	Bereichsübergreifend automatische und systemgestützte Planung mit mobilem Zugriff der Mitarbeiter
3	**Führung**						
3.1	Sind die Führungskräfte und das Management regelmäßig auf dem Shopfloor des Werkes?	Management mit wenigen Ausnahmen nicht auf dem Shopfloor	Unregelmäßige Termine mit dem unteren Management	Regelmäßige Termine mit dem unteren Management	Regelmäßige Termine mit dem gesamten Management	Tägliche Anwesenheit des unteren Managements	Tägliche Anwesenheit des gesamten Managements
3.2	Wird das Thema I4.0 und Digitalisierung von den Führungskräften und dem Management getrieben?	Thema bekannt, wird jedoch skeptisch oder als irrelevant für Werk gesehen	Allgemeinere Informationen werden zum Thema kommuniziert	Kommunikation einer grundsätzlichen I4.0 oder Digitalisierungs-Werkstrategie	Das Management gibt Zielvorgaben und Projekte zum Thema vor	Einhaltung von Zielvorgaben und Projekten wird nachverfolgt	Werksübergreifende Umsetzung einer Strategie inkl. Bereichsbeiträgen
3.3	Findet ein regelmäßiger Austausch zum Thema I4.0/IT mit dem Management statt? (z.B. Regelmeeting Projekt-Gruppe, I4.0-/IT-Koordinator, Führungskräfte und Betriebsrat)	Kein Austausch zum Thema I4.0 und IT	Austausch zum Thema I4.0 oder IT im Rahmen von anderen Terminen	Regelmäßiger bereichsspezifischer Austausch mit unterem Management zu I4.0 oder IT	Regelmäßiger bereichsspezifischer Austausch mit gesamtem Management zu I4.0 oder IT	Regelm. bereichsübergreifender Austausch mit gesamtem Management zu I4.0 & IT	Regelm. bereichsübergreifender Austausch mit allen Mitarbeitern und Betriebsräten zu I4.0 & IT

3.4	Können die Führungskräfte und das Management jederzeit aktuelle und für das Werk relevante KPIs/Zahlen einsehen und welche?	Kein Kennzahlen-Reporting	Wenige Kennzahlen auf unregelmäßig auf individuelle Anfrage berechnet und kommuniziert	Monatliche Kommunikation von KPIs (z.B. Arbeitseffizienz, Stückzahlen Ist/Plan, Umsatz, Liefertermintreue)	Tägliche / Wöchentliche Kommunikation von KPIs per Papier/E-Mail	Tägliches Reporting von KPIs mithilfe eines digitalen Dashboards	Live Kennzahlen in Web-Dashboard für feste KPIs (z.B. Produktivität) und individuelle Auswertungen
3.5	Kennen sich die Führungskräfte / das Management im Bereich I4.0/IT/Digitalisierung aus?	Kein Wissen vorhanden	Wenig Wissen bei vereinzelten Führungskräften vorhanden	Grundlegendes Wissen bei vereinzelten Führungskräften vorhanden (z.B. Schulungen)	Grundlegendes Wissen bei allen Führungskräften vorhanden	Grundlegendes und teilweise vertieftes Wissen aller Führungskräfte	Vertieftes Wissen aller Führungskräfte (z.B. Kenntnisse über Software)
3.6	Werden Einsparungen durch Digitalisierung und I4.0 verfolgt? (Werte der Einsparungen sofern vorhanden in Kommentar nennen)	Keine Verfolgungen von Einsparungen (lfd./initial)	Initiale Abschätzung von Einsparungen z.B. durch ROI Berechnung	Initiale und unregelmäßige laufende Bewertung der Einsparungen (Bereichs/projektspezifisch)	Initiale und regelmäßige laufende Bewertung der Einsparungen (Bereichs/projektspezifisch)	Bereichsübergreifende laufende Verfolgung von Einsparungen	Bereichsübergreifende laufende Verfolgung, Analyse, Maßnahmenableitung & Wissens-Transfer

Informationstechnologie, Daten & Sicherheit

4 Informationstechnologie

4.1	Sind alle an den Informationsflüssen beteiligten IT-Systeme bekannt? (Excel Listen, IT-Systeme, …)	IT-Systeme nicht bekannt	Wichtigste IT-Systeme bekannt	Alle beteiligten IT-Systeme bekannt	Wichtigste IT-Systeme inkl. ihrer Anwendungen (wo) bekannt	Alle IT-Systeme inkl. ihrer Anwendungen (wo) bekannt	Alle IT-Systeme inkl. ihrer Anwendungen (wo) und detaillierter Prozessbeschreibung bekannt
4.2	Welche IT-Systeme/Software/Tools setzt ihr Standort ein? (Auflistung in Kommentar z.B. SAP-ERP, PDM, MES, BDE, MDE, SCM, WMS, verschiedene Access-/Excel-Tools,…)	Keine IT-Systeme / Tools im Einsatz	Bereichsindividuelle Excel / Access Tools im Einsatz	Bereichsindividuelle Excel / Access Tools sowie Software im Einsatz	Bereichsübergreifende IT-Systeme und SW im Einsatz	Bereichsübergreifende IT-Systeme und SW im Einsatz inkl. Support (kein Excel)	Bereichsübergreifende moderne IT-Systeme und SW (z.B. Cloud, Edge, …) im Einsatz inkl. Support
4.3	In welchen Systemen werden Aufträge aller Art (z.B. Fertigungs-, Instandhaltungs-, Prüf-, Nacharbeits-, Transportaufträge) generiert?	Keine Auftragsgenerierung	Manuelle Auftragsgenerierung in verschiedenen Systemen	Automatische Auftragsgenerierung in verschiedenen Systemen	Automatische Auftragsgenerierung in einem System	Automat. Auftragsgenerierung & Start in verschiedenen Systemen	Automat. Auftragsgenerierung & Start in einem System
4.4	Werden in allen Bereichen für ähnliche Anwendungsfälle dieselben Tools verwendet?(z.B. keine verschiedenen Excel Tools / Schatten-	nein					ja

	IT wie z.B. Produktionsverfolgung je Linie					
4.5	Besitzen die jeweiligen Systeme eine Schnittstelle zum führenden System?	Keine Schnittstellen vorhanden	Manuelle Einträge von Papier/Excel	Tägliche Push Schnittstellen	Laufende Push Schnittstellen (mind. Schichtweise)	Laufende Pull Schnittstelle (mind. Schichtweise)	Bidirektionale Live Schnittstelle
4.6	Wie ist die IT-Infrastruktur für die Produktion im Werk organisiert und ist sie leistungsfähig? (z.B. Lokaler/Externer Server, Glasfaser, Funktechnologien, Cloud, etc.)	Keine IT-Infrastruktur vorhanden	Zonenweise kabelgebundene Vor-Ort IT-Infrastruktur	Performante zonenweise Vor-Ort IT-Infrastruktur	Performante bereichsübergreifende Vor-Ort IT-Infrastruktur	Performante kabellose bereichsübergreifende Vor-Ort IT-Infrastruktur	Performante Standortübergreifende IT-Infrastruktur (z.B. Echt-Zeit Clouds)
4.7	Gibt es vor dem Einsatz von neuer Software ein Softwareclearing (Intern/extern)?	Kein Softwareclearing vorhanden	Situationsabhängiges Softwareclearing für einzelne Tools	Konzept für standardisiertes Softwareclearing vorhanden	Standardisiertes Softwareclearing für einzelne Tools	Standardisiertes Softwareclearing aller Tools	Standardisiertes Softwareclearing aller Tools inkl. Risiko/Nutzen Bewertung
4.10	Gibt es ein Lizenz- und Rechtemanagement für Software und Medien?	Kein Lizenz- und Rechtemanagement vorhanden	Situationsabhängiges Lizenz- und Rechtemanagement für einzelne Tools	Konzept für standardisiertes Lizenz- und Rechtemanagement vorhanden	Standardisiertes Lizenz- und Rechtemanagement für einzelne Tools	Standardisiertes Lizenz- und Rechtemanagement für alle Tools	Standardisiertes Lizenz- und Rechtemanagement für alle Tools inkl. Kosten/Auswirkung Bewertung
4.11	Gibt es einen Informations- und Wissensaustausch von Mitarbeitern über Gruppen- oder Projektplattformen? (z.B. Soziale Netzwerke, Wissensdatenbanken, Intranet etc.)	Kein Informations- und Wissensaustausch von Mitarbeitern	Punktueller Informations- und Wissensaustausch via Mail/Gespräch	Bereichsübergreifender Informations- und Wissensaustausch via Mail/Gespräch	Bereichsindividueller Informations- und Wissensaustausch über smarte Softwarelösungen oder IT	Bereichsübergreifender Informations- und Wissensaustausch über smarte Software oder IT	Bereichsübergreifender Informations- & Wissensaustausch über smarte Software oder IT
4.12	Gibt es für alle Lösungen einen mobilen Zugriff via IT Endgeräte? (z.B. Auftragsverwaltung, Schichten, Arbeitspläne, Geschäftsdaten etc.)	Mobiler Zugriff nicht möglich	Interner punktueller mobiler Zugriff zu einzelnen Systemen	Interner mobiler Zugriff zu allen Office Systemen (z.B. VPN)	Interner mobiler Zugriff zu allen IT-Systemen (z.B. VPN)	Standardisiertes Zugriffsmanagement für alle IT-Systeme (intern/extern)	Standardisiertes Zugriffsmanagement für alle IT-Systeme (intern/extern) inkl. Risikobewertung & Protokoll
4.13	Ist die IT Organisation in dem Maschinen- und Anlagen-Planungsprozess eingebunden?	Kein Planungsprozess vorhanden	Planungsprozess inkl. IT-Betrachtung in Ausarbeitung	Planungsprozess inkl. IT-Betrachtung vorhanden	Planungsprozess inkl. IT-Betrachtung punktuell umgesetzt	Planungsprozess inkl. IT-Betrachtung bereichsübergreifend umgesetzt	Planungsprozess inkl. IT-Betrachtung bereichsübergreifend umgesetzt und Einhaltung nachverfolgt
4.14	Existieren für die IT-Systeme Service-/Wartungskonzepte? (intern/extern)	Keine Service-Wartungskonzepte vorhanden	Punktuelle Service- und Wartungskonzepte (hauptsächlich extern)	Einheitliche Service und Wartungskonzepte in Erarbeitung	Einheitliche Service und Wartungskonzepte vorhanden	Einheitliche Service und Wartungskonzepte umgesetzt	Einheitliche Service- und Wartungskonzepte umgesetzt und nachverfolgt

Nr.	Frage						
4.15	Nutzen Sie eine Softwareinventarisierung und Configuration Management System (CMS) inkl. Configuration Management Database (CMDB) zur Inventarisierung von Hardware?	Beides nicht in Verwendung	Punktuelle manuelle Inventarisierung von Software oder Hardware	Punktuelle manuelle Inventarisierung von Software oder Hardware in einer CMDB	Übergreifende manuelle Inventarisierung von Software oder Hardware	Übergreifende manuelle Inventarisierung von Software und Hardware	Übergreifende automatische laufende Inventarisierung von Software und Hardware (inkl. Relationen)
5	**Daten**						
5.1	In welchen Systemen und Hardware legen Sie an Ihrem Standort Ihre Daten ab? (z.B. Speicherkonzept, Server, Cloud)	Keine Datenablage	Datenablage in Papierform in Ordnern	Datenablage auf verschiedenen Speichermedien	Datenablage auf lokalen Datenservern	Datenablage & Zugriff über internes Daten- u. Informationsmanagement Systeme	Datenablage & Zugriff über Daten- u. Informationsmanagementsystem inkl. Zugriffsmanagement (z.B. mobil)
5.2	Wird für Daten ein angemessenes Backup durchgeführt? (z.B. Fertigungsdaten und Maschinendaten)	Kein Backup vorhanden	Punktuelle individuelle Backups auf Speichermedien	Punktuelle individuelle Backups auf Servern / Festplatten	Punktuelle individuelle Backups aller Daten gemäß Backupkonzept	Automatische Backups aller Daten auf Servern / Festlatten	Automatische Backups aller Daten über Versionierungs- und Archivierungs-Software
5.3	Gibt es Vorhersagemodelle auf Basis von Daten? (z.B. Predictive Analytics)	Keine Vorhersagemodelle vorhanden	Manuelle Vorhersagen auf Basis von Auswertungen	Automatisierte Vorhersagemodelle in Piloten in Erarbeitung	Automatisierte Vorhersagemodelle in Piloten umgesetzt	Automatisierte Vorhersagemodelle bereichsübergreifend umgesetzt	Entscheidungen auf Basis übergreifender automatisierter Vorhersagemodellen
5.4	Erfolgt eine systematische Auswertung und Analyse von Unternehmensdaten? (z.B. BI)	Keine Auswertung und Analyse von Unternehmensdaten	Unternehmensdaten können erfasst werden	Unternehmensdaten werden gespeichert	Sporadische Auswertung und Analyse von Unternehmensdaten erfolgt	Regelmäßige Auswertung und Analyse von Unternehmensdaten erfolgt	Live Auswertung und Analyse von allen Unternehmensdaten erfolgt
5.5	Verwendet der Standort leistungsfähige Analysewerkzeuge für große Datenmengen? (z.B. Data Mining, Big Data Analysen)	Keine Analyse von großen Datenmengen	Analyse von großen Datenmengen in Planung	Analysewerkzeuge vorhanden	Analysewerkzeuge Pilotweise im Einsatz	Analysewerkzeuge bereichsweise im Einsatz	Analysewerkzeuge bereichsübergreifend im Einsatz
5.6	Erfolgt die Eingabe und Pflege von Stammdaten regelbasiert? (z.B. standardisierte Materialstammdaten-Kurztexte)	Keine Regelung vorhanden	Regelung für Stammdateneingabe in Planung	Regelung für Stammdateneingabe vorhanden	Regelung für Stammdateneingabe in Teilen umgesetzt	Regelung für Stammdateneingabe bereichsweise umgesetzt	Automatische Sicherstellung der Regelung für Stammdateneingabe (z.B. Software)
5.7	Besitzen Sie ein Dokumentenmanagement und wie wird dieses bei Ihnen umgesetzt?	Kein Dokumentenmanagement vorhanden	Dokumentenmanagement in Planung	Dokumentenmanagement Konzept vorhanden	Dokumentenmanagement in Piloten umgesetzt	Dokumentenmanagement bereichsweise umgesetzt	Automatisches Dokumentenmanagement vollständig umgesetzt (z.B. Software)
5.8	Gibt es eine Systemdurchgängigkeit bei allen Daten? (z.B. Materialstammdaten, IDs, Bezeichnungen usw.)	Keine Systemdurchgängigkeit der Daten	Konzept für systemdurchgängige Daten in Erarbeitung	Konzept für systemdurchgängige Daten vorhanden	Systemdurchgängige Daten pilotweise umgesetzt	Systemdurchgängige Daten bereichsweise umgesetzt	Systemdurchgängige Daten automatisch und regelbasiert vollständig umgesetzt

Nr.	Frage						
5.9	Wie einfach ist der Zugriff auf die Daten aus unterschiedlichen Quellen? (z.B. unabhängig vom Dateiformat, der Anwendung, dem Speicherort usw.)	Zugriff auf Daten unterschiedlicher Quellen und Datenformate nicht möglich	Datenzugriff auf unterschiedliche Quellen oder Formate vorhanden (intern)	Datenzugriff auf unterschiedliche Quellen oder Formate über internes Netzwerk vorhanden	Datenzugriff auf unterschiedliche Quellen und Formaten vorhanden (intern)	Datenzugriff auf unterschiedliche Quellen & Formate über internes Netzwerk vorhanden	Applikationsunabhängiger Datenzugriff auf verschiedene Quellen / Formate vorhanden (inkl. extern)
5.10	Wie bewerten Sie die Datenqualität? (Aktualität, Integrität und Zuverlässigkeit Daten in den Systemen)	Datenqualität durchgehend unzureichend	Definitionen und Regelungen zur Datenqualität in Erarbeitung	Definitionen und Regelungen zur Datenqualität vorhanden	Definitionen und Regelungen zur Datenqualität pilotweise umgesetzt	Definitionen und Regelungen zur Datenqualität vollständig umgesetzt	Definitionen und Regelungen zur Datenqualität vollständig umgesetzt und laufend nachverfolgt (z.B. KPIs)
6	**Sicherheit**						
6.1	Liegt für jede Linie, Software und Tool ein Betriebs- und Notfallkonzept vor und werden Sie getestet?	Keine Betriebs- und Notfallkonzepte vorhanden	Betriebs- oder Notfallkonzepte teilweise vorhanden	Betriebs- und Notfallkonzepte pilotweise vorhanden	Betriebs- und Notfallkonzepte für alle kritischen Prozesse/Tools vorhanden	Betriebs- und Notfallkonzepte für alle kritischen Prozesse/Tools vorhanden und laufend getestet	Betriebs- und Notfallkonzepte für alle Prozesse / Tools (auch Excel) vorhanden und laufend getestet
6.2	Wurden aufgetretene Notfälle dokumentiert und ggf. Maßnahmen abgeleitet?	Keine Dokumentation der Notfälle	Dokumentation der Notfälle in Planung	Dokumentation der Notfälle pilotweise umgesetzt	Dokumentation der Notfälle bereichsübergreifend umgesetzt	Bereichsübergreifende Dokumentation der Notfälle und abgeleiteter Maßnahmen	Automatische Dokumentation der Notfälle und Maßnahmen inkl. Maßnahmenvorschläge
6.3	Wie ist die Awareness bezüglich der IT-Security?	Keine Awareness zum Thema IT-Security	Awareness teilweise vorhanden	IT-Security Awareness Maßnahmen (z.B. Schilder, Schulungen, Scanstations) geplant	IT-Security Awareness Maßnahmen vorhanden	IT-Security Awareness Maßnahmen pilotweise umgesetzt	IT-Security Awareness Maßnahmen übergreifend umgesetzt / verfolgt
6.4	Werden Datenträger/Systeme/Laptops/MAE vor Inbetriebnahme auf Viren gescannt?	Keine Virenscannung erfolgt	Regularien zur Virenscannung in Erarbeitung	Regularien zur Virenscannung vorhanden/eingefordert	Virenscanning in Teilen unmittelbar sichergestellt	Virenscanner bereichsübergreifend intern für alle Systeme unmittelbar sichergestellt	Virenscanner für alle Systeme unmittelbar sichergestellt (z.B. Scanner an der Pforte für externe Rechner)
6.5	Sind die IT-Verfügbarkeitsanforderungen für die Produktion im Werkskonzept definiert?	Keine Verfügbarkeitsanforderungen definiert	Verfügbarkeitsanforderungen in Ausarbeitung	Verfügbarkeitsanforderungen bekannt	Verfügbarkeitsanforderungen bereichsübergreifend bekannt	Verfügbarkeitsanf. bereichsübergreifend bekannt und dokumentiert	Verfügbarkeitsanforderungen übergreifend dokumentiert und sichergestellt
6.6	Liegen Schutzklasseneinteilungen vor?	Keine Schutzklasseneinteilung der Daten	Anforderungen und Schutzklassen in Ausarbeitung	Anforderungen und Schutzklassen pilotweise bekannt	Anforderungen und Schutzklassen bekannt	Anforderungen & Schutzklassen bereichsübergreifend bekannt	Anforderungen & Schutzklassen bereichsübergreifend dokumentiert und sichergestellt

Prozesse, Fertigung & Logistik

7 Prozesse

7.1	Sind alle Prozesse bekannt und abgelegt und werden sie laufend verbessert? (Digital o.Ä.)	Die Prozesse sind nicht bekannt und abgelegt	Teilprozesse sind bekannt aber nicht abgelegt	End-To-End Prozesse (auch administrative) sind bekannt aber nicht abgelegt	Teilprozesse sind bekannt, abgelegt und Verbesserungspotential wird analysiert	Teilprozesse sind bekannt, digital abgelegt und werden laufend verbessert	Alle End-to-End Prozesse (auch administrative) sind bekannt, digital abgelegt und werden laufend verbessert
7.2	Sind alle Materialflüsse bekannt und abgelegt und werden sie laufend verbessert? (Digital o.Ä.)	Die Materialflüsse sind nicht bekannt und abgelegt	Teil-Materialflüsse sind bekannt aber nicht abgelegt	End-To-End Materialflüsse sind bekannt aber nicht abgelegt	Materialflüsse sind bekannt, abgelegt und Verbesserungspotential wird analysiert	Materialflüsse sind bekannt, digital abgelegt und werden laufend verbessert	Alle End-to-End Materialflüsse sind bekannt, digital abgelegt und werden laufend verbessert
7.3	Sind alle Informationsflüsse bekannt und abgelegt und werden sie laufend verbessert? (Digital o.Ä.)	Die Informationsflüsse sind nicht bekannt und abgelegt	Teil-Informationsflüsse sind bekannt aber nicht abgelegt	End-To-End Informationsflüsse sind bekannt aber abgelegt	Informationsflüsse sind bekannt, abgelegt und Verbesserungspotential wird analysiert	Informationsflüsse sind bekannt, digital abgelegt und werden laufend verbessert	Alle End-to-End Informationsflüsse sind bekannt, digital abgelegt und werden laufend verbessert
7.4	Werden Abweichungen vom Prozess/Ablauf erfasst und analysiert?	Keine Abweichungen werden erfasst	Abweichungen werden zum Teil erfasst	Abweichungen werden zum Teil erfasst, digital gespeichert und verriegelt	Abweichungen werden zum Teil erfasst, digital gespeichert, verriegelt und ausgewertet	Alle Abweichungen werden erfasst, digital gespeichert, verriegelt und sporadisch ausgewertet	Alle Abweichungen werden erfasst, digital gespeichert, automatisch ausgewertet und Maßnahmen abgeleitet
7.6	Wie kurzfristig werden die Aufträge systemgestützt generiert?	Aufträge werden nicht systemseitig generiert	Aufträge werden sporadisch systemseitig generiert	Aufträge werden regelmäßig eine Woche im Voraus systemgestützt generiert	Aufträge werden täglich im Voraus systemgestützt generiert	Aufträge werden stündlich/bedarfsgerecht systemgestützt generiert	Aufträge werden unmittelbar systemgestützt generiert und Reihenfolge festgelegt
7.7	Erfolgen Umplanungen der Auftragsreihenfolge und sind diese komplex?	Unvorhersehbare komplexe unstandardisierte Umplanung der Auftragsreihenfolge	Unvorhersehbare komplexe standardisierte Umplanung der Auftragsreihenfolge	Unvorhersehbare systemgestützte standardisierte Umplanung der Auftragsreihenfolge	Vorhersehbare systemgestützte standardisierte Umplanung der Auftragsreihenfolge	Vorhersehbare systemgestützte standardisierte Umplanung der Auftragsreihenfolge über ein System	Autonome systemgestützte standardisierte Umplanung der Auftragsreihenfolge (unter Zielerreichung Werk)
7.8	Wie stark beeinflusst die Energieversorgung das Einplanen von Aufträgen?	Keine Berücksichtigung der Energieversorgung bei der Einplanung von Aufträgen	Partielle manuelle Berücksichtigung der Energieversorgung bei der Auftragseinplanung	Partielle systemgestützte Berücksichtigung der Energieversorgung bei der Auftragseinplanung	Übergreifende systemgestützte Berücksichtigung der Energieversorgung bei der Auftragseinplanung	Autonome Steuerung der Energieversorgung der Energieversorgung bei der Einplanung & Durchführung von Aufträgen	Autonome Steuerung & Vorhersage der Energieversorgung bei der Einplanung & Durchführung von Aufträgen

	Keine / Stufe 0	Stufe 1	Stufe 2	Stufe 3	Stufe 4	Stufe 5
7.9	Werden Qualitätsdaten entlang des gesamten End-To-End Prozesses erfasst und analysiert?	Keine Erfassung von Qualitätsdaten	Qualitätsdaten werden erfasst aber nicht gespeichert	Qualitätsdaten von Teilprozessen werden gespeichert	Qualitätsdaten von allen Prozessen werden gespeichert	Qualitätsdaten werden von allen Prozessen gespeichert und analysiert	Qualitätsdaten aller Prozessen gespeichert, laufend analysiert und automatische Maßnahmen getroffen
7.10	Wie zeitnah werden Fortschritte zum Auftrag rückgemeldet?	Keine Rückmeldung von Auftragsfortschritten	Sporadische Rückmeldung von Gesamtfortschritten	Sporadische systemgestützte Rückmeldung von Gesamtfortschritten	Laufende automatisierte systemgestützte Rückmeldung von Gesamtfortschritten	Laufende automatisierte systemgestützte Rückmeldung jeglicher Teilfortschritte	Unmittelbare automatisierte systemgestützte Rückmeldung jeglicher Teilfortschritte (z.B. pro Gutstück)
7.11	Sind Betriebsmittel bzw. Prozesse durch andere substituierbar? (Flexibilität)	Keine Substituierbarkeit	Partielle komplexe Substituierbarkeit	Partielle systemgestützte komplexe Substituierbarkeit	Partielle systemgestützte einfache Substituierbarkeit	Systemgestützte einfache Substituierbarkeit aller Prozesse & Betriebsmittel	Autonome Substituierbarkeit aller Prozesse & Betriebsmittel
7.12	Wie bewerten Sie den Digitalisierungs- und Automatisierungsgrad Ihrer Geschäftsprozesse innerhalb Ihres Standortes?	Automatisierungsgrad und Digitalisierungsgrad <25%	Automatisierungsgrad und Digitalisierungsgrad <50%	Automatisierungsgrad oder Digitalisierungsgrad >50%	Automatisierungsgrad und Digitalisierungsgrad >50%	Automatisierungsgrad maximal & Digitalisierungsgrad >50%	Automatisierungsgrad und Digitalisierungsgrad maximal
7.13	Haben Sie eine durchgängig automatisierte Prozesskette vom Auftragseingang bis zur Auslieferung / Service umgesetzt?	Keine automatisierte End-To-End Prozesskette	Automatisierungsgrad End-To-End Prozesskette <25%	Automatisierungsgrad End-To-End Prozesskette <50%	Automatisierungsgrad End-To-End Prozesskette <75%	Automatisierungsgrad End-To-End Prozesskette <100%	Komplett autonome End-To-End Prozesskette inkl. laufender Optimierung
7.14	Haben Sie Lieferanten oder Geschäftspartner in die eigenen Standortsysteme eingebunden?	Keine Einbindung der Lieferanten und Geschäftspartner	Partielle Einbindung der Lieferanten oder Geschäftspartner	Partielle Einbindung der Lieferanten und Geschäftspartner	Durchgängige Einbindung von Geschäftspartner oder Lieferanten	Durchgängige Einbindung von Geschäftspartnern und Lieferanten	Durchgängige übergreifende Einbindung aller Lieferanten und Geschäftspartner
7.15	Werden Daten aus Produktion und Logistik zurückgemeldet?	Keine Rückmeldung	Händische Rückmeldung einzelner Daten	Händische Rückmeldung aller Daten	Systemgestützte Rückmeldung einzelner Daten (z.B. Scanner)	Systemgestützte Rückmeldung aller Daten, teilweise automatisiert	Automatische Rückmeldung aller Daten (z.B. RFID/Maschine)
7.16	Werden erfasste Daten aus Produktion und Logistik verwendet?	Keine Verwendung der Daten	Partielle Verwendung der Daten in Papierform	Partielle Verwendung der Daten über Systeme	Durchgängige Verwendung der Daten über die Systeme	Automatisierte Verwendung aller Daten durch alle Systeme	Automatisierte Verwendung aller Daten durch alle Systeme auf einer Plattform (z.B. DataLake) inkl. Auswertung
7.17	Wie wird mit Fehlern bzw. Fehlerdaten umgegangen? (Abweichungen, Störungen, Auswertungen, Maßnahmen etc.)	Keine Erfassung von Fehlern oder Fehlerdaten	Partielle Erfassung von Fehlern und Fehlerdaten	Partielle Erfassung der Fehler und Fehlerdaten	Erfassung und Speicherung aller Fehler und Fehlerdaten der wichtigsten Systeme	Erfassung, Speicherung und Auswertung aller Fehler und Fehlerdaten der wichtigsten Systeme	Erfassung, Speicherung und Auswertung aller Fehler und Fehlerdaten sowie Maßnahmenableitung (Vermeidung)
7.18	Werden die Prinzipien und Methoden von ganzheitlichen Produktionssystemen umgesetzt? (z.B. System-CIP, Standards, usw.)	Keine Methoden vorhanden / angewandt	Methoden in Ausarbeitung	Methoden vorhanden	Partielle initiale Anwendung der Methoden	Partielle laufende Anwendung der Methoden	Übergreifende und laufende Anwendung der Methoden

		Keine IE Methoden vorhanden / angewandt	IE Methoden in Ausarbeitung	IE Methoden vorhanden	Partielle initiale Anwendung der IE Methoden	Partielle laufende Anwendung der IE Methoden	Übergreifende und laufende Anwendung der IE Methoden
7.19	Werden Methoden des Industrial Engineerings (z.B.) Problemlösemethoden flächendeckend angewendet?						
7.20	Existiert ein Budget für die schnelle Umsetzung kleiner Verbesserungen?	nein					ja
7.21	Sind für jeden Wertstrom / Linie KPIs mit Zielwerten für Qualität, Kosten, Lieferung und Arbeitssicherheit visualisiert?	Keine Kennzahlen vorhanden	Kennzahlen vorhanden, jedoch keine Visualisierung	Durchgängige Visualisierung einzelner Kennzahlen einzelner Wertströme	Durchgängige Systemgestützte Visualisierung einzelner Kennzahlen einzelner Wertströme	Durchgängige Systemgestützte Visualisierung einzelner Kennzahlen aller Wertströme	Durchgängige Systemgestützte Visualisierung aller Kennzahlen aller Wertströme
7.22	Wird der Status der KPIs täglich verfolgt und sind für die einzelnen Kennzahlen Eingriffsgrenzen definiert?	Keine KPIs vorhanden	Einzelne KPIs unregelmäßig verfolgt	Einzelne KPIs regelmäßig verfolgt	Einzelne KPIs unmittelbar verfolgt und Eingriffsgrenzen definiert	Alle KPIs unmittelbar verfolgt und Eingriffsgrenzen definiert	Alle KPIs unmittelbar verfolgt und Eingriffsgrenzen definiert sowie Maßnahmen automatisch eingeleitet (präventiv)
7.23	Ist ein Prozess für nachhaltige Problemlösung definiert und werden die eingeleitete Maßnahmen dokumentiert?	Kein Problemlöseprozess vorhanden	Standardisierter Problemlöseprozess in Ausarbeitung	Standardisierter Problemlöseprozess vorhanden	Standardisierter Problemlöseprozess teilweise umgesetzt	Standardisierter Problemlöseprozess übergreifend umgesetzt	Standardisierter Problemlöseprozess übergreifend umgesetzt und nachverfolgt
7.24	Findet in jedem Wertstrom täglich vor Ort eine Regelkommunikation mit festgelegter Agenda statt? (z.B. Morgenrunde)	Keine Kommunikation	Sporadische Kommunikation	Regelkommunikation	Tägliche Regelkommunikation vor Ort	Tägliche Regelkommunikation vor Ort mit fester Agenda	Tägliche Regelkommunikation mit fester Agenda sowie Status-/Abweichungsverfolgung
7.26	Sind im Wertstrom / Linie Standard Reaktionen auf mögliche Abweichungen festgelegt? (Wer? Wann? Wie? Was?)	Keine Abweichungserfassung	Partielle Abweichungserfassung	Erfassung aller Abweichung	Erfassung aller Abweichungen sowie partieller definierter Reaktionen	Erfassung aller Abweichungen sowie definierte Reaktionen	Erfassung aller Abweichungen sowie automatisierte systemgestützte definierte Reaktionen
7.27	Werden Verluste auf Schichtbasis verfolgt? (z.B. Soll-Ist-Vergleich der Stückzahlen)	Keine Verlustverfolgung	Partielle Verlustverfolgung	Durchgängige Verlustverfolgung	Durchgängige systemgestützte Verlustverfolgung	Durchgängige systemgestützte Verlustverfolgung inkl. Soll-Ist Vergleich	Durchgängige systemgestützte Verlustverfolgung inkl. Soll-Ist Vergleich sowie Reaktionen
7.28	Sind die produktionsnahen Bereiche zentral über die IT vernetzt und blicken auf eine stets aktuelle Datenbasis?	Keine Vernetzung	Partielle Vernetzung	Durchgängige Vernetzung	Durchgängige Vernetzung inkl. variantenreicher Datenbasis	Durchgängige Vernetzung inkl. variantenreicher aktueller Datenbasis	Durchgängige Vernetzung inkl. eindeutiger aktueller Datenbasis

	8 Fertigung						
8.1	Wie ist der Produktmix im Werk? (MTS, MTO, ETO, Losgrößen ...)	*Hinweis: Informative Frage zur Vergleichbarkeit der Standorte – keine Ausprägung, sondern lediglich Kommentierung vorgesehen*					
8.2	Welche Produktionsanordnung stimmt am ehesten mit der aktuellen Produktion überein? (Fließproduktion, Inselproduktion, Werkstattproduktion)	*Hinweis: Informative Frage zur Vergleichbarkeit der Standorte – keine Ausprägung, sondern lediglich Kommentierung vorgesehen*					
8.3	Welcher Produktionsablauf stimmt am ehesten mit der aktuellen Produktion überein? (Kontinuierliche, Diskontinuierliche, Chargenproduktion)?	*Hinweis: Informative Frage zur Vergleichbarkeit der Standorte – keine Ausprägung, sondern lediglich Kommentierung vorgesehen*					
8.4	Ist die Ablauffolge innerhalb eines Auftrages variabel?	*Hinweis: Informative Frage zur Vergleichbarkeit der Standorte – keine Ausprägung, sondern lediglich Kommentierung vorgesehen*					
8.5	Welche Produkte werden auf wie vielen Linien oder Wertströmen gefertigt? (ggf. an anderen Standorten?)	*Hinweis: Informative Frage zur Vergleichbarkeit der Standorte – keine Ausprägung, sondern lediglich Kommentierung vorgesehen*					
8.6	In welchem Umfang ist in Ihrer Produktion 4.0 umgesetzt?	Keine Umsetzung	I4.0 Tools in Planung	Testphase einzelner I4.0 Tools	Umsetzung einer I4.0 Pilotlinie	I4.0 Tools werden in einzelnen Werksbereichen eingesetzt	I4.0 Tools werden werksübergreifend eingesetzt
8.7	Erfassen Sie bereits Maschinen- und Prozessdaten sowie die Zustände der Maschinen in der Produktion?	Keine Maschinen- und Prozessdatenerfassung	Partielle Maschinendaten oder Prozessdatenerfassung	Partielle Maschinen und Prozessdatenerfassung	Durchgängige Maschinen und Prozessdatenerfassung sowie	Durchgängige Maschinen und Prozessdatenerfassung sowie Zustandsüberwachung	Durchgängige Maschinen und Prozessdatenerfassung sowie Zustandsüberwachung und Datennutzung
8.8	Nutzen Sie diese anfallenden Daten und Informationen der Produktion bereits?	Keine Datenerfassung in der Produktion	Speicherung der erfassten Daten in der Produktion	Partielle Nutzung der erfassten Daten in der Produktion	Bereichsweise Nutzung der erfassten Daten in der Produktion	Durchgängige Nutzung der erfassten Daten in der Produktion	Durchgängige Nutzung der erfassten Daten, Nachverfolgung der Aufwand/Nutzen Relation
8.9	Wird die Maschinenproduktivität / Auslastung aller Anlagen gemessen und auf welchem Niveau liegt er? (Maschinenausfälle, organisatorische Störungen)	Keine Berechnung der Maschinenproduktivität	Erfassung einzelner Bestandteile der Maschinenproduktivität	Erfassung aller Bestandteile der Maschinenproduktivität	Erfassung sowie Auswertung der Maschinenproduktivität	Automatische Erfassung sowie Auswertung der Maschinenproduktivität	Automatische Erfassung, Speicherung und Auswertung der Maschinenproduktivität inkl. Maßnahmenableitung

8.10	Wie werden Stillstände und Stillstands-Gründe erfasst?	Keine Erfassung von Stillständen	Manuelle Erfassung von Stillständen	Manuelle Erfassung von Stillständen und Stillstands-Gründen	Manuelle Erfassung und Auswertung von Stillständen und Stillstands-Gründen	Automatische Erfassung von Stillständen und Stillstands-Gründen	Automatische Erfassung und Auswertung von Stillständen und Stillstands-Gründen sowie Maßnahmenanleitung
8.11	Wie vernetzt ist Ihr Maschinenpark? (Ansteuerbar, M2M Kommunikation, Kollaboration)	Nicht vernetzt	Maschinen partiell vernetzt und ansteuerbar	Alle Maschinen vernetzt und ansteuerbar	Durchgängige Maschinen Vernetzung sowie partielle M2M Kommunikation	Durchgängige Maschinen Vernetzung sowie M2M Kommunikation	Durchgängige Maschinen Vernetzung sowie M2M Kollaboration
8.12	Sind alle Anlagen und Maschinen an die bestehende IT-Umgebung angebunden?	Keine Anbindung	<25%	<50%	>50%	>75%	100%
8.13	Werden die Produktionsdaten den Maschinen automatisch bereitgestellt? (z.B. CAM-Daten)	Keine Bereitstellung der Produktionsdaten	Bereitstellung von Produktionsdaten geplant	Partielle Bereitstellung einzelner Produktionsdaten	Partielle automatische Bereitstellung einzelner Produktionsdaten	Durchgängig automatische Bereitstellung einzelner Produktionsdaten	Durchgängig automatische Bereitstellung aller Produktionsdaten
8.14	In welcher Form werden die Steuerung und Planung in der Fertigung durchgeführt? (z.B. Produktionsprogramm mit MES, Excel)	Keine Planung und Steuerung in der Fertigung	Partielle Planung und Steuerung in der Fertigung	Durchgängige Planung und Steuerung in der Fertigung	Durchgängige systemgestützte Planung und Steuerung in der Fertigung	Durchgängige automatisierte Planung und Steuerung in der Fertigung	Durchgängige automatisierte Planung und Steuerung in der Fertigung inkl. Kapazitäts- & Zeitterminierung
8.15	Reagieren die Produktionsprozesse selbstständig / automatisiert auf Änderungen der Produktionsbedingungen?	Keine Erfassung von Änderungen der Produktionsbedingungen	Erfassung von Änderungen der Produktionsbedingungen	Partielle Reaktion auf Änderungen der Produktionsbedingungen	Durchgängige Reaktion auf Änderungen der Produktionsbedingungen	Durchgängige systemgestützte Reaktion auf Änderungen	Durchgängig autonome Änderungen der Produktionsbedingungen
8.16	Sind Wartungspläne definiert und werden Sie eingehalten und dokumentiert? (Wie?)	Keine Wartungspläne vorhanden	Wartungspläne definiert	Wartungspläne definiert und eingehalten	Wartungspläne definiert, eingehalten und laufende Dokumentation	Systemgestützte Definition und Dokumentation der Wartungspläne	Systemgestützte Definition, Dokumentation und Optimierung der Wartungspläne
8.17	Betreiben Sie vorausschauende Wartung und Instandhaltung von Maschinen und Anlagen?	Keine vorausschauende Wartung und Instandhaltung	Partielle vorausschauende Wartung oder Instandhaltung	Durchgängig vorausschauende Wartung oder Instandhaltung	Partielle vorausschauende Wartung und Planung	Durchgängig vorausschauende Wartung und Planung	Durchgängig vorausschauende Wartung und Planung sowie laufende Optimierung
8.18	Wie werden sämtliche Informationen zu den Betriebsmitteln verwaltet? (z.B. Maßnahmenableitung, Track&Trace)	Keine Betriebsmittelverwaltung	Betriebsmittelverwaltung manuell	Betriebsmittelverwaltung mit verschiedenen Tools (z.B. Excel)	Bereichsübergreifende Tools zur Betriebsmittelverwaltung	Bereichsübergreifendes Tool zur Betriebsmittelverwaltung	Bereichsübergreifendes Tool zur Betriebsmittelverwaltung inkl. Maßnahmenableitung und Track&Trace
8.19	Sind Arbeitsanweisungen und für die Fertigung / Montage notwendigen Dokumente digital verfügbar? (z.B. papierlose Fertigung)	Keine Arbeitsanweisungen und notwendigen Dokumente verfügbar	Arbeitsanweisungen und notwendige Dokumente individuell in Papierform	Dauerhafte Arbeitsanweisungen oder Dokumente in Papierform	Bereichsweise elektronische Arbeitsanweisungen und Dokumente	Bereichsübergreifendes Tool für Fertigungsdokumente und Arbeitsanweisungen	Standortübergreifendes Tool für individuelle Fertigungs- und Prüfanweisungen

Nr.	Frage	Stufe 1	Stufe 2	Stufe 3	Stufe 4	Stufe 5	Stufe 6
							gen für verschiedene Sprachen und Qualifikationsstufen
8.20	Sind HMIs individuell auf die Nutzer zugeschnitten? (z.B. Arbeitsanweisungen für Qualifikationslevel und Sprache)	Keine Individuelles Zuschneiden	Zuschneiden auf Anfrage	Pilotweises Zuschneiden der HMIs	Bereichsweise zugeschnittene HMIs	Bereichsübergreifend auf Benutzer zugeschnittene HMIs (z.B. Größe, Sprache)	Standortübergreifende individuell zugeschnittene HMIs auf den Werker inkl. Qualifikationslevel
8.21	Wie steuert sich das Werkstück durch die Fertigung? (z.B. autonom)	Keine Steuerung des Werkstückes	Manuelle Steuerung des Werkstückes	Individuell systemgestützte Steuerung des Werkstückes	Steuerung des Werkstücks übergreifendes System	Autonome und systemgestützte Steuerung des Werkstückes	Autonome und Autarke Steuerung des Werkstückes
8.22	Wird die zukünftige Auslastung der Produktion digital berechnet?	Keine Produktions- und Programmplanung	Manuelle Produktions- und Programmplanung	Systemgestützte manuelle Produktions- und Programmplanung	Systemgestützte automatische Produktions- und manuelle Programmplanung	Systemgestützte automatische Produktions- und Programmplanung	Systemgestützte automatische Produktions- und Programmplanung inkl. Vorhersagen basierend auf KI
8.23	Wie planen und steuern Sie die Maschinenbelegung und den Mitarbeitereinsatz? (z.B. LMPC, TMT, ...)	Keine Planung der Maschinenbelegung und Mitarbeitereinsatz	Manuelle Planung der Maschinenbelegung und Mitarbeitereinsatz	Systemgestützte Manuelle Planung der Maschinenbelegung und Mitarbeitereinsatz	Systemgestützte automatische Planung der Maschinenbelegung und manuelle Planung Mitarbeitereinsatz (z.B. SAP)	Systemgestützte automatische finite Planung der Maschinenbelegung und Mitarbeitereinsatz	Systemgestützte automatische finite Planung der Maschinenbelegung und Mitarbeitereinsatz sowie Reaktion und autonome Umplanungen
8.24	Verfolgen sie den Produktionsprozess im Detail? (z.B. Lokalität Werkstück zum aktuellen Zeitpunkt inkl. Prognose)	Keine Verfolgung des Produktionsprozesses	Manuelle Verfolgung des Produktionsprozesses (Go to Gemba)	Teilweise manuelle systemgestützte Verfolgung des Produktionsprozesses	Automatische systemgestützte Verfolgung des Produktionsprozesses	Automatische systemgestützte Verfolgung des Produktionsprozesses in Echtzeit	Automatische systemgestützte Verfolgung des Produktionsprozesses / Werkstückes in Echtzeit inkl. Analyse
8.25	Reorganisiert sich bei Abweichungen in der Produktionskette der Produktionsplan autonom? (Material, Personal, Maschine)	Keine Reorganisierung	Manuelle Reorganisierung	Pilotweise systemgestützte manuelle Reorganisierung	Bereichsweise systemgestützte manuelle Reorganisierung (Material, Maschine)	Bereichsweise systemgestützte manuelle und automatische Reorganisierung (Material, Maschine)	Bereichsweise systemgestützte automatische Reorganisierung (Material, Maschine)
8.26	Können die Linien auf andere Produkte umgerüstet werden? Wie lang sind die Rüstzeiten?	Keine Umrüstungen möglich	Teilweise manuelle Umrüstungen möglich jedoch komplex	Teilweise manuelle Umrüstungen möglich, i.d.R. komplex	Bereichsweise automatische einfache Umrüstungen möglich	Bereichsweise automatische und manuelle einfache Umrüstungen	Bereichsweise automatische einfache Umrüstungen möglich (i.d.R. externes Rüsten)
8.27	Ist der Maschinenpark auf dem aktuellen Stand und entspricht den Anforderungen an den benötigten Produktionsprozess?	Maschinenpark erfüllt die aktuellen Anforderungen nicht	Maschinenpark erfüllt die aktuellen Anforderungen nur teilweise	Maschinenpark erfüllt die aktuellen Anforderungen überwiegend	Maschinenpark erfüllt Anforderungen voll	Maschinenpark erfüllt die aktuellen Anforderungen voll	Maschinenpark erfüllt die zukünftigen Anforderungen voll
8.28	Können die Maschinen ohne LAN produzieren?	nein				ja	

Nr.	Frage						
8.29	Kann ohne WAN-Anbindung produziert werden bzw. wie lange?	nein					ja
8.30	Wie gehen Sie mit der Varianz in der Fertigung um?	Keine Varianz möglich	Varianz in Teilen manuell und mit Aufwand möglich	Varianz überwiegend manuell möglich	Varianz überall manuell abbildbar	Varianz pilotweise systemgestützt abbildbar (Hardware und Software)	Varianz bereichsübergreifend automatisch systemgestützt abbildbar (Losgröße 1)
8.32	Sind für die Rüstvorgänge Standards definiert und werden Sie systemseitig optimiert und erfolgen Soll-Ist-Abgleiche?	Keine standardisierten Rüstvorgänge	Standardisierte Rüstvorgänge in Planung	Pilotweise standardisierte Rüstvorgänge umgesetzt	Systemseitig gestützte standardisierte Rüstvorgänge	Systemseitig gestützte standardisierte Rüstvorgänge	Systemseitig gestützte standardisierte Rüstvorgänge inkl. Soll-Ist-Vergleiche
8.33	Sind die Fertigungs- und Prüfanweisungen digital verfügbar und aktuell?	Keine Fertigungs- und Prüfanweisungen digital abgelegt	Digitale Fertigungs- und Prüfanweisung in Planung	Fertigungs- und Prüfanweisungen digital abgelegt		Bereichsweise Fertigungs- und Prüfanweisungen digital verfügbar	Übergreifend systemgestützt Fertigungs- und Prüfanweisungen digital verfügbar inkl. Änderungshistorie
8.34	Sind Werkerselbstkontrollen und Qualitätsregelkreise werksweit installiert? (z.B. digitale Assistenzsysteme)	Werkerselbstkontrollen sowie Qualitätsregelkreise nicht installiert	Werkerselbstkontrollen sowie Qualitätsregelkreise in Teilen manuell vorhanden	Werkerselbstkontrollen sowie Qualitätsregelkreise überwiegend manuell vorhanden	Werkerselbstkontrollen sowie Qualitätsregelkreise überall manuell vorhanden	Pilotweise systemgestützte Werkerselbstkontrollen sowie Qualitätsregelkreise	Übergreifend systemgestützte automatische Werkerkontrollen sowie Qualitätsregelkreise inkl. Verriegelungen
8.35	Werden die Anlagen systemgestützt ideal ausgelastet? (z.B. Belegungsplanung)	Keine Auslastungsplanung der Anlagen	In Teilen manuelle Auslastungsplanung der Anlagen	Individuelle manuelle Auslastungsplanung der Anlagen	Systemgestützte manuelle Auslastungsplanung der Anlagen	Systemgestützte automatische Auslastungsplanung der Anlagen	Systemgestützte automatische, reaktive und ideale Auslastungsplanung der Anlagen in Echtzeit
8.36	Werden Material, Menge und Zeitdaten kontinuierlich an jedem Arbeitsplatz erfasst?	Keine Erfassung von Material, Menge und Zeitdaten	Material, Menge oder der Zeitdaten werden manuell erfasst	Material, Menge und Zeitdaten werden manuell erfasst	Systemgestützte Erfassung von Material, Menge oder Zeitdaten	Systemgestützt Erfassung von Material, Menge und Zeitdaten	Laufende automatische systemgestützt Erfassung von Material, Menge u. Zeitdaten
9	**Logistik**						
9.1	Ist der Warenbestand / Verwendung bekannt und kann digital abgerufen werden? (Lokalisierung Material/Produkte)	Warenbestand nicht bekannt	Warenbestand in Teilen durch Buchungen in Systemen bekannt	Gesamter Warenbestand durch Buchungen in Systemen bekannt	Gesamter Warenbestand durch Buchungen in einem übergeordneten System bekannt	Gesamter Warenbestand durch laufende Identifikation und Buchungen in einem übergeordnetem System bekannt	Gesamter Warenbestand durch laufende Identifikation (z.B. Lokalisierung (z.B. 5G) und Buchungen in einem übergeordnetem System bekannt
9.2	Sind Min/Max Bestände definiert und werden sie visualisiert und eingehalten?	Keine Min/Max Bestände definiert	Min/Max Bestände definiert	Min/Max Bestände definiert, in Systemen abgelegt u. in Teilen visualisiert	Min/Max Bestände definiert, in Systemen abgelegt u. überall visualisiert	Min/Max Bestände in einem System definiert und abgelegt und teilweise digital visualisiert	Min/Max Bestände in einem System definiert/abgelegt sowie überall digital visualisiert und Einhaltung sichergestellt

9.3	Gibt es eine Trennung zwischen Wertschöpfung und Logistik? (Fertigungsmitarbeiter übt keine logistischen Tätigkeiten aus)	Keine Trennung zwischen Wertschöpfung und Logistik	Trennung zwischen Wertschöpfung und Logistik in Teilen realisiert	Trennung zwischen Wertschöpfung und Logistik großteils realisiert	Trennung zwischen Wertschöpfung und Logistik überall realisiert	Trennung zwischen Wertschöpfung und Logistik überall und in Teilen verfolgt	Trennung zwischen Wertschöpfung und Logistik überall realisiert und verfolgt
9.4	Ist es im Voraus bekannt, welche Waren in Zukunft eintreffen werden? (z.B. übermorgen?)	Nicht bekannt, wann Waren eintreffen	Teilweise bekannt, wann Waren eintreffen	Bekannt wann Waren eintreffen	Systemseitig bekannt wann Waren eintreffen	Systemseitig bekannt wann Waren eintreffen sowie in Teilen tracking	Systemseitig bekannt wann Waren eintreffen sowie überall track and trace
9.5	Wie erfolgt die Kennzeichnung der Produkte und Werkstücke? (Barcode, RFID usw.)	Keine Kennzeichnung der Produkte	In Teilen manuelle Kennzeichnung der Produkte	Überall manuelle Kennzeichnung der Produkte	Überall systemseitig unterstützt variantenreiche Kennzeichnung der Produkte	Überall systemseitig unterstützte automatische variantenreiche Kennzeichnung der Produkte	Überall systemseitig unterstützte automatische einheitliche Kennzeichnung der Produkte
9.6	Werden technische I4.0 Hilfsmittel in der Logistik eingesetzt? (Pick-to-light, Scanning, AlpeScan, AGV, RFID...)	Kein Einsatz von I4.0 Hilfsmitteln in der Logistik	Einsatz von I4.0 Hilfsmitteln in der Logistik geplant	Pilotweise I4.0 Hilfsmitteln in der Logistik vorhanden	Bereichsweise unterschiedliche I4.0 Hilfsmittel in der Logistik	Bereichsweise überwiegend standardisierte I4.0 Hilfsmittel in der Logistik	Übergreifend ausschließlich standardisierte I4.0 Hilfsmittel in der Logistik
9.7	Wie wird die Logistik gesteuert? (z.B. Tourenplanung mit Warehouse Management System)	Keine Steuerung der Logistik	Manuelle Steuerung der Logistik	Variantenreiche systemgestützte manuelle Steuerung der Logistik	Manuelle Steuerung der Logistik mit einem System	Automatische Steuerung der Logistik mit einem System	Autonome und autarke Steuerung der Waren durch das Werk
9.8	Werden Warenein- und Ausgänge automatisch oder mittels eines mobilen Eingabegerätes in entsprechenden Systemen gebucht?	Keine Buchung der Warenein- und Ausgänge	In Teilen manuelle Buchung der Warenein- u. Ausgänge in Systemen	Überall manuelle Buchung der Warenein- und Ausgänge in Systemen	Überall man. Buchung der Warenein- u. Ausgänge in einem System	In Teilen automatische Buchung der Warenein- und Ausgänge in einem System	Überall automatische Buchung der Warenein- und Ausgänge in einem System inkl. Zeitstempel
9.9	Findet die Fertigung mit Lagerhaltung statt oder werden Kunden „just-in-time" beliefert?	Lagerhaltung unbekannt	Fertigung mit variabler Lagerhaltung	Fertigung mit standardisierter Lagerhaltung	Fertigung mit standardisierter geringer Lagerhaltung	Fertigung mit geringen Beständen just-in-sequence	Fertigung und Auslieferung just-in-time
9.10	Werden Auslieferungen automatisch angestoßen in Auftrag gegeben? (z.B. Spedition)	Auslieferungsprozess unbekannt	Auslieferungen manuell angestoßen	Auslieferungen in Systemen manuell angestoßen	Auslieferungen mit einem System manuell angestoßen	Auslieferungen mit einem System in Teilen automatisch angestoßen	Auslieferungen mit einem System überall automatisch angestoßen
9.11	Sind die externen Lieferanten in interne Logistikprozesse und Systeme eingebunden? (z.B. RFID Kanban)	Keine Einbindung der externen Lieferanten	Einbindung der externen Lieferanten in Planung	In Teilen prozessuale Einbindung der externen Lieferanten	Überall prozessuale Einbindung der externen Lieferanten	In Teilen systemgestützte und prozessuale Einbindung externer Lieferanten	Überall systemgestützte und prozessuale Einbindung der externen Lieferanten
9.12	Wird die zukünftige Fehlmenge am Lager automatisch und vorausschauend berechnet?	Zukünftige Fehlmenge unbekannt	Zukünftige Fehlmenge unbekannt, jedoch manuelle Überprüfung sowie Bestellungen	Zukünftige Fehlmenge unbekannt, jedoch manuelle Überprüfung sowie systemgestützte Überprüfung sowie	Fehlmenge unbekannt, jedoch automatische systemgestützte Überprüfung u. Bestellungen	Zukünftige Fehlmenge in Teilen bekannt und automatische systemgestützte	Zukünftige Fehlmenge überall bekannt und automatische systemgestützte

				manuelle Bestellungen	(z.B. Eingriffsgrenzen)	Überprüfung sowie Bestellungen	Überprüfung sowie Bestellungen (z.B. über Eingriffsgrenzen)
9.13	Sind benötigte Ressourcen, Materialien und Beschaffungswege und deren Prozesse digital abgebildet?	Ressourcen, Materialien und Beschaffungswege unbekannt	Ressourcen, Materialien oder Beschaffungswege bekannt	Ressourcen, Materialien und Beschaffungswege bekannt	Ressourcen, Materialien und Beschaffungswege sowie abgebildet	Ressourcen, Materialien und Beschaffungswege sowie digital abgebildet	Ressourcen, Materialien und Beschaffungswege bekannt sowie in standardisiertem System digital abgebildet
9.14	Sind die Logistikprozesse eng mit dem Einkauf und mit der Produktion verzahnt?	Keine Verzahnung der Logistikprozesse mit dem Einkauf und Produktion	Teilweise Verzahnung der Logistikprozesse mit dem Einkauf oder Produktion	Teilweise Verzahnung der Logistikprozesse mit dem Einkauf und Produktion	Übergreifende Verzahnung der Logistikprozesse mit dem Einkauf oder Produktion	Übergreifende Verzahnung der Logistikprozesse mit dem Einkauf und Produktion	Übergreifend systemgestützte Verzahnung der Logistikprozesse mit dem Einkauf und Produktion
9.15	Gibt es ein Verpackungskonzept der Waren und wird dies systemseitig unterstützt?	Kein Verpackungskonzept vorhanden	Verpackungskonzept in Erarbeitung	Verpackungskonzept vorhanden	Verpackungskonzept umgesetzt	Verpackungskonzept umgesetzt und systemseitig manuell unterstützt	Verpackungskonzept umgesetzt und systemseitig automatisch unterstützt
9.16	Sind die Ladungsträger für alle Sachnummern beschrieben? (Größe, Material, Gewicht, Anzahl je Teile)	Ladungsträger nicht beschrieben/unbekannt	Ladungsträger teilweise manuell beschrieben	Ladungsträger überall manuell beschrieben	Ladungsträger in Teilen systemgestützt (z.B. Barcodes)	Ladungsträger überall systemgestützt (z.B. Barcodes) beschrieben	Informationen zu Ladungsträger und Inhalt jederzeit digital abrufbar (z.B. RFID)
9.17	Gibt es Standards für die Handhabung von Rest- oder Fehlmengen in der Produktion? (z.B. nur 98/100 Teile gefertigt)	Keine Handhabung von Rest- oder Fehlmengen	Handhabung von Rest- oder Fehlmengen in Planung	Manuelle Handhabung von Rest- oder Fehlmengen	Manuelle systemgestützte Handhabung von Rest- oder Fehlmengen	Teilweise autom. systemgestützte Handhabung von Rest- o. Fehlmengen	Überall automatische systemgestützte Handhabung von Rest- oder Fehlmengen
9.18	Wie werden Zwischenbestände erfasst?	Keine Erfassung von Zwischenbeständen	Teilweise Manuelle Erfassung von Zwischenbeständen	Überall Manuelle Erfassung von Zwischenbeständen	Systemgestützte manuelle Erfassung von Zwischenbeständen	Systemgestützte manuelle Erfassung von Zwischenbeständen	Systemgestützte automatische Echtzeit Erfassung von Zwischenbeständen
	Qualifikation, Kommunikation & Kultur						
10	**Qualifikation**						
10.1	Sind alle Mitarbeiter basierend auf dem gültigen Standard qualifiziert und ist eine Kompetenzmatrix verfügbar?	Keine Qualifizierungen	Kompetenzmatrix in Erarbeitung	Kompetenzmatrix vorhanden	Kompetenzmatrix vorhanden und umgesetzt	Kompetenzmatrix digital vorhanden und umgesetzt	Individuelle Kompetenzmatrix digital vorhanden, umgesetzt und nachverfolgt

	Frage					
10.2	Wie sind die Kompetenzen Ihrer Mitarbeiter in Bezug auf die zukünftigen Erfordernisse im Rahmen der I4.0 und IT?	Keine Kompetenzen zu I4.0 und IT	Einzelne Personen mit lückenhaften Kompetenzen zu IT und I4.0	Einzelne Personen mit guten Kompetenzen zu IT und I4.0	Einzelne Bereiche mit guten Kompetenzen zu IT und I4.0	Durchgängig Kompetenzen zu IT und I4.0 vorhanden	Durchgängig Kompetenzen zu IT und I4.0 vorhanden sowie laufende Auffrischung
10.3	Hat der I4.0-Verantwortliche Schulungen und Weiterbildungen im Bereich I4.0 besucht? (Fertigung als ITler und IT als Fertiger)	Keine Schulungen und Weiterbildungen im Bereich I4.0	Lückenhafte Kenntnisse im Bereich I4.0 durch "Eigenstudium"	Grundkenntnisse im Bereich I4.0 durch Schulungen	Gute Kenntnisse im Bereich I4.0 durch Schulungen	Gute Kenntnisse im Bereich I4.0 durch Schulungen, Weiterbildungen und Eigenstudium	Expertenwissen im Bereich I4.0 durch tiefgreifende Schulungen, Weiterbildungen, Eigenstudium und Konferenzen
10.4	Stellt der Standort eine laufende Weiterbildung I4.0 der Mitarbeiter sicher? (z.B. Schulungskonzept für Manager, Experten, MA)	Keine Weiterbildung der Mitarbeiter	Sporadische Weiterbildung einzelner Mitarbeiter / Schulungskonzept in Erarbeitung	Sporadische Weiterbildung einzelner Mitarbeiter / Schulungskonzept vorhanden	Schulungskonzept für Experten, Manager oder Werker in Teilen in Umsetzung	Schulungskonzept für Experten, Manager und Werker bereichsübergreifend in Umsetzung	Laufende Umsetzung Schulungskonzept für Experten, Manager und Werker inkl. tieferen Bildungsmaßnahmen
10.5	Werden die Nutzer der IT-Tools geschult? (z.B. inkl. Vertreterregelung für Toolexperten an der Linie)	Keine Schulungen der Nutzer von IT-Tools	Sporadische Schulung einzelner Nutzer von IT-Tools	Initiale Schulung aller Nutzer von IT-Tools	Laufende Schulungen einzelner Nutzer von IT-Tools	Laufende Schulungen aller Nutzer von IT-Tools	Laufende Schulungen aller Nutzer von IT-Tools sowie zu Möglichkeiten neuer IT-Tools

11 Kommunikation

	Frage					
11.1	Werden die Standortziele kommuniziert und sind sie jedem bekannt?	Keine Standortziele vorhanden	Standortziele in Ausarbeitung	Standortziele vorhanden	Standortziele teilweise kommuniziert	Standortziele an alle Mitarbeiter kommuniziert	Laufende Kommunikation der Standortziele an alle Mitarbeiter sowie Verfolgung
11.2	Wer wird in Veränderungen wie I4.0 Ansätze mit eingebunden und wann? (z.B. Mitarbeiter an Linie, Experten, Betriebsräte, usw.)	Keine Einbindung der Mitarbeiter in Veränderungen	Sporadische Einbindung einzelner Experten in Veränderungen	Sporadische Einbindung einzelner Experten sowie betroffener Mitarbeiter in Veränderungen	Laufende Einbindung notwendiger Experten sowie betroffener Mitarbeiter in Veränderungen	Sofortige u. laufende Einbindung notw. Experten sowie betroffener Mitarbeiter in Veränderungen	Laufende Einbindung von Experten und allen Mitarbeitern in Veränderungen (z.B. Kommunikationskonzept)
11.3	Welche Kommunikationsmittel werden verwendet (z.B. Social Media, Intranet Plattform, Tafeln und Stellwände, Dashboards)?	Keine Kommunikationsmittel	Sporadische mündliche Kommunikation	Sporadische Kommunikation über verschiedene nicht digitale Wege	Laufende Kommunikation über verschiedene nicht digitale Wege	Laufende Kommunikation über verschiedene manuelle und digitale Wege	Laufende Kommunikation & Austausch über alle vorh. manuellen und digitale Wege

12 Kultur

	Frage					
12.1	Wie sind die Mitarbeiter in den digitalen Transformationsprozess eingebunden?	Keine Einbindung der Mitarbeiter in den digitalen Transformationsprozess	Punktuelle Einbindung einzelner Mitarbeiter in	Punktuelle Einbindung der betroffenen Mitarbeiter in	Laufende Einbindung der betroffenen Mitarbeiter in	Laufende Einbindung aller Mitarbeiter in	Laufende Einbindung, Awareness sowie Gestaltung

	Frage		...arbeiter in den digitalen Transformationsprozess	...den digitalen Transformationsprozess	...den digitalen Transformationsprozess	...den digitalen Transformationsprozess inkl. Awareness	...des digitalen Transformationsprozesses durch alle Mitarbeiter
12.2	In wie weit werden Mitarbeiteranregungen aufgenommen und können eingebracht werden?	Keine Aufnahme von Mitarbeiteranregungen	Sporadische Aufnahme von Mitarbeiteranregungen auf Eigeninitiative	Prüfung und sporadische Aufnahme von Mitarbeiteranregungen über verschiedene Wege	Laufende Prüfung und Aufnahme von Mitarbeiteranregungen über verschiedene Wege	Laufende Prüfung und Aufnahme von Mitarbeiteranregungen über standardisierte und digitale Wege	Laufende Prüfung und Aufnahme von Mitarbeiteranregungen über standardisierte Wege inkl. Speicherung, Auswertung u. Verbreitung
12.3	Wie wird das Thema 14.0 im Werk bewertet?	Thema nicht bekannt	Sehr negativ	Negativ	Neutral	Positiv	Sehr positiv
12.4	In wie weit werden neue Methoden und Konzepte eingesetzt? (z.B. Moderne vernetzte Arbeitsplatzgestaltung / work environment)	Keine Umsetzung neuer Methoden und Konzepte	Umsetzung neuer Methoden und Konzepte in Prüfung	Neuer Methoden und Konzepte vorhanden	Pilotweise Umsetzung neuer Methoden und Konzepte	Bereichsweise Umsetzung neuer Methoden und Konzepte	Standortübergreifende laufende Umsetzung neuer Methoden und Konzepte
12.5	Werden Erfolge mit den KPIs dargestellt und dienen sie der Mitarbeitermotivation?	Keine Verfolgung der Erfolge und keine KPIs vorhanden	Sporadische Darstellung von Erfolgen	Sporadische Darstellung von Erfolgen sowie Visualisierung von KPIs	Laufende Darstellung von Erfolgen sowie Visualisierung von KPIs	Laufende digitale Einsicht zu Erfolgen und KPIs inkl. Relevanz für Mitarbeitermotivation erkennbar	Echtzeit Einsicht von Erfolgen inkl. granularer KPIs auf Mitarbeiterebene und Relevanz für Mitarbeitermotivation

Printed in the United States
By Bookmasters